**2025版** 周洋鑫经济类综

# 396经济类综合能力数学

## 辅导讲义强化篇

周洋鑫 / 编著

**试题分册**

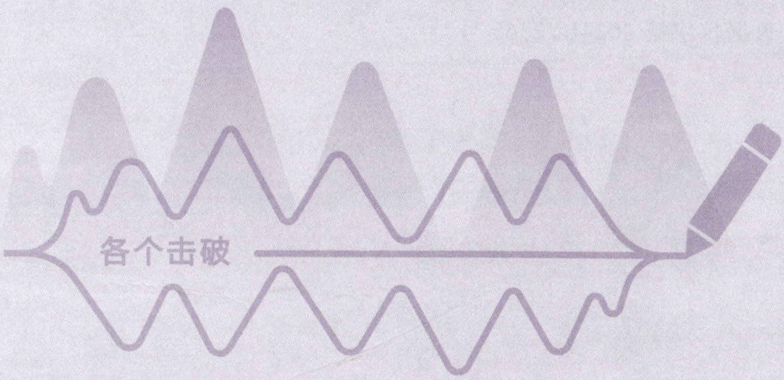


·周洋鑫经济类综合能力数学系列·

**一本可以强化提高的全题型复习教材**

**严格依据经济类综合能力数学新大纲编写**

**396经济类综合能力科目**

金融 / 税务 / 保险 / 应用统计 / 国际商务 / 资产评估

**54大** 核心题型精讲精练

**400道** 典型例题冲刺高分

中国教育出版传媒集团
高等教育出版社·北京

# 图书在版编目（CIP）数据

396 经济类综合能力数学辅导讲义. 强化篇. 试题分册 / 周洋鑫编著. --北京：高等教育出版社，2024.
7. -- ISBN 978-7-04-062554-7

Ⅰ.O13

中国国家版本馆 CIP 数据核字第 2024BY2365 号

**396 经济类综合能力数学辅导讲义强化篇（试题分册）**
396 JINGJILEI ZONGHE NENGLI SHUXUE FUDAO JIANGYI QIANGHUAPIAN(SHITI FENCE)

| 策划编辑 | 王 蓉 | 责任编辑 | 张耀明 | 版式设计 | 李彩丽 | 责任绘图 | 马天驰 |
| 责任校对 | 张 然 | 责任印制 | 高 峰 | | | | |

| 出版发行 | 高等教育出版社 | 网 址 | http://www.hep.edu.cn |
| 社 址 | 北京市西城区德外大街 4 号 | | http://www.hep.com.cn |
| 邮政编码 | 100120 | 网上订购 | http://www.hepmall.com.cn |
| 印 刷 | 固安县铭成印刷有限公司 | | http://www.hepmall.com |
| 开 本 | 787mm×1092mm 1/16 | | http://www.hepmall.cn |
| 本册印张 | 16.5 | | |
| 本册字数 | 320 千字 | 版 次 | 2024 年 7 月第 1 版 |
| 购书热线 | 010-58581118 | 印 次 | 2024 年 7 月第 1 次印刷 |
| 咨询电话 | 400-810-0598 | 总 定 价 | 70.00 元 |

本书如有缺页、倒页、脱页等质量问题，请到所购图书销售部门联系调换
版权所有　侵权必究
物 料 号　62554-00

Content
# 目录

## 微积分篇


第一章　函数、极限与连续 // 2

【题型 1】 函数的基本性质 …… 3
【题型 2】 函数极限的定义与性质 …… 6
【题型 3】 无穷小量及其阶的比较问题 …… 12
【题型 4】 函数极限计算 …… 19
【题型 5】 数列极限定义与性质 …… 34
【题型 6】 数列极限计算 …… 38
【题型 7】 连续与间断 …… 42

第二章　一元函数微分学 // 48

【题型 8】 导数与微分的定义 …… 49
【题型 9】 导数与微分的计算 …… 57
【题型 10】 切线方程与法线方程 …… 65
【题型 11】 函数的单调性与极值 …… 68
【题型 12】 曲线的凹凸性与拐点 …… 77
【题型 13】 渐近线与曲率 …… 82
【题型 14】 求函数零点及方程的根 …… 84
【题型 15】 中值定理 …… 86
【题型 16】 微分的经济学应用 …… 90

第三章　一元函数积分学 // 92

【题型 17】 不定积分 …… 93
【题型 18】 定积分的定义与性质 …… 102
【题型 19】 定积分的计算 …… 106
【题型 20】 变限函数 …… 113
【题型 21】 反常积分 …… 116
【题型 22】 定积分的应用 …… 120

第四章　多元函数微分学 // 128

【题型 23】 二元函数的连续性、偏导数存在性及可微性 …… 129
【题型 24】 求多元函数的偏导数或全微分 …… 133
【题型 25】 求二元隐函数的偏导数或全微分 …… 137

【题型 26】 求多元函数的极值或最值 …… 140

## 线性代数篇

第一章 行列式 // 146

【题型 27】 行列式的定义 …… 147
【题型 28】 数值型行列式的计算 …… 149
【题型 29】 代数余子式线性和问题 …… 154
【题型 30】 抽象型行列式的计算 …… 157

第二章 矩阵 // 161

【题型 31】 矩阵的运算 …… 162
【题型 32】 方阵的伴随矩阵与逆矩阵 …… 168
【题型 33】 初等矩阵与初等变换 …… 174
【题型 34】 矩阵的秩 …… 177

第三章 向量与方程组 // 182

【题型 35】 向量组的秩 …… 183
【题型 36】 向量组的线性相关性 …… 185
【题型 37】 求向量组的极大线性无关组 …… 190
【题型 38】 齐次线性方程组的求解与判定 …… 191
【题型 39】 非齐次线性方程组的求解与判定 …… 195
【题型 40】 向量的线性表出 …… 200
【题型 41】 矩阵方程与向量组的表出 …… 203
【题型 42】 矩阵等价与向量组等价 …… 206
【题型 43】 方程组的同解与公共解 …… 208

## 概 率 论 篇

第一章 随机事件及其概率 // 212

【题型 44】 随机事件及概率公式 …… 213
【题型 45】 随机事件的独立性 …… 217
【题型 46】 三大概型、全概率公式与贝叶斯公式 …… 221

第二章 随机变量及其分布 // 226

【题型 47】 分布函数 …… 227
【题型 48】 一维离散型随机变量 …… 230

【题型 49】 一维连续型随机变量 …… 233
【题型 50】 一维常见分布 …… 235
【题型 51】 一维随机变量函数的分布 …… 240
【题型 52】 二维离散型随机变量及其分布 …… 242

第三章 随机变量的期望与方差 // 246

【题型 53】 随机变量的数学期望 …… 247
【题型 54】 随机变量的方差 …… 252

# 微积分篇

第一章　函数、极限与连续 // 2
第二章　一元函数微分学 // 48
第三章　一元函数积分学 // 92
第四章　多元函数微分学 // 128

# 第一章　函数、极限与连续

## 经济类综合能力数学题型清单

| 题型清单 | 考试等级 | 刷题效果 | | |
|---|---|---|---|---|
| | | 一刷 | 二刷 | 三刷 |
| 【题型 1】函数的基本性质 | ☆☆☆ | | | |
| 【题型 2】函数极限的定义与性质 | ☆☆☆ | | | |
| 【题型 3】无穷小量及其阶的比较问题 | ☆☆☆☆☆ | | | |
| 【题型 4】函数极限计算 | ☆☆☆☆☆ | | | |
| 【题型 5】数列极限定义与性质 | ☆☆☆ | | | |
| 【题型 6】数列极限计算 | ☆☆☆☆ | | | |
| 【题型 7】连续与间断 | ☆☆☆☆ | | | |

# 题型1 函数的基本性质

## 【考向1】函数的奇偶性

**1. 函数奇偶性的定义**

设$f(x)$的定义域$D$关于原点对称,若对$\forall x\in D$,恒有$f(-x)=f(x)$,则称$f(x)$为**偶函数**;若对$\forall x\in D$,恒有$f(-x)=-f(x)$,则称$f(x)$为**奇函数**.

**【注】**(1) 若$f(x)$为偶函数,则$f(x)$的图像关于$y$轴对称.

(2) 若$f(x)$为奇函数,则$f(x)$的图像关于原点$x=0$对称,且当$f(x)$在点$x=0$处有定义时,$f(0)=0$.

(3) 设$f(x)$在区间$(-l,l)$内有定义,则$F(x)=f(x)+f(-x)$为偶函数,$G(x)=f(x)-f(-x)$为奇函数.

(4) 奇函数×奇函数=偶函数;奇函数×偶函数=奇函数;偶函数×偶函数=偶函数.

(5) 奇函数±奇函数=奇函数;偶函数±偶函数=偶函数;奇函数±偶函数=无法确定其奇偶性.

**2. 函数与导函数之间的奇偶性关系**

(1) 若$f(x)$为可导的奇函数,则$f'(x)$为偶函数.

(2) 若$f(x)$为可导的偶函数,则$f'(x)$为奇函数.

**【注】**连续奇函数的所有原函数都是偶函数,但是,连续偶函数的原函数中仅有一个原函数是奇函数.

**3. 变限函数的奇偶性关系**

若$f(x)$连续,对于$F(x)=\int_0^x f(t)\,\mathrm{d}t$.

(1) $f(x)$为奇函数,则$F(x)=\int_0^x f(t)\,\mathrm{d}t$为偶函数.

(2) $f(x)$为偶函数,则$F(x)=\int_0^x f(t)\,\mathrm{d}t$为奇函数.

**【注】**若$f(x)$连续,则$F'(x)=f(x)$,即$F(x)=\int_0^x f(t)\,\mathrm{d}t$为$f(x)$的一个原函数,上一条中我们讲到,连续偶函数$f(x)$的原函数中仅有一个原函数是奇函数,这个原函数就是$F(x)=\int_0^x f(t)\,\mathrm{d}t$.

## 【考向2】 函数的周期性

**1. 函数周期性的定义**

设函数 $f(x)$ 的定义域为 $D$，若存在一个正数 $T$，使得对于 $\forall x\in D$，有 $x+T\in D$，且 $f(x+T)=f(x)$，则称 $f(x)$ 为周期函数，且正数 $T$ 为 $f(x)$ 的周期.

**2. 周期函数的性质**

(1) 若 $f(x)$ 是以 $T$ 为周期的可导周期函数，则 $f'(x)$ 也是以 $T$ 为周期的周期函数.

(2) 设 $f(x)$ 连续，若 $f(x)$ 是以 $T$ 为周期的周期函数，且 $\int_0^T f(t)\,\mathrm{d}t=0$，则 $F(x)=\int_0^x f(t)\,\mathrm{d}t$ 也是以 $T$ 为周期的周期函数.

**强化1** 设函数 $f(x)=x(\mathrm{e}^{\tan x}-\mathrm{e}^{-\tan x})$，则 $f'''(0)=$（　　）.

A. 0　　B. 3　　C. 6　　D. 3e　　E. 6e

**强化2** 已知变限函数

① $\int_0^x \frac{\sqrt[3]{t}}{1+t^4}\mathrm{d}t$，② $\int_0^x \frac{t}{1+t^4}\mathrm{d}t$，③ $\int_0^x \frac{t\cdot\sqrt[3]{t}}{1+t^4}\mathrm{d}t$，④ $\int_0^x \frac{t^3}{1+t^4}\mathrm{d}t$，

其中为偶函数的个数为（　　）.

A. 0　　B. 1　　C. 2　　D. 3　　E. 4

**强化 3** 设 $f(x)$ 连续,则下列函数中必为偶函数的是(　　).

A. $\int_0^x f(t^2)\,\mathrm{d}t$　　B. $\int_0^x \frac{\mathrm{e}^t-1}{\mathrm{e}^t+1}\cdot\sin t\mathrm{d}t$

C. $\int_0^x t[f(t)-f(-t)]\,\mathrm{d}t$　　D. $\int_0^x t[f(t)+f(-t)]\,\mathrm{d}t$

E. $\int_0^x \sin t\cdot\ln(t+\sqrt{1+t^2})\,\mathrm{d}t$

**强化 4** 设 $F(x)$ 是连续函数 $f(x)$ 的一个原函数,“$M\Leftrightarrow N$”表示“$M$ 的充分必要条件是 $N$”,给出结论:

① $F(x)$ 是偶函数 $\Leftrightarrow f(x)$ 是奇函数,　② $F(x)$ 是奇函数 $\Leftrightarrow f(x)$ 是偶函数,

③ $F(x)$ 是周期函数 $\Leftrightarrow f(x)$ 是周期函数,　④ $F(x)$ 是单调函数 $\Leftrightarrow f(x)$ 是单调函数,

正确结论的个数为(　　).

A. 0　　B. 1　　C. 2　　D. 3　　E. 4

# 题型2 函数极限的定义与性质

## 【考向1】函数极限的定义

**1. 自变量趋向于定点 $x_0$ 时函数的极限**

$\lim\limits_{x\to x_0} f(x)=A \Leftrightarrow \forall\, \varepsilon>0, \exists\, \delta>0$，当 $0<|x-x_0|<\delta$ 时，有 $|f(x)-A|<\varepsilon$.

【注】(1) 极限 $\lim\limits_{x\to x_0} f(x)$ 与 $f(x)$ 在点 $x_0$ 处的函数值无关.

如图 2.1 所示，(a)(b)(c) 三幅图中极限 $\lim\limits_{x\to x_0} f(x)$ 均等于 $A$，但是函数值 $f(x_0)$ 却可以不存在，也可以存在，且存在时 $f(x_0)$ 可以等于 $A$，也可以不等于 $A$，所以极限 $\lim\limits_{x\to x_0} f(x)$ 的结果与该点函数值没有任何关系.

如果 $\lim\limits_{x\to x_0} f(x)=f(x_0)$（如图 2.1(c)），那么称函数 $f(x)$ 在点 $x_0$ 处连续.

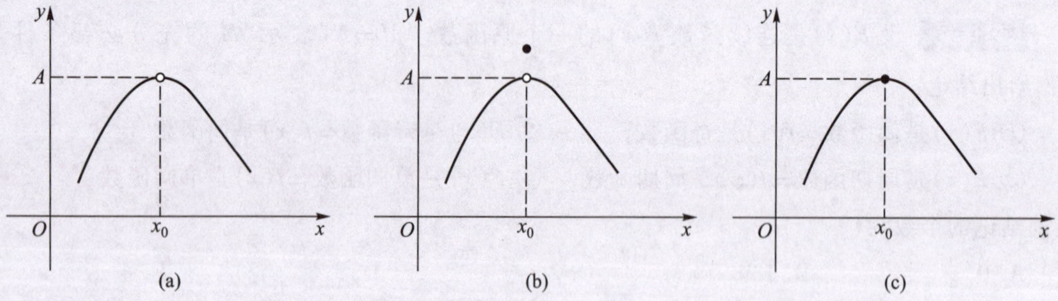


图 2.1

(2) 若极限 $\lim\limits_{x\to x_0} f(x)$ 存在，则函数 $f(x)$ 在 $x=x_0$ 的某去心邻域内处处有定义.

(3) 若极限 $\lim\limits_{x\to x_0} f(x)$ 存在，则极限 $\lim\limits_{x\to x_0} f(x)$ 是一个数.

(4) 函数极限与无穷小量之间的关系定理.

若 $\lim\limits_{x\to x_0} f(x)=A$，则 $f(x)=A+\alpha(x)$，其中 $\lim\limits_{x\to x_0}\alpha(x)=0$.

**2. 函数极限的其他形式**

(1) $\lim\limits_{x\to x_0^+} f(x)=A \Leftrightarrow \forall\, \varepsilon>0, \exists\, \delta>0$，当 $0<x-x_0<\delta$ 时，有 $|f(x)-A|<\varepsilon$.

(2) $\lim\limits_{x\to x_0^-} f(x)=A \Leftrightarrow \forall\, \varepsilon>0, \exists\, \delta>0$，当 $-\delta<x-x_0<0$ 时，有 $|f(x)-A|<\varepsilon$.

(3) $\lim\limits_{x\to+\infty} f(x)=A \Leftrightarrow \forall \varepsilon>0, \exists M>0$,当 $x>M$ 时,有 $|f(x)-A|<\varepsilon$.

(4) $\lim\limits_{x\to-\infty} f(x)=A \Leftrightarrow \forall \varepsilon>0, \exists M>0$,当 $x<-M$ 时,有 $|f(x)-A|<\varepsilon$.

(5) $\lim\limits_{x\to\infty} f(x)=A \Leftrightarrow \forall \varepsilon>0, \exists M>0$,当 $|x|>M$ 时,有 $|f(x)-A|<\varepsilon$.



## 【考向 2】函数极限的局部保号性

**1. 极限的局部保号性**

(1) 若 $\lim\limits_{x\to x_0} f(x)>0$,则在 $x=x_0$ 的某去心邻域内 $f(x)>0$.

(2) 若 $\lim\limits_{x\to x_0} f(x)<0$,则在 $x=x_0$ 的某去心邻域内 $f(x)<0$.

(3) 若 $\lim\limits_{x\to x_0} f(x)>A$,则在 $x=x_0$ 的某去心邻域内 $f(x)>A$.

(4) 若 $\lim\limits_{x\to x_0} f(x)<A$,则在 $x=x_0$ 的某去心邻域内 $f(x)<A$.

**2. 极限的局部保序性**

(1) 若 $\lim\limits_{x\to x_0} f(x)>\lim\limits_{x\to x_0} g(x)$,则在 $x=x_0$ 的某去心邻域内 $f(x)>g(x)$.

(2) 若 $\lim\limits_{x\to x_0} f(x)<\lim\limits_{x\to x_0} g(x)$,则在 $x=x_0$ 的某去心邻域内 $f(x)<g(x)$.

**3. 极限的局部保号性推论**

(1) 若 $f(x)$ 在 $x=x_0$ 的某去心邻域内恒有 $f(x)>0$,且 $\lim\limits_{x\to x_0} f(x)=A$(存在),则 $A\geqslant 0$.

(2) 若 $f(x)$ 在 $x=x_0$ 的某去心邻域内恒有 $f(x)\geqslant 0$,且 $\lim\limits_{x\to x_0} f(x)=A$(存在),则 $A\geqslant 0$.

**【注】** 当 $f(x)<0$ 时,也有相同的结论,即"若 $f(x)$ 在 $x=x_0$ 的某去心邻域内恒有 $f(x)<0$(或 $f(x)\leqslant 0$),且 $\lim\limits_{x\to x_0} f(x)=A$(存在),则 $A\leqslant 0$."

## 【考向 3】极限的局部有界性及函数有界性的判定

**1. 函数有界性的定义**

设函数在区间 $I$ 上有定义,若存在常数 $M>0$,使得 $\forall x\in I$,恒有 $|f(x)|\leqslant M$,则称 $f(x)$ 在区间 $I$ 上有界,否则 $f(x)$ 在区间 $I$ 上无界.

**【注】** 掌握常见的有界函数:$\sin x$, $\cos x$, $\arctan x$, $\operatorname{arccot} t$.

**2. 函数局部有界性**

（1）若$\lim\limits_{x\to x_0}f(x)$存在，则在$x=x_0$的某一去心邻域内$f(x)$有界.

（2）若$\lim\limits_{x\to x_0}f(x)=\infty$，则在$x=x_0$的任一去心邻域内$f(x)$无界.

**3. 连续函数的有界定理**

（1）若$f(x)$在闭区间$[a,b]$上连续，则$f(x)$在$[a,b]$上有界.

（2）若$f(x)$在开区间$(a,b)$内连续，且极限$\lim\limits_{x\to a^+}f(x)$与$\lim\limits_{x\to b^-}f(x)$都存在，则$f(x)$在$(a,b)$内有界.

（3）若$f(x)$在$[a,b)$上连续，且极限$\lim\limits_{x\to b^-}f(x)$存在，则$f(x)$在$[a,b)$上有界.

（4）若$f(x)$在$(-\infty,+\infty)$上连续，且极限$\lim\limits_{x\to-\infty}f(x)$与$\lim\limits_{x\to+\infty}f(x)$都存在，则$f(x)$在$(-\infty,+\infty)$上有界.

**强化 5** “对于$\forall\varepsilon\in(0,1)$，$\exists\delta>0$，当$0<|x-x_0|<\delta$时，有$|f(x)-3|\leqslant\varepsilon$”是“$\lim\limits_{x\to x_0}f(x)=3$”的（　　）.

A. 充分必要条件　　B. 充分非必要条件

C. 必要非充分条件　　D. 既非充分也非必要条件

E. 无法得出两者关系

**强化 6** “对于$\forall\varepsilon\in(0,1)$，$\exists M>0$，当$x\geqslant M$时，有$|f(x)-3|\leqslant\varepsilon$”是“$\lim\limits_{x\to+\infty}f(x)=3$”的（　　）.

A. 充分必要条件　　B. 充分非必要条件

C. 必要非充分条件　　D. 既非充分也非必要条件

E. 无法得出两者关系

**强化 7** 设$\lim\limits_{x\to 0}f(x)$存在，且$f(x)=\dfrac{x-\ln(1+x)}{\tan\frac{1}{4}x^2}+\tan\left(x-\dfrac{\pi}{4}\right)\lim\limits_{x\to 0}f(x)$，则$\lim\limits_{x\to 0}f(x)=$(　　).

A. 0　　B. 1　　C. 2　　D. −1　　E. −2

**强化 8** 设$\lim\limits_{x\to 0}\left[\dfrac{f(x)-1}{\tan x}-\dfrac{e^x\sin x}{\tan^2 x}\right]=2$，则$\lim\limits_{x\to 0}f(x)=$(　　).

A. 0　　B. 1　　C. 2　　D. 4　　E. 6

**强化 9** 设$\lim\limits_{x\to x_0}f(x)$存在，考虑下列极限

① $\lim\limits_{x\to x_0}\dfrac{1}{f(x)}$，　② $\lim\limits_{x\to x_0}\arcsin f(x)$，　③ $\lim\limits_{x\to x_0}\ln f(x)$，　④ $\lim\limits_{x\to x_0}|f(x)|$，

其中极限必存在的个数为(　　).

A. 0　　B. 1　　C. 2　　D. 3　　E. 4

**强化 10** 设 $\lim\limits_{x\to x_0}f(x)=0,\lim\limits_{x\to x_0}g(x)=1$，给出四个结论：

① 对于 $\forall x$ 均有 $f(x)<g(x)$，

② 在 $x_0$ 的某邻域内 $f(x)$ 与 $g(x)$ 均有定义，

③ $f(x_0)$ 可能大于 $g(x_0)$，

④ 在 $x_0$ 的某去心邻域内 $f(x)=0,g(x)>0$，

其中正确的个数为（　　）.

A. 0　　B. 1　　C. 2　　D. 3　　E. 4

**强化 11** 设函数 $f(x)=\dfrac{1}{x-1}+\dfrac{x-4}{x^3-1},g(x)=\dfrac{\sqrt{3-x}-\sqrt{1+x}}{\sin(x^2-1)}$，给出四个结论：

① $\lim\limits_{x\to 1}f(x)=\dfrac{4}{3}$，

② 在 $x=1$ 的某去心邻域内 $g(x)>0$，

③ $\lim\limits_{x\to 1}g(x)=\dfrac{1}{2\sqrt{2}}$，

④ 在 $x=1$ 的某去心邻域内 $f(x)>g(x)$，

其中正确的个数为（　　）.

A. 0　　B. 1　　C. 2　　D. 3　　E. 4

**强化 12** 函数 $f(x)=\dfrac{\arctan x}{|x(x-1)|(x-2)}$ 在(　　)上有界.

A. $(-1,0)$　　B. $(0,1)$　　C. $(1,2)$　　D. $(1,3)$　　E. $(2,3)$

**强化 13** 下列函数

① $f(x)=\dfrac{x}{1+x^2}$,　　② $g(x)=\arctan\dfrac{x^2+x+1}{x^4+x^2+3}$,

③ $h(x)=x\cos x$,　　④ $w(x)=x^2\sin\dfrac{1}{1+x^2}$,

其中在 $(-\infty,+\infty)$ 上有界的函数个数为(　　).

A. 0　　B. 1　　C. 2　　D. 3　　E. 4

**强化 14** 以下五个命题中,正确的是(　　).

A. 若 $f(x)$ 在 $(0,1)$ 内连续,则 $f(x)$ 在 $(0,1)$ 内有界

B. 若 $f(x)$ 在 $(0,1)$ 内连续,则 $f'(x)$ 在 $(0,1)$ 内有界

C. 若 $f'(x)$ 在 $(0,1)$ 内连续,则 $f(x)$ 在 $(0,1)$ 内有界

D. 若 $f(x)$ 在 $(0,1)$ 内有界,则 $f'(x)$ 在 $(0,1)$ 内有界

E. 若 $f'(x)$ 在 $(0,1)$ 内有界,则 $f(x)$ 在 $(0,1)$ 内有界

# 题型3 无穷小量及其阶的比较问题

## 【考向1】无穷小量比阶

设 $\lim\limits_{x\to\square} f(x)=0$，$\lim\limits_{x\to\square} g(x)=0$，且 $g(x)\neq 0$，则

（1）若 $\lim\limits_{x\to\square}\dfrac{f(x)}{g(x)}=0$，则称 $f(x)$ 为 $g(x)$ 的高阶无穷小量，记为 $f(x)=o[g(x)]$.

（2）若 $\lim\limits_{x\to\square}\dfrac{f(x)}{g(x)}=\infty$，则称 $f(x)$ 为 $g(x)$ 的低阶无穷小量.

（3）若 $\lim\limits_{x\to\square}\dfrac{f(x)}{g(x)}=A\neq 0$，则称 $f(x)$ 与 $g(x)$ 互为同阶无穷小量，特别地，当 $A=1$ 时，$f(x)$ 与 $g(x)$ 互为等价无穷小量.

（4）若 $\lim\limits_{x\to\square}\dfrac{f(x)}{[g(x)]^k}=A\neq 0$，$k>0$，则称 $f(x)$ 为 $g(x)$ 的 $k$ 阶无穷小量.

**【注】** 通常可以通过确定一个无穷小量的等价无穷小量来确定无穷小量的阶，有如下结论："当 $x\to 0$ 时，若 $f(x)\sim Ax^k$ $(A\neq 0,k>0)$，则 $f(x)$ 为 $x\to 0$ 时 $x$ 的 $k$ 阶无穷小量".

## 【考向2】利用等价无穷小量的替换确定无穷小量的等价无穷小

**1. 常用的等价无穷小量公式**

当 $x\to 0$ 时，有

（1）$\sin x\sim x$，$\arcsin x\sim x$，$\tan x\sim x$，$\arctan x\sim x$，$\ln(1+x)\sim x$，

$e^x-1\sim x$，$a^x-1\sim x\ln a\,(a>0,a\neq 1)$，$1-\cos x\sim\dfrac{1}{2}x^2$，$(1+x)^\alpha-1\sim\alpha x$.

（2）$x-\sin x\sim\dfrac{1}{6}x^3$，$x-\arcsin x\sim-\dfrac{1}{6}x^3$，$x-\tan x\sim-\dfrac{1}{3}x^3$，

$x-\arctan x\sim\dfrac{1}{3}x^3$，$x-\ln(1+x)\sim\dfrac{1}{2}x^2$，$e^x-1-x\sim\dfrac{1}{2}x^2$.

**2. 等价无穷小量的替换原则**

（1）乘除法因式可进行等价无穷小量的替换.

设 $\alpha(x),\beta(x),\alpha_1(x),\beta_1(x)$ 是自变量同一变化过程中的无穷小量,且 $\alpha(x)\sim\alpha_1(x)$, $\beta(x)\sim\beta_1(x)$, $\beta(x)\neq0$, $\beta_1(x)\neq0$,则

$$\alpha(x)\beta(x)\sim\alpha_1(x)\beta_1(x),\frac{\alpha(x)}{\beta(x)}\sim\frac{\alpha_1(x)}{\beta_1(x)}.$$

(2) 加减法中需要满足要求才可使用等价无穷小量替换.

设 $\alpha(x),\beta(x),\alpha_1(x),\beta_1(x)$ 是自变量同一变化过程中的无穷小量,且 $\alpha(x)\sim\alpha_1(x)$, $\beta(x)\sim\beta_1(x)$, $\beta(x)\neq0$, $\beta_1(x)\neq0$,若 $\lim\frac{\alpha(x)}{\beta(x)}=\lim\frac{\alpha_1(x)}{\beta_1(x)}\neq-1$,则

$$\alpha(x)+\beta(x)\sim\alpha_1(x)+\beta_1(x).$$

(3) 非零因子可在等价无穷小量的替换中先算出.

若 $\lim f(x)=0$, $\lim g(x)=A\neq0$,则

$$f(x)g(x)\sim A\cdot f(x),\frac{f(x)}{g(x)}\sim\frac{f(x)}{A},$$

即在等价无穷小量的替换中非零因子可以先算出.

(4) 加减法中的和取低阶原则.

设 $\alpha(x),\beta(x)$ 是自变量同一变化过程中的无穷小量,若 $\beta(x)=o[\alpha(x)]$,则

$$\alpha(x)\pm\beta(x)\sim\alpha(x).$$

**3. 三个常考的等价无穷小量替换形式**

(1) 当 $\lim f(x)=\lim g(x)$ 时,有

$$e^{f(x)}-e^{g(x)}=e^{g(x)}[e^{f(x)-g(x)}-1]\sim e^{g(x)}[f(x)-g(x)].$$

(2) 当 $f(x)\to1$ 时, $\ln f(x)\sim f(x)-1$.

(3) 当 $f(x)\to1$ 时, $f^{\alpha}(x)-1\sim\alpha[f(x)-1]$.

**【注】** 当 $x\to0$ 时, $\ln(x+\sqrt{1+x^2})\sim x$, $\ln\cos x\sim-\frac{1}{2}x^2$, $1-\sqrt[n]{\cos x}\sim\frac{1}{2n}x^2$.

## 【考向 3】 利用导数定阶法确定无穷小量的等价无穷小量

设 $\lim\limits_{x\to0}f(x)=0$,则

(1) 若 $f'(x)\sim x^k$($k$ 为大于 0 的常数),则 $f(x)\sim\frac{1}{k+1}x^{k+1}$.

(2) 若 $\lim\limits_{x\to0}f'(x)=C\neq0$,则 $f(x)\sim Cx$.

## 【考向 4】利用泰勒公式确定无穷小量的等价无穷小量

**1. 泰勒公式**

**定理 1** 设函数 $f(x)$ 在 $x_0$ 处具有 $n$ 阶导数，则当 $x\to x_0$ 时有

$$f(x)=f(x_0)+f'(x_0)(x-x_0)+\frac{f''(x_0)}{2!}(x-x_0)^2+\cdots+\frac{f^{(n)}(x_0)}{n!}(x-x_0)^n+o[(x-x_0)^n].$$

**定理 2** 若取 $x_0=0$，则称此时的泰勒公式为麦克劳林(Maclaurin)公式.

设函数 $f(x)$ 在 $x=0$ 处具有 $n$ 阶导数，则当 $x\to 0$ 时有

$$f(x)=f(0)+f'(0)x+\frac{f''(0)}{2!}x^2+\cdots+\frac{f^{(n)}(0)}{n!}x^n+o(x^n).$$

**2. 常见的麦克劳林(Maclaurin)公式**

(1) $\sin x=x-\frac{1}{6}x^3+o(x^3)$.

(2) $\arcsin x=x+\frac{1}{6}x^3+o(x^3)$.

(3) $\tan x=x+\frac{1}{3}x^3+o(x^3)$.

(4) $\arctan x=x-\frac{1}{3}x^3+o(x^3)$.

(5) $e^x=1+x+\frac{1}{2!}x^2+o(x^2)$.

(6) $\ln(1+x)=x-\frac{1}{2}x^2+\frac{1}{3}x^3+o(x^3)$.

(7) $\cos x=1-\frac{1}{2!}x^2+\frac{1}{4!}x^4+o(x^4)$.

(8) $(1+x)^\alpha=1+\alpha x+\frac{\alpha(\alpha-1)}{2!}x^2+o(x^2)$.

(9) $\frac{1}{1-x}=1+x+x^2+x^3+\cdots+x^n+o(x^n)$.

(10) $\frac{1}{1+x}=1-x+x^2-x^3+\cdots+(-1)^n x^n+o(x^n)$.

【注】(1) 对 $f(x)-g(x)$ 型:相消不为 0 原则,即通常将 $f(x)$,$g(x)$ 展开至系数不相等的 $x$ 的最低次幂.

(2) 对 $\frac{f(x)}{g(x)}$ 型:通常将分子和分母展开至同阶.

**强化 15** 已知 $\alpha_1=x(\cos\sqrt{x}-1)$,$\alpha_2=\sqrt{x}\ln(1+\sqrt[3]{x})$,$\alpha_3=\sqrt[3]{x+1}-1$,当 $x\to0^+$ 时,以上 3 个无穷小量按照从低阶到高阶的排序是(　　).

A. $\alpha_1,\alpha_2,\alpha_3$　　B. $\alpha_2,\alpha_3,\alpha_1$　　C. $\alpha_2,\alpha_1,\alpha_3$　　D. $\alpha_3,\alpha_2,\alpha_1$　　E. $\alpha_3,\alpha_1,\alpha_2$

**强化 16** 当 $x\to0^+$ 时,下列函数

① $f(x)=\sqrt{1-\sqrt{x}}-1$,　　② $g(x)=\ln\frac{1+\sqrt{x}}{1-x}$,

③ $h(x)=e^x-e^{\sqrt{x}}$,　　④ $w(x)=\sqrt{x+x^2}+\sin x$,

与 $\sqrt{x}$ 互为等价无穷小量的个数为(　　).

A. 0　　B. 1　　C. 2　　D. 3　　E. 4

**强化 17** 当 $x\to 1$ 时，函数 $f(x)=k\dfrac{x^2-1}{x^2}$ 与 $g(x)=\sin \pi x$ 互为等价无穷小，则 $k=$（　　）.

A. $-\dfrac{\pi}{2}$　　B. $-\dfrac{2}{\pi}$　　C. 2　　D. $\dfrac{\pi}{2}$　　E. $\dfrac{2}{\pi}$

**强化 18** 当 $x\to 0$ 时，$f(x)=\sqrt{1+x\arcsin x}-\sqrt{\cos x}$ 与 $g(x)=kx^2$ 是等价无穷小量，则 $k=$（　　）.

A. $-\dfrac{1}{4}$　　B. $-\dfrac{1}{2}$　　C. $\dfrac{1}{2}$　　D. $\dfrac{1}{4}$　　E. $\dfrac{3}{4}$

**强化 19** 设 $\lim\limits_{x\to 0}\dfrac{\sqrt{1+\dfrac{f(x)}{\sin x}}-1}{x(e^x-1)}=3$，且当 $x\to 0$ 时，$f(x)$ 与 $cx^k$ 互为等价无穷小量，则（　　）.

A. $c=6,k=3$　　B. $c=3,k=3$　　C. $c=6,k=2$　　D. $c=-6,k=3$　　E. $c=2,k=2$

**强化 20** 把 $x\to0^+$ 时的无穷小量 $\alpha=\int_0^x\cos t^2\mathrm{d}t,\beta=\int_0^{x^2}\tan\sqrt{t}\,\mathrm{d}t,\gamma=\int_0^{\sqrt{x}}\sin t^3\mathrm{d}t$ 排列起来，使排在后面的是前一个的高阶无穷小量，则正确的排列次序是(　　).

A. $\alpha,\beta,\gamma$　　B. $\alpha,\gamma,\beta$　　C. $\beta,\alpha,\gamma$　　D. $\beta,\gamma,\alpha$　　E. $\gamma,\alpha,\beta$

**强化 21** 当 $x\to0^+$ 时，下列无穷小量中最高阶的是(　　).

A. $\int_0^x(\mathrm{e}^{t^2}-1)\mathrm{d}t$　　B. $\int_0^x\ln(1+\sqrt{t^3})\mathrm{d}t$

C. $\int_0^{\sin x}\sin t^2\mathrm{d}t$　　D. $\int_0^x(1-\cos t)\mathrm{d}t$

E. $\int_0^{1-\cos x}\sqrt{\sin^3 t}\,\mathrm{d}t$

**强化 22** 当 $x\to0$ 时，下列无穷小量中最高阶的是(　　).

A. $\tan x-\sin x$　　B. $(1-\cos x)\ln(x+\sqrt{1+x^2})$

C. $(1+\sin x)^x-1$　　D. $\sin x+\sin x^2$

E. $\int_0^{x^2}\arcsin t\mathrm{d}t$

**强化 23** 当 $x\to0$ 时，$f(x)=x-\ln(1+x)-\frac{1}{2}x\sin x$ 与 $g(x)=kx^n$ 是等价无穷小量，则 $k=$(　　).

A. $k=\frac{1}{3},n=3$　　B. $k=\frac{1}{3},n=2$

C. $k=-\frac{1}{3},n=3$　　D. $k=-\frac{1}{3},n=2$

E. $k=-\frac{1}{6},n=3$

**强化 24** 设函数 $f(x)=\sec x$ 在 $x=0$ 处的 2 次泰勒多项式为 $1+ax+bx^2$，则(　　).

A. $a=1,b=-\frac{1}{2}$　　B. $a=1,b=\frac{1}{2}$

C. $a=0,b=-\frac{1}{2}$　　D. $a=0,b=\frac{1}{2}$

E. $a=0,b=\frac{3}{2}$

# 题型4 函数极限计算

## 【考向1】七种未定式的函数极限计算

函数极限计算是每年考研中的重点，求解的基本思路是：定型—化简—定法，即先判定函数极限的类型，再对函数进行相应的化简，最后再确定极限计算的方法.

**1. 常见的极限化简方法**

(1) 非零因子淡化(乘除法中非零项先算出)；

(2) 加减法中极限存在项可拆出计算；

(3) 遇到根式项有理化；

(4) 遇到幂指函数项幂指转换化.

**2. 重要的极限处理方法**

等价无穷小量；泰勒公式；洛必达法则(见本考点第4条)；极限四则运算(见本考点第5条)；拉格朗日中值定理(见本考点第6条).

**3. 七种未定式极限的常见处理方法**

(1) “$\frac{0}{0}$”型：等价无穷小量，泰勒公式，洛必达法则，四则运算，拉格朗日中值定理.

(2) “$\frac{\infty}{\infty}$”型：抓大头，洛必达法则，上下同除最大项.

(3) “$0\cdot\infty$”型：转化为“$\frac{0}{0}$”型或“$\frac{\infty}{\infty}$”型.

(4) “$\infty-\infty$”型：通分，倒代换，提出最大项.

(5) “$1^{\infty}$”型：$\lim u^{v}=e^{\lim v\cdot(u-1)}$.

(6) “$\infty^{0}$”型与“$0^{0}$”型：$\lim u^{v}=e^{\lim v\cdot\ln u}$.

**4. 洛必达法则**

(1) “$\frac{0}{0}$”型法则：若满足以下三条：

① $\lim\limits_{x\to\square}f(x)=0,\lim\limits_{x\to\square}g(x)=0$；

② 当 $x\to\square$ 时，$f'(x),g'(x)$ 皆存在且 $g'(x)\neq0$；

③ $\lim\limits_{x\to\square}\dfrac{f'(x)}{g'(x)}=A$（或$\infty$），

则有$\lim\limits_{x\to\square}\dfrac{f(x)}{g(x)}=\lim\limits_{x\to\square}\dfrac{f'(x)}{g'(x)}=A$（或$\infty$）.

（2）“$\dfrac{\infty}{\infty}$”型法则：若满足以下三条：

① $\lim\limits_{x\to\square}f(x)=\infty$，$\lim\limits_{x\to\square}g(x)=\infty$；

② 当$x\to\square$时，$f'(x)$，$g'(x)$皆存在且$g'(x)\neq 0$；

③ $\lim\limits_{x\to\square}\dfrac{f'(x)}{g'(x)}=A$（或$\infty$），

则有$\lim\limits_{x\to\square}\dfrac{f(x)}{g(x)}=\lim\limits_{x\to\square}\dfrac{f'(x)}{g'(x)}=A$（或$\infty$）.

**【注】**洛必达法则的条件是充分非必要的，即若$\lim\limits_{x\to x_0}\dfrac{f'(x)}{g'(x)}$不存在（但不是无穷大），则不能推断极限$\lim\limits_{x\to x_0}\dfrac{f(x)}{g(x)}$不存在.

**5. 极限的四则运算法则**

（1）极限四则运算法则的内容：设$\lim\limits_{x\to\square}f(x)$及$\lim\limits_{x\to\square}g(x)$均存在，则

① $\lim\limits_{x\to\square}[f(x)\pm g(x)]=\lim\limits_{x\to\square}f(x)\pm\lim\limits_{x\to\square}g(x)$；

② $\lim\limits_{x\to\square}[f(x)g(x)]=\lim\limits_{x\to\square}f(x)\cdot\lim\limits_{x\to\square}g(x)$；

③ $\lim\limits_{x\to\square}\dfrac{f(x)}{g(x)}=\dfrac{\lim\limits_{x\to\square}f(x)}{\lim\limits_{x\to\square}g(x)}\left(\lim\limits_{x\to\square}g(x)\neq 0\right)$.

（2）极限四则运算的性质：

① $\lim\limits_{x\to\square}f(x)$存在，$\lim\limits_{x\to\square}g(x)$存在，则$\lim\limits_{x\to\square}[f(x)\pm g(x)]$存在.

② $\lim\limits_{x\to\square}f(x)$存在，$\lim\limits_{x\to\square}g(x)$不存在，则$\lim\limits_{x\to\square}[f(x)\pm g(x)]$不存在.

③ $\lim\limits_{x\to\square}f(x)$不存在，$\lim\limits_{x\to\square}g(x)$不存在，则$\lim\limits_{x\to\square}[f(x)\pm g(x)]$未知.

④ $\lim\limits_{x\to\square}f(x)$存在，$\lim\limits_{x\to\square}g(x)$存在，则$\lim\limits_{x\to\square}[f(x)g(x)]$存在.

⑤ $\lim\limits_{x\to\square}f(x)$存在，$\lim\limits_{x\to\square}g(x)$不存在，则$\lim\limits_{x\to\square}[f(x)g(x)]$未知.

⑥ $\lim\limits_{x\to\square}f(x)$不存在，$\lim\limits_{x\to\square}g(x)$不存在，则$\lim\limits_{x\to\square}[f(x)g(x)]$未知.

**6. 拉格朗日中值定理**

若 $f(x)$ 在 $[a,b]$ 上连续，在 $(a,b)$ 内可导，则至少存在 $\xi\in(a,b)$ 使得

$$f(b)-f(a)=f'(\xi)(b-a).$$

**【注】** 利用拉格朗日中值定理求解函数极限问题往往题中会有典型标志——"相同对应法则的两函数作差"，此时

$$f(b)-f(a)=f'(\xi)(b-a)\text{，其中 }\xi\text{ 介于 }a,b\text{ 之间.}$$

**7. 几个常用极限**

（1）$\lim\limits_{x\to\infty}\left(1+\dfrac{1}{x}\right)^{x}=\mathrm{e}$，$\lim\limits_{x\to 0}(1+x)^{\frac{1}{x}}=\mathrm{e}$.

（2）当 $x\to+\infty$ 时，有 $\ln^{\alpha}x\ll x^{\beta}\ll a^{x}$，其中 $\alpha>0,\beta>0,a>1$，故对任何 $a>0$，都有 $\lim\limits_{x\to+\infty}\dfrac{x^{a}}{\mathrm{e}^{x}}=0$，$\lim\limits_{x\to 0^{+}}x^{a}\ln x=0$.

（3）$\lim\limits_{x\to\infty}\dfrac{a_nx^n+a_{n-1}x^{n-1}+\cdots+a_1x+a_0}{b_mx^m+b_{m-1}x^{m-1}+\cdots+b_1x+b_0}=\begin{cases}\infty, & n>m,\\ 0, & n<m,\\ \dfrac{a_n}{b_m}, & n=m.\end{cases}$

（4）设 $a>0$，则 $\lim\limits_{n\to\infty}\sqrt[n]{a}=1$，$\lim\limits_{n\to\infty}\sqrt[n]{n}=1$.

## 【考向 2】涉及变限函数的函数极限计算

求解含有变限函数的极限问题，主要求解方法有：洛必达法则、积分中值定理.

**1. 变限函数的求导法则**

若函数 $f(x)$ 连续，且 $\alpha(x),\beta(x)$ 可导，则

$$\left[\int_{\alpha(x)}^{\beta(x)}f(t)\,\mathrm{d}t\right]_x'=f[\beta(x)]\beta'(x)-f[\alpha(x)]\alpha'(x).$$

**【注】** 若变限函数的自变量 $x$ 出现在被积分函数中，即非标准型情形时，应先将自变量 $x$ 设法分离出被积分函数，常用方法有：提出自变量，利用第二类换元法.

**2. 积分中值定理**

若函数 $f(x)$ 在 $[a,b]$ 上连续，则存在 $\xi\in(a,b)$，使得 $\int_a^b f(x)\,\mathrm{d}x=f(\xi)(b-a)$.

## 【考向 3】需分左右求函数极限

**1. 基本内容**

（1）$\lim\limits_{x\to x_0}f(x)=a\Leftrightarrow\lim\limits_{x\to x_0^+}f(x)=\lim\limits_{x\to x_0^-}f(x)=a.$

（2）$\lim\limits_{x\to\infty}f(x)=a\Leftrightarrow\lim\limits_{x\to+\infty}f(x)=\lim\limits_{x\to-\infty}f(x)=a.$

**2. 常见的需要分左右极限的情形**

（1）"$e^{\infty}$"型.例如当 $x\to0$ 时，$\lim\limits_{x\to0^+}e^{\frac{1}{x}}=+\infty$，$\lim\limits_{x\to0^-}e^{\frac{1}{x}}=0$.

（2）"$\arctan\infty$"型.例如当 $x\to0$ 时，$\lim\limits_{x\to0^+}\arctan\dfrac{1}{x}=\dfrac{\pi}{2}$，$\lim\limits_{x\to0^-}\arctan\dfrac{1}{x}=-\dfrac{\pi}{2}$.

（3）"$|f(x)|$"型，其中 $f(x)\to0$ 或 $f(x)\to\infty$. 例如当 $x\to0^+$ 时，$|x|=x$；当 $x\to0^-$ 时，$|x|=-x$.

（4）求分段函数在分段点处的极限，且分段函数在分段点两侧的函数表达式不同.

## 【考向 4】已知极限结果求其中待定参数

已知极限结果求其中待定参数的问题，本质还是求函数极限的问题，求解思路仍然是：先定型，再化简，后定法.

**【注】**常用的几个重要结论：

（1）若 $\lim f(x)g(x)=A$（存在），且 $\lim f(x)=\infty$，则 $\lim g(x)=0$.

（2）若 $\lim\dfrac{f(x)}{g(x)}=A$，且 $\lim g(x)=0$，则 $\lim f(x)=0$.

（3）若 $\lim\dfrac{f(x)}{g(x)}=A\neq0$，且 $\lim f(x)=0$，则 $\lim g(x)=0$.

**强化 25** $\lim\limits_{x\to0}\dfrac{\sqrt{1+x-\sin x}-1}{(e^x-1)(1-\sqrt{\cos x})}=$（　　）.

A. $\dfrac{1}{4}$　　B. $\dfrac{1}{3}$　　C. $-\dfrac{1}{4}$　　D. $-\dfrac{1}{3}$　　E. 4

**强化 26** $\lim\limits_{x\to 0}\dfrac{\tan^3 x-\arcsin^3 x}{(e^{x^2}-1)(\sqrt{1-x^3}-1)}=(\quad)$.

A. 0　　B. 1　　C. 2　　D. $-1$　　E. $-2$

**强化 27** $\lim\limits_{x\to 0}\dfrac{\sqrt{1-x\sin x}-\sqrt{\cos x}}{x\tan x}=(\quad)$.

A. $\dfrac{1}{4}$　　B. $\dfrac{1}{2}$　　C. $-\dfrac{1}{4}$　　D. $-\dfrac{1}{2}$　　E. 4

**强化 28** $\lim\limits_{x\to 0}\dfrac{2\sin x+x^3\cos\dfrac{1}{x^2}}{(1+\cos x)\arctan x}=(\quad)$.

A. 1　　B. 2　　C. $-1$　　D. $-2$　　E. 0

**强化 29** $\lim\limits_{x\to0}\dfrac{\ln(x+e^x)+2\sin x}{\sqrt{1+2x}-\cos x}=($　　$)$.

A. 1　　B. 2　　C. 0　　D. 4　　E. $\infty$

**强化 30** 设函数 $f(x)=\arctan x$，若 $f(x)=xf'(\xi)$，则 $\lim\limits_{x\to0}\dfrac{\xi^2}{x^2}=($　　$)$.

A. 1　　B. $\dfrac{2}{3}$　　C. $\dfrac{1}{2}$　　D. $\dfrac{1}{3}$　　E. $\dfrac{1}{6}$

**强化 31** $\lim\limits_{x\to0}\dfrac{(1+x)^{\frac{2}{x}}-e^2}{x}=($　　$)$.

A. 1　　B. $e^2$　　C. 0　　D. $-e^2$　　E. $\infty$

**强化 32** $\lim\limits_{x\to 1}\dfrac{x-x^x}{1-x+\ln x}=$ (    ).

A. 1　　B. 2　　C. 0　　D. −2　　E. ∞

**强化 33** $\lim\limits_{x\to 1}\left(\dfrac{1}{x-1}-\dfrac{1}{\ln x}\right)=$ (    ).

A. $-\dfrac{1}{2}$　　B. $\dfrac{1}{2}$　　C. 0　　D. 1　　E. ∞

**强化 34** $\lim\limits_{x\to+\infty}(\sqrt[6]{x^6+x^5}-\sqrt[6]{x^6-x^5})=$ (    ).

A. $\dfrac{1}{3}$　　B. $\dfrac{1}{6}$　　C. 0　　D. 1　　E. ∞

**强化 35** $\lim\limits_{x\to-\infty} x(\sqrt{x^2+100}+x)=($　　$)$.

A. 50　　B. $-50$　　C. 100　　D. $-100$　　E. $\infty$

**强化 36** $\lim\limits_{x\to 0}(e^x+x^2+3\sin x)^{\frac{1}{2x}}=($　　$)$.

A. e　　B. $e^2$　　C. 0　　D. $e^{-1}$　　E. $\infty$

**强化 37** 设 $f(x)=\lim\limits_{t\to 0} x(1+3t)^{\frac{x}{t}}$，则 $f'(x)=($　　$)$.

A. $xe^{3x}$　　B. $3xe^{3x}$　　C. $e^{3x}$　　D. $3e^{3x}$　　E. $e^{3x}+3xe^{3x}$

**强化 38** $\lim\limits_{x\to0^+}\left[\dfrac{x^x-1}{\ln x}+(\cos x)^{\frac{1}{x^2}}\right]=(\quad)$.

A. $e^{-\frac{1}{2}}$　　B. $e^{\frac{1}{2}}$　　C. $1+e^{-\frac{1}{2}}$　　D. $1+e^{\frac{1}{2}}$　　E. $\infty$

**强化 39** 设$\lim\limits_{x\to\infty}\left(1+\dfrac{1}{x}\right)^{ax}=\lim\limits_{x\to0}\arccos\dfrac{\sqrt{x+1}-1}{\sin x}$,则 $a=(\quad)$.

A. $\dfrac{\pi}{3}$　　B. $\dfrac{\pi}{6}$　　C. $e^{\frac{\pi}{3}}$　　D. $\ln\dfrac{\pi}{6}$　　E. $\ln\dfrac{\pi}{3}$

**强化 40** $\lim\limits_{x\to+\infty}(x+\sqrt{1+x^2})^{\frac{1}{\ln x}}=(\quad)$.

A. 1　　B. $\sqrt{e}$　　C. e　　D. 0　　E. $\infty$

**强化 41** $\lim\limits_{x\to+\infty}\left(\frac{\pi}{2}-\arctan x\right)^{\frac{1}{\ln x}}=(\quad)$.

A. e　　B. $e^2$　　C. $e^{-2}$　　D. $e^{-1}$　　E. $\infty$

**强化 42** $\lim\limits_{x\to0}\frac{\cos(\sin x)-\cos x}{x^4}=(\quad)$.

A. $\frac{1}{6}$　　B. $-\frac{1}{6}$　　C. 6　　D. $-6$　　E. $\infty$

**强化 43** $\lim\limits_{x\to+\infty}(\sin\sqrt{x+1}-\sin\sqrt{x})=(\quad)$.

A. 1　　B. 2　　C. $-2$　　D. 0　　E. $\infty$

**强化 44** $\lim\limits_{x\to+\infty} x\left(\frac{\pi}{4}-\arctan\frac{x}{x+1}\right)=(\quad)$.

A. $\frac{1}{2}$　　B. $-\frac{1}{2}$　　C. 2　　D. $-2$　　E. $\infty$

**强化 45** $\lim\limits_{x\to0^+}\frac{\int_0^{\sin x}\sqrt{\tan t}\,\mathrm{d}t}{\int_0^{\tan x}\sqrt{\sin t}\,\mathrm{d}t}=(\quad)$.

A. 1　　B. 2　　C. $\sqrt{2}$　　D. 0　　E. $\infty$

**强化 46** $\lim\limits_{x\to0}\left(\frac{1}{x^5}\int_0^x e^{-t^2}\mathrm{d}t+\frac{1}{3}\frac{1}{x^2}-\frac{1}{x^4}\right)=(\quad)$.

A. 1　　B. 0　　C. $\frac{3}{10}$　　D. $-\frac{1}{10}$　　E. $\frac{1}{10}$

**强化 47** $\lim\limits_{x\to\infty}\dfrac{\left(\int_0^x e^{t^2}dt\right)^2}{\int_0^x e^{2t^2}dt}=($　　$)$.

A. 1　　B. 0　　C. 2　　D. −1　　E. ∞

**强化 48** 设 $f(x)$ 在 $(-\infty,+\infty)$ 内连续，且 $f(0)=4$，则极限 $\lim\limits_{x\to 0}\dfrac{\int_0^x f(t)(x-t)dt}{x^2}=($　　$)$.

A. 1　　B. 0　　C. 2　　D. −2　　E. ∞

**强化 49** $\lim\limits_{x\to 0^+}\dfrac{x\int_x^{x^2}\sin(xt)dt}{\int_0^x t\cdot\sin(x^2-t^2)dt}=($　　$)$.

A. 1　　B. 0　　C. 2　　D. −1　　E. −2

**强化 50** 设$\lim\limits_{x\to 0}\left[a\arctan\frac{1}{x}+(1+|x|)^{\frac{1}{x}}\right]$存在,则 $a=$(　　).

A. e　　B. $e^{-1}$　　C. $\frac{e-e^{-1}}{\pi}$　　D. $\frac{e^{-1}-e}{\pi}$　　E. $2e^{-1}$

**强化 51** 设$\lim\limits_{x\to\infty}\frac{ax+2|x|}{bx-|x|}\arctan x=-\frac{\pi}{2}$,则(　　).

A. $a=1,b=-2$

B. $a=-1,b=-2$

C. $a=1,b=0$

D. $a=-1,b=2$

E. $a=1,b=2$

**强化 52** 若$\lim\limits_{x\to 0}\left(\frac{1-\tan x}{1+\tan x}\right)^{\frac{1}{\sin kx}}=e$,则 $k=$(　　).

A. $-2$　　B. $-1$　　C. $\frac{1}{2}$　　D. 2　　E. 1

**强化 53** 设$\lim\limits_{x\to 2}\frac{x^2+ax+b}{x^2-3x+2}=6$，则（　　）.

A. $a=2,b=-8$

B. $a=-2,b=8$

C. $a=2,b=-4$

D. $a=-2,b=-8$

E. $a=2,b=8$

**强化 54** 若$\lim\limits_{x\to 0}(e^x+ax^2+bx)^{\frac{1}{x^2}}=1$，则（　　）.

A. $a=\frac{1}{2},b=-1$

B. $a=-\frac{1}{2},b=-1$

C. $a=\frac{1}{2},b=1$

D. $a=-\frac{1}{2},b=1$

E. $a=1,b=1$

**强化 55** 若$\lim\limits_{x\to 0}\dfrac{1}{x-b\sin x}\displaystyle\int_0^x\dfrac{t^2}{\sqrt{a+t^2}}\mathrm{d}t=1$，则（　　）.

A. $a=4,b=1$　　B. $a=2,b=1$

C. $a=1,b=1$　　D. $a=4,b=-1$

E. $a=2,b=-1$

**强化 56** 已知$\lim\limits_{x\to-\infty}(\sqrt{x^2-x+1}-ax-b)=0$，则（　　）.

A. $a=1,b=0$　　B. $a=1,b=-\dfrac{1}{2}$

C. $a=1,b=\dfrac{1}{2}$　　D. $a=-1,b=-\dfrac{1}{2}$

E. $a=-1,b=\dfrac{1}{2}$

# 题型5 数列极限定义与性质

**1. 数列极限的定义**

$\lim\limits_{n\to\infty} u_n = A \Leftrightarrow$ 对 $\forall \varepsilon>0$，存在正整数 $N>0$，当 $n>N$ 时，有 $|u_n - A|<\varepsilon$.

**2. 收敛数列与子数列的关系**

从数列 $\{u_n\}$ 中抽取无穷多项，在不改变原有次序的情况下构成的新数列称为数列 $\{u_n\}$ 的子数列.

若数列 $\{u_n\}$ 收敛于 $a$，则任意子数列 $\{u_{n_k}\}$ 也收敛于 $a$.

【注】$\lim\limits_{n\to\infty} u_n = A \Leftrightarrow$ 偶数子列 $\{u_{2n}\}$ 和奇数子列 $\{u_{2n+1}\}$ 满足 $\lim\limits_{n\to\infty} u_{2n} = \lim\limits_{n\to\infty} u_{2n+1} = A$.

**3. 几个常用的重要结论**

（1）若 $\lim\limits_{n\to\infty} u_n = A$，则 $\lim\limits_{n\to\infty} |u_n| = |A|$，但反之却未必成立.

（2）$\lim\limits_{n\to\infty} u_n = 0 \Leftrightarrow \lim\limits_{n\to\infty} |u_n| = 0$.

（3）$\lim\limits_{n\to\infty} q^n = \begin{cases} \infty, & |q|>1, \\ 0, & |q|<1, \\ 1, & q=1, \\ \text{不存在}, & q=-1. \end{cases}$

**4. 数列极限的局部保号性**

① 若 $\lim\limits_{n\to\infty} u_n>0$，则存在正整数 $N>0$，当 $n>N$ 时，$u_n>0$.

② 若 $\lim\limits_{n\to\infty} u_n<0$，则存在正整数 $N>0$，当 $n>N$ 时，$u_n<0$.

③ 若 $\lim\limits_{n\to\infty} u_n>A$，则存在正整数 $N>0$，当 $n>N$ 时，$u_n>A$.

④ 若 $\lim\limits_{n\to\infty} u_n<A$，则存在正整数 $N>0$，当 $n>N$ 时，$u_n<A$.

【注】数列极限的局部保序性：

① 若 $\lim\limits_{n\to\infty} u_n>\lim\limits_{n\to\infty} v_n$，则存在正整数 $N>0$，当 $n>N$ 时，$u_n>v_n$.

② 若 $\lim\limits_{n\to\infty} u_n<\lim\limits_{n\to\infty} v_n$，则存在正整数 $N>0$，当 $n>N$ 时，$u_n<v_n$.

**5. 数列极限的有界性**

① 若 $\lim\limits_{n\to\infty} u_n = A$，则数列 $\{u_n\}$ 有界，但反之却未必成立.

② 若 $\lim\limits_{n\to\infty} u_n = \infty$，则数列 $\{u_n\}$ 无界，但反之却未必成立.

**强化 57** “对$\forall \varepsilon \in (0,1)$,总存在正整数$N$,当$n \geqslant N$时,恒有$|x_n - a| \leqslant 2\varepsilon$”是“数列$\{x_n\}$收敛于$a$”的(　　).

A. 充分必要条件　　B. 充分非必要条件

C. 必要非充分条件　　D. 既非充分也非必要条件

E. 无法得出两者关系

**强化 58** 设数列极限$\lim\limits_{n \to \infty} a_n$存在,且$a_{2n} = \sqrt{n+\sqrt{n}} - \sqrt{n}$,则$\lim\limits_{n \to \infty} a_{2n+1} = $(　　).

A. 1　　B. $-1$　　C. $\dfrac{1}{2}$　　D. $-\dfrac{1}{2}$　　E. 0

**强化 59** 设$\lim\limits_{n \to \infty} a_n = a \neq 0$,则当$n$充分大时有(　　).

A. $|a_n| > \dfrac{|a|}{2}$　　B. $|a_n| < \dfrac{|a|}{2}$　　C. $a_n > a - \dfrac{1}{n}$　　D. $a_n < a + \dfrac{1}{n}$　　E. $a_n < a + \dfrac{1}{2n}$

**强化 60** 已知数列$\{x_n\}$，其中$-\frac{\pi}{2}\leqslant x_n\leqslant\frac{\pi}{2}$，则下列命题中正确的是(　　).

A. 若$\lim\limits_{n\to\infty}\cos(\sin x_n)$存在，则$\lim\limits_{n\to\infty}x_n$存在

B. 若$\lim\limits_{n\to\infty}\sin(\cos x_n)$存在，则$\lim\limits_{n\to\infty}x_n$存在

C. 若$\lim\limits_{n\to\infty}\cos x_n$存在，则$\lim\limits_{n\to\infty}x_n$存在

D. 若$\lim\limits_{n\to\infty}|x_n|$存在，则$\lim\limits_{n\to\infty}x_n$存在

E. 若$\lim\limits_{n\to\infty}\sin x_n$存在，则$\lim\limits_{n\to\infty}x_n$存在

**强化 61** (2024 年真题)设实数数列$\{a_n\}$，给出以下四个命题：

① 若$\lim\limits_{n\to\infty}a_n=A$，则$\lim\limits_{n\to\infty}\sin a_n=\sin A$，　② 若$\lim\limits_{n\to\infty}\sin a_n=\sin A$，则$\lim\limits_{n\to\infty}a_n=A$，

③ 若$\lim\limits_{n\to\infty}a_n=A$，则$\lim\limits_{n\to\infty}e^{a_n}=e^A$，　④ 若$\lim\limits_{n\to\infty}e^{a_n}=e^A$，则$\lim\limits_{n\to\infty}a_n=A$，

其中真命题的个数是(　　).

A. 0　　B. 1　　C. 2　　D. 3　　E. 4

**强化 62** 设数列$\{x_n\}$与$\{y_n\}$满足$\lim\limits_{n\to\infty}x_ny_n=0$,给出以下四个命题:

① 若$\{x_n\}$发散,则$\{y_n\}$发散,　　② 若$\{x_n\}$收敛,则$\{y_n\}$收敛,

③ 若$\{x_n\}$有界,则$\{y_n\}$必无穷小,　　④ 若$\left\{\dfrac{1}{x_n}\right\}$无穷小,则$\{y_n\}$必为有界,

其中真命题的个数是(　　).

A. 0　　B. 1　　C. 2　　D. 3　　E. 4

# 题型6 数列极限计算

396 经济类综合能力数学(以下简称 396)在数列极限计算问题中所涉及的考点包括:利用初等数学的化简求数列极限、利用归结原则求数列极限、利用定积分定义求数列极限、利用夹逼准则求数列极限,以及单调有界准则,根据 396 考试的特点,单调有界准则这一考点,在备考中掌握住基本定理的内容即可.

**1. 利用归结原则求数列极限**

若 $\lim\limits_{x\to+\infty} f(x)=A$,则有 $\lim\limits_{n\to\infty} f(n)=A$.

**2. 利用定积分定义求数列极限**

(1) 一般形式:

右端点:$\int_a^b f(x)\,dx=\lim\limits_{n\to\infty}\sum\limits_{k=1}^{n} f\left[a+\frac{k}{n}(b-a)\right]\cdot\frac{b-a}{n}$;

左端点:$\int_a^b f(x)\,dx=\lim\limits_{n\to\infty}\sum\limits_{k=1}^{n} f\left[a+\frac{k-1}{n}(b-a)\right]\cdot\frac{b-a}{n}$.

(2) 特殊形式(考察[0,1]的区间):

右端点:$\int_0^1 f(x)\,dx=\lim\limits_{n\to\infty}\frac{1}{n}\sum\limits_{k=1}^{n} f\left(\frac{k}{n}\right)$;

左端点:$\int_0^1 f(x)\,dx=\lim\limits_{n\to\infty}\frac{1}{n}\sum\limits_{k=1}^{n} f\left(\frac{k-1}{n}\right)$;

中点:$\int_0^1 f(x)\,dx=\lim\limits_{n\to\infty}\frac{1}{n}\sum\limits_{k=1}^{n} f\left(\frac{2k-1}{2n}\right)$(2023 年真题).

**3. 利用夹逼准则求数列极限**

若存在 $N>0$,当 $n>N$ 时,满足

(1) $y_n\leqslant x_n\leqslant z_n$,

(2) $\lim\limits_{n\to\infty} y_n=a$,且 $\lim\limits_{n\to\infty} z_n=a$,

则数列 $\{x_n\}$ 极限存在,且 $\lim\limits_{n\to\infty} x_n=a$.

**4. 单调有界准则**

(1) 数列 $\{x_n\}$ 单调递增有上界,数列极限 $\lim\limits_{n\to\infty} x_n$ 一定存在.

(2) 数列 $\{x_n\}$ 单调递减有下界,数列极限 $\lim\limits_{n\to\infty} x_n$ 一定存在.

**强化 63** $\lim_{n\to\infty}[\sqrt{1+2+\cdots+n}-\sqrt{1+2+\cdots+(n-1)}]=(\quad)$.

A. 0　　B. $\sqrt{2}$　　C. 1　　D. $\frac{\sqrt{2}}{2}$　　E. $\infty$

**强化 64** $\lim_{n\to\infty}\sqrt[2n-1]{n^2+n}=(\quad)$.

A. 0　　B. e　　C. 1　　D. $e^2$　　E. $\infty$

**强化 65** $\lim_{n\to\infty}\frac{1}{n}\left(\sqrt{1+\cos\frac{\pi}{n}}+\sqrt{1+\cos\frac{2\pi}{n}}+\cdots+\sqrt{1+\cos\frac{n\pi}{n}}\right)=(\quad)$.

A. 0　　B. $\frac{\sqrt{2}}{\pi}$　　C. $\frac{2}{\pi}$　　D. $\frac{2\sqrt{2}}{\pi}$　　E. $\infty$

微积分篇

**强化 66** $\lim\limits_{n\to\infty}\sum\limits_{k=1}^{n}\dfrac{\sin\frac{k-1}{n}\pi}{(2n+1)}=$（　　）.

A. $-\dfrac{1}{2\pi}$　　B. $-\dfrac{1}{\pi}$　　C. $\dfrac{1}{2\pi}$　　D. $\dfrac{1}{\pi}$　　E. $\dfrac{2}{\pi}$

**强化 67** $\lim\limits_{n\to\infty}\ln\sqrt[n]{\left(1+\dfrac{1}{n}\right)^2\left(1+\dfrac{2}{n}\right)^2\cdots\left(1+\dfrac{2n}{n}\right)^2}=$（　　）.

A. $4\ln 2+2$　　B. $6\ln 3-4$　　C. $3\ln 3-1$　　D. $6\ln 3+4$　　E. $4\ln 2-2$

**强化 68** $\lim\limits_{n\to\infty}\left(\dfrac{\sin\frac{\pi}{n}}{n+1}+\dfrac{\sin\frac{2\pi}{n}}{n+\frac{1}{2}}+\cdots+\dfrac{\sin\pi}{n+\frac{1}{n}}\right)=$（　　）.

A. $\infty$　　B. $\dfrac{2}{\pi}$　　C. 0　　D. $\dfrac{1}{\pi}$　　E. 1

**强化 69** $\lim\limits_{n\to\infty}\left(\dfrac{1}{n^2+1}+\dfrac{3}{n^2+3}+\cdots+\dfrac{2n-1}{n^2+2n-1}\right)=(\quad)$.

A. $\infty$　　B. $-2$　　C. 0　　D. 2　　E. 1

**强化 70** $\lim\limits_{n\to\infty}\sqrt[n]{\sin 1+\sin\dfrac{1}{2}+\cdots+\sin\dfrac{1}{n}}=(\quad)$.

A. 1　　B. $\sin 1$　　C. 0　　D. $\infty$　　E. 2

**强化 71** 设单调数列$\{a_n\}$,给出以下四个结论:

① $\lim\limits_{n\to\infty}\sin a_n$ 存在,　　② $\lim\limits_{n\to\infty}|a_n|$存在,

③ $\lim\limits_{n\to\infty}\arctan a_n$ 存在,　　④ $\lim\limits_{n\to\infty}e^{a_n}$存在,

其中正确的个数是(　　).

A. 0　　B. 1　　C. 2　　D. 3　　E. 4

# 题型7 连续与间断

**1. 连续的判定方法**

（1）方法一：初等函数在其有定义的区间上连续.

（2）方法二：利用连续的定义.

① 不需分左右极限时：$\lim\limits_{x\to x_0} f(x)=f(x_0)$；

② 需要分左右极限时：$\lim\limits_{x\to x_0^-} f(x)=\lim\limits_{x\to x_0^+} f(x)=f(x_0)$.

【注】函数 $f(x)$ 在点 $x_0$ 处连续必须同时满足以下三个条件：

① $f(x)$ 在 $U(x_0,\delta)$ 内有定义；② 极限 $\lim\limits_{x\to x_0} f(x)$ 存在；③ $\lim\limits_{x\to x_0} f(x)=f(x_0)$.

**2. 连续保号性**

设 $f(x)$ 在 $x=x_0$ 处连续，

（1）若 $f(x_0)>0$，则在 $x_0$ 的邻域内 $f(x)>0$.

（2）若 $f(x_0)<0$，则在 $x_0$ 的邻域内 $f(x)<0$.

**3. 间断点分类**

（1）第一类间断点：$\lim\limits_{x\to x_0^-} f(x)$ 与 $\lim\limits_{x\to x_0^+} f(x)$ 均存在.

① 可去间断点：$\lim\limits_{x\to x_0} f(x)\neq f(x_0)$；

② 跳跃间断点：$\lim\limits_{x\to x_0^-} f(x)\neq \lim\limits_{x\to x_0^+} f(x)$.

（2）第二类间断点：$\lim\limits_{x\to x_0^-} f(x)$ 与 $\lim\limits_{x\to x_0^+} f(x)$ 至少有一个不存在.

① 无穷间断点：$\lim\limits_{x\to x_0^-} f(x)$ 和 $\lim\limits_{x\to x_0^+} f(x)$ 至少有一个是 $\infty$；

② 振荡间断点：$\lim\limits_{x\to x_0^-} f(x)$ 和 $\lim\limits_{x\to x_0^+} f(x)$ 至少有一个是振荡不存在.

**4. 连续函数的性质**

（1）四则运算性质：设函数 $f(x)$，$g(x)$ 在点 $x_0$ 处连续，则

$$f(x)\pm g(x),\quad f(x)\cdot g(x),\quad \frac{f(x)}{g(x)}(g(x_0)\neq 0)$$

在点 $x_0$ 处也连续.

（2）复合函数的连续性：设函数 $y=f[g(x)]$ 是由函数 $y=f(u)$ 与 $u=g(x)$ 复合而成，若 $u=g(x)$ 在点 $x=x_0$ 处连续，且 $g(x_0)=u_0$，而 $y=f(u)$ 在 $u=u_0$ 处连续，则复合函数 $y=f[g(x)]$ 在点 $x=x_0$ 处连续.

**强化 72** 设 $f(x)=\begin{cases}\dfrac{x^2+ax+b}{\arctan(x^2-1)}, & x\neq 1,\\ 3, & x=1\end{cases}$ 在 $x=1$ 处连续，则（　　）.

A. $a=4,b=-5$

B. $a=-4,b=-5$

C. $a=4,b=-4$

D. $a=-4,b=-3$

E. $a=4,b=-3$

**强化 73** 设 $f(x)=\begin{cases}\dfrac{\tan 2x+e^{2ax}-1}{\sqrt{1+x}-1}, & x\neq 0,\\ a, & x=0\end{cases}$ 在 $x=0$ 处连续，则 $a=$（　　）.

A. $\dfrac{4}{3}$　　B. $\dfrac{5}{4}$　　C. 2　　D. $-\dfrac{4}{3}$　　E. $-\dfrac{5}{4}$

**强化 74** 设 $f(x)=\begin{cases}2(x+b)\arctan\dfrac{1}{x}, & x>0,\\ a, & x=0,\\ \dfrac{\ln(1+\pi x^2)}{x\sin x}, & x<0\end{cases}$ 在 $x=0$ 处连续，则 $a=$（　　）.

A. $a=\pi, b=-1$　　B. $a=2\pi, b=1$

C. $a=\pi, b=1$　　D. $a=2\pi, b=-1$

E. $a=\pi, b=0$

**强化 75** 设函数 $f(x)=\begin{cases}-1, & x<0,\\ 1, & x\geqslant 0,\end{cases}$ $g(x)=\begin{cases}2-ax, & x\leqslant -1,\\ x, & -1<x<0,\\ x-b, & x\geqslant 0,\end{cases}$ 若 $f(x)+g(x)$ 在 $\mathbf{R}$ 上连续，则（　　）.

A. $a=3, b=1$　　B. $a=3, b=2$

C. $a=-3, b=1$　　D. $a=-3, b=2$

E. $a=-3, b=-2$

**强化 76** 设函数 $f(x)=\dfrac{x}{a+e^{bx}}$ 在 $(-\infty,+\infty)$ 内连续,且 $\lim\limits_{x\to-\infty}f(x)=0$,则常数 $a,b$ 满足(　　).

A. $a<0,b<0$

B. $a>0,b>0$

C. $a\leqslant 0,b>0$

D. $a\geqslant 0,b<0$

E. $a\leqslant 0,b\geqslant 0$

**强化 77** 已知函数 $f(x)=\dfrac{e^{x}-b}{(x-a)(x-1)}$,且 $x=0$ 是 $f(x)$ 的无穷间断点,$x=1$ 是 $f(x)$ 的可去间断点,则常数 $a,b$ 满足(　　).

A. $a=0,b=e$

B. $a=e,b=1$

C. $a=0,b=2e$

D. $a=e,b=e$

E. $a=0,b=1$

**强化 78** 函数 $f(x)=\lim\limits_{t\to 0}\left(1+\dfrac{\sin t}{x}\right)^{\frac{x^{2}}{t}}$ 在 $(-\infty,+\infty)$ 内(　　).

A. 连续

B. 有可去间断点

C. 有跳跃间断点

D. 有无穷间断点

E. 有振荡间断点

**强化 79** 函数 $f(x)=\dfrac{x}{\ln|x-1|}$ 的可去间断点个数为(　　).

A. 0　　B. 1　　C. 2　　D. 3　　E. 4

**强化 80** 函数 $f(x)=\lim\limits_{n\to\infty}\dfrac{1-x^{2n}}{1+x^{2n}}\cdot x$ 的第一类间断点个数为(　　).

A. 0　　B. 1　　C. 2　　D. 3　　E. 4

**强化 81** 设函数 $f(x)=\lim\limits_{n\to\infty}\dfrac{\ln(e^n+x^n)}{n}(x>0)$，则函数在定义域内(　　).

A. 处处连续

B. 有可去间断点

C. 有跳跃间断点

D. 有振荡间断点

E. 有无穷间断点

**强化 82**　设函数 $f(x)=\lim\limits_{n\to\infty}\dfrac{xe^{nx}+\cos x-1}{\arctan x+e^{nx}}$,则 $f(x)$ 在其定义域内(　　).

A. 处处连续　　B. 有可去间断点

C. 有跳跃间断点　　D. 有振荡间断点

E. 有无穷间断点

**强化 83**　设 $f(x)$ 和 $\varphi(x)$ 在 $(-\infty,+\infty)$ 内有定义, $f(x)$ 为连续函数,且 $f(x)\neq 0$, $\varphi(x)$ 有间断点,则(　　).

A. $\varphi[f(x)]$ 必有间断点　　B. $[\varphi(x)]^2$ 必有间断点

C. $f[\varphi(x)]$ 必有间断点　　D. $|\varphi(x)|$ 必有间断点

E. $\dfrac{\varphi(x)}{f(x)}$ 必有间断点

# 第二章　一元函数微分学

## 经济类综合能力数学题型清单

| 题型清单 | 考试等级 | 刷题效果 | | |
|---|---|---|---|---|
| | | 一刷 | 二刷 | 三刷 |
| 【题型 8】导数与微分的定义 | ☆☆☆☆☆ | | | |
| 【题型 9】导数与微分的计算 | ☆☆☆☆☆ | | | |
| 【题型 10】切线方程与法线方程 | ☆☆☆☆ | | | |
| 【题型 11】函数的单调性与极值 | ☆☆☆☆☆ | | | |
| 【题型 12】曲线的凹凸性与拐点 | ☆☆☆☆☆ | | | |
| 【题型 13】渐近线与曲率 | ☆☆ | | | |
| 【题型 14】求函数零点及方程的根 | ☆☆☆☆☆ | | | |
| 【题型 15】中值定理 | ☆☆ | | | |
| 【题型 16】微分的经济学应用 | ☆ | | | |

# 题型8 导数与微分的定义

## 【考向 1】导数定义的基本形式

**1. 作差型定义**：$f'(x_0)=\lim\limits_{x\to x_0}\dfrac{f(x)-f(x_0)}{x-x_0}$.

**2. 单侧导数定义**：

（1）右导数：$f'_{+}(x_0)=\lim\limits_{x\to x_0^{+}}\dfrac{f(x)-f(x_0)}{x-x_0}$.

（2）左导数：$f'_{-}(x_0)=\lim\limits_{x\to x_0^{-}}\dfrac{f(x)-f(x_0)}{x-x_0}$.

**3. 推广型导数定义**：$f'(x_0)=\lim\limits_{\square\to 0}\dfrac{f(x_0+\square)-f(x_0)}{\square}$，其中$\square\to 0^{+}$且$\square\to 0^{-}$.

## 【考向 2】可导性、连续性及存在性之间的关系

（1）若函数$f(x)$在点$x=x_0$处可导，则$f(x)$在点$x=x_0$处连续，但反之不一定成立.

（2）若函数$f^{(n)}(x)$在点$x=x_0$处可导，则$f^{(n)}(x)$在点$x=x_0$处连续.

（3）若函数$f^{(n)}(x)$在点$x=x_0$处连续，则$f^{(n-1)}(x)$，$f^{(n-2)}(x)$，…在点$x=x_0$处也连续.

（4）若函数$f^{(n)}(x)$在点$x=x_0$处存在，则$f^{(n-1)}(x)$在点$x=x_0$处也连续.

（5）函数在点$x=x_0$处$n$阶可导$\Leftrightarrow$函数$f^{(n)}(x)$在点$x=x_0$处存在.

## 【考向 3】利用导数定义求导数（或判定导数的存在性）

**1. 利用作差型定义**

$f'(x)$在$x=x_0$处存在（即$f'(x_0)$存在）

$\Leftrightarrow f(x)$在点$x=x_0$处可导

$\Leftrightarrow f'(x_0)=\lim\limits_{x\to x_0}\dfrac{f(x)-f(x_0)}{x-x_0}$极限存在

$\Leftrightarrow f(x)$在点 $x=x_0$ 处左、右导数都存在且相等,即 $f'_+(x_0)=f'_-(x_0)$(且存在).

**2. 利用推广型定义**

$f'(x)$在点 $x=x_0$ 处存在(即 $f'(x_0)$存在)

$\Leftrightarrow f(x)$在点 $x=x_0$ 处可导

$\Leftrightarrow f'(x_0)=\lim\limits_{\square\to 0}\dfrac{f(x_0+\square)-f(x_0)}{\square}$极限存在,其中$\square\to 0^+$且$\square\to 0^-$.

## 【考向 4】 常考结论

(1) 若$\lim\limits_{x\to 0}\dfrac{f(x_0+ax)-f(x_0+bx)}{x}$存在,无法推知 $f(x)$在点 $x=x_0$ 处可导.

(2) 若 $f(x)$在点 $x=x_0$ 处可导,则$\lim\limits_{x\to 0}\dfrac{f(x_0+ax)-f(x_0+bx)}{x}=(a-b)f'(x_0)$.

(3) 若 $g(x)$在点 $x=x_0$ 处连续,$F(x)=g(x)|x-x_0|$在点 $x_0$ 处可导$\Leftrightarrow g(x_0)=0$.

## 【考向 5】 一元函数的微分

**1. 微分的定义**

设函数 $y=f(x)$在点 $x_0$ 的某邻域内有定义,当自变量 $x$ 在点 $x_0$ 处有增量 $\Delta x$ 时,若相应的函数增量可表示为

$$\Delta y=f(x_0+\Delta x)-f(x_0)=A\cdot\Delta x+o(\Delta x),$$

其中 $A$ 与 $\Delta x$ 无关,$o(\Delta x)$是 $\Delta x\to 0$ 时比 $\Delta x$ 高阶的无穷小量,则称函数 $f(x)$在点 $x_0$ 处可微,其中 $\Delta y$ 的线性主部 $A\cdot\Delta x$ 称为函数 $f(x)$在点 $x_0$ 处的微分,记为$\mathrm{d}y\big|_{x=x_0}=A\cdot\Delta x=A\mathrm{d}x$.

**【注】**若 $y=f(x)$在点 $x=x_0$ 处可微,则当 $\Delta x\to 0$ 时,有

$$f(x_0+\Delta x)-f(x_0)=f'(x_0)\Delta x+o(\Delta x).$$

一般地,若 $y=f(x)$可微,则当 $\Delta x\to 0$ 时,有

$$f(x+\Delta x)-f(x)=f'(x)\Delta x+o(\Delta x).$$

**2. 微分的计算**

函数 $y=f(x)$ 在点 $x$ 处可微的充分必要条件是函数 $y=f(x)$ 在点 $x$ 处可导，且微分

$$dy=f'(x)\Delta x=f'(x)dx.$$

**3. 微分的几何意义**

如图 8.1 所示，$\Delta y=f(x_0+\Delta x)-f(x_0)$ 是曲线 $y=f(x)$ 在点 $x_0$ 处相应于自变量增量 $\Delta x$ 的纵坐标的增量，微分 $dy\big|_{x=x_0}$ 是曲线 $y=f(x)$ 在点 $(x_0,f(x_0))$ 处的切线纵坐标相应的增量.

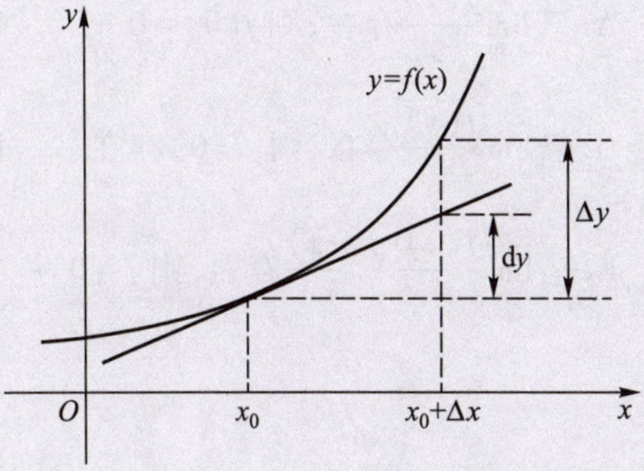


图 8.1

**强化 84**　设 $f(0)=0$，给出四个极限：

① $\lim\limits_{x\to 0}\dfrac{f(x_0)-f(x_0-x)}{\ln(1+x)}$，　② $\dfrac{1}{6}\lim\limits_{x\to 0}\dfrac{f(x_0+x^3)-f(x_0)}{x-\sin x}$，

③ $\lim\limits_{x\to 0}\dfrac{f(x_0+e^{x^2}-1)-f(x_0)}{\sin x^2}$，　④ $\lim\limits_{x\to 0}\dfrac{f(x_0+2x)-f(x_0+x)}{x}$，

其中与 $f'(x_0)$ 等价的个数为（　　）.

A. 0　　B. 1　　C. 2　　D. 3　　E. 4

**强化 85**　设 $f(x)=\arctan\dfrac{1}{x}$，则 $\lim\limits_{x\to 0}\dfrac{f(2+3x)-f(2-5x)}{x}=$（　　）.

A. $\dfrac{2}{5}$　　B. $-\dfrac{2}{5}$　　C. $\dfrac{8}{5}$　　D. $-\dfrac{8}{5}$　　E. $\dfrac{32}{5}$

**强化 86** 设函数 $f(x)$ 在点 $x=0$ 处连续，则下列命题中错误的是（　　）.

A. 若 $\lim\limits_{x\to 0}\dfrac{f(x)}{x}$ 存在，则 $f(0)=0$

B. 若 $\lim\limits_{x\to 0}\dfrac{f(x)+f(-x)}{x}$ 存在，则 $f(0)=0$

C. 若 $\lim\limits_{x\to 0}\dfrac{f(x)}{x}$ 存在，则 $f'(0)$ 存在

D. 若 $\lim\limits_{x\to 0}\dfrac{f(x)+2f(-x)}{x}$ 存在，则 $f(0)=0$

E. 若 $\lim\limits_{x\to 0}\dfrac{f(x)-f(-x)}{x}$ 存在，则 $f'(0)$ 存在

**强化 87** 设 $f(x)$ 在点 $x=0$ 处二阶可导，且 $\lim\limits_{x\to 0}\dfrac{f(x)}{\sqrt{1+x^2}-1}=1$，给出四个结论：

① $\lim\limits_{x\to 0}\dfrac{f(x)}{x^2}=2$，

② $\lim\limits_{x\to 0}\dfrac{f'(x)}{x}=1$，

③ $f''(0)=1$，

④ $\lim\limits_{x\to 0}f''(x)=1$，

其中一定正确的个数为（　　）.

A. 0　　B. 1　　C. 2　　D. 3　　E. 4

**强化 88** 设函数 $f(x)=\begin{cases}\dfrac{1-\cos x}{2}, & x\leqslant 0,\\ \dfrac{1}{x}\displaystyle\int_0^{x^2}\sin\sqrt{t}\,\mathrm{d}t, & x>0,\end{cases}$ 则 $f(x)$ 在 $x=0$ 处(　　).

A. 不连续　　B. 连续但不可导

C. 可导但 $f'(0)=1$　　D. 可导且 $f'(0)=0$

E. 可导但 $f'(0)=-1$

**强化 89** 设 $f(x)=\begin{cases}\dfrac{g(x)}{x}, x\neq 0,\\ 0, x=0,\end{cases}$ 且 $g(0)=g'(0)=0, g''(0)=a$，则 $f'(0)=$(　　).

A. $a$　　B. $\dfrac{a}{2}$　　C. 0　　D. $-a$　　E. $-\dfrac{a}{2}$

**强化 90** 设函数$f(x)$可导，$F(x)=\begin{cases}\dfrac{f(x)+2\ln(1+x)}{x}, & x\neq 0,\\ 1, & x=0\end{cases}$在点$x=0$连续，则$f'(0)=$(　　).

A. $-1$　　B. 1　　C. 0　　D. $\dfrac{1}{2}$　　E. 2

**强化 91** 设$f(x)$在点$a$的一个邻域内有定义，$f(a)>0$，$f(x)$在点$a$处可导，$n$为自然数，则$\lim\limits_{n\to\infty}\left[\dfrac{f\left(a+\dfrac{1}{n}\right)}{f(a)}\right]^{n}=$(　　).

A. $e^{2\frac{f'(a)}{f(a)}}$　　B. e　　C. $e^{\frac{f'(a)}{f(a)}}$　　D. $2\dfrac{f'(a)}{f(a)}$　　E. $\dfrac{f'(a)}{f(a)}$

**强化 92** 设函数$f(x)=\lim\limits_{n\to\infty}\sqrt[n]{1+|x|^{3n}}$，则$f(x)$在$\mathbf{R}$内不可导点的个数为(　　).

A. 0　　B. 1　　C. 2　　D. 3　　E. 4

**强化 93** 设函数 $f(x)$ 在 $(-\infty,+\infty)$ 上有定义，在区间 $[0,2]$ 上有 $f(x)=x(x^2-4)$，若对 $\forall x$ 都满足 $f(x)=kf(x+2)$，其中 $k$ 为常数，若 $f(x)$ 在点 $x=0$ 处可导，则 $k=($　　$)$.

A. 2　　B. $\frac{1}{2}$　　C. $-2$　　D. $-\frac{1}{2}$　　E. 1

**强化 94** 设 $f(x)$ 连续，且 $\lim\limits_{x\to0}\frac{f(x)-\tan x}{x}=1$，又 $F(x)=\int_0^1 f(tx)\,dt$，则 $F'(0)=($　　$)$.

A. 0　　B. 2　　C. $-1$　　D. $-2$　　E. 1

**强化 95** 设函数 $f(x)$ 满足 $f(x+\Delta x)-f(x)=\frac{1}{\sqrt{x(9-x)}}\Delta x+o(\Delta x)\ (\Delta x\to0)$，且 $f(0)=0$，则 $f(9)=($　　$)$.

A. $\pi$　　B. 1　　C. $2\pi$　　D. 0　　E. $\frac{\pi}{2}$

**强化 96** 设函数 $f(x)$ 在点 $x_0$ 处可导，且 $f'(x_0)\neq 0$，则当 $\Delta x\to 0$ 时，$f(x)$ 在点 $x_0$ 处的增量与微分的差 $(\Delta y-\mathrm{d}y)$ 是（　　）.

A. 比 $\Delta x,\Delta y$ 都低阶的无穷小量

B. 比 $\Delta x,\Delta y$ 都高阶的无穷小量

C. 比 $\Delta x$ 低阶的无穷小量，比 $\Delta y$ 高阶的无穷小量

D. 比 $\Delta x$ 高阶的无穷小量，比 $\Delta y$ 低阶的无穷小量

E. 与 $\Delta x$，$\Delta y$ 均为同阶的无穷小量

**强化 97** 设函数 $f(u)$ 可导，$y=f(x^2)$ 当自变量 $x$ 在点 $x=-1$ 处取得增量 $\Delta x=-0.1$ 时，相应的函数增量 $\Delta y$ 的线性主部为 0.1，则 $f'(1)=$（　　）.

A. $-1$　　B. 0.1　　C. 1　　D. 0.5　　E. 2

# 题型9 导数与微分的计算

**1. 复合函数的导数与微分的计算**

(1) 链式求导法则：设 $y=f(u)$，$u=\varphi(x)$，$f(u)$ 与 $\varphi(x)$ 都可导，则复合函数 $y=f[\varphi(x)]$ 在点 $x$ 处可导，且有 $\frac{dy}{dx}=\frac{dy}{du}\frac{du}{dx}=f'[\varphi(x)]\varphi'(x)$.

(2) 注意区分 $[f(\square)]'$ 与 $f'(\square)$ 两个符号，即

$$f'(\square)=\frac{df(\square)}{d\square},\quad [f(\square)]'=\frac{df(\square)}{dx}=f'(\square)\cdot\frac{d\square}{dx}.$$

**2. 一元隐函数的导数与微分的计算**

方程 $F(x,y)=0$ 两边同时对 $x$ 求导，注意方程中 $y$ 为 $x$ 的函数.

**3. 分段函数的导数与微分的计算**

分段点外直接求，分段点上用定义（导数定义）.

**4. 由参数方程确定的函数的导数与微分的计算**

设 $x=x(t)$，$y=y(t)$ 确定函数 $y=f(x)$，其中 $x'(t)$，$y'(t)$ 存在，且 $x'(t)\neq 0$，则

$$\frac{dy}{dx}=\frac{dy/dt}{dx/dt}=\frac{y'(t)}{x'(t)};\quad \frac{d^2y}{dx^2}=\frac{d\left(\frac{dy}{dx}\right)}{dt}\frac{1}{dx/dt}.$$

**5. 反函数的导数与微分的计算**

若 $x=f^{-1}(y)$ 为 $y=f(x)$ 的反函数，其中 $f'(x)\neq 0$，则反函数的导数为

$$\frac{dx}{dy}=\frac{1}{f'(x)},\quad \frac{d^2x}{dy^2}=-\frac{f''(x)}{[f'(x)]^3}.$$

**6. 高阶导数计算**

(1) 常见的高阶导数计算公式：

① 若 $y=\frac{1}{ax+b}$，则 $y^{(n)}=\frac{(-1)^n\cdot a^n\cdot n!}{(ax+b)^{n+1}}$.

② 若 $y=\sin(ax+b)$，则 $y^{(n)}=a^n\cdot\sin\left(ax+b+\frac{n\pi}{2}\right)$.

③ 若 $y=\cos(ax+b)$，则 $y^{(n)}=a^n\cdot\cos\left(ax+b+\frac{n\pi}{2}\right)$.

④ 若 $y=a^x$,则 $y^{(n)}=a^x\cdot\ln^n a$.

⑤ 莱布尼茨公式:若 $u(x),v(x)$ 均 $n$ 阶可导,则

$$(uv)^{(n)}=C_n^0uv^{(n)}+C_n^1u'v^{(n-1)}+\cdots+C_n^nu^{(n)}v.$$

(2) 利用泰勒展开法求高阶导数:任何一个无穷阶可导的函数均有

$$f(x)=f(0)+f'(0)x+\frac{f''(0)}{2!}x^2+\cdots+\frac{f^{(n)}(0)}{n!}x^n+\cdots,$$

若 $f(x)$ 可展开为

$$f(x)=a_0+a_1x+a_2x^2+\cdots+a_nx^n+\cdots,$$

则必有 $a_n=\dfrac{f^{(n)}(0)}{n!}$,解得 $f^{(n)}(0)=a_n\cdot n!$.

**强化 98** 设 $f(x)=x\sqrt{1-x^2}+\arcsin x$,则 $\lim\limits_{x\to0}\dfrac{f(1+x)-f(1-x)}{x}=($  $)$.

A. 2　　B. 1　　C. −2　　D. 0　　E. $\pi+1$

**强化 99** (2024 年真题)设函数 $f(x),g(x)$ 可导,且 $f'(1)=1,f'(2)=2,g(1)=a,g'(1)=4$,令 $b=\left.\dfrac{\mathrm{d}f(g(x))}{\mathrm{d}x}\right|_{x=1}$,则(  ).

A. 当 $a=1$ 时,$b=4$　　B. 当 $a=1$ 时,$b=5$

C. 当 $a=1$ 时,$b=8$　　D. 当 $a=2$ 时,$b=6$

E. 当 $a=2$ 时,$b=7$

**强化 100** 设 $f(x)=\dfrac{x}{\sqrt{1+x^2}}$, $f_n(x)=f(f(\cdots f(x)))$ ($n$ 个 $f$),则 $f_n'(x)=($　　$)$.

A. $\dfrac{x}{\sqrt{1+nx^2}}$　　B. $\dfrac{1}{\sqrt{1+nx^2}}$　　C. $\dfrac{1}{\sqrt{(1+nx^2)^3}}$　　D. $\dfrac{x}{\sqrt{n+x^2}}$　　E. $\dfrac{n}{\sqrt{(n+x^2)^3}}$

**强化 101** 设函数 $f(x)=\begin{cases}\ln\sqrt{x}, & x\geqslant 1,\\ 2x-1, & x<1,\end{cases}$ $y=f[f(x)]$,则 $\left.\dfrac{\mathrm{d}y}{\mathrm{d}x}\right|_{x=\mathrm{e}}=($　　$)$.

A. $\dfrac{1}{2\mathrm{e}}$　　B. $\dfrac{1}{\mathrm{e}}$　　C. $\dfrac{2}{\mathrm{e}}$　　D. $\dfrac{1}{\sqrt{\mathrm{e}}}$　　E. $\dfrac{2}{\sqrt{\mathrm{e}}}$

**强化 102** 函数 $f(x)=\ln|(x-1)(x-2)(x-3)|$ 的驻点个数为(　　).

A. 0　　B. 1　　C. 2　　D. 3　　E. 4

强化 103 已知 $y=f(x)$ 由方程 $\sin(xy)+\ln(y-x+1)=x$ 确定，则 $\lim\limits_{x\to+\infty} xf\left(\frac{1}{4x+3}\right)=$（　　）.

A. $\frac{1}{2}$　　B. 0　　C. $\frac{1}{3}$　　D. $\frac{3}{4}$　　E. $\frac{1}{4}$

强化 104 设函数 $y=y(x)$ 由方程 $\arctan\frac{y}{x}=\ln\sqrt{x^2+y^2}$ 确定，则 $\left.\frac{\mathrm{d}^2y}{\mathrm{d}x^2}\right|_{x=1}=$（　　）.

A. 2　　B. −2　　C. 4　　D. 1　　E. 0

强化 105 设函数 $f(x)=\begin{cases} x^4\sin\frac{1}{x}, & x\neq 0, \\ 0, & x=0, \end{cases}$ 则 $\left.\frac{\mathrm{d}^2y}{\mathrm{d}x^2}\right|_{x=0}=$（　　）.

A. 0　　B. 1

C. ∞　　D. −1

E. 不存在，且不为∞

**强化 106** 设 $f(x)=\begin{cases}x^{\lambda}\cos\dfrac{1}{x}, & x\neq 0,\\ 0, & x=0,\end{cases}$ 其导函数在点 $x=0$ 处连续，则 $\lambda$ 的取值范围是（　　）.

A. $\lambda>2$　　B. $1<\lambda<2$　　C. $\lambda<2$　　D. $\lambda>1$　　E. $\lambda<1$

**强化 107** 已知摆线的参数方程为 $\begin{cases}x=a(t-\sin t),\\ y=a(1-\cos t),\end{cases}$ 其中 $a>0$，则 $\left.\dfrac{\mathrm{d}^2y}{\mathrm{d}x^2}\right|_{t=\frac{\pi}{2}}=$（　　）.

A. $a$　　B. $\dfrac{1}{a}$　　C. $2a$　　D. $-\dfrac{1}{a}$　　E. 1

**强化 108** 设 $\begin{cases}x=\mathrm{e}^{-t},\\ y=\displaystyle\int_0^t \ln(1+u^2)\,\mathrm{d}u,\end{cases}$ 则 $\left.\dfrac{\mathrm{d}^2y}{\mathrm{d}x^2}\right|_{t=0}=$（　　）.

A. 0　　B. 2　　C. $-1$　　D. $-2$　　E. 1

**强化 109** 设函数 $y=y(x)$，由参数方程 $\begin{cases} x=\arctan t, \\ 2y-ty^2+e^t=5 \end{cases}$ 确定，则 $\left.\frac{dy}{dx}\right|_{t=0}=$（　　）.

A. $\frac{1}{2}$　　B. $\frac{2}{3}$　　C. $\frac{3}{2}$　　D. 2　　E. 3

**强化 110** 设函数 $y=f(x)$ 由参数方程 $\begin{cases} x=1+t^3, \\ y=e^{t^2} \end{cases}$ 确定，则极限 $\lim\limits_{x\to+\infty} x\left[f\left(2+\frac{2}{x}\right)-f(2)\right]=$（　　）.

A. 2e　　B. $\frac{4}{3}e$　　C. $\frac{2}{3}e$　　D. $\frac{e}{3}$　　E. $\frac{3}{4}e$

**强化 111** 函数 $y=x+\sin x$ 的反函数 $x=f^{-1}(y)$ 在点 $y=0$ 处的导数 $\left.\frac{dx}{dy}\right|_{y=0}$ 与 $\left.\frac{d^2x}{dy^2}\right|_{y=0}$ 分别为（　　）.

A. 2,0　　B. $2,\frac{1}{8}$　　C. $\frac{1}{2},0$　　D. $\frac{1}{2},\frac{1}{8}$　　E. $-2,0$

**强化 112** 函数 $y=\int_{-1}^{x}\sqrt{1-e^{t}}\,dt$ 的反函数 $x=f^{-1}(y)$ 在点 $y=0$ 处的导数 $\left.\frac{dx}{dy}\right|_{y=0}=$ (　　).

A. $\sqrt{1-e^{-1}}$　　B. $\frac{1}{\sqrt{1-e^{-1}}}$　　C. $-\frac{1}{\sqrt{1-e^{-1}}}$　　D. $\frac{e^{-1}}{\sqrt{1-e^{-1}}}$　　E. $-\frac{e^{-1}}{\sqrt{1-e^{-1}}}$

**强化 113** 设 $y=\frac{1}{1-x^{2}}$，则 $y^{(n)}(x)=$ (　　).

A. $\frac{1}{2}\left[\frac{1}{(1-x)^{n+1}}+(-1)^{n}\frac{1}{(1+x)^{n+1}}\right]$

B. $\frac{1}{2}\left[\frac{1}{(1-x)^{n+1}}-\frac{1}{(1+x)^{n+1}}\right]$

C. $\frac{n!}{2}\left[\frac{1}{(1-x)^{n+1}}+(-1)^{n}\frac{1}{(1+x)^{n+1}}\right]$

D. $\frac{n!}{2}\left[\frac{1}{(1-x)^{n+1}}-\frac{1}{(1+x)^{n+1}}\right]$

E. $\frac{n!}{2}\left[(-1)^{n}\frac{1}{(1-x)^{n+1}}+\frac{1}{(1+x)^{n+1}}\right]$

**强化 114** 函数 $y=\ln(1-2x)$ 在点 $x=0$ 处的 $n$ 阶导数 $y^{(n)}(0)=$ (　　).

A. $2^{n}\cdot n!$

B. $2^{n}\cdot(n-1)!$

C. $-\frac{2^{n}}{n}$

D. $-2^{n}\cdot n!$

E. $-2^{n}\cdot(n-1)!$

**强化 115** 已知函数 $f(x)=x^2\ln(1+x)$，则在点 $x=0$ 处的 $n$ 阶导数 $f^{(n)}(0)(n\geqslant 3)$ 为（　　）.

A. $\dfrac{1}{n-2}n!$

B. $(-1)^{n-1}\dfrac{1}{n-2}n!$

C. $(-1)^{n-1}\cdot(n-1)!$

D. $(-1)^{n-1}\cdot\dfrac{1}{n-2}$

E. $(-1)^{n}\dfrac{1}{n-2}n!$

**强化 116** 设函数 $f(x)=\arctan x-\dfrac{x}{1+ax^2}$，且 $f'''(0)=1$，则 $a=$（　　）.

A. $-\dfrac{1}{2}$　　B. $-\dfrac{1}{6}$　　C. $\dfrac{1}{3}$　　D. $\dfrac{1}{2}$　　E. $\dfrac{2}{3}$

# 题型10 切线方程与法线方程

**1. 直角坐标系下的切线方程与法线方程**

（1）曲线 $y=f(x)$ 在点 $(x_0,f(x_0))$ 处的切线方程为

$$y-f(x_0)=f'(x_0)(x-x_0).$$

（2）曲线 $y=f(x)$ 在点 $(x_0,f(x_0))$ 处的法线方程为

$$y-f(x_0)=-\frac{1}{f'(x_0)}(x-x_0)\,(f'(x_0)\neq 0).$$

**2. 注意参数方程确定曲线以及极坐标确定曲线的切线方程和法线方程的求解**

**强化 117** 曲线 $\sin(xy)+e^y=2x$ 在点 $\left(\frac{1}{2},0\right)$ 处的切线方程与法线方程分别为（　　）.

A. $y=\frac{4}{3}x-\frac{2}{3},y=\frac{3}{4}x+\frac{3}{8}$

B. $y=\frac{4}{3}x-\frac{2}{3},y=-\frac{3}{4}x+\frac{3}{8}$

C. $y=\frac{4}{3}x-\frac{2}{3},y=\frac{3}{4}x-\frac{3}{8}$

D. $y=-\frac{4}{3}x-\frac{2}{3},y=-\frac{3}{4}x+\frac{3}{8}$

E. $y=\frac{4}{3}x+\frac{2}{3},y=-\frac{3}{4}x+\frac{3}{8}$

**强化 118** 曲线 $f(x)=x^n$ 在点(1,1)处的切线与 $x$ 轴的交点为 $(\xi_n,0)$，则 $\lim\limits_{n\to\infty}f(\xi_n)=(\quad)$.

A. 1　　B. e　　C. −1　　D. $e^{-1}$　　E. 0

**强化 119** 已知 $f(x)$ 在点 $x=1$ 处连续，且 $\lim\limits_{x\to1}\dfrac{f(x)+\ln x}{\sin(x-1)}=0$，曲线 $y=f(x)$ 在点 $x=1$ 处的切线方程为(　　).

A. $y=x-1$　　B. $y=2(x-1)$　　C. $y=x+1$　　D. $y=-2(x-1)$　　E. $y=1-x$

**强化 120** 曲线 $y=x^2+2\ln x$ 在其拐点处的切线方程是(　　).

A. $y=-4x-3$　　B. $y=4x-5$

C. $y=4x-3$　　D. $y=-4x+5$

E. $y=4x-2$

**强化 121** 设曲线 $y=f(x)$ 与 $y=x^2-x$ 在点(1,0)处有公共切线，则 $\lim\limits_{n\to\infty} nf\left(\dfrac{n}{n+2}\right)=$(　　).

A. $-2$　　B. $-\dfrac{1}{2}$　　C. $\dfrac{1}{2}$　　D. 1　　E. 2

**强化 122** 曲线 $\begin{cases} x=\int_0^{1-t} e^{-u^2}\mathrm{d}u, \\ y=t^2\ln(2-t^2) \end{cases}$ 在点(0,0)处的切线方程为(　　).

A. $y=-2x$　　B. $y=x$　　C. $y=-x$　　D. $y=2x$　　E. $y=\dfrac{1}{2}x$

# 题型11 函数的单调性与极值

## 【考向1】函数的单调性

**1. 关于函数单调性的几点注释**

（1）若在$(a,b)$内$f'(x)>0$（或$<0$），则$f(x)$在$(a,b)$内单调增加（或减少）.

（2）若在$(a,b)$内$f'(x)\geqslant 0$（或$\leqslant 0$），且$f'(x)$只有有限个零点，则$f(x)$在$(a,b)$内单调增加（或减少）.

（3）若可导函数$f(x)$在区间$(a,b)$内单调增加（或减少），则对$\forall x\in(a,b)$，有$f'(x)\geqslant 0$（或$\leqslant 0$）.

**【注】** 若一点处导数$f'(x_0)>0$（或$<0$）时，无法推出函数$f(x)$在该点邻域内函数单调增加（或减少），除非增加“$f'(x)$在点$x=x_0$处连续”的条件.

**2. 函数单调区间的求法**

步骤1：确定函数的定义域；

步骤2：求函数的导函数$f'(x)$，并确定$f'(x)=0$及$f'(x)$不存在的点；

步骤3：根据上述点，将函数定义域划分为若干区间段，可画出表格，并判定在每一区间段内$f'(x)$的正负，进而确定函数的单调区间.

**【注】** 若$f'(x)$的正负无法判定时，还需求$f''(x)$，$f'''(x)$，…直至可以判定$f'(x)$的正负为止.

**3. 常见的函数构造方法**

（1）见到$f'(x)f(x)$，可构造函数$f^2(x)$.

（2）见到$\dfrac{f'(x)}{f(x)}$，可构造函数$\ln|f(x)|$.

（3）见到$f'(x)g(x)+g'(x)f(x)$，可构造函数$f(x)g(x)$.

（4）见到$f'(x)g(x)-g'(x)f(x)$，可构造函数$\dfrac{f(x)}{g(x)}$.

（5）见到$f'(x)+kf(x)$，可构造函数$\mathrm{e}^{kx}f(x)$.

## 【考向 2】一元函数的极值

**1. 极值的定义**

设函数 $f(x)$ 在点 $x_0$ 的某邻域内有定义，若对该邻域内任意一点 $x(x\neq x_0)$ 均有 $f(x)>f(x_0)$（或 $f(x)<f(x_0)$），则称 $f(x_0)$ 是函数 $f(x)$ 的一个极小值（或极大值）.

函数的极小值与极大值统称为极值，使函数取得极值的点 $x_0$ 称为极值点.

**2. 极值的可疑点：驻点及一阶导数不存在的点**

若函数 $f(x)$ 在点 $x_0$ 处取极值，则 $f'(x_0)=0$ 或 $f'(x_0)$ 不存在.

**3. 极值存在的第一充分条件**

设函数 $f(x)$ 在点 $x_0$ 处连续，在点 $x_0$ 的某去心邻域内可导，则

(1) 若在 $x_0$ 的左去心邻域 $f'(x)>0$，在 $x_0$ 的右去心邻域 $f'(x)<0$，$f(x_0)$ 为极大值.

(2) 若在 $x_0$ 的左去心邻域 $f'(x)<0$，在 $x_0$ 的右去心邻域 $f'(x)>0$，$f(x_0)$ 为极小值.

(3) 若 $f'(x)$ 在点 $x_0$ 的左右去心邻域内不变号，则 $f(x_0)$ 不是 $f(x)$ 的极值.

**4. 极值存在的第二充分条件**

设函数 $f(x)$ 在点 $x_0$ 处具有二阶导数，且 $f'(x_0)=0$，

(1) 当 $f''(x_0)<0$ 时，$f(x_0)$ 为极大值.

(2) 当 $f''(x_0)>0$ 时，$f(x_0)$ 为极小值.

(3) 当 $f''(x_0)=0$ 时，第二充分条件失效.

**5. 极值存在的第三充分条件**

设 $f'(x_0)=f''(x_0)=\cdots=f^{(n-1)}(x_0)=0$，$f^{(n)}(x_0)\neq 0$，则

(1) 若 $n$ 为偶数，当 $f^{(n)}(x_0)>0$ 时，$f(x)$ 在点 $x_0$ 处取极小值；当 $f^{(n)}(x_0)<0$ 时，$f(x)$ 在点 $x_0$ 处取极大值.

(2) 若 $n$ 为奇数，$f(x)$ 在点 $x_0$ 处不取极值.

## 【考向 3】一元函数的最值

求函数 $f(x)$ 在区间 $[a,b]$ 上的最大值和最小值的步骤：

(1) 求出 $f(x)$ 在区间 $(a,b)$ 内的驻点与 $f'(x)$ 不存在的点.

（2）计算 $f(x)$ 在上述点及区间端点处的函数值.

（3）比较上述函数值的大小，最大者为 $f(x)$ 在区间 $[a,b]$ 上的最大值；最小者为 $f(x)$ 在该区间的最小值.

**强化 123** 函数 $y=2x^3-6x^2-18x-7$ 的单调增加区间为（　　）.

A. $(-1,1)$

B. $(-\infty,-1)$ 和 $(0,3)$

C. $(-1,3)$

D. $(-\infty,-1)$ 和 $(3,+\infty)$

E. $(-1,0)$

**强化 124** 函数 $f(x)=\int_1^{x^2}(x^2-t)\mathrm{e}^{-t^2}\mathrm{d}t$ 的单调增加区间为（　　）.

A. $(0,1)$

B. $(0,1)$ 和 $(-\infty,-1)$

C. $(-1,3)$

D. $(-1,0)$ 和 $(1,+\infty)$

E. $(-\infty,-1)$

**强化 125** 当 $0<x<\frac{\pi}{2}$ 时，给出四个不等式：

① $\tan x<x+\frac{1}{3}x^3$，　② $\sin x>x-\frac{1}{6}x^3$，

③ $\tan x>x+\frac{1}{3}x^3$，　④ $\sin x<x-\frac{1}{6}x^3$，

其中正确的不等式为(　　).

A. ①②　B. ①④　C. ②③　D. ③④　E. ②

**强化 126** 使不等式 $\int_1^x \frac{\sin t}{t}dt>\ln x$ 成立的 $x$ 的范围是(　　).

A. $(0,1)$　B. $\left(1,\frac{\pi}{2}\right)$　C. $\left(\frac{\pi}{2},\pi\right)$　D. $(\pi,+\infty)$　E. $(1,\pi)$

**强化 127** 已知 $a,b$ 为常数,给出四个不等式:

① $a^b<b^a$,其中 $b>a>\mathrm{e}$,

② $a^b>b^a$,其中 $b>a>\mathrm{e}$,

③ $b\sin b+2\cos b+\pi b>a\sin a+2\cos a+\pi a$,其中 $0<a<b<\pi$,

④ $b\sin b+2\cos b+\pi b<a\sin a+2\cos a+\pi a$,其中 $0<a<b<\pi$,

其中正确的不等式为(　　).

A. ①③　　B. ①④　　C. ②③　　D. ②④　　E. ③

**强化 128** 函数 $f(x)=x-\frac{3}{2}x^{\frac{2}{3}}$, 则(　　).

A. 函数无极大值, 但有极小值 $f(1)=-\frac{1}{2}$

B. 函数无极小值, 但有极大值 $f(1)=-\frac{1}{2}$

C. 函数有极大值 $f(0)=0$ 和极小值 $f(1)=-\frac{1}{2}$

D. 函数有极小值 $f(0)=0$ 和极小值 $f(1)=-\frac{1}{2}$

E. 函数有极大值 $f(0)=0$ 和极大值 $f(1)=-\frac{1}{2}$

**强化 129** 函数 $f(x)=\int_{x}^{x^2}\frac{1}{t}\ln\left(\frac{t-1}{32}\right)\mathrm{d}t, x\in(1,+\infty)$，则（　　）.

A. 函数有 1 个极大值点，无极小值点

B. 函数有 1 个极小值点，无极大值点

C. 函数有 1 个极大值点，1 个极小值点

D. 函数有 1 个极大值点，2 个极小值点

E. 函数有 2 个极大值点，1 个极小值点

**强化 130** 函数 $f(x)=\cos x+\frac{1}{2}\cos 2x, -\pi\leqslant x\leqslant\pi$，则（　　）.

A. 函数有 1 个极大值点，1 个极小值点

B. 函数有 1 个极大值点，2 个极小值点

C. 函数有 3 个极大值点，0 个极小值点

D. 函数有 3 个极大值点，1 个极小值点

E. 函数有 3 个极大值点，2 个极小值点

**强化 131** 设函数 $f(x)$，$g(x)$ 具有二阶导数，且 $g''(x)<0$，$g(x_0)=a$ 是 $g(x)$ 的极值，则 $f[g(x)]$ 在 $x_0$ 取极大值的一个充分条件是（　　）.

A. $f'(a)<0$

B. $f'(a)>0$

C. $f''(a)<0$

D. $f''(a)>0$

E. $f(a)<0$

**强化 132** 已知函数 $y(x)$ 由方程 $x^3+y^3-3x+3y-2=0$ 确定，则（　　）.

A. $y(x)$ 在 $x=1$ 处取极大值，没有极小值

B. $y(x)$ 在 $x=1$ 处取极小值，没有极大值

C. $y(x)$ 在 $x=-1$ 处取极大值，没有极小值

D. $y(x)$ 在 $x=-1$ 处取极小值，没有极大值

E. $y(x)$ 在 $x=1$ 处取极大值，在 $x=-1$ 处取极小值

**强化 133** 函数 $f(x)=x^3+3|x|$，则(　　).

A. $y(x)$的极大值为 2，极小值为 0

B. $y(x)$的极大值为 3，极小值为 0

C. $y(x)$的极大值为 2，极小值为-1

D. $y(x)$的极大值为 0，极小值为-1

E. $y(x)$的极大值为-1，极小值为 0

**强化 134** 设$\lim\limits_{x\to a}\dfrac{f(x)-f(a)}{(x-a)^2}=-1$，则在 $x=a$ 处 $f(x)$(　　).

A. 导数存在，且 $f'(a)\neq 0$

B. 取得极大值

C. 取得极小值

D. 导数不存在

E. 不取极值

**强化 135** 设 $f(x)$ 在 $x=0$ 的某邻域内连续，$\lim\limits_{x\to 0}\dfrac{f(x)}{1-\cos x}=2$，给出结论：

① $f'(0)=0$，　　② $\lim\limits_{x\to 0}\dfrac{f(x)}{x^2}=4$，

③ $\lim\limits_{x\to 0}\dfrac{f'(x)}{2x}=1$，　　④ $f(x)$ 在点 $x=0$ 处取得极小值，

其中正确结论的个数为(　　).

A. 0　　B. 1　　C. 2　　D. 3　　E. 4

**强化 136** 函数 $f(x)=\int_0^x \dfrac{t+2}{t^2+2t+2}\mathrm{d}t$ 在区间 $[0,1]$ 上的最大值为(　　).

A. 0

B. $\dfrac{1}{2}\ln\dfrac{5}{2}+\arctan 2+\dfrac{\pi}{4}$

C. $\arctan 2$

D. $\dfrac{1}{2}\ln\dfrac{5}{2}+\arctan 2-\dfrac{\pi}{4}$

E. $\ln 2$

# 题型12 曲线的凹凸性与拐点

## 【考向1】 曲线的凹凸性

**1. 曲线凹凸性的定义**

设 $f(x)$ 在区间 $I$ 上连续，若对任意不同的两点 $x_1,x_2$，恒有

$$f\left(\frac{x_1+x_2}{2}\right)>\frac{[f(x_1)+f(x_2)]}{2}\quad\left(f\left(\frac{x_1+x_2}{2}\right)<\frac{[f(x_1)+f(x_2)]}{2}\right),$$

则称曲线 $y=f(x)$ 在区间 $I$ 上是凸曲线(凹曲线)，如图 12.1 所示.

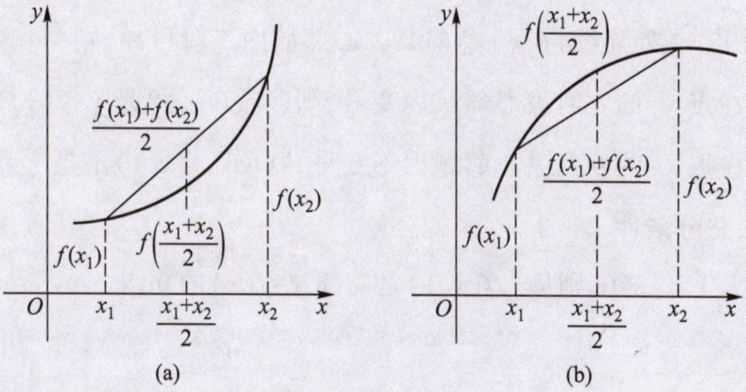


图 12.1

**2. 曲线凹凸性的另外两种定义**

(1) 设函数 $f(x)$ 在区间 $I$ 上可导，若 $f(x)$ 在 $I$ 上的曲线都位于它任意两点割线的下方(或上方)，那么称曲线 $y=f(x)$ 在区间 $I$ 上是凹(或凸)的.

(2) 设函数 $f(x)$ 在区间 $I$ 上可导，若 $f(x)$ 在 $I$ 上的曲线都位于它每一点处切线的上方(或下方)，那么称曲线 $y=f(x)$ 在区间 $I$ 上是凹(或凸)的.

**3. 曲线的凹凸性判定**

设函数 $y=f(x)$ 在 $[a,b]$ 上连续，在 $(a,b)$ 内具有二阶导数，则

(1) 若对于 $\forall x\in(a,b)$ 有 $f''(x)>0$，则 $y=f(x)$ 在 $[a,b]$ 上的图形是凹的.

(2) 若对于 $\forall x\in(a,b)$ 有 $f''(x)<0$，则 $y=f(x)$ 在 $[a,b]$ 上的图形是凸的.

**4. 曲线凹凸区间的求法**

步骤 1：确定函数 $f(x)$ 的定义域；

步骤 2：求函数 $f(x)$ 的二阶导函数 $f''(x)$，并确定 $f''(x)=0$ 及 $f''(x)$ 不存在的点；

步骤 3：根据上述点，将函数定义域划分为若干区间段，可画出表格，并判定在每一区间段内 $f''(x)$ 的正负性，进而确定曲线 $y=f(x)$ 的凹凸区间.

## 【考向 2】曲线的拐点

**1. 曲线拐点的定义**

连续曲线 $y=f(x)$ 上凹凸性发生改变的点，称为曲线 $y=f(x)$ 的拐点.

**2. 拐点的可疑点：二阶导数为 0 及二阶导数不存在的点**

若 $(x_0,f(x_0))$ 是曲线 $y=f(x)$ 的拐点，则 $f''(x_0)=0$ 或 $f''(x_0)$ 不存在.

**3. 拐点的第一充分条件**

设函数 $f(x)$ 在点 $x_0$ 处连续，在点 $x_0$ 的某去心邻域内二阶可导，则

（1）若 $f''(x)$ 在点 $x_0$ 的左右去心邻域内变号，则 $(x_0,f(x_0))$ 是 $y=f(x)$ 的拐点.

（2）若 $f''(x)$ 在点 $x_0$ 的左右去心邻域内不变号，则 $(x_0,f(x_0))$ 不是 $y=f(x)$ 的拐点.

**4. 拐点的第二充分条件**

若 $f''(x_0)=0,f'''(x_0)\neq 0$，则 $(x_0,f(x_0))$ 是曲线 $y=f(x)$ 的拐点.

**强化 137** 设函数 $f(x)$ 的二阶导数小于 0 且 $f(0)=0,f(1)=1$，给出以下四个结论：

① 当 $x\in(0,1)$ 时，$f(x)>x$，　② 当 $x\in(0,1)$ 时，$f(x)<x$，

③ 当 $x\in(0,2)$ 时，$f(x)>f'(0)x$，　④ 当 $x\in(0,2)$ 时，$f(x)<f(2)+f'(2)(x-2)$，

其中正确的结论是（　　）.

A. ①　　B. ②④　　C. ①③　　D. ①③④　　E. ①④

**强化 138** 曲线 $y=f(x)=(x-1)\sqrt[3]{x^5}$ 的凸区间为(　　).

A. $\left(0,\frac{1}{4}\right)$

B. $(-\infty,0)$ 和 $\left(\frac{1}{4},+\infty\right)$

C. $(-\infty,0)$

D. $(-\infty,0)$ 和 $(1,+\infty)$

E. $\left(\frac{1}{4},+\infty\right)$

**强化 139** 设函数 $y(x)$ 由参数方程 $\begin{cases}x=t^3+3t+1,\\ y=t^3-3t+1\end{cases}$ 确定,则曲线 $y=y(x)$ 向上凸的 $x$ 的取值范围为(　　).

A. $(-\infty,-1)$

B. $(-1,1)$

C. $(-\infty,1)$

D. $(-\infty,0)$

E. $(1,+\infty)$

**强化 140** 若 $f(x)=ax^3+bx^2+c$ 有 1 个拐点 $(1,2)$，且过此点的切线斜率为 $-9$，则（　　）.

A. $a=2,b=9,c=8$　　B. $a=3,b=-9,c=8$

C. $a=2,b=-9,c=-8$　　D. $a=3,b=9,c=8$

E. $a=2,b=-9,c=6$

**强化 141** 曲线 $y=(x-1)^4(x-6)$ 的拐点个数为（　　）.

A. 0　　B. 1　　C. 2　　D. 3　　E. 4

**强化 142** 已知函数 $f(x)=\int_0^x x(e^{t^2}-1)\,dt$，则（　　）.

A. $x=0$ 是 $f(x)$ 的极大值点，$(0,0)$ 是 $y=f(x)$ 的拐点

B. $x=0$ 是 $f(x)$ 的极小值点，$(0,0)$ 是 $y=f(x)$ 的拐点

C. $x=0$ 是 $f(x)$ 的极小值点，$(0,0)$ 不是 $y=f(x)$ 的拐点

D. $x=0$ 是 $f(x)$ 的极大值点，$(0,0)$ 不是 $y=f(x)$ 的拐点

E. $x=0$ 不是 $f(x)$ 的极值点，$(0,0)$ 不是 $y=f(x)$ 的拐点

**强化 143** 设函数 $f(x)$ 满足关系式 $f''(x)+[f(x)]^2=x$，且 $f(0)=0$，则(　　).

A. $f(0)$ 是 $f(x)$ 的极大值

B. $f(0)$ 是 $f(x)$ 的极小值

C. 点 $(0,f(0))$ 是曲线 $y=f(x)$ 的拐点

D. $f(0)$ 不是 $f(x)$ 的极值，点 $(0,f(0))$ 也不是曲线 $y=f(x)$ 的拐点

E. 无法判定 $f(0)$ 为 $f(x)$ 的极值，但点 $(0,f(0))$ 一定不是曲线 $y=f(x)$ 的拐点

# 题型13 渐近线与曲率

## 【考向1】渐近线

**1. 垂直渐近线**

若$\lim\limits_{x\to x_0}f(x)=\infty$或$\lim\limits_{x\to x_0^-}f(x)=\infty$或$\lim\limits_{x\to x_0^+}f(x)=\infty$，则$x=x_0$为曲线$y=f(x)$的一条垂直渐近线.

**2. 水平渐近线**

若$\lim\limits_{x\to\infty}f(x)=A$或$\lim\limits_{x\to-\infty}f(x)=A$或$\lim\limits_{x\to+\infty}f(x)=A$，则$y=A$为曲线$y=f(x)$的一条水平渐近线.

**3. 斜渐近线**

若$\lim\limits_{x\to+\infty}\dfrac{f(x)}{x}=a\neq0$，$\lim\limits_{x\to+\infty}[f(x)-ax]=b$，则直线$y=ax+b$是曲线$y=f(x)$在$x\to+\infty$方向上的一条斜渐近线.

若$\lim\limits_{x\to-\infty}\dfrac{f(x)}{x}=a\neq0$，$\lim\limits_{x\to-\infty}[f(x)-ax]=b$，则直线$y=ax+b$是曲线$y=f(x)$在$x\to-\infty$方向上的一条斜渐近线.

## 【考向2】曲率

(1) 曲率是描述曲线弯曲程度的量，曲率越大，曲线越弯.

(2) 设函数$f(x)$具有二阶导数，则曲线$y=f(x)$的曲率为$K=\dfrac{1}{R}=\dfrac{|y''|}{(1+y'^2)^{\frac{3}{2}}}$.

(3) 曲线在一点处与其曲率圆有相同的切线与曲率，且在该点附近有相同的凹凸性.

**强化144** 曲线$y=\dfrac{1}{x}+\ln(1+e^x)$的渐近线的条数为(　　).

A. 0　　B. 1　　C. 2　　D. 3　　E. 4

**强化 145** 下列曲线中有渐近线的是(　　).

A. $y=x+\sin x$

B. $y=x^2+\sin x$

C. $y=x+\sin\frac{1}{x}$

D. $y=x^2+\sin\frac{1}{x}$

E. $y=x^3+\sin x$

**强化 146** 曲线$\begin{cases}x=\cos^3 t,\\ y=\sin^3 t\end{cases}$在 $t=\frac{\pi}{4}$对应点处的曲率为(　　).

A. $\frac{1}{2}$　　B. $\frac{\sqrt{2}}{2}$　　C. $\frac{3}{2}$　　D. $\frac{2}{3}$　　E. 2

**强化 147** 抛物线 $y=x^2-4x+3$ 在其顶点处曲率圆方程为(　　).

A. $(x-2)^2+\left(y+\frac{1}{2}\right)^2=\frac{1}{4}$

B. $(x-2)^2+(y+1)^2=\frac{1}{4}$

C. $(x-2)^2+\left(y+\frac{1}{2}\right)^2=4$

D. $(x-2)^2+(y+1)^2=4$

E. $(x-2)^2+(y-1)^2=4$

# 题型14 求函数零点及方程的根

求函数零点的个数或方程根的个数的问题,其本质是研究函数的图形性态,核心在于研究函数的单调性(确定单调区间),一般处理有3步:

步骤1:确定研究的函数$f(x)$及其定义域;

步骤2:求导函数$f'(x)$,找到$f'(x)=0$及$f'(x)$不存在的点,根据这些点,将函数定义域划分为若干区间段,可画出表格,并判定在每一区间段内$f'(x)$的正负,进而确定函数的单调区间;

步骤3:研究端点(求端点函数值,或求端点处函数值的极限),画出草图,确定函数零点或方程根的个数.

**【注】**第2步在确定函数的单调区间时,若无法确定每一区间上$f'(x)$的正负,还需求$f''(x)$,$f'''(x)$,…直至可以判定出正负为止(同题型11中单调区间的求解方法).

**强化148** 设常数$k>0$,函数$f(x)=\ln x-\frac{x}{e}+k$的零点个数为(　　).

A. 0　　B. 1　　C. 2　　D. 3　　E. 4

**强化149** 方程$4\arctan x-x+\frac{4\pi}{3}-\sqrt{3}=0$的实根个数为(　　).

A. 0　　B. 1　　C. 2　　D. 3　　E. 4

**强化 150** 已知 $0<a<\frac{1}{2e}$，曲线 $y=ax^2$ 与 $y=\ln x$ 的交点个数为(　　).

A. 0　　B. 1　　C. 2　　D. 3　　E. 4

**强化 151** 函数 $f(x)=(x^2-3x+3)e^x-\frac{1}{3}x^3+\frac{1}{2}x^2+\alpha$ 有两个零点的充分必要条件是(　　).

A. $\alpha+e<-\frac{1}{6}$　　B. $\alpha+e<\frac{1}{6}$　　C. $\alpha+e>-\frac{1}{6}$　　D. $\alpha+e>\frac{1}{6}$　　E. $\alpha<-3$

# 题型15　中值定理

## 【考向1】闭区间连续函数的性质

**定理1(有界定理)**　若函数$f(x)$在闭区间$[a,b]$上连续，则$f(x)$在$[a,b]$上有界.

**定理2(最值定理)**　若函数$f(x)$在闭区间$[a,b]$上连续，则$f(x)$在$[a,b]$上一定存在最大值$M$和最小值$m$.

**定理3(介值定理)**　设函数$f(x)$在闭区间$[a,b]$上连续，且$M$与$m$分别为$f(x)$在$[a,b]$上的最大值和最小值，若有一实数$A$满足$m\leqslant A\leqslant M$，则至少存在$\xi\in[a,b]$，使得$f(\xi)=A$.

**定理4(零点定理)**　若函数$f(x)$在闭区间$[a,b]$上连续，且$f(a)\cdot f(b)<0$，则至少存在一点$\xi\in(a,b)$，使得$f(\xi)=0$.

**【注】**注意以上4条定理成立的前提是“函数$f(x)$在闭区间$[a,b]$上连续”，若改为“函数$f(x)$在闭区间$(a,b)$内连续”或“函数$f(x)$在闭区间$[a,b]$上有定义”都会导致定理的结论未必成立.

## 【考向2】积分中值定理

设$f(x)$在闭区间$[a,b]$上连续，则至少存在一点$\xi\in[a,b]$，使得

$$\int_a^b f(x)\,\mathrm{d}x=f(\xi)(b-a).$$

**【注】**定理中$\xi\in[a,b]$可推广至$\xi\in(a,b)$. 另外，称$\frac{1}{b-a}\int_a^b f(x)\,\mathrm{d}x$为函数$f(x)$在区间$[a,b]$上的平均值.

## 【考向3】微分中值定理

**1. 罗尔定理**

设函数$f(x)$满足条件:(1) 在闭区间$[a,b]$上连续;(2) 在开区间$(a,b)$内可导;(3) $f(a)=f(b)$，则在开区间$(a,b)$内至少存在一点$\xi$，使得$f'(\xi)=0$.

【注】罗尔定理推论：若$f'(x)\neq 0$，则$f(x)$至多有一个零点；若$f''(x)\neq 0$，则$f(x)$至多有两个零点…….

**2. 拉格朗日中值定理**

设函数$f(x)$满足条件：(1) 在闭区间$[a,b]$上连续；(2) 在开区间$(a,b)$内可导，则在$(a,b)$内至少存在一点$\xi$，使得$\dfrac{f(b)-f(a)}{b-a}=f'(\xi)$.

**3. 柯西中值定理**

设函数$f(x)$与$g(x)$都满足：(1) $f(x)$与$g(x)$在闭区间$[a,b]$上连续；(2) $f(x)$与$g(x)$在开区间$(a,b)$内可导，且$g'(x)\neq 0, x\in(a,b)$，则在$(a,b)$内至少存在一点$\xi$，使$\dfrac{f(b)-f(a)}{g(b)-g(a)}=\dfrac{f'(\xi)}{g'(\xi)}$.

**强化 152** 给出四个函数：

① $f(x)=\begin{cases}\sqrt{x}\sin x+2, & x<0,\\ 2, & x\geqslant 0,\end{cases}$　② $f(x)=\begin{cases}x\arctan\dfrac{1}{x^2}, & x\neq 0,\\ 0, & x=0,\end{cases}$

③ $f(x)=\begin{cases}x^2\sin\dfrac{1}{x}, & x\neq 0,\\ 0, & x=0,\end{cases}$　④ $f(x)=1+|x|$，

其中在$[-1,1]$上满足拉格朗日中值定理条件的函数个数为(　　).

A. 0　　B. 1　　C. 2　　D. 3　　E. 4

强化 153 函数 $f(x)=\begin{cases}\dfrac{3-x^2}{2}, & x\leqslant 1,\\ \dfrac{1}{x}, & x>1\end{cases}$ 在 $[0,2]$ 上满足拉格朗日中值定理的点 $\xi$ 的个数为（　　）.

A. 0　　B. 1　　C. 2　　D. 3　　E. 4

强化 154 方程 $2^x-x^2=1$ 有且仅有（　　）个零点.

A. 0　　B. 1　　C. 2　　D. 3　　E. 4

**强化 155** (2024 年真题)设函数 $f(x)$ 在闭区间 $[a,b]$ 上有定义,在开区间 $(a,b)$ 内可导,则(　　).

A. 当 $f(a)f(b)<0$ 时,存在 $\xi\in(a,b)$,使得 $f(\xi)=0$

B. 当 $f(a)=f(b)$ 时,存在 $\xi\in(a,b)$,使得 $f'(\xi)=0$

C. 当 $\lim\limits_{x\to a^+}f(x)=\lim\limits_{x\to b^-}f(x)$ 时,存在 $\xi\in(a,b)$,使得 $f'(\xi)=0$

D. 当 $\lim\limits_{x\to a^+}f(x)=f(a)$,$\lim\limits_{x\to b^-}f(x)=f(b)$ 时,存在 $\xi\in(a,b)$,使得 $f(\xi)=0$

E. 当 $\lim\limits_{x\to a^+}f(x)=f(a)$,$\lim\limits_{x\to b^-}f(x)=f(b)$ 时,存在 $\xi\in(a,b)$,使得 $f'(\xi)=0$

# 题型16 微分的经济学应用

**1. 边际函数**

设 $y=f(x)$ 在区间 $I$ 内可导，则称导函数 $f'(x)$ 为函数 $f(x)$ 的边际函数.

**2. 弹性函数**

若 $f(x)$ 可导且 $f(x)\neq 0$，则称 $\frac{Ey}{Ex}=\frac{\mathrm{d}y}{\mathrm{d}x}\cdot\frac{x}{y}$ 为 $f(x)$ 的弹性函数.

**3. 需求函数**

关于一定的价格水平，在一定的时间内，消费者愿意而且有支付能力购买的商品量称为该商品的需求量，记为 $Q$.

需求量 $Q$ 是价格 $P$ 的函数，称为需求函数，记为 $Q=Q(P)$. 一般地，商品价格的上涨会使需求量减少，因此，需求函数是单调减少的，即 $Q'(P)<0$.

**4. 成本函数**

总成本是生产和经营一定数量产品所需要的总投入，记为 $C(Q)$，通常总成本由固定成本 $C_0$（亦称不变成本）与可变成本 $C_1$ 两部分构成.

将总成本函数 $C(Q)$ 的导数 $C'(Q)$ 称为边际成本，记为 $MC=C'(Q)$.

**5. 收益函数**

总收益（总收入）函数，记为 $R(Q)$，并将总收益函数 $R(Q)$ 的导数 $R'(Q)$ 称为边际收益，记为 $MR=R'(Q)$.

**6. 利润函数**

总利润函数，记为 $L(Q)$，并将总利润 $L(Q)$ 的导数 $L'(Q)$ 称为边际利润，记为 $ML=L'(Q)$.

**强化 156** 设某商品的需求函数为 $Q=40-2P$（$P$ 为商品的价格），则商品的边际收益为（　　）.

A. $\frac{\mathrm{d}R}{\mathrm{d}P}=40-4P$　　B. $\frac{\mathrm{d}R}{\mathrm{d}Q}=20-Q$　　C. $\frac{\mathrm{d}R}{\mathrm{d}P}=40-2P$　　D. $\frac{\mathrm{d}R}{\mathrm{d}Q}=20-2Q$　　E. $\frac{\mathrm{d}R}{\mathrm{d}P}=40-P$

**强化 157** 为了实现利润最大化,厂商对某商品确定其定价模型为 $p=\dfrac{MC}{1-\dfrac{1}{\eta}}$,其中 $p$ 为价格,$MC$ 为边际成本,$\eta$ 为需求弹性($\eta>0$),若该商品的成本函数为 $C(Q)=1\ 600+Q^2$,其中 $Q$ 为该商品的需求量,需求函数 $Q=40-p$,利用该定价模型确定此商品的价格为(　　).

A. 10　　B. 20　　C. 30　　D. 70　　E. 100

**强化 158** 设生产某产品的平均成本 $\overline{C}(Q)=1+e^{-Q}$,其中 $Q$ 为产量,则边际成本为(　　).

A. $(1+Q)e^{-Q}$

B. $1+(1-Q)e^{-Q}$

C. $(1-Q)e^{-Q}$

D. $1+(1+Q)e^{-Q}$

E. $Qe^{-Q}$

# 第三章　一元函数积分学

## 经济类综合能力数学题型清单

| 题型清单 | 考试等级 | 刷题效果 | | |
| --- | --- | --- | --- | --- |
| | | 一刷 | 二刷 | 三刷 |
| 【题型 17】不定积分 | ☆☆☆ | | | |
| 【题型 18】定积分的定义与性质 | ☆☆☆☆ | | | |
| 【题型 19】定积分的计算 | ☆☆☆☆☆ | | | |
| 【题型 20】变限函数 | ☆☆☆☆ | | | |
| 【题型 21】反常积分 | ☆☆☆ | | | |
| 【题型 22】定积分的应用 | ☆☆☆☆☆ | | | |

# 题型17 不定积分

## 【考向1】原函数与不定积分的定义

**1. 原函数的定义**

设函数$f(x)$在区间$I$上有定义,若存在函数$F(x)$,在区间$I$上恒有$F'(x)=f(x)$,则称$F(x)$是$f(x)$在区间$I$上的一个原函数.

**2. 不定积分的定义**

设$F(x)$是$f(x)$在区间$I$上的一个原函数,即$F'(x)=f(x)$,$x\in I$,则称$f(x)$的全体原函数$F(x)+C$为$f(x)$在区间$I$上的不定积分,记作$\int f(x)\mathrm{d}x=F(x)+C$.

**【注】**一般题目中会用到以下结论:

(1) 若已知$f'(x)$,则$f(x)=\int f'(x)\mathrm{d}x$.

(2) 若已知$f'(\square)$,则$f(\square)=\int f'(\square)\mathrm{d}\square$.

## 【考向2】不定积分的计算

**1. 连续分段函数的不定积分求解方法**

分段点外直接积,分段点上用连续.

**2. 积分表(不定积分的计算基础)**

(1) $\int x^{\alpha}\mathrm{d}x=\frac{x^{\alpha+1}}{\alpha+1}+C(\alpha\neq-1,\alpha\in\mathbf{R})$.

(2) $\int\frac{1}{x}\mathrm{d}x=\ln|x|+C$.

(3) $\int a^{x}\mathrm{d}x=\frac{1}{\ln a}a^{x}+C(a>0,a\neq1)$, $\int \mathrm{e}^{x}\mathrm{d}x=\mathrm{e}^{x}+C$.

(4) $\int\sin x\mathrm{d}x=-\cos x+C$, $\int\cos x\mathrm{d}x=\sin x+C$.

(5) $\int\tan x\mathrm{d}x=-\ln|\cos x|+C$, $\int\cot x\mathrm{d}x=\ln|\sin x|+C$.

(6) $\int \sec x\mathrm{d}x=\int \frac{1}{\cos x}\mathrm{d}x=\ln|\sec x+\tan x|+C$，$\int \csc x\mathrm{d}x=\int \frac{1}{\sin x}\mathrm{d}x=\ln|\csc x-\cot x|+C$.

(7) $\int \tan x\sec x\mathrm{d}x=\sec x+C$，$\int \cot x\csc x\mathrm{d}x=-\csc x+C$.

(8) $\int \sec^2 x\mathrm{d}x=\int \frac{1}{\cos^2 x}\mathrm{d}x=\tan x+C$，$\int \csc^2 x\mathrm{d}x=\int \frac{1}{\sin^2 x}\mathrm{d}x=-\cot x+C$.

(9) $\int \frac{\mathrm{d}x}{\sqrt{a^2-x^2}}=\arcsin \frac{x}{a}+C(a>0)$，$\int \frac{\mathrm{d}x}{\sqrt{1-x^2}}=\arcsin x+C$.

(10) $\int \frac{\mathrm{d}x}{x^2+a^2}=\frac{1}{a}\arctan \frac{x}{a}+C\ (a>0)$，$\int \frac{\mathrm{d}x}{1+x^2}=\arctan x+C$.

(11) $\int \frac{\mathrm{d}x}{x^2-a^2}=\frac{1}{2a}\ln\left|\frac{x-a}{x+a}\right|+C(a>0)$，$\int \frac{\mathrm{d}x}{x^2-1}=\frac{1}{2}\ln\left|\frac{x-1}{x+1}\right|+C$.

(12) $\int \frac{\mathrm{d}x}{\sqrt{x^2+a^2}}=\ln(x+\sqrt{x^2+a^2})+C(a>0)$.

(13) $\int \frac{\mathrm{d}x}{\sqrt{x^2-a^2}}=\ln\left|x+\sqrt{x^2-a^2}\right|+C(a>0)$.

**3. 凑微分法**

(1) 凑微分法内容：若 $\int f(u)\mathrm{d}u=F(u)+C$，且 $u=\varphi(x)$ 可导，则 $\int f(\varphi(x))\mathrm{d}\varphi(x)=F[\varphi(x)]+C$.

(2) 常见的凑微分形式：

① $\int f(ax+b)\mathrm{d}x=\frac{1}{a}\int f(ax+b)\mathrm{d}(ax+b)$.

② $\int f(\ln x)\frac{1}{x}\mathrm{d}x=\int f(\ln x)\mathrm{d}\ln x$.

③ $\int f\left(\frac{1}{x}\right)\left(\frac{-1}{x^2}\right)\mathrm{d}x=\int f\left(\frac{1}{x}\right)\mathrm{d}\,\frac{1}{x}$.

④ $\int f(\sqrt{x})\frac{1}{2\sqrt{x}}\mathrm{d}x=\int f(\sqrt{x})\mathrm{d}\sqrt{x}$.

⑤ $\int f(\mathrm{e}^x)\mathrm{e}^x\mathrm{d}x=\int f(\mathrm{e}^x)\mathrm{d}\mathrm{e}^x$.

**4. 第二类换元法**

(1) 三角代换：若被积函数中含有形如 $\sqrt{a^2-x^2}$，$\sqrt{x^2+a^2}$，$\sqrt{x^2-a^2}$ 的二次根式，为开方去掉根式，通常采用如下三角代换：

含$\sqrt{a^2-x^2}$时，令$x=a\sin t\left(-\frac{\pi}{2}\leqslant t\leqslant\frac{\pi}{2}\right)$，则$\sqrt{a^2-x^2}=a\cos t,\mathrm{d}x=a\cos t\mathrm{d}t$；

含$\sqrt{x^2+a^2}$时，令$x=a\tan t\left(-\frac{\pi}{2}<t<\frac{\pi}{2}\right)$，则$\sqrt{x^2+a^2}=a\sec t,\mathrm{d}x=a\sec^2 t\mathrm{d}t$；

含$\sqrt{x^2-a^2}$时，令$x=a\sec t\left(0<t<\frac{\pi}{2}\right)$，则$\sqrt{x^2-a^2}=a\tan t,\mathrm{d}x=a\sec t\tan t\mathrm{d}t$.

（2）无理根式换元：若被积分函数中含有$\sqrt[n]{ax+b}$或$\sqrt[n]{\frac{ax+b}{cx+d}}$时，可令$t=\sqrt[n]{ax+b}$或$t=\sqrt[n]{\frac{ax+b}{cx+d}}$进行积分计算.

**5. 分部积分法**

$\int u\mathrm{d}v=uv-\int v\mathrm{d}u$（其中$u,v$的选取是关键）.

**6. 有理函数的积分**

假分式形式的有理函数的积分可转化为多项式与真分式的积分，而真分式可通过分解转化为以下四大类简单真分式的积分：

（1）$\int\frac{A}{x-a}\mathrm{d}x$；　（2）$\int\frac{A}{(x-a)^k}\mathrm{d}x\quad(k>1)$；

（3）$\int\frac{Bx+C}{x^2+px+q}\mathrm{d}x\quad(p^2-4q<0)$；　（4）$\int\frac{Bx+C}{(x^2+px+q)^k}\mathrm{d}x\quad(p^2-4q<0,k>1)$.

真分式分解时，若真分式的分母中含有因式$(x-a)^k$，则分解后的式子应该含有如下表达式

$$\frac{A_1}{x-a}+\frac{A_2}{(x-a)^2}+\cdots+\frac{A_k}{(x-a)^k},$$

若真分式的分母中含有因式$(x^2+px+q)^k(p^2-4q<0)$，则分解后的式子应该含有如下表达式

$$\frac{B_1x+C_1}{x^2+px+q}+\frac{B_2x+C_2}{(x^2+px+q)^2}+\cdots+\frac{B_kx+C_k}{(x^2+px+q)^k}.$$

## 【考向3】不定积分与定积分的存在性

**1. 不定积分的存在性（原函数的存在性）**

（1）设$f(x)$在区间$I$上连续，则$f(x)$在区间$I$上原函数一定存在.

（2）若$f(x)$在$[a,b]$上有定义，且存在第一类或无穷间断点，则在$[a,b]$上原函数一定不存在.

（3）若$f(x)$在$[a,b]$上存在振荡间断点，此时原函数有可能存在.

【注】初等函数的原函数不一定是初等函数.如$\int e^{-x^2}dx$，$\int e^{x^2}dx$，$\int \sin x^2dx$，$\int \cos x^2dx$，$\int \frac{dx}{\ln x}$，等被积函数有原函数，但不能用初等函数表示，故这些不定积分均积不出来.

**2. 定积分的存在性（可积性）**

（1）若$f(x)$在$[a,b]$上连续，则$\int_a^b f(x)dx$一定存在.

（2）若$f(x)$在$[a,b]$上有界，且存在有限个第一类间断点，则$\int_a^b f(x)dx$也存在.

【注】定积分存在的必要条件：$f(x)$在$[a,b]$上有界.

**强化 159** 设$f(x)$是周期为4的可导奇函数，且$f'(x)=2(x-1)$，$x\in[0,2]$，则$f(7)=$（　　）.

A. −1　　B. 1　　C. 0　　D. 6　　E. 36

**强化 160** 已知函数$f(x)=\begin{cases}2(x-1), & x<1,\\ \ln x, & x\geqslant 1,\end{cases}$则$f(x)$的一个原函数是（　　）.

A. $F(x)=\begin{cases}(x-1)^2, & x<1,\\ x(\ln x-1), & x\geqslant 1\end{cases}$

B. $F(x)=\begin{cases}(x-1)^2 & x<1,\\ x(\ln x+1)-1, & x\geqslant 1\end{cases}$

C. $F(x)=\begin{cases}(x-1)^2, & x<1,\\ x(\ln x+1)+1, & x\geqslant 1\end{cases}$

D. $F(x)=\begin{cases}(x-1)^2, & x<1,\\ x(\ln x-1)+1, & x\geqslant 1\end{cases}$

E. $F(x)=\begin{cases}(x-1)^2, & x<1,\\ x(\ln x+1), & x\geqslant 1\end{cases}$

**强化 161** $\int \frac{2x-1}{x^2-5x+6}\mathrm{d}x=(\qquad)$.

A. $\ln|x^2-5x+6|+4\ln\left|\frac{x-3}{x-2}\right|+C$

B. $\ln|x^2-5x+6|-\ln\left|\frac{x-3}{x-2}\right|+C$

C. $\ln|x^2-5x+6|+2\ln\left|\frac{x-3}{x-2}\right|+C$

D. $\ln|x^2-5x+6|+\ln\left|\frac{x-3}{x-2}\right|+C$

E. $\ln|x^2-5x+6|-2\ln\left|\frac{x-3}{x-2}\right|+C$

**强化 162** $\int \frac{x\cos x}{\sin^3 x}\mathrm{d}x=(\qquad)$.

A. $-\frac{1}{2}\frac{x}{\sin^2 x}-\frac{1}{2}\cot x+C$

B. $\frac{1}{2}\frac{x}{\sin^2 x}-\frac{1}{2}\cot x+C$

C. $-\frac{x}{\sin^2 x}-\cot x+C$

D. $\frac{1}{2}\frac{x}{\sin^2 x}+\frac{1}{2}\cot x+C$

E. $-\frac{x}{\sin^2 x}+\cot x+C$

**强化 163** $\int x^2(\ln x)^2 dx=(\quad)$.

A. $\frac{1}{6}x^3\left[(\ln x)^2-\frac{2}{3}\ln x+\frac{2}{9}\right]+C$

B. $\frac{1}{3}x^3\left[(\ln x)^2-\frac{2}{3}\ln x+\frac{2}{9}\right]+C$

C. $\frac{1}{6}x^3\left[(\ln x)^2+\frac{2}{3}\ln x+\frac{2}{9}\right]+C$

D. $\frac{1}{3}x^3\left[(\ln x)^2+\frac{2}{3}\ln x+\frac{2}{9}\right]+C$

E. $\frac{1}{6}x^3\left[(\ln x)^2-\frac{2}{3}\ln x-\frac{2}{9}\right]+C$

**强化 164** $\int \frac{1}{1+\sin x}dx=(\quad)$.

A. $\tan x+\frac{2}{\cos x}+C$

B. $\tan x+\frac{1}{\cos x}+C$

C. $\tan x-\frac{1}{\cos x}+C$

D. $\tan x-\frac{2}{\cos x}+C$

E. $\tan x-\frac{1}{\cos x}+x+C$

**强化 165** $\int \frac{1}{\cos x\sqrt{\sin x}}\mathrm{d}x=(\qquad)$.

A. $\arctan\sqrt{\sin x}+\frac{1}{2}\ln\left|\frac{\sqrt{\sin x}-1}{\sqrt{\sin x}+1}\right|+C$

B. $2\arctan\sqrt{\sin x}+\frac{1}{2}\ln\left|\frac{\sqrt{\sin x}-1}{\sqrt{\sin x}+1}\right|+C$

C. $4\arctan\sqrt{\sin x}+\frac{1}{2}\ln\left|\frac{\sqrt{\sin x}-1}{\sqrt{\sin x}+1}\right|+C$

D. $2\arctan\sqrt{\sin x}+\ln\left|\frac{\sqrt{\sin x}-1}{\sqrt{\sin x}+1}\right|+C$

E. $\arctan\sqrt{\sin x}-\ln\left|\frac{\sqrt{\sin x}-1}{\sqrt{\sin x}+1}\right|+C$

**强化 166** $\int \frac{x^2+2x-1}{(x-1)(x^2-x+1)}\mathrm{d}x=(\qquad)$.

A. $\ln\frac{(x-1)^2}{\sqrt{x^2-x+1}}-\frac{10}{\sqrt{3}}\arctan\frac{2x-1}{\sqrt{3}}+C$

B. $\ln\frac{(x-1)^2}{\sqrt{x^2-x+1}}+\frac{5}{\sqrt{3}}\arctan\frac{2x-1}{\sqrt{3}}+C$

C. $\ln\frac{(x-1)^2}{\sqrt{x^2-x+1}}-\frac{5}{\sqrt{3}}\arctan\frac{x-1}{\sqrt{3}}+C$

D. $\ln\frac{(x-1)^2}{\sqrt{x^2-x+1}}+\frac{10}{\sqrt{3}}\arctan\frac{2x-1}{\sqrt{3}}+C$

E. $\ln\frac{(x-1)^2}{\sqrt{x^2-x+1}}+\frac{5}{\sqrt{3}}\arctan\frac{2x+1}{\sqrt{3}}+C$

**强化 167** $\int \frac{x^2+1}{x^4+1}\mathrm{d}x=(\quad)$.

A. $2\arctan\frac{x^2-1}{\sqrt{2}x}+C$

B. $\frac{1}{\sqrt{2}}\arctan\frac{x^2+1}{\sqrt{2}x}+C$

C. $4\arctan\frac{x^2-1}{\sqrt{2}x}+C$

D. $\frac{1}{\sqrt{2}}\arctan\frac{x^2-1}{\sqrt{2}x}+C$

E. $\sqrt{2}\arctan\frac{x^2-1}{\sqrt{2}x}+C$

**强化 168** $\int \frac{1}{x(x^{10}+1)}\mathrm{d}x=(\quad)$.

A. $2\ln|x|+\frac{1}{10}\ln(x^{10}+1)+C$

B. $\ln|x|+\frac{1}{10}\ln(x^{10}+1)+C$

C. $\ln|x|-\frac{1}{5}\ln(x^{10}+1)+C$

D. $\ln|x|-\frac{1}{10}\ln(x^{10}+1)+C$

E. $2\ln|x|-\frac{1}{5}\ln(x^{10}+1)+C$

**强化 169** 已知$f(u)$有二阶连续导数,则$\int e^{2x}f''(e^x)dx=($ $)$.

A. $e^xf'(e^x)+f(e^x)+C$

B. $2e^xf'(e^x)-f(e^x)+C$

C. $e^xf'(e^x)-f(e^x)+C$

D. $e^xf'(e^x)-2f(e^x)+C$

E. $e^xf'(e^x)-f'(e^x)+C$

**强化 170** 给出四个函数:

① $f(x)=\begin{cases}\dfrac{\arctan x}{x}, & x\neq 0,\\ 2, & x=0,\end{cases}$

② $g(x)=\begin{cases}-1, & x<0,\\ 0, & x=0,\\ 1, & x>0,\end{cases}$

③ $h(x)=\begin{cases}\dfrac{1}{x^2}, & x\neq 0,\\ 0, & x=0,\end{cases}$

④ $w(x)=1+|x|$,

其中在区间$[-1,1]$上定积分存在,但不定积分不存在的个数为( ).

A. 0　　B. 1　　C. 2　　D. 3　　E. 4

# 题型18 定积分的定义与性质

## 【考向1】 定积分的定义与几何意义

考研中涉及定积分的定义与几何意义的考题主要包括三个方向：

**1. 利用定积分定义求数列极限(见题型6)**

**2. 利用定积分的几何意义求定积分**

$\int_a^b f(x)\,\mathrm{d}x\,(a<b)$表示曲线$y=f(x)$与$x$轴、直线$x=a$和$x=b$所围成的平面图形面积的代数和($x$轴上方的面积为正、下方的面积为负).

**3. 定积分是一个数**

## 【考向2】 定积分的比较

**1. 积分限相同,被积函数不同的定积分比较(用比较定理)**

若连续函数$f(x)$,$g(x)$在$[a,b]$上有$f(x)\leqslant g(x)$,则$\int_a^b f(x)\,\mathrm{d}x\leqslant\int_a^b g(x)\,\mathrm{d}x$.

**2. 被积函数相同,但积分限不同的定积分比较(常用定积分的几何意义)**

若连续函数$f(x)$在$[a,b]$上大于零,则在$[a,b]$上的定积分$\int_a^b f(x)\,\mathrm{d}x>0$;

若连续函数$f(x)$在$[c,d]$上小于零,则在$[c,d]$上的定积分$\int_c^d f(x)\,\mathrm{d}x<0$.

**强化 171** 如图 18.1，连续函数 $y=f(x)$ 在区间 $[-3,-2]$，$[2,3]$ 上的图形分别是直径为 1 的上、下半圆周，在区间 $[-2,0]$，$[0,2]$ 上的图形分别是直径为 2 的下、上半圆周，设 $F(x)=\int_0^x f(t)\,\mathrm{d}t$，则下列结论中正确的是（　　）.

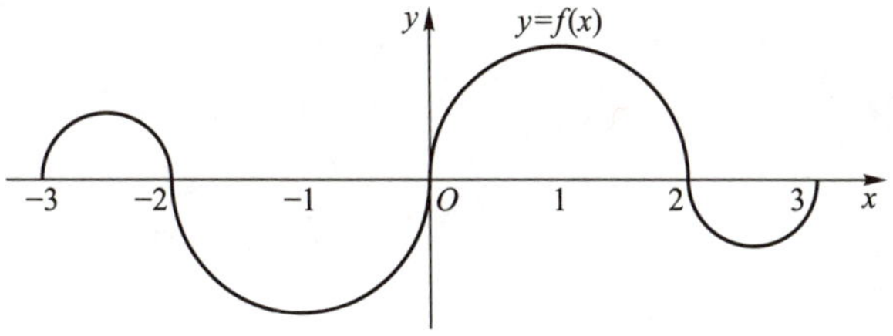


图 18.1

A. $F(3)=-\dfrac{3}{4}F(-2)$

B. $F(3)=\dfrac{5}{4}F(2)$

C. $F(-3)=\dfrac{3}{4}F(2)$

D. $F(-3)=-\dfrac{5}{4}F(-2)$

E. $F(-3)=-\dfrac{5}{4}F(2)$

**强化 172** 若 $f(x)$ 为非负函数，且 $f''(x)>0$，则有（　　）.

A. $f(-1)+f(1)<2f(0)$

B. $f(-1)+f(1)=2f(0)$

C. $f(-1)+f(1)<\int_{-1}^{1} f(x)\,\mathrm{d}x$

D. $f(-1)+f(1)>\int_{-1}^{1} f(x)\,\mathrm{d}x$

E. $f(-1)+f(1)=\int_{-1}^{1} f(x)\,\mathrm{d}x$

**强化 173** 设二阶可导函数 $f(x)$ 满足 $f(1)=f(-1)=1, f(0)=-1$ 且 $f''(x)>0$，则（　　）.

A. $\int_{-1}^{1} f(x)\,dx>0$

B. $\int_{-1}^{1} f(x)\,dx<0$

C. $\int_{-1}^{0} f(x)\,dx>\int_{0}^{1} f(x)\,dx$

D. $\int_{-1}^{0} f(x)\,dx<\int_{0}^{1} f(x)\,dx$

E. $\int_{-1}^{0} f(x)\,dx>0$

**强化 174** 设 $I=\int_{0}^{\frac{\pi}{2}}\cos(\sin x)\,dx, J=\int_{0}^{\frac{\pi}{2}}\cos x\,dx, K=\int_{0}^{\frac{\pi}{2}}\cos(1-\cos x)\,dx$，则（　　）.

A. $I<J<K$　　B. $K<J<I$　　C. $K<I<J$　　D. $J<I<K$　　E. $J<K<I$

**强化 175** 设 $I=\int_{0}^{1}\frac{x}{(1+x)^2}dx, J=\int_{0}^{1}\frac{\ln(1+x)}{1+x}dx, K=\int_{0}^{1}\frac{e^x-1}{1+x}dx$，则（　　）.

A. $I<J<K$　　B. $K<J<I$　　C. $K<I<J$　　D. $J<I<K$　　E. $J<K<I$

**强化 176** 设 $I=\int_0^{\frac{\pi}{2}}\frac{\sin x}{x}\mathrm{d}x$，$J=\int_0^{\frac{\pi}{2}}\frac{x}{\sin x}\mathrm{d}x$，则（　　）.

A. $1<I<J$　　B. $I<1<J$　　C. $J<I<1$　　D. $J<1<I$　　E. $1<J<I$

**强化 177** 设 $M=\int_{-\frac{\pi}{2}}^{\frac{\pi}{2}}\frac{(1+x)^2}{1+x^2}\mathrm{d}x$，$N=\int_{-\frac{\pi}{2}}^{\frac{\pi}{2}}\frac{1+x}{\mathrm{e}^x}\mathrm{d}x$，$K=\int_{-\frac{\pi}{2}}^{\frac{\pi}{2}}(1+\sqrt{\cos x})\mathrm{d}x$，则（　　）.

A. $M>N>K$　　B. $M>K>N$　　C. $K>M>N$　　D. $K>N>M$　　E. $N>K>M$

**强化 178** 设 $I_k=\int_0^{k\pi}\mathrm{e}^{x^2}\sin x\mathrm{d}x(k=1,2,3)$，则有（　　）.

A. $I_1<I_2<I_3$　　B. $I_3<I_2<I_1$　　C. $I_2<I_3<I_1$　　D. $I_2<I_1<I_3$　　E. $I_1<I_3<I_2$

# 题型19 定积分的计算

**1. 直接法计算**

凑微分法、第二类换元法、分部积分法、有理分式拆分及三角有理式积分.

**2. 技巧法计算**

(1) 利用定积分的几何意义求定积分,常考的有:

$$\int_0^a \sqrt{a^2-x^2}\,dx=\frac{1}{4}\pi a^2 \quad \left(\frac{1}{4}\text{圆的面积,如图 19.1(a)所示}\right),$$

$$\int_0^a \sqrt{ax-x^2}\,dx=\frac{1}{8}\pi a^2 \quad \left(\frac{1}{2}\text{圆的面积,如图 19.1(b)所示}\right).$$

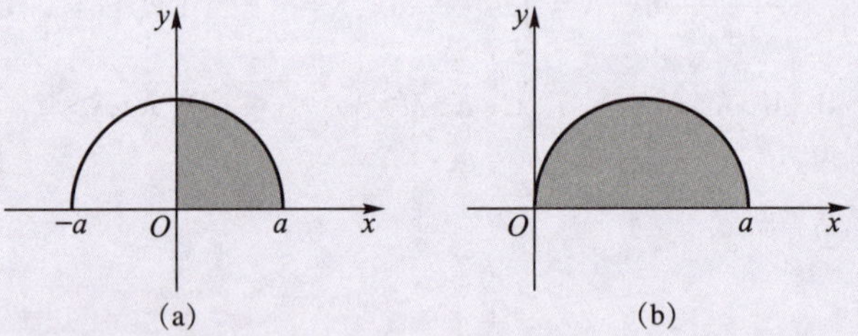


图 19.1

(2) 利用定积分的奇偶性.

若 $f(x)$ 在 $[-a,a]$ 上连续,则有

$$\int_{-a}^{a} f(x)\,dx=\begin{cases}2\int_0^a f(x)\,dx, & \text{若 } f(x) \text{ 为偶函数},\\ 0, & \text{若 } f(x) \text{ 为奇函数}.\end{cases}$$

(3) 利用定积分的周期性.

设 $f(x)$ 是以 $T$ 为周期的连续的周期函数,有

① $\int_a^{a+T} f(x)\,dx=\int_0^T f(x)\,dx$($a$ 为任意实数);

② $\int_0^{nT} f(x)\,dx=n\int_0^T f(x)\,dx$($n$ 为整数).

(4) 利用积分的区间再现公式,即

$$\int_a^b f(x)\,dx=\int_a^b f(a+b-x)\,dx.$$

(5) 利用华里士公式,即

① $\int_0^{\frac{\pi}{2}}\sin^n x\mathrm{d}x=\int_0^{\frac{\pi}{2}}\cos^n x\mathrm{d}x=\begin{cases}\frac{n-1}{n}\cdot\frac{n-3}{n-2}\cdot\cdots\cdot\frac{4}{5}\cdot\frac{2}{3}, & n\text{ 为大于 1 的奇数},\\ \frac{n-1}{n}\cdot\frac{n-3}{n-2}\cdot\cdots\cdot\frac{3}{4}\cdot\frac{1}{2}\cdot\frac{\pi}{2}, & n\text{ 为正偶数}.\end{cases}$

② $\int_0^{\pi}\sin^n x\mathrm{d}x=2\int_0^{\frac{\pi}{2}}\cos^n x\mathrm{d}x$.

③ $\int_0^{\pi}\cos^n x\mathrm{d}x=\begin{cases}0, & n\text{ 为大于 1 的奇数},\\ 2\int_0^{\frac{\pi}{2}}\cos^n x\mathrm{d}x, & n\text{ 为正偶数}.\end{cases}$

④ $\int_0^{2\pi}\sin^n x\mathrm{d}x=\int_0^{2\pi}\cos^n x\mathrm{d}x=\begin{cases}0, & n\text{ 为大于 1 的奇数},\\ 4\int_0^{\frac{\pi}{2}}\sin^n x\mathrm{d}x, & n\text{ 为正偶数}.\end{cases}$

(6) 若$f(x)$在$[0,1]$上连续,则有

① $\int_0^{\frac{\pi}{2}}f(\sin x)\mathrm{d}x=\int_0^{\frac{\pi}{2}}f(\cos x)\mathrm{d}x$.

② $\int_0^{\pi}xf(\sin x)\mathrm{d}x=\frac{\pi}{2}\int_0^{\pi}f(\sin x)\mathrm{d}x$.

(7) 若$f(x)$在$[-a,a]$上连续,则有$\int_{-a}^{a}f(x)\mathrm{d}x=\int_0^{a}[f(x)+f(-x)]\mathrm{d}x$.

**强化 179** $\int_0^{2\pi}|\sin(x+1)|\mathrm{d}x=(\quad)$.

A. 2　　B. 4　　C. 8　　D. $2\pi$　　E. $4\pi$

**强化 180** $\int_{-1}^{1}\frac{x^2+\ln(1+x^2)\arctan x}{1+\sqrt{1-x^2}}\mathrm{d}x=(\quad)$.

A. 2　　B. $2+\frac{\pi}{2}$　　C. $\pi$　　D. $2-\frac{\pi}{2}$　　E. $2\pi$

**强化 181** $\int_{-\frac{\pi}{4}}^{\frac{\pi}{4}}\frac{\sin^2 x}{1+\mathrm{e}^{-x}}\mathrm{d}x=(\quad)$.

A. $\frac{1}{8}\pi$　　B. $\frac{1}{8}(\pi-2)$　　C. $\frac{1}{4}\pi$　　D. $\frac{1}{8}(\pi+2)$　　E. $\pi$

**强化 182** $\int_{0}^{2}\frac{\mathrm{d}x}{2+\sqrt{4-x^2}}=(\quad)$.

A. $\pi$　　B. $\frac{\pi}{2}+1$　　C. $\frac{1}{2}\pi$　　D. $\frac{\pi}{2}-1$　　E. $2\pi$

**强化 183** $\int_{0}^{1}(2x^{2}+1)e^{x^{2}}dx=(\quad)$.

A. 1　　B. 2　　C. $\frac{e}{2}$　　D. e　　E. 2e

**强化 184** $\int_{0}^{1}\frac{\ln(1+x)}{(2-x)^{2}}dx=(\quad)$.

A. 0　　B. $-\frac{1}{3}\ln 2$　　C. $\ln 2$　　D. $\frac{1}{3}\ln 2$　　E. $3\ln 2$

**强化 185** $\int_{0}^{\pi}e^{-x}\cos x dx=(\quad)$.

A. $\frac{1}{2}(e^{-\pi}+1)$　　B. $e^{-\pi}$

C. $\frac{1}{2}(e^{-\pi}-1)$　　D. $2e^{-\pi}$

E. $\frac{1}{2}e^{-\pi}$

**强化 186** $\int_0^{\frac{\pi}{2}} \frac{1}{2\sin^2 x+\cos^2 x}\mathrm{d}x=($　　$)$.

A. $\pi$　　B. $\frac{\pi}{\sqrt{2}}$　　C. $2\pi$　　D. $\frac{\pi}{2\sqrt{2}}$　　E. $\sqrt{2}\pi$

**强化 187** $\int_0^1 \frac{4-x}{2+4x+x^2+2x^3}\mathrm{d}x=($　　$)$.

A. $\ln 2$　　B. $\frac{1}{2}\ln 6$　　C. $\frac{1}{2}\ln 3$　　D. $\frac{1}{2}\ln 2$　　E. $\frac{1}{2}\ln \frac{3}{2}$

**强化 188** 设 $f(x)=\int_1^x \frac{2\ln u}{1+u}\mathrm{d}u, x\in(0,+\infty)$，则 $f(2)+f\left(\frac{1}{2}\right)=($　　$)$.

A. 1　　B. $2\ln 2$　　C. 0　　D. $\ln 2$　　E. $\ln^2 2$

**强化 189** $\int_{-2}^{4}|x^2-2x-3|\mathrm{d}x=$(　　).

A. $\frac{1}{2}$　　B. $\frac{47}{3}$　　C. $\frac{7}{3}$　　D. $\frac{46}{3}$　　E. 2

**强化 190** 已知 $f(x)=\begin{cases}2x+1, & -2\leqslant x\leqslant 0,\\ 1-x^2, & 0<x\leqslant 2,\end{cases}$ 若 $k\in[-2,2]$，且满足 $\int_{k}^{1}f(x)\mathrm{d}x=\frac{2}{3}$，则 $k$ 可能取值的个数为(　　).

A. 0　　B. 1　　C. 2　　D. 3　　E. 4

**强化 191** 设函数$f(x)$具有2阶连续导数,若曲线$y=f(x)$过点(0,0)且与曲线$y=2^x$在点(1,2)处相切,则$\int_0^1 xf''(x)\mathrm{d}x=$(    ).

A. 1　　B. $2\ln 2-2$　　C. 2　　D. $2\ln 2+2$　　E. $\ln 2$

**强化 192** 已知$f(\pi)=2$,且$\int_0^{\pi}[f(x)+f''(x)]\sin x\mathrm{d}x=5$,则$f(0)=$(    ).

A. 1　　B. 2　　C. 3　　D. $\pi$　　E. 0

# 题型20 变限函数

变限函数是每年考试命题的重点，主要考点方向有：

**1. 求变限函数的导数（利用变限函数的求导法则）**

若函数 $f(x)$ 连续，且 $\alpha(x)$，$\beta(x)$ 可导，则有

$$\left[\int_{\alpha(x)}^{\beta(x)} f(t)\,\mathrm{d}t\right]_x' = f[\beta(x)]\beta'(x) - f[\alpha(x)]\alpha'(x).$$

**2. 被积分函数为变限函数的定积分计算问题（利用分部积分法）**

**3. 变上限函数的奇偶性、周期性问题（见题型1）**

**4. 变上限函数的连续性、可导性问题**

已知 $f(x)$ 在 $[a,b]$ 上除了 $x_0\in(a,b)$ 外均连续，对于 $F(x)=\int_c^x f(t)\,\mathrm{d}t\,(c\in(a,b))$，有

（1）若 $f(x)$ 在 $x_0$ 处连续，则 $F(x)$ 在 $x_0$ 处可导，且 $F'(x_0)=f(x_0)$.

（2）若 $f(x)$ 在 $x_0$ 处有第一类间断点，则 $F(x)$ 在 $x_0$ 处连续，且

$$F'_+(x_0)=\lim_{x\to x_0^+} f(x),\quad F'_-(x_0)=\lim_{x\to x_0^-} f(x).$$

**强化 193** 设函数 $f(x)$ 连续，且满足 $\int_0^x \mathrm{e}^t f(x-t)\,\mathrm{d}t = x$，则 $\int_1^2 f(x)\,\mathrm{d}x=$（　　）.

A. 1　　B. $-1$　　C. $\frac{1}{2}$　　D. $-\frac{1}{2}$　　E. $\frac{3}{2}$

**强化 194** 已知 $f(x)=\int_1^{\sqrt{x}} e^{-t^2}dt$，则 $\int_0^1 \frac{f(x)}{\sqrt{x}}dx=$（　　）.

A. 0　　B. $e^{-1}+1$　　C. 1　　D. $e^{-1}-1$　　E. e

**强化 195** 若 $f(x)=\int_1^x \frac{\ln(1+t)}{t}dt$，则 $\int_0^1 \frac{f(x)}{\sqrt{x}}dx=$（　　）.

A. $\ln 2-2+\frac{\pi}{2}$　　B. $\ln 2-1+\frac{\pi}{4}$

C. $-4\ln 2+4-\pi$　　D. $-4\ln 2-8+2\pi$

E. $-4\ln 2+8-2\pi$

**强化 196** 设函数 $f(x)=\begin{cases}\sin x, & 0\leqslant x<\pi, \\ 2, & \pi\leqslant x\leqslant 2\pi,\end{cases}$，$F(x)=\int_0^x f(t)dt$，则（　　）.

A. $x=\pi$ 是函数 $F(x)$ 的跳跃间断点　　B. $x=\pi$ 是函数 $F(x)$ 的可去间断点

C. $x=\pi$ 是函数 $F(x)$ 的第二类间断点　　D. $F(x)$ 在 $x=\pi$ 处可导

E. $F(x)$ 在 $x=\pi$ 处连续但不可导

**强化 197** 设$f(x)$是奇函数,除$x=0$外处处连续,$x=0$是其第一类间断点,则$\int_0^x f(t)\,dt$是(　　).

A. 连续的奇函数　　B. 连续的偶函数

C. 在$x=0$间断的奇函数　　D. 在$x=0$间断的偶函数

E. 在$x=0$间断的非奇非偶函数

**强化 198** 设函数$f(x)=\begin{cases} x^2, & 0\leqslant x\leqslant 1, \\ 2-x, & 1<x\leqslant 2,\end{cases}$记$F(x)=\int_0^x f(t)\,dt, 0\leqslant x\leqslant 2$,则(　　).

A. $F(x)=\begin{cases} \dfrac{x^3}{3}, & 0\leqslant x\leqslant 1, \\ \dfrac{1}{3}+2x-\dfrac{x^2}{3}, & 1<x\leqslant 2\end{cases}$

B. $F(x)=\begin{cases} \dfrac{x^3}{3}, & 0\leqslant x\leqslant 1, \\ -\dfrac{7}{6}+2x-\dfrac{x^2}{2}, & 1<x\leqslant 2\end{cases}$

C. $F(x)=\begin{cases} \dfrac{x^3}{3}, & 0\leqslant x\leqslant 1, \\ \dfrac{x^2}{3}+2x-\dfrac{x^2}{2}, & 1<x\leqslant 2\end{cases}$

D. $F(x)=\begin{cases} \dfrac{x^3}{3}, & 0\leqslant x\leqslant 1, \\ 2x-\dfrac{x^2}{2}, & 1<x\leqslant 2\end{cases}$

E. $F(x)=\begin{cases} \dfrac{x^3}{3}, & 0\leqslant x\leqslant 1, \\ -\dfrac{4}{3}+2x-\dfrac{x^2}{3}, & 1<x\leqslant 2\end{cases}$

# 题型21 反常积分

## 【考向1】反常积分的计算

计算反常积分的核心就是“计算定积分,再加极限运算”,但需要注意一点,当积分区间内有反常积分的瑕点时,需要先利用积分可加性,将积分区间按照瑕点分成两个部分,例如:若函数 $f(x)$ 在区间 $[a,c)$ 及 $(c,b]$ 上连续,且 $\lim\limits_{x\to c}f(x)=\infty$,则

$$\int_a^b f(x)\,\mathrm{d}x=\int_a^c f(x)\,\mathrm{d}x+\int_c^b f(x)\,\mathrm{d}x,$$

注意,上式当且仅当 $\int_a^c f(x)\,\mathrm{d}x$,$\int_c^b f(x)\,\mathrm{d}x$ 均收敛时,反常积分 $\int_a^b f(x)\,\mathrm{d}x$ 才收敛.

## 【考向2】反常积分的奇偶性

设 $f(x)$ 在 $(-\infty,+\infty)$ 上连续,且 $\int_0^{+\infty} f(x)\,\mathrm{d}x$ 收敛,则

$$\int_{-\infty}^{+\infty} f(x)\,\mathrm{d}x=\begin{cases}2\int_0^{+\infty} f(x)\,\mathrm{d}x, & f(x)\text{ 为偶函数},\\ 0, & f(x)\text{ 为奇函数}.\end{cases}$$

**【注】** 若 $\int_0^{+\infty} f(x)\,\mathrm{d}x$ 发散,则反常积分 $\int_{-\infty}^{+\infty} f(x)\,\mathrm{d}x$ 发散.

设 $f(x)$ 在 $[-a,a]$ 上除 $x=0$ 外均连续,$x=0$ 为 $f(x)$ 的瑕点,且 $\int_0^a f(x)\,\mathrm{d}x$ 收敛,则

$$\int_{-a}^{a} f(x)\,\mathrm{d}x=\begin{cases}2\int_0^{a} f(x)\,\mathrm{d}x, & f(x)\text{ 为偶函数},\\ 0, & f(x)\text{ 为奇函数}.\end{cases}$$

**【注】** 若 $\int_0^{a} f(x)\,\mathrm{d}x$ 发散,则反常积分 $\int_{-\infty}^{+\infty} f(x)\,\mathrm{d}x$ 发散.

## 【考向 3】反常积分的比较审敛法

**1. 比较审敛法内容**

设函数 $f(x)$, $g(x)$ 在区间 $[a,+\infty)$ 连续，且 $f(x)\geqslant g(x)\geqslant 0$，则有

(1) 若 $\int_a^{+\infty} f(x)\mathrm{d}x$ 收敛，则 $\int_a^{+\infty} g(x)\mathrm{d}x$ 收敛.

(2) 若 $\int_a^{+\infty} g(x)\mathrm{d}x$ 发散，则 $\int_a^{+\infty} f(x)\mathrm{d}x$ 发散.

**2. 比较审敛法的极限形式**

已知函数 $f(x)$, $g(x)$ 均为 $[a,+\infty)$ 上的连续正值函数，则

(1) 当 $\lim\limits_{x\to+\infty}\dfrac{f(x)}{g(x)}=0$ 时，若 $\int_a^{+\infty} g(x)\mathrm{d}x$ 收敛，则 $\int_a^{+\infty} f(x)\mathrm{d}x$ 收敛.

(2) 当 $\lim\limits_{x\to+\infty}\dfrac{f(x)}{g(x)}=\infty$ 时，若 $\int_a^{+\infty} g(x)\mathrm{d}x$ 发散，则 $\int_a^{+\infty} f(x)\mathrm{d}x$ 发散.

(3) 当 $\lim\limits_{x\to+\infty}\dfrac{f(x)}{g(x)}=A\neq 0$ 时，$\int_a^{+\infty} g(x)\mathrm{d}x$ 与 $\int_a^{+\infty} f(x)\mathrm{d}x$ 同敛散性.

【注】瑕积分的情况同理.

**3. 几个重要的反常积分**

(1) $\int_a^{+\infty}\dfrac{1}{x^p}\mathrm{d}x=\begin{cases}p>1, \text{收敛}, \\ p\leqslant 1, \text{发散}\end{cases}$ $(a>0)$.

(2) $\int_0^{a}\dfrac{1}{x^p}\mathrm{d}x=\begin{cases}p<1, \text{收敛}, \\ p\geqslant 1, \text{发散}\end{cases}$ $(a>0)$.

(3) $\int_{-\infty}^{+\infty} \mathrm{e}^{-x^2}\mathrm{d}x=2\int_0^{+\infty}\mathrm{e}^{-x^2}\mathrm{d}x=\sqrt{\pi}$; $\int_0^{+\infty} x^n\mathrm{e}^{-x}\mathrm{d}x=n!$ $(n\in\mathbf{N})$.

**强化 199** $\int_0^{+\infty}\dfrac{\ln(1+x)}{(1+x)^2}\mathrm{d}x=(\quad)$.

A. −1　　B. 0　　C. 1　　D. 2　　E. ∞

**强化 200** $\int_{5}^{+\infty}\frac{1}{x^2-4x+3}dx=(\quad)$.

A. $-\ln 2$　　B. $-\frac{1}{2}\ln 2$　　C. $\frac{1}{2}\ln 2$　　D. $\ln 2$　　E. $\infty$

**强化 201** $\int_{0}^{+\infty}e^{-ax}\sin bx\,dx=(\quad)(a>0,b>0)$.

A. $\frac{2a}{a^2+b^2}$　　B. $\frac{a}{a^2+b^2}$　　C. $\frac{2b}{a^2+b^2}$　　D. $\frac{b}{a^2+b^2}$　　E. $\frac{b}{2(a^2+b^2)}$

**强化 202** 设函数 $f(x)=\begin{cases}\frac{1}{(x-1)^{\alpha-1}}, & 1<x<e,\\ \frac{1}{x\ln^{\alpha+1}x}, & x\geqslant e,\end{cases}$ 若 $\int_{1}^{+\infty}f(x)dx$ 收敛,则(　　).

A. $\alpha<-2$　　B. $\alpha>2$　　C. $-2<\alpha<0$　　D. $0<\alpha<2$　　E. $\alpha<0$

**强化 203** 下列反常积分发散的是(　　).

A. $\int_{0}^{+\infty} x\mathrm{e}^{-x}\mathrm{d}x$　　B. $\int_{0}^{+\infty} x\mathrm{e}^{-x^2}\mathrm{d}x$

C. $\int_{0}^{+\infty} \frac{\arctan x}{1+x^2}\mathrm{d}x$　　D. $\int_{0}^{+\infty} \frac{x}{1+x^2}\mathrm{d}x$

E. $\int_{0}^{+\infty} \frac{1}{\sqrt{x}+x^4}\mathrm{d}x$

**强化 204** 下列反常积分发散的是(　　).

A. $\int_{0}^{+\infty} \frac{x^2}{x^4-x^2+1}\mathrm{d}x$　　B. $\int_{1}^{+\infty} \frac{1}{x\sqrt[3]{x^2+1}}\mathrm{d}x$

C. $\int_{0}^{2} \frac{1}{\ln x}\mathrm{d}x$　　D. $\int_{0}^{1} \frac{\ln x}{1-x^2}\mathrm{d}x$

E. $\int_{0}^{+\infty} \mathrm{e}^{-x^2}\mathrm{d}x$

**强化 205** 已知反常积分 $\int_{0}^{+\infty} \frac{\ln(1+x)}{x^n}\mathrm{d}x$ 收敛,则(　　).

A. $n<1$　　B. $n>2$　　C. $1<n<3$　　D. $1<n<2$　　E. $n<0$

# 题型22 定积分的应用

## 【考向1】求平面图形的面积

**1. 直角坐标系下平面图形的面积**

(1) 设连续函数 $y_1(x)$, $y_2(x)$ 满足 $y_2(x)\geqslant y_1(x)$ $(a\leqslant x\leqslant b)$, 则由曲线 $y=y_1(x)$, $y=y_2(x)$ 及直线 $x=a$, $x=b$ 所围成的平面图形(如图 22.1(a))的面积为

$$S_{D_1}=\int_a^b\left[y_2(x)-y_1(x)\right]\mathrm{d}x.$$

(2) 设连续函数 $x=x_1(y)$, $x=x_2(y)$ 满足 $x_2(y)\leqslant x_1(y)$ $(c\leqslant y\leqslant d)$, 则由曲线 $x=x_1(y)$, $x=x_2(y)$ 及直线 $y=c$, $y=d$ 所围成的平面图形(如图 22.1(b))的面积为

$$S_{D_2}=\int_c^d\left[x_2(y)-x_1(y)\right]\mathrm{d}y.$$

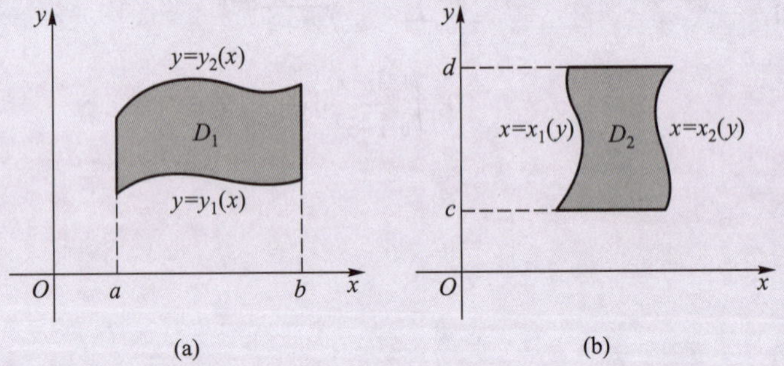


图 22.1

**2. 极坐标系下平面图形的面积**

(1) 由连续极曲线 $r=r(\theta)$ 及射线 $\theta=\alpha$, $\theta=\beta$ 所围成的平面图形(如图 22.2(a))的面积为

$$S_{D_3}=\frac{1}{2}\int_\alpha^\beta r^2(\theta)\,\mathrm{d}\theta.$$

(2) 由连续极曲线 $r=r_2(\theta)$, $r=r_1(\theta)$ $(0\leqslant r_1(\theta)\leqslant r_2(\theta))$ 及射线 $\theta=\alpha$, $\theta=\beta$ 所围成的平面图形(如图 22.2(b))的面积为

$$S_{D_4}=\frac{1}{2}\int_\alpha^\beta\left[r_2^2(\theta)-r_1^2(\theta)\right]\mathrm{d}\theta.$$

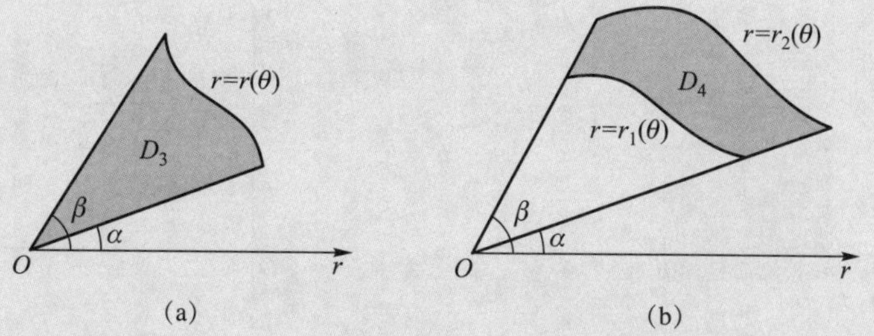


图 22.2

**3. 求由参数方程表示的曲线所围成图形的面积**

设曲线 $L$ 以参数方程给出 $\begin{cases} x=x(t), \\ y=y(t), \end{cases}$ $\alpha\leqslant t\leqslant\beta$，则由该曲线及 $x=a, x=b, x$ 轴所围成的平面图形（如图 22.3）的面积为

$$S=\int_a^b y\mathrm{d}x \xlongequal{令\ x=x(t)} \int_\alpha^\beta y(t)x'(t)\mathrm{d}t.$$

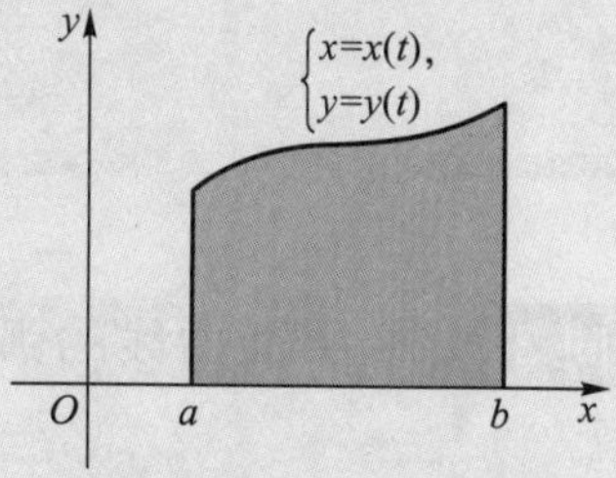


图 22.3

## 【考向 2】求旋转体的体积

**1. $X$ 型区域（对 $x$ 积分）**

设平面区域 $D$ 由连续曲线 $y=y(x)\ (y(x)\geqslant 0)$、直线 $x=a, x=b$ 和 $x$ 轴所围成（如图 22.4 所示），则

（1）平面区域 $D$ 绕 $x$ 轴旋转一周所得旋转体的体积为

$$V_x=\pi\int_a^b y^2(x)\mathrm{d}x.$$

（2）平面区域 $D$ 绕 $y$ 轴旋转一周所得旋转体的体积为

$$V_y=2\pi\int_a^b x\cdot y(x)\mathrm{d}x.$$

**2. $Y$ 型区域（对 $y$ 积分）**

设平面区域 $D$ 由连续曲线 $x=x(y)\ (x(y)\geqslant 0)$、直线 $y=c, y=d$ 和 $y$ 轴所围成（如图 22.5 所示），则

（1）平面区域 $D$ 绕 $x$ 轴旋转一周所得旋转体的体积为

$$V_x=2\pi\int_c^d y\cdot x(y)\mathrm{d}y.$$

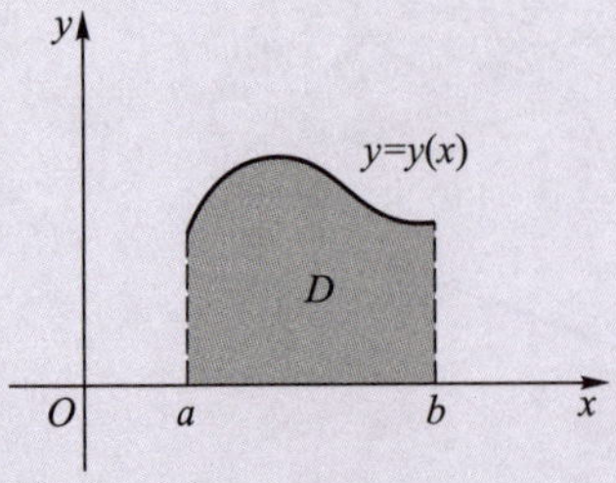


图 22.4

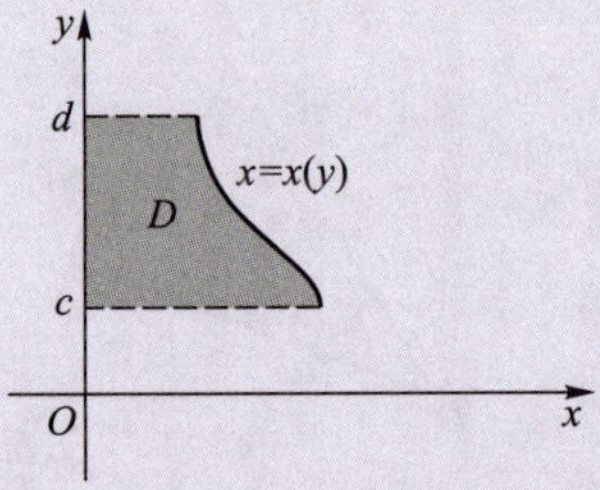


图 22.5

(2) 平面区域 $D$ 绕 $y$ 轴旋转一周所得旋转体的体积为

$$V_y=\pi\int_c^d x^2(y)\,\mathrm{d}y.$$

## 【考向 3】求平面曲线的弧长

**1. 直角坐标系下的曲线**

设光滑曲线 $y=y(x)\,(a\leqslant x\leqslant b)$,弧长 $s=\int_a^b\sqrt{1+y'^2}\,\mathrm{d}x$.

**2. 参数方程所表示的曲线**

设光滑曲线 $C$ 由 $\begin{cases}x=x(t),\\ y=y(t)\end{cases}(a\leqslant t\leqslant b)$ 给定,弧长 $s=\int_a^b\sqrt{x'^2(t)+y'^2(t)}\,\mathrm{d}t$.

**3. 极坐标系下的曲线**

设光滑曲线,$r=r(\theta)\,(a\leqslant\theta\leqslant b)$,弧长 $s=\int_a^b\sqrt{r^2(\theta)+r'^2(\theta)}\,\mathrm{d}\theta$.

【注】求弧长可根据曲线的表达形式代入弧长公式进行计算,但请务必注意弧长公式中积分下限是一定小于积分上限的.

## 【考向 4】求旋转侧表面积

曲线 $y=f(x)\,(f(x)\geqslant0)$ 位于 $[a,b]$ 之间的弧段绕 $x$ 轴旋转一周所得旋转曲面的面积为

$$S=\int_a^b 2\pi f(x)\sqrt{1+f'^2(x)}\,\mathrm{d}x.$$

曲线 $x=x(t),y=y(t)\,(y(t)\geqslant0)$ 位于 $t=a$ 与 $t=b$ 之间的弧段绕 $x$ 轴旋转一周所得旋转曲面的面积为

$$S=\int_a^b 2\pi y(t)\sqrt{x'^2(t)+y'^2(t)}\,\mathrm{d}t.$$

**强化 206** 位于曲线 $y=e^x$ 下方，该曲线与过原点的切线的左方以及 $x$ 轴上方之间的图形的面积为(　　).

A. $e-1$　　B. $e$　　C. $1$　　D. $\frac{e}{2}-1$　　E. $\frac{e}{2}$

**强化 207** 已知平面有界区域 $D$ 由曲线 $y=\ln(1+x)$ 与其在点 $(1,\ln 2)$ 处的法线和 $x$ 轴围成，则 $D$ 的面积为(　　).

A. $2\ln 2-1$

B. $\frac{1}{4}\ln^2 2+2\ln 2$

C. $2\ln 2+1$

D. $\frac{1}{4}\ln^2 2+2\ln 2-1$

E. $\frac{1}{4}\ln^2 2+2\ln 2+1$

**强化 208** 曲线 $y=\frac{xe^x}{(1+e^x)^2}$，$y=0$ 与 $x=1$ 所围成平面图形的面积为(　　).

A. $\frac{1}{1+e}+1-\ln(1+e)+\ln 2$

B. $-\frac{1}{1+e}-1-\ln(1+e)+\ln 2$

C. $\frac{1}{1+e}-1-\ln(1+e)+\ln 2$

D. $-\frac{1}{1+e}+1-\ln(1+e)+\ln 2$

E. $\frac{1}{1+e}+1-\ln(1+e)-\ln 2$

**强化 209** 由曲线 $r=3\cos\theta$ 与 $r=1+\cos\theta$ 所围成的平面图形的面积为(　　).

A. $\pi$　　B. $2\pi$　　C. $3\pi$　　D. $4\pi$　　E. $6\pi$

**强化 210** 由摆线 $x=a(t-\sin t)$，$y=a(1-\cos t)$ 的一拱($0\leqslant t\leqslant 2\pi$)与横轴所围成的图形的面积为(　　).

A. $3\pi a^2$　　B. $\pi a^2$　　C. $2\pi a^2$　　D. $3\pi a^3$　　E. $\pi a^3$

**强化 211** 曲线 $y=\sqrt{x^2-1}$，直线 $x=2$ 及 $x$ 轴所围成的平面图形绕 $x$ 轴旋转所成的旋转体的体积为(　　).

A. $2\sqrt{3}\pi$　　B. $\frac{2}{3}\pi(3\sqrt{3}-1)$　　C. $6\pi$　　D. $\frac{2}{3}\pi$　　E. $\frac{4}{3}\pi$

**强化 212** 设位于曲线 $y=\dfrac{1}{\sqrt{x(1+\ln^2 x)}}(\mathrm{e}\leqslant x<+\infty)$ 下方，$x$ 轴上方的无界区域为 $G$，则 $G$ 绕 $x$ 轴旋转一周所得空间区域的体积为(　　).

A. $\dfrac{\pi}{4}$　　B. $\dfrac{\pi^2}{4}$　　C. $\dfrac{3\pi^2}{4}$　　D. $\dfrac{\pi^2}{3}$　　E. $\pi^2$

**强化 213** 曲线 $y=\sin^4 x(0\leqslant x\leqslant\pi)$ 和 $x$ 轴所围成的图形绕 $y$ 轴旋转一周所得旋转体的体积为(　　).

A. $\pi^3$　　B. $\dfrac{3}{4}\pi^3$　　C. $\dfrac{3}{2}\pi^3$　　D. $\dfrac{3}{8}\pi^3$　　E. $2\pi^3$

**强化 214** 圆 $(x-2)^2+y^2\leqslant 1$ 绕 $y$ 轴旋转一周所成旋转体的体积为(　　).

A. $2\pi^2$　　B. $6\pi^2$　　C. $4\pi^2$　　D. $5\pi^2$　　E. $8\pi^2$

**强化 215** 过点(0,1)作曲线 $L:y=\ln x$ 的切线，切点为 $A$，又 $L$ 与 $x$ 轴交于 $B$ 点，区域 $D$ 由 $L$ 与直线 $AB$ 围成，则区域 $D$ 绕 $x$ 轴旋转一周所得旋转体的体积为(　　).

A. $\frac{4\pi}{3}(e^2-1)$

B. $\frac{2\pi}{3}(e^2+1)$

C. $\frac{4\pi}{3}(e^2+1)$

D. $\frac{2\pi}{3}(e^2-1)$

E. $\frac{\pi}{3}(e^2-1)$

**强化 216** 设平面图形 $A$ 由 $x^2+y^2\leqslant 2x$ 与 $y\geqslant x$ 所确定，则图形 $A$ 绕直线 $x=2$ 旋转一周所得旋转体的体积为(　　).

A. $\frac{1}{2}\pi^2+\pi$

B. $\frac{1}{2}\pi^2-\frac{1}{3}\pi$

C. $\frac{1}{2}\pi^2-\pi$

D. $\frac{1}{2}\pi^2+\frac{1}{3}\pi$

E. $\frac{1}{2}\pi^2-\frac{2}{3}\pi$

**强化 217** 设 $f(x)$，$g(x)$ 在区间 $[a,b]$ 上连续，且 $g(x)<f(x)<m$（$m$ 为常数），由曲线 $y=g(x)$，$y=f(x)$，$x=a$ 及 $x=b$ 所围平面图形绕 $y=m$ 旋转一周而成的旋转体体积为（　　）.

A. $\int_a^b \pi[2m-f(x)+g(x)][f(x)-g(x)]\mathrm{d}x$

B. $\int_a^b \pi[2m-f(x)-g(x)][f(x)-g(x)]\mathrm{d}x$

C. $\int_a^b \pi[m-f(x)+g(x)][f(x)-g(x)]\mathrm{d}x$

D. $\int_a^b \pi[m-f(x)-g(x)][f(x)-g(x)]\mathrm{d}x$

E. $\int_a^b \pi[m+f(x)+g(x)][f(x)-g(x)]\mathrm{d}x$

**强化 218** 设曲线 $L$ 的方程为 $y=\frac{1}{4}x^2-\frac{1}{2}\ln x(1\leqslant x\leqslant \mathrm{e})$，则 $L$ 的弧长为（　　）.

A. 1　　B. $\frac{\mathrm{e}^2-1}{4}$　　C. $2\mathrm{e}$　　D. $\frac{1+\mathrm{e}^2}{4}$　　E. $\frac{1}{4}\mathrm{e}^2$

**强化 219** 曲线 $x=\cos t+t\sin t$，$y=\sin t-t\cos t$ 上相应于 $t$ 从 0 到 $\pi$ 的弧长为（　　）.

A. $\frac{1}{2}\pi^2$　　B. $\pi^2$　　C. $\frac{1}{2}\pi$　　D. $\pi$　　E. $\frac{1}{4}\pi$

# 第四章　多元函数微分学

## 经济类综合能力数学题型清单

| 题型清单 | 考试等级 | 刷题效果 | | |
|---|---|---|---|---|
| | | 一刷 | 二刷 | 三刷 |
| 【题型 23】二元函数的连续性、偏导数存在性及可微性 | ☆☆☆☆☆ | | | |
| 【题型 24】求多元函数的偏导数或全微分 | ☆☆☆☆☆ | | | |
| 【题型 25】求二元隐函数的偏导数或全微分 | ☆☆☆☆ | | | |
| 【题型 26】求多元函数的极值或最值 | ☆☆☆☆☆ | | | |

# 题型23 二元函数的连续性、偏导数存在性及可微性

## 【考向1】二重极限

（1）$\lim\limits_{\substack{x \to x_0 \\ y \to y_0}} f(x,y)$包含了无数条趋向于点$(x_0,y_0)$的趋向方式.

（2）若二重极限$\lim\limits_{\substack{x \to x_0 \\ y \to y_0}} f(x,y)$存在，且$\lim\limits_{\substack{x \to x_0 \\ y \to y_0}} f(x,y)=A$，则点$P(x,y)$以任何方式趋向于点$P_0(x_0,y_0)$时，函数$f(x,y)$的极限均为$A$.

（3）设$\lim\limits_{\substack{x \to x_0 \\ y \to y_0}} f(x,y)=A$，则在点$(x_0,y_0)$的某去心邻域内有$f(x,y)=A+\alpha$，其中$\lim\limits_{(x,y)\to(x_0,y_0)} \alpha=0$.

（4）证明二重极限$\lim\limits_{\substack{x \to x_0 \\ y \to y_0}} f(x,y)$不存在的方法常有以下两种：

方法一：若点$P(x,y)$以一种方式趋向于点$P_0(x_0,y_0)$时，函数$f(x,y)$的极限不存在，则$\lim\limits_{\substack{x \to x_0 \\ y \to y_0}} f(x,y)$不存在.

方法二：若点$P(x,y)$以两种不同的方式趋向于点$P_0(x_0,y_0)$时，函数$f(x,y)$的极限不相等，则$\lim\limits_{\substack{x \to x_0 \\ y \to y_0}} f(x,y)$不存在.

（5）常见的求解方法：等价无穷小量代换、夹逼准则（不等式放缩）、无穷小量乘以有界变量等.

（6）几个重要的二重极限：$\lim\limits_{\substack{x \to 0 \\ y \to 0}} \dfrac{xy}{x^2+y^2}=$不存在，$\lim\limits_{\substack{x \to 0 \\ y \to 0}} \dfrac{xy^2}{x^2+y^2}=0$，$\lim\limits_{\substack{x \to 0 \\ y \to 0}} \dfrac{xy}{\sqrt{x^2+y^2}}=0$.

## 【考向2】二元函数的连续型

设二元函数$z=f(x,y)$在点$(x_0,y_0)$的某邻域有定义，若

$$\lim_{(x,y)\to(x_0,y_0)} f(x,y)=f(x_0,y_0),$$

则称$f(x,y)$在点$(x_0,y_0)$处连续.

## 【考向 3】二元函数偏导数的存在性

函数 $z=f(x,y)$ 在点 $(x_0,y_0)$ 处的偏导数为

$$f'_x(x_0,y_0)=\left.\frac{\mathrm{d}f(x,y_0)}{\mathrm{d}x}\right|_{x=x_0}=\lim_{x\to x_0}\frac{f(x,y_0)-f(x_0,y_0)}{x-x_0};$$

$$f'_y(x_0,y_0)=\left.\frac{\mathrm{d}f(x_0,y)}{\mathrm{d}y}\right|_{y=y_0}=\lim_{y\to y_0}\frac{f(x_0,y)-f(x_0,y_0)}{y-y_0}.$$

## 【考向 4】二元函数的可微性

方法一：可微的充分条件.

若函数 $z=f(x,y)$ 的偏导数 $\frac{\partial z}{\partial x},\frac{\partial z}{\partial y}$ 在点 $(x,y)$ 处连续，则函数 $z=f(x,y)$ 在该点 $(x,y)$ 处可微.

方法二：可微的等价定义.

若 $f'_x(x_0,y_0)$ 与 $f'_y(x_0,y_0)$ 存在，且

$$\lim_{(x,y)\to(x_0,y_0)}\frac{[f(x,y)-f(x_0,y_0)]-[f'_x(x_0,y_0)(x-x_0)+f'_y(x_0,y_0)(y-y_0)]}{\sqrt{(x-x_0)^2+(y-y_0)^2}}=0,$$

则函数 $z=f(x,y)$ 在点 $(x_0,y_0)$ 处可微.

**【易错点】** 例如，若 $f'_x(x_0,y_0)=3,f'_y(x_0,y_0)=4$，则 $\mathrm{d}z\big|_{(x_0,y_0)}=3\mathrm{d}x+4\mathrm{d}y$，注意这句话是错误的，只有当**函数在该点可微**时，才有全微分 $\mathrm{d}z=\frac{\partial z}{\partial x}\mathrm{d}x+\frac{\partial z}{\partial y}\mathrm{d}y$.

## 【考向 5】二元函数连续、可导及可微之间的关系

二元函数的连续性、偏导数存在性及可微之间的关系如图 23.1 所示：

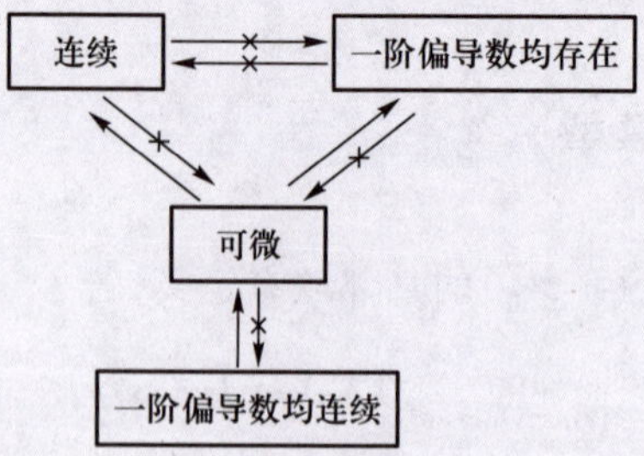


图 23.1

**强化 220** 设 $f(x,y)$ 具有一阶偏导数，且对任意的 $(x,y)$，都有 $\frac{\partial f(x,y)}{\partial x}>0,\frac{\partial f(x,y)}{\partial y}<0$，则(　　).

A. $f(0,0)>f(1,1)$　　B. $f(0,0)<f(1,1)$

C. $f(0,1)>f(1,0)$　　D. $f(0,1)<f(1,0)$

E. $f(1,1)>f(1,0)$

**强化 221** 设函数 $f(x,y)=\begin{cases}\frac{x^3-y^2}{x^2+y^2}, & (x,y)\neq(0,0),\\ 0, & (x,y)=(0,0),\end{cases}$ 则下列结论正确的是(　　).

A. $f(x,y)$ 在点 $(0,0)$ 处连续，且 $f'_x(0,0)$ 不存在，$f'_y(0,0)$ 存在

B. $f(x,y)$ 在点 $(0,0)$ 处连续，且 $f'_x(0,0)$ 不存在，$f'_y(0,0)$ 存在

C. $f(x,y)$ 在点 $(0,0)$ 处不连续，且 $f'_x(0,0)$ 存在，$f'_y(0,0)$ 不存在

D. $f(x,y)$ 在点 $(0,0)$ 处不连续，且 $f'_x(0,0)$ 不存在，$f'_y(0,0)$ 存在

E. $f(x,y)$ 在点 $(0,0)$ 处不连续，且 $f'_x(0,0)$ 不存在，$f'_y(0,0)$ 不存在

**强化 222** 设函数 $f(x,y)=\begin{cases}(x^2+y^2)^{\alpha}\sin\dfrac{1}{x^2+y^2}, & (x,y)\neq(0,0),\\ 0, & (x,y)=(0,0)\end{cases}$ 在点 $(0,0)$ 处偏导数均存在，则参数 $\alpha$ 满足（　　）.

A. $\alpha<\dfrac{1}{2}$　　B. $-1<\alpha<0$　　C. $\alpha<0$　　D. $\alpha>\dfrac{1}{2}$　　E. $\alpha<-1$

**强化 223** 设连续函数 $z=f(x,y)$ 满足 $\lim\limits_{\substack{x\to0\\y\to1}}\dfrac{f(x,y)-2x+y-2}{\sqrt{x^2+(y-1)^2}}=0$，则 $\mathrm{d}z\big|_{(0,1)}=$（　　）.

A. $2\mathrm{d}x-\mathrm{d}y$　　B. $2\mathrm{d}x+\mathrm{d}y$　　C. $-\mathrm{d}x+2\mathrm{d}y$　　D. $-2\mathrm{d}x-\mathrm{d}y$　　E. $-2\mathrm{d}x+\mathrm{d}y$

**强化 224** 二元函数 $f(x,y)$ 在点 $(0,0)$ 处可微的一个充分条件是（　　）.

A. $\lim\limits_{(x,y)\to(0,0)}[f(x,y)-f(0,0)]=0$

B. $\lim\limits_{x\to0}\dfrac{[f(x,0)-f(0,0)]}{x}=0$，且 $\lim\limits_{y\to0}\dfrac{[f(0,y)-f(0,0)]}{y}=0$

C. $\lim\limits_{(x,y)\to(0,0)}\dfrac{[f(x,y)-f(0,0)]}{\sqrt{x^2+y^2}}=0$

D. $\lim\limits_{x\to0}[f'_x(x,0)-f'_x(0,0)]=0$

E. $\lim\limits_{y\to0}[f'_y(0,y)-f'_y(0,0)]=0$

# 题型24 求多元函数的偏导数或全微分

**1. 具体型的多元函数的偏导数计算**

对多元函数的某一个自变量求偏导数时，将其余自变量均视为常数，从而可利用一元函数的求导方法求解这类函数的偏导数.

**2. 抽象型的多元复合函数的偏导数计算**

（1）如果函数 $u=u(x),v=v(x)$ 在点 $x$ 处可导，函数 $z=f(u,v)$ 在对应点 $(u,v)$ 处具有连续偏导数，则复合函数 $z=f[u(x),v(x)]$ 在点 $x$ 处可导，且有

$$\frac{\mathrm{d}z}{\mathrm{d}x}=\frac{\partial z}{\partial u}\frac{\mathrm{d}u}{\mathrm{d}x}+\frac{\partial z}{\partial v}\frac{\mathrm{d}v}{\mathrm{d}x}=\frac{\partial z}{\partial u}\cdot u'(x)+\frac{\partial z}{\partial v}\cdot v'(x).$$

（2）如果函数 $u=u(x,y),v=v(x,y)$ 在点 $(x,y)$ 处偏导数存在，函数 $z=f(u,v)$ 在对应点 $(u,v)$ 处具有连续偏导数，则复合函数 $z=f[u(x,y),v(x,y)]$ 在点 $(x,y)$ 处的两个偏导数都存在，且有

$$\frac{\partial z}{\partial x}=\frac{\partial z}{\partial u}\frac{\partial u}{\partial x}+\frac{\partial z}{\partial v}\frac{\partial v}{\partial x},\quad \frac{\partial z}{\partial y}=\frac{\partial z}{\partial u}\frac{\partial u}{\partial y}+\frac{\partial z}{\partial v}\frac{\partial v}{\partial y}.$$

（3）如果函数 $u=u(x,y)$ 在点 $(x,y)$ 处偏导数存在，函数 $z=f(u)$ 在对应点 $u$ 处具有连续导数，则复合函数 $z=f[u(x,y)]$ 在点 $(x,y)$ 处的两个偏导数都存在，且有

$$\frac{\partial z}{\partial x}=f'(u)\cdot\frac{\partial u}{\partial x},\quad \frac{\partial z}{\partial y}=f'(u)\cdot\frac{\partial u}{\partial y}.$$

**强化 225** 设函数 $f(x,y)=\dfrac{\mathrm{e}^x}{x-y}$，则（　　）.

A. $f'_x-f'_y=f$　　B. $f'_x-f'_y=0$　　C. $f'_y-f'_x=f$　　D. $f'_x+f'_y=f$　　E. $f'_x+f'_y=0$

强化 226 设函数 $F(x,y)=\int_0^{xy}\frac{\sin t}{1+t^2}\mathrm{d}t$，则 $\left.\frac{\partial^2 F}{\partial x^2}\right|_{\substack{x=0\\y=2}}=$（　　）.

A. 0　　B. $\frac{1}{2}$　　C. 1　　D. 2　　E. 4

强化 227 设 $z=\frac{y}{x}f(xy)$，其中函数 $f$ 可微，则 $\frac{x}{y}\cdot\frac{\partial z}{\partial x}+\frac{\partial z}{\partial y}=$（　　）.

A. $2yf'(xy)$　　B. $-2yf'(xy)$　　C. $\frac{2}{x}f(xy)$　　D. $-\frac{2}{x}f(xy)$　　E. $\frac{2y}{x}f(xy)$

强化 228 设函数 $u(x,y)=\varphi(x+y)+\varphi(x-y)+\int_{x-y}^{x+y}\psi(t)\mathrm{d}t$，其中函数 $\varphi$ 具有二阶导数，$\psi$ 具有一阶导数，则必有（　　）.

A. $\frac{\partial^2 u}{\partial x^2}=-\frac{\partial^2 u}{\partial y^2}$　　B. $\frac{\partial^2 u}{\partial x^2}=\frac{\partial^2 u}{\partial y^2}$　　C. $\frac{\partial^2 u}{\partial x\partial y}=\frac{\partial^2 u}{\partial y^2}$　　D. $\frac{\partial^2 u}{\partial x\partial y}=\frac{\partial^2 u}{\partial x^2}$　　E. $\frac{\partial^2 u}{\partial x\partial y}=-\frac{\partial^2 u}{\partial y^2}$

**强化 229** 设函数 $f(u,v)$ 具有连续的二阶偏导数，且 $\left.\frac{\partial f}{\partial u}\right|_{(1,1)}=2$，$\left.\frac{\partial f}{\partial v}\right|_{(1,1)}=3$，$\left.\frac{\partial^2 f}{\partial u^2}\right|_{(1,1)}=2$，$\left.\frac{\partial^2 f}{\partial u\partial v}\right|_{(1,1)}=4$. 函数 $g(x)$ 可导，且在 $x=1$ 处取得极值 $g(1)=1$，若 $z=f(xy,yg(x))$，则 $\left.\frac{\partial^2 z}{\partial x\partial y}\right|_{\substack{x=1\\y=1}}=$（　　）.

A. 2　　B. 4　　C. 6　　D. 8　　E. 9

**强化 230** 设函数 $f(u,v)$ 具有连续的二阶偏导数，且 $f(1,1)=2$，$\left.\frac{\partial f}{\partial u}\right|_{(1,1)}=0$，$\left.\frac{\partial f}{\partial u}\right|_{(2,2)}=1$，$\left.\frac{\partial f}{\partial v}\right|_{(1,1)}=0$，$\left.\frac{\partial f}{\partial v}\right|_{(2,2)}=4$，$\left.\frac{\partial^2 f}{\partial u^2}\right|_{(2,2)}=6$，$\left.\frac{\partial^2 f}{\partial u\partial v}\right|_{(1,1)}=1$. 若 $z=f(x+y,f(x,y))$，则 $\left.\frac{\partial^2 z}{\partial x\partial y}\right|_{\substack{x=1\\y=1}}=$（　　）.

A. 2　　B. 4　　C. −4　　D. 8　　E. 10

**强化 231** 设函数 $z=f(u,v)$ 在点 $(1,1)$ 处可微，且 $f(1,1)=1$，$\left.\frac{\partial f}{\partial u}\right|_{(1,1)}=2$，$\left.\frac{\partial f}{\partial v}\right|_{(1,1)}=3$，$\varphi(x)=f(x,f(x,x))$，则 $\left.\frac{\mathrm{d}}{\mathrm{d}x}\varphi^3(x)\right|_{x=1}=$（　　）.

A. 2　　B. 6　　C. 17　　D. 27　　E. 51

强化 232 设函数 $f(u,v)$ 满足 $f\left(x+y,\frac{y}{x}\right)=x^2-y^2$，则 $\left.\frac{\partial f}{\partial u}\right|_{\substack{u=1\\v=1}}$ 与 $\left.\frac{\partial f}{\partial v}\right|_{\substack{u=1\\v=1}}$ 依次是（　　）.

A. $\frac{1}{2},0$　　B. $0,\frac{1}{2}$　　C. $-\frac{1}{2},0$　　D. $0,-\frac{1}{2}$　　E. $\frac{1}{2},-\frac{1}{2}$

强化 233 设 $f(u,v)$ 具有二阶连续偏导数，且满足 $\frac{\partial^2 f}{\partial u^2}+\frac{\partial^2 f}{\partial v^2}=1$，又 $g(x,y)=f\left[xy,\frac{1}{2}(x^2-y^2)\right]$，则 $\frac{\partial^2 g}{\partial x^2}+\frac{\partial^2 g}{\partial y^2}=$（　　）.

A. $x^2$　　B. $y^2$　　C. $x^2-y^2$　　D. $x^2+y^2$　　E. $x+y$

强化 234 设函数 $f(x,y)$ 具有一阶连续偏导数，且 $f(0,0)=0$，若 $f(x,y)$ 在点 $(x,y)$ 处的全微分为 $\mathrm{d}f(x,y)=(y+y\cos xy+x)\mathrm{d}x+(x+x\cos xy)\mathrm{d}y$，则 $f\left(1,\frac{\pi}{2}\right)=$（　　）.

A. $\frac{\pi}{2}$　　B. $2\pi$　　C. 1　　D. $\frac{\pi}{2}+1$　　E. $\frac{\pi}{2}+\frac{3}{2}$

# 题型25 求二元隐函数的偏导数或全微分

## 【考向 1】二元隐函数的偏导数计算

设二元函数 $z=z(x,y)$ 由三元方程 $F(x,y,z)=0$ 确定,则

方法一:直接求偏导法.

方程 $F(x,y,z)=0$ 两边同时对 $x$(或 $y$)求导,进而可求得$\frac{\partial z}{\partial x}\left(或\frac{\partial z}{\partial y}\right)$.

方法二:公式法.

根据隐函数存在性定理,则$\frac{\partial z}{\partial x}=-\frac{F'_x}{F'_z},\frac{\partial z}{\partial y}=-\frac{F'_y}{F'_z}$.

## 【考向 2】方程组形式的隐函数的导数计算

(1) 方程组$\begin{cases}F(x,y,z)=0,\\G(x,y,z)=0\end{cases}$确定了函数 $y=y(x),z=z(x)$,求$\frac{\mathrm{d}y}{\mathrm{d}x},\frac{\mathrm{d}z}{\mathrm{d}x}$.

**【分析】** $z$ 与 $y$ 均为 $x$ 的一元函数,两个方程两边同时对 $x$ 求导即可,得

$$\begin{cases}F'_x+F'_y\frac{\mathrm{d}y}{\mathrm{d}x}+F'_z\frac{\mathrm{d}z}{\mathrm{d}x}=0,\\G'_x+G'_y\frac{\mathrm{d}y}{\mathrm{d}x}+G'_z\frac{\mathrm{d}z}{\mathrm{d}x}=0,\end{cases}$$

进而解得$\frac{\mathrm{d}y}{\mathrm{d}x},\frac{\mathrm{d}z}{\mathrm{d}x}$.

(2) 方程组$\begin{cases}F(x,y,u,v)=0,\\G(x,y,u,v)=0\end{cases}$确定了函数 $u=u(x,y),v=v(x,y)$,求$\frac{\partial u}{\partial x},\frac{\partial v}{\partial x}$.

**【分析】** 两个方程两边同时对 $x$ 求偏导,得

$$\begin{cases}F'_x+F'_u\frac{\partial u}{\partial x}+F'_v\frac{\partial v}{\partial x}=0,\\G'_x+G'_u\frac{\partial u}{\partial x}+G'_v\frac{\partial v}{\partial x}=0,\end{cases}$$

进而解得$\frac{\partial u}{\partial x},\frac{\partial v}{\partial x}$.

**强化 235** 设函数 $z=z(x,y)$ 由方程 $(z+y)^x=xy$ 确定，则 $\left.\frac{\partial z}{\partial x}\right|_{(1,2)}=$（　　）.

A. $2-2\ln 2$　　B. $2+2\ln 2$　　C. $2\ln 2-2$　　D. $1-\ln 2$　　E. $\ln 2-1$

**强化 236** 设函数 $f(u,v)$ 可微，$z=z(x,y)$ 由方程 $(x+1)z-y^2=x^2f(x-z,y)$ 确定，则 $\mathrm{d}z|_{(0,1)}=$（　　）.

A. $\mathrm{d}x+2\mathrm{d}y$　　B. $-\mathrm{d}x-2\mathrm{d}y$　　C. $-\mathrm{d}x+2\mathrm{d}y$　　D. $\mathrm{d}x-2\mathrm{d}y$　　E. $-\mathrm{d}x+\frac{1}{2}\mathrm{d}y$

**强化 237** 若函数 $z=z(x,y)$ 由方程 $\mathrm{e}^z+xyz+x+\cos x=2$ 确定，则 $\mathrm{d}z|_{(0,1)}=$（　　）.

A. $\mathrm{d}x$　　B. $-\mathrm{d}x$　　C. $\mathrm{d}y$　　D. $-\frac{1}{\mathrm{e}}\mathrm{d}x$　　E. $\frac{1}{\mathrm{e}}\mathrm{d}x$

**强化 238** 若方程 $z=z(x,y)$ 由方程 $z^5-x^4+yz=1$ 确定，则 $\left.\frac{\partial^2 z}{\partial x\partial y}\right|_{(0,0)}=$（　　）

A. $\frac{1}{5}$　　B. $-\frac{1}{5}$　　C. 1　　D. $-1$　　E. 0

**强化 239** 设 $\begin{cases}x+y+z=1,\\x^2+y^2+z^2=4,\end{cases}$ 则当 $x=1,y=\frac{\sqrt{6}}{2},z=-\frac{\sqrt{6}}{2}$ 时，$\frac{\mathrm{d}z}{\mathrm{d}x}=$（　　）.

A. $\frac{\sqrt{6}}{6}-\frac{1}{2}$　　B. $\frac{\sqrt{6}}{6}-2$　　C. $\frac{\sqrt{6}}{6}+\frac{1}{2}$　　D. $\frac{\sqrt{6}}{6}-1$　　E. $\frac{\sqrt{6}}{6}+1$

# 题型26　求多元函数的极值或最值

## 【考向1】无条件极值

**1. 二元函数的极值定义**

设函数 $f(x,y)$ 在点 $P_0(x_0,y_0)$ 的某邻域内有定义，若对于该点的去心邻域中的一切点 $(x,y)$ 有 $f(x,y)<f(x_0,y_0)$ 成立，则称函数 $f(x,y)$ 在点 $P_0$ 处取极大值 $f(x_0,y_0)$.反之，若有不等式 $f(x,y)>f(x_0,y_0)$ 成立，则称函数 $f(x,y)$ 在点 $P_0$ 处取极小值 $f(x_0,y_0)$.

**2. 二元函数极值的必要条件**

设函数 $f(x,y)$ 在点 $P_0(x_0,y_0)$ 处具有偏导数，且点 $P_0$ 为极值点，则 $f(x,y)$ 在点 $P_0(x_0,y_0)$ 的偏导数必为0.即 $f'_x(x_0,y_0)=0, f'_y(x_0,y_0)=0$.

**3. 二元函数极值的充分条件**

设函数 $f(x,y)$ 在点 $(x_0,y_0)$ 的某邻域内具有二阶连续偏导数，且 $f'_x(x_0,y_0)=0, f'_y(x_0,y_0)=0$. 若令 $f''_{xx}(x_0,y_0)=A, f''_{xy}(x_0,y_0)=B, f''_{yy}(x_0,y_0)=C$，则

(1) 当 $B^2-AC<0$ 时，$f(x,y)$ 在点 $(x_0,y_0)$ 处取极值，且 $A>0$ 时，$f(x_0,y_0)$ 为极小值；$A<0$ 时，$f(x_0,y_0)$ 为极大值.

(2) 当 $B^2-AC>0$ 时，$f(x,y)$ 在点 $(x_0,y_0)$ 处不取极值.

(3) 当 $B^2-AC=0$ 时，$f(x,y)$ 在点 $(x_0,y_0)$ 处可能有极值，也可能无极值，需另作讨论.

## 【考向2】有条件极值或最值

函数 $z=f(x,y)$ 在约束条件 $\varphi(x,y)=0$ 下的极值问题.

该问题常用拉格朗日乘数法解决，求解步骤如下：

(1) 构造拉格朗日函数 $F(x,y,\lambda)=f(x,y)+\lambda\varphi(x,y)$，其中 $\lambda$ 为参数.

(2) 求函数 $F(x,y,\lambda)$ 的驻点，即解方程组 $\begin{cases} F'_x=f'_x(x,y)+\lambda\varphi'_x(x,y)=0, \\ F'_y=f'_y(x,y)+\lambda\varphi'_y(x,y)=0, \\ F'_\lambda=\varphi(x,y)=0. \end{cases}$

(3) 解出所有满足上述方程的驻点 $(x,y)$，其中 $(x,y)$ 就是函数 $z=f(x,y)$ 在条件 $\varphi(x,y)=0$ 下的可能极值点，再根据实际问题确定驻点是否是极值点.

## 【考向 3】连续函数在有界闭区域上的最值

设二元函数 $f(x,y)$ 在有界闭区域 $D$ 上连续，求 $f(x,y)$ 在 $D$ 上的最值，其步骤如下：

(1) 区域内：求出 $f(x,y)$ 在 $D$ 内的可能极值点（驻点和一阶偏导数不存在的点），并求出 $f(x,y)$ 在这些点处的函数值.

(2) 边界上：求出 $f(x,y)$ 在 $D$ 的边界上的最大值和最小值.

(3) 比较：将上述两步中所求得的所有最大值和最小值进行比较，最大者为 $f(x,y)$ 在 $D$ 上的最大值，最小者为 $f(x,y)$ 在 $D$ 上的最小值.

**强化 240** 已知函数 $f(x,y)=(x^2+y^2)^2-2(x^2-y^2)$，则（　　）.

A. $(0,0)$ 为 $f(x,y)$ 的极大值点　　B. $(1,0)$ 为 $f(x,y)$ 的极大值点

C. $(1,1)$ 为 $f(x,y)$ 的极大值点　　D. $(0,1)$ 为 $f(x,y)$ 的极小值点

E. $(-1,0)$ 为 $f(x,y)$ 的极小值点

**强化 241** 已知函数 $f(x,y)=\sin x+\cos y+\cos(x-y)$，则（　　）.

A. $(0,0)$ 为 $f(x,y)$ 的极大值点　　B. $\left(\frac{\pi}{3},\frac{\pi}{6}\right)$ 为 $f(x,y)$ 的极大值点

C. $(1,1)$ 为 $f(x,y)$ 的极大值点　　D. $\left(\frac{\pi}{3},\frac{\pi}{6}\right)$ 为 $f(x,y)$ 的极小值点

E. $(1,1)$ 为 $f(x,y)$ 的极小值点

**强化 242** 设函数 $f(x,y)$ 在点 $(0,0)$ 及其邻域内连续，且 $\lim\limits_{\substack{x\to 0\\ y\to 0}}\dfrac{f(x,y)}{x^2+y^2}=1$，则（　　）.

A. $(0,0)$ 不是 $f(x,y)$ 的驻点

B. $f'_x(0,0)=0$，但 $f'_y(0,0)$ 不存在

C. $f'_y(0,0)=0$，但 $f'_x(0,0)$ 不存在

D. $(0,0)$ 为 $f(x,y)$ 的极小值点

E. $(0,0)$ 为 $f(x,y)$ 的极大值点

**强化 243** 已知函数 $f(x,y)=(y-x^2)(y-2x^2)$，则（　　）.

A. $(0,0)$ 为 $f(x,y)$ 的极大值点

B. $(0,0)$ 不是 $f(x,y)$ 的极值点

C. $(1,1)$ 为 $f(x,y)$ 的极大值点

D. $(0,1)$ 为 $f(x,y)$ 的极小值点

E. $(1,1)$ 为 $f(x,y)$ 的极小值点

**强化 244** 函数 $f(x,y)=(x+1)^2+(y+1)^2$ 在约束条件 $x^2+y^2+xy=3$ 下的（　　）.

A. 最大值为 9，最小值为 0

B. 最大值为 8，最小值为 2

C. 最大值为 8，最小值为 0

D. 最大值为 6，最小值为 -1

E. 最大值为 4，最小值为 1

**强化 245** 函数 $z=2x^2+y^2-8x-2y+9$ 在 $D=\{(x,y)\mid 2x^2+y^2\leqslant 1\}$ 上(  ).

A. 最大值为 10,最小值为 4　　B. 最大值为 10,最小值为 2

C. 最大值为 12,最小值为 4　　D. 最大值为 12,最小值为 2

E. 最大值为 16,最小值为 4

**强化 246** 设函数 $u(x,y)$ 在有界闭区域 $D$ 上连续,在 $D$ 的内部具有 2 阶连续偏导数,且满足 $\frac{\partial^2 u}{\partial x\partial y}\neq 0$ 及 $\frac{\partial^2 u}{\partial x^2}+\frac{\partial^2 u}{\partial y^2}=0$,则(  ).

A. $u(x,y)$ 的最大值和最小值都在 $D$ 的边界上取得

B. $u(x,y)$ 的最大值和最小值都在 $D$ 的内部取得

C. $u(x,y)$ 的最大值在 $D$ 的内部取得,最小值在 $D$ 的边界上取得

D. $u(x,y)$ 的最小值在 $D$ 的内部取得,最大值在 $D$ 的边界上取得

E. $u(x,y)$ 在闭区域内无最大值和最小值

# 线性代数篇

第一章 行列式 // 146

第二章 矩阵 // 161

第三章 向量与方程组 // 182

# 第一章 行列式

## 经济类综合能力数学题型清单

| 题型清单 | 考试等级 | 刷题效果 | | |
|---|---|---|---|---|
| | | 一刷 | 二刷 | 三刷 |
| 【题型 27】行列式的定义 | ☆☆☆☆ | | | |
| 【题型 28】数值型行列式的计算 | ☆☆☆☆☆ | | | |
| 【题型 29】代数余子式线性和问题 | ☆☆☆☆ | | | |
| 【题型 30】抽象型行列式的计算 | ☆☆☆☆ | | | |

# 题型27 行列式的定义

**1. 二阶行列式与三阶行列式**

二阶行列式与三阶行列式可利用对角线法则进行计算.

(1) 二阶行列式:如图 27.1 所示,将连接 $a_{11}$,$a_{22}$的实线称为主对角线,将连接 $a_{12}$,$a_{21}$的虚线称为副对角线,于是二阶行列式等于主对角线两元素之积减去副对角线两元素之积,即

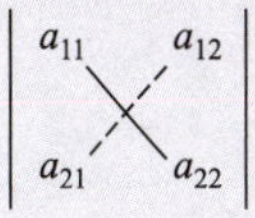

图 27.1

$$\begin{vmatrix} a_{11} & a_{12} \\ a_{21} & a_{22} \end{vmatrix} = a_{11}a_{22}-a_{12}a_{21}.$$

(2) 三阶行列式:如图 27.2 所示,沿实线的 3 个元素的乘积冠以正号,沿虚线的 3 个元素乘积冠以负号,它们的代数和就等于三阶行列式的值,即

$$\begin{vmatrix} a_{11} & a_{12} & a_{13} \\ a_{21} & a_{22} & a_{23} \\ a_{31} & a_{32} & a_{33} \end{vmatrix} = a_{11}a_{22}a_{33}+a_{12}a_{23}a_{31}+a_{13}a_{21}a_{32}-$$

$$a_{13}a_{22}a_{31}-a_{12}a_{21}a_{33}-a_{11}a_{23}a_{32}.$$

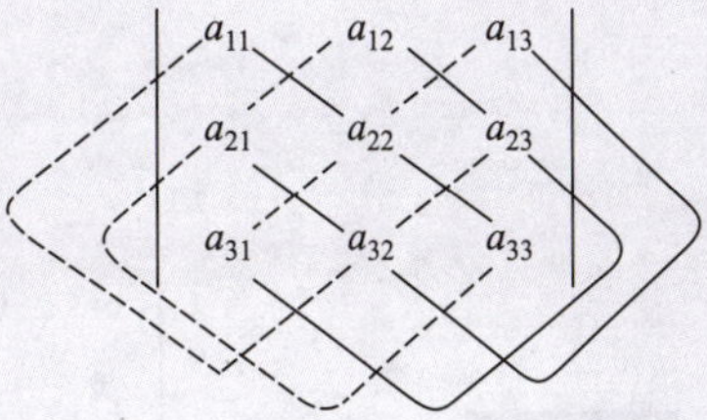

图 27.2

【注】对角线法则对四阶及四阶以上的行列式不适用.

**2. *n* 阶行列式的定义**

$n$ 阶行列式 $D_n$ 的值等于"所有来自不同行、不同列元素乘积的代数和",即

$$D_n = \det(a_{ij}) = \begin{vmatrix} a_{11} & a_{12} & \cdots & a_{1n} \\ a_{21} & a_{22} & \cdots & a_{2n} \\ \vdots & \vdots & & \vdots \\ a_{n1} & a_{n2} & \cdots & a_{nn} \end{vmatrix} = \sum (-1)^{\tau(j_1j_2\cdots j_n)} a_{1j_1}a_{2j_2}\cdots a_{nj_n},$$

其中 $a_{1j_1}a_{2j_2}\cdots a_{nj_n}$ 为来自不同行、不同列元素的乘积,$\tau(j_1j_2\cdots j_n)$ 为 $n$ 级排列 $j_1,j_2,\cdots,j_n$ 的逆序数,形如$(-1)^{\tau(j_1j_2\cdots j_n)}a_{1j_1}a_{2j_2}\cdots a_{nj_n}$ 的项共有 $n!$ 项.

显然,上述定义与二阶、三阶行列式的对角线法则是一致的. 注意当 $n=1$ 时,一阶行列式 $|a|=a$,切勿与绝对值符号混淆.

强化 247 设 $f(x)=\begin{vmatrix} 2x & x & 1 & 2 \\ 1 & x & 1 & -1 \\ 3 & 2 & x & 1 \\ 1 & 1 & 1 & x \end{vmatrix}=a_0x^4+a_1x^3+a_2x^2+a_3x+a_4$,则 $a_0+a_1=($ $)$.

A. 1　　B. 2　　C. 3　　D. −1　　E. 0



强化 248 已知 $f(x)=\begin{vmatrix} x^2 & x^2 & 1 & 0 \\ x^3 & x & 3 & 1 \\ -x^4 & 4 & x & 2 \\ 6 & 7 & 4 & x \end{vmatrix}$,则 $f(x)$ 为(　　)次多项式.

A. 5　　B. 6　　C. 7　　D. 8　　E. 10

# 题型28 数值型行列式的计算

## 【考向1】行列式的性质

（1）性质1（转置） 行列式与它的转置行列式的值相等，即$|\boldsymbol{A}^{\mathrm{T}}|=|\boldsymbol{A}|$，其中$A$为$n$阶矩阵.

（2）性质2（互换） 互换行列式的两行（列），行列式变号.

**【推论】**若行列式有两行（列）完全相同，则此行列式等于0.

（3）性质3（倍乘） 若行列式某行（列）有公因子$k$，则可把公因子$k$提到行列式外面.即

$$\begin{vmatrix} a_{11} & a_{12} & \cdots & a_{1n} \\ \vdots & \vdots & & \vdots \\ ka_{i1} & ka_{i2} & \cdots & ka_{in} \\ \vdots & \vdots & & \vdots \\ a_{n1} & a_{n2} & \cdots & a_{nn} \end{vmatrix} = k\begin{vmatrix} a_{11} & a_{12} & \cdots & a_{1n} \\ \vdots & \vdots & & \vdots \\ a_{i1} & a_{i2} & \cdots & a_{in} \\ \vdots & \vdots & & \vdots \\ a_{n1} & a_{n2} & \cdots & a_{nn} \end{vmatrix}.$$

**【推论】**行列式中如果有两行（列）元素成比例，则此行列式等于0.

（4）性质4（倍加） 行列式的某一列（行）的各元素乘以同一数然后加到另一列（行）对应的元素上去，行列式不变.

（5）性质5（拆分） 若行列式的某一列（行）的元素都是两数之和，则此行列式等于两个行列式之和，如

$$\begin{vmatrix} a_{11}+b_{11} & a_{12} & a_{13} \\ a_{21}+b_{21} & a_{22} & a_{23} \\ a_{31}+b_{31} & a_{32} & a_{33} \end{vmatrix} = \begin{vmatrix} a_{11} & a_{12} & a_{13} \\ a_{21} & a_{22} & a_{23} \\ a_{31} & a_{32} & a_{33} \end{vmatrix} + \begin{vmatrix} b_{11} & a_{12} & a_{13} \\ b_{21} & a_{22} & a_{23} \\ b_{31} & a_{32} & a_{33} \end{vmatrix}.$$

## 【考向2】行列式展开定理

对于任意$n$阶行列式$D_n=\begin{vmatrix} a_{11} & a_{12} & \cdots & a_{1n} \\ a_{21} & a_{22} & \cdots & a_{2n} \\ \vdots & \vdots & & \vdots \\ a_{n1} & a_{n2} & \cdots & a_{nn} \end{vmatrix}$，其行列式等于它的任一行（列）的各元素

与其对应的代数余子式乘积之和，即

$$D_n=a_{i1}A_{i1}+a_{i2}A_{i2}+\cdots+a_{in}A_{in},\quad i=1,2,\cdots,n.$$

$$D_n=a_{1j}A_{1j}+a_{2j}A_{2j}+\cdots+a_{nj}A_{nj},\quad j=1,2,\cdots,n.$$

【注】行列式某一行(列)的元素与另一行(列)的对应元素的代数余子式乘积之和等于0，即

$$a_{i1}A_{j1}+a_{i2}A_{j2}+\cdots+a_{in}A_{jn}=0;$$

$$a_{1i}A_{1j}+a_{2i}A_{2j}+\cdots+a_{ni}A_{nj}=0.$$

## 【考向3】几个特殊类型的行列式

（1）主对角线行列式：主对角线的上三角形、下三角形、对角行列式均等于主对角线元素的乘积，即

$$\begin{vmatrix} a_{11} & a_{12} & \cdots & a_{1n} \\ 0 & a_{22} & \cdots & a_{2n} \\ \vdots & \vdots & & \vdots \\ 0 & 0 & \cdots & a_{nn} \end{vmatrix}=\begin{vmatrix} a_{11} & 0 & \cdots & 0 \\ a_{21} & a_{22} & \cdots & 0 \\ \vdots & \vdots & & \vdots \\ a_{n1} & a_{n2} & \cdots & a_{nn} \end{vmatrix}=\begin{vmatrix} a_{11} & 0 & \cdots & 0 \\ 0 & a_{22} & \cdots & 0 \\ \vdots & \vdots & & \vdots \\ 0 & 0 & \cdots & a_{nn} \end{vmatrix}=a_{11}a_{22}\cdots a_{nn}.$$

（2）副对角线行列式：副对角线的上三角形、下三角形、对角行列式均等于副对角线元素乘积的$(-1)^{\frac{n(n-1)}{2}}$倍($n$为行列式的阶)，即

$$\begin{vmatrix} a_{11} & \cdots & a_{1,n-1} & a_{1n} \\ a_{21} & \cdots & a_{2,n-1} & 0 \\ \vdots & & \vdots & \vdots \\ a_{n1} & \cdots & 0 & 0 \end{vmatrix}=\begin{vmatrix} 0 & \cdots & 0 & a_{1n} \\ 0 & \cdots & a_{2,n-1} & a_{2n} \\ \vdots & & \vdots & \vdots \\ a_{n1} & \cdots & a_{n,n-1} & a_{nn} \end{vmatrix}=\begin{vmatrix} 0 & \cdots & 0 & a_{1n} \\ 0 & \cdots & a_{2,n-1} & 0 \\ \vdots & & \vdots & \vdots \\ a_{n1} & \cdots & 0 & 0 \end{vmatrix}=(-1)^{\frac{n(n-1)}{2}}a_{1n}\cdots a_{n1}.$$

（3）范德蒙德行列式：

$$D_n=\begin{vmatrix} 1 & 1 & 1 & \cdots & 1 \\ x_1 & x_2 & x_3 & \cdots & x_n \\ x_1^2 & x_2^2 & x_3^2 & \cdots & x_n^2 \\ \vdots & \vdots & \vdots & & \vdots \\ x_1^{n-1} & x_2^{n-1} & x_3^{n-1} & \cdots & x_n^{n-1} \end{vmatrix}=\prod_{1\leqslant j<i\leqslant n}(x_i-x_j).$$

(4) 分块矩阵的行列式(拉普拉斯展开式):

$$\begin{vmatrix} \boldsymbol{A}_{m\times m} & \boldsymbol{C} \\ \boldsymbol{O} & \boldsymbol{B}_{n\times n} \end{vmatrix} = \begin{vmatrix} \boldsymbol{A}_{m\times m} & \boldsymbol{O} \\ \boldsymbol{C} & \boldsymbol{B}_{n\times n} \end{vmatrix} = \begin{vmatrix} \boldsymbol{A}_{m\times m} & \boldsymbol{O} \\ \boldsymbol{O} & \boldsymbol{B}_{n\times n} \end{vmatrix} = |\boldsymbol{A}||\boldsymbol{B}|;$$

$$\begin{vmatrix} \boldsymbol{C} & \boldsymbol{A}_{m\times m} \\ \boldsymbol{B}_{n\times n} & \boldsymbol{O} \end{vmatrix} = \begin{vmatrix} \boldsymbol{O} & \boldsymbol{A}_{m\times m} \\ \boldsymbol{B}_{n\times n} & \boldsymbol{C} \end{vmatrix} = \begin{vmatrix} \boldsymbol{O} & \boldsymbol{A}_{m\times m} \\ \boldsymbol{B}_{n\times n} & \boldsymbol{O} \end{vmatrix} = (-1)^{mn}|\boldsymbol{A}||\boldsymbol{B}|.$$

## 【考向 4】行列式的计算方法总结

行列式中零元越多,阶数越低,行列式的计算越简单,所以行列式的计算主要有两个思路:利用行列式的性质消零、利用行列式的展开定理降阶,有时需要用到两种思路的结合.

根据行列式计算的一般思路,可总结出行列式计算的基本方法:

(1) 利用行列式的性质(一般使用行列式的倍加性质)将其化为特殊类型的行列式进行计算(特别是三角形行列式与拉普拉斯展开式).

(2) 利用行列式的展开定理将行列式化为更低阶的行列式进行计算.

(3) 利用行列式展开定理进行降阶,归结为递推式进行计算.

(4) 化为范德蒙德行列式进行计算.

**强化 249** 设三阶行列式 $\begin{vmatrix} x & 3 & 1 \\ y & 0 & 1 \\ z & 2 & 1 \end{vmatrix} = 1$,则 $\begin{vmatrix} x-8 & y-8 & z-8 \\ 7 & 4 & 6 \\ 1 & 1 & 1 \end{vmatrix} =$(  ).

A. 1　　B. 2　　C. 4　　D. 8　　E. 0

**强化 250** （2023 年真题）若向量 $\boldsymbol{\alpha}=(x,\ y)$ 满足 $\begin{vmatrix} x & 2 & 2 \\ 2 & y & 2 \\ 2 & 2 & 1 \end{vmatrix}=\begin{vmatrix} 2 & y & 2 \\ x & 2 & 2 \\ 2 & 2 & 1 \end{vmatrix}$，且 $|x-y|=3$，则这样的向量有（　　）.

A. 1 个　　B. 2 个　　C. 3 个　　D. 4 个　　E. 6 个

**强化 251** 已知 $\begin{vmatrix} 2 & -5 & 1 & 2 \\ -3 & 7 & -1 & 4 \\ 5 & -9 & 2 & 7 \\ 4 & -6 & 1 & 2 \end{vmatrix}=\begin{vmatrix} -3 & 1 & 1 \\ -9 & x & 2 \\ -27 & x^2 & 4 \end{vmatrix}$，则满足该方程的所有根之和与之积分别为（　　）.

A.5，3　　B. 3，2　　C. 5，2　　D. 4，2　　E. 5，1

**强化 252** 设四阶行列式 $\begin{vmatrix} 1 & x & y & z \\ x & 1 & 0 & 0 \\ y & 0 & 1 & 0 \\ z & 0 & 0 & 1 \end{vmatrix}=1$，则 $x+y+z=$（　　）.

A. 0　　B. 1　　C. −1　　D. 2　　E. −2

线性代数篇

**强化 253** 设方程$\begin{vmatrix} 1 & -1 & 1 & x-1 \\ 1 & -1 & x+1 & -1 \\ 1 & x-1 & 1 & -1 \\ x+1 & -1 & 1 & -1 \end{vmatrix}=1$,若某二阶矩阵的元素全部由该方程的根构成,则这样的二阶矩阵有(　　).

A. 2 个　　B. 4 个　　C. 8 个　　D. 16 个　　E. 32 个

**强化 254** 已知方程$\begin{vmatrix} 1 & 2 & 3 & 4 \\ 1 & 6-x^2 & 3 & 4 \\ 3 & 4 & 1 & 2 \\ 3 & 4 & 1 & 11-x^2 \end{vmatrix}=0$,则满足该方程的所有根之积为(　　).

A. 4　　B. 9　　C. 16　　D. 25　　E. 36

# 题型29 代数余子式线性和问题

**1. 余子式、代数余子式**

在 $n$ 阶行列式 $D_n=\det(a_{ij})$ 中，划去元素 $a_{ij}$ 所在的第 $i$ 行、第 $j$ 列元素，留下来的 **$n-1$** 阶行列式称为元素 $a_{ij}$ 的余子式，记为 $M_{ij}$，称 $A_{ij}=(-1)^{i+j}M_{ij}$ 为元素 $a_{ij}$ 的代数余子式.

【注】余子式 $M_{ij}$、代数余子式 $A_{ij}$ 均与元素 $a_{ij}$ 所在行、列的元素无关.

**2. 行列式的某行(列)代数余子式线性和问题**

已知 $n$ 阶行列式 $D_n=\begin{vmatrix} a_{11} & a_{12} & \cdots & a_{1n} \\ a_{21} & a_{22} & \cdots & a_{2n} \\ \vdots & \vdots & & \vdots \\ a_{n1} & a_{n2} & \cdots & a_{nn} \end{vmatrix}$，则该行列式的第 $i$ 行代数余子式的线性和为

$$k_1A_{i1}+k_2A_{i2}+\cdots+k_nA_{in}=\begin{vmatrix} a_{11} & \cdots & a_{1n} \\ \vdots & & \vdots \\ k_1 & \cdots & k_n \\ \vdots & & \vdots \\ a_{n1} & \cdots & a_{nn} \end{vmatrix}\text{（第 } i \text{ 行）},$$

即把原行列式中的第 $i$ 行元素分别换成 $k_1,k_2,\cdots,k_n$.

同理，也可按照该方法求解行列式 $D_n$ 的某列代数余子式线性和问题.

**强化 255** 已知行列式 $\begin{vmatrix} 1 & 2 & -1 & 1 \\ 0 & 2 & t & 1 \\ 3 & -1 & 2 & 2 \\ -1 & 3 & 2 & 1 \end{vmatrix}$，$A_{ij}$ 为元素 $a_{ij}$ 的代数余子式.若 $A_{31}-A_{32}+2A_{33}-A_{34}=0$，则 $t=($　　$)$.

A. $-1$　　B. $-\frac{1}{2}$　　C. 0　　D. $\frac{1}{2}$　　E. 1

**强化 256** 设 $D=\begin{vmatrix} x & 0 & 0 & -x \\ 1 & x & 2 & -1 \\ 1 & 2 & 3 & 4 \\ 2 & -x & 0 & x \end{vmatrix}$，$M_{3k}(k=1,2,3,4)$ 是 $D$ 中第 3 行第 $k$ 列元素的代数余子式，令 $f(x)=M_{31}+M_{32}+M_{34}$，则 $f(-1)=($　　$)$.

A. −2　　B. −1　　C. 0　　D. 1　　E. 2

**强化 257** 设 4 阶行列式 $\boldsymbol{D}=\begin{vmatrix} 3 & 0 & 7 & 0 \\ 1 & -1 & 1 & -1 \\ 2 & 0 & -1 & 0 \\ 5 & 2 & 0 & 3 \end{vmatrix}$，且 $M_{ij}$ 与 $A_{ij}$ 分别为元素 $a_{ij}$ 的余子式和代数余子式，则 $M_{11}+M_{12}+2M_{13}+M_{14}+A_{23}+A_{33}+A_{43}=($　　$)$.

A. −5　　B. −1　　C. 0　　D. 1　　E. 15

强化 258 若 $|A|=\begin{vmatrix}2&2&2&2\\0&2&2&2\\0&0&2&2\\0&0&0&2\end{vmatrix}$，且 $A_{ij}$ 为元素 $a_{ij}$ 的代数余子式.则 $\sum_{i=1}^{4}\sum_{j=1}^{4}A_{ij}=$（　　）.

A. 16　　B. 12　　C. 8　　D. 4　　E. 2



强化 259 若 $|A|=\begin{vmatrix}0&1&0&0\\0&0&2&0\\0&0&0&3\\-1&0&0&0\end{vmatrix}$，且 $A_{ij}$ 为元素 $a_{ij}$ 的代数余子式，则 $\sum_{i=1}^{4}\sum_{j=1}^{4}A_{ij}=$（　　）.

A. 5　　B. 6　　C. -6　　D. -5　　E. 0

# 题型30 抽象型行列式的计算

**1. 利用矩阵的运算或化简,求解行列式**

**2. 利用抽象型行列式的计算公式**

常用的抽象型行列式计算公式总结如下:

设 $\boldsymbol{A},\boldsymbol{B}$ 均为 $\boldsymbol{n}$ 阶矩阵,则有

(1) $|\boldsymbol{A}^{\mathrm{T}}|=|\boldsymbol{A}|$.

(2) $|\boldsymbol{A}\boldsymbol{B}|=|\boldsymbol{A}||\boldsymbol{B}|$.

(3) $|k\boldsymbol{A}|=k^{n}|\boldsymbol{A}|$.

(4) 若 $\boldsymbol{A}$ 可逆,则 $|\boldsymbol{A}^{-1}|=\dfrac{1}{|\boldsymbol{A}|}$.

(5) $|\boldsymbol{A}^{*}|=|\boldsymbol{A}|^{n-1}$ $(\boldsymbol{n}\geqslant 2)$.

**【注】**(1) 即使 $\boldsymbol{A},\boldsymbol{B},\boldsymbol{C},\boldsymbol{D}$ 是同阶方阵,$\begin{vmatrix}\boldsymbol{A} & \boldsymbol{B}\\ \boldsymbol{C} & \boldsymbol{D}\end{vmatrix}\neq|\boldsymbol{A}||\boldsymbol{D}|-|\boldsymbol{B}||\boldsymbol{C}|$.

(2) $|\boldsymbol{A}+\boldsymbol{B}|\neq|\boldsymbol{A}|+|\boldsymbol{B}|$.

**强化 260** 设 $\boldsymbol{A}=\begin{pmatrix}\boldsymbol{\alpha}\\ 2\boldsymbol{\alpha}_2\\ 3\boldsymbol{\alpha}_3\end{pmatrix},\boldsymbol{B}=\begin{pmatrix}\boldsymbol{\beta}\\ \boldsymbol{\alpha}_2\\ \boldsymbol{\alpha}_3\end{pmatrix}$,其中 $\boldsymbol{\alpha},\boldsymbol{\beta},\boldsymbol{\alpha}_2,\boldsymbol{\alpha}_3$ 均为 3 阶行向量,且 $|\boldsymbol{A}|=18$, $|\boldsymbol{B}|=2$,则 $|\boldsymbol{A}-\boldsymbol{B}|=(\quad)$.

A. 2　　B. 4　　C. 9　　D. 12　　E. 18

**强化 261** 若 $\boldsymbol{\alpha}_1,\boldsymbol{\alpha}_2,\boldsymbol{\alpha}_3,\boldsymbol{\beta}_1,\boldsymbol{\beta}_2$ 都是四维列向量，且四阶行列式 $|\boldsymbol{\alpha}_1,\boldsymbol{\alpha}_2,\boldsymbol{\alpha}_3,\boldsymbol{\beta}_1|=m$，$|\boldsymbol{\alpha}_1,\boldsymbol{\alpha}_2,\boldsymbol{\beta}_2,\boldsymbol{\alpha}_3|=n$，则四阶行列式 $|\boldsymbol{\alpha}_3,\boldsymbol{\alpha}_2,\boldsymbol{\alpha}_1,(\boldsymbol{\beta}_1+\boldsymbol{\beta}_2)|=$（　　）.

A. $m+n$　　B. $-(m+n)$　　C. $n-m$　　D. $m-n$　　E. 0

**强化 262** 设矩阵 $\boldsymbol{A}=\begin{pmatrix}2&1&0\\1&2&0\\0&0&1\end{pmatrix}$，矩阵 $\boldsymbol{B}$ 满足 $\boldsymbol{ABA}^*=2\boldsymbol{BA}^*+\boldsymbol{E}$，其中 $\boldsymbol{E}$ 为 3 阶单位矩阵，则 $|\boldsymbol{B}|=$（　　）.

A. $-1$　　B. $-\dfrac{1}{9}$　　C. $\dfrac{1}{9}$　　D. 1　　E. 9

**强化 263** 设 $\boldsymbol{A}$ 是三阶方阵，$\boldsymbol{A}^*$ 是 $\boldsymbol{A}$ 的伴随矩阵，$\boldsymbol{A}$ 的行列式 $|\boldsymbol{A}|=\dfrac{1}{2}$. 则行列式 $|(3\boldsymbol{A})^{-1}-2\boldsymbol{A}^*|=$（　　）.

A. $\dfrac{1}{3}$　　B. $-\dfrac{4}{27}$　　C. $-\dfrac{1}{3}$　　D. $-\dfrac{16}{27}$　　E. $-\dfrac{4}{3}$

**强化 264** 设 $\boldsymbol{\alpha}_1,\boldsymbol{\alpha}_2,\boldsymbol{\alpha}_3$ 是三维列向量,且矩阵 $\boldsymbol{A}=(\boldsymbol{\alpha}_1,\boldsymbol{\alpha}_2,\boldsymbol{\alpha}_3)$,$\boldsymbol{B}=(\boldsymbol{\alpha}_1+\boldsymbol{\alpha}_2+\boldsymbol{\alpha}_3,\boldsymbol{\alpha}_1+2\boldsymbol{\alpha}_2+4\boldsymbol{\alpha}_3,\boldsymbol{\alpha}_1+3\boldsymbol{\alpha}_2+9\boldsymbol{\alpha}_3)$,若行列式 $|\boldsymbol{A}|=6$,则 $|\boldsymbol{B}|=($　　$)$.

A. 2　　B. 3　　C. 4　　D. 6　　E. 12

**强化 265** 设 $\boldsymbol{A},\boldsymbol{B}$ 均为三阶矩阵,且 $|\boldsymbol{A}|=3$,$|\boldsymbol{B}|=2$,$|\boldsymbol{A}^{-1}+\boldsymbol{B}|=2$,则 $|\boldsymbol{A}+\boldsymbol{B}^{-1}|=($　　$)$.

A. $\frac{1}{2}$　　B. 3　　C. 4　　D. 6　　E. 12

**强化 266** 设 $\boldsymbol{A}$ 是 $n$ 阶矩阵,满足 $\boldsymbol{A}\boldsymbol{A}^{\mathrm{T}}=\boldsymbol{E}$($\boldsymbol{E}$ 是 $n$ 阶单位矩阵,$\boldsymbol{A}^{\mathrm{T}}$ 是 $\boldsymbol{A}$ 的转置矩阵),$|\boldsymbol{A}|<0$,则 $|\boldsymbol{A}+\boldsymbol{E}|=($　　$)$.

A. $-1$　　B. 0　　C. $\frac{1}{2}$　　D. 1　　E. 2

**强化 267** 设矩阵 $\boldsymbol{A}=(a_{ij})_{4\times4}$ 满足 $\boldsymbol{A}^*=\boldsymbol{A}^{\mathrm{T}}$，其中 $\boldsymbol{A}^*$ 是 $\boldsymbol{A}$ 的伴随矩阵.若 $a_{11}=a_{21}=a_{31}=a_{41}>0$，则 $a_{11}=(\quad)$.

A. 0　　B. $\dfrac{1}{2}$　　C. $\dfrac{1}{4}$　　D. $\dfrac{1}{6}$　　E. 1

# 第二章 矩 阵

## 经济类综合能力数学题型清单

| 题型清单 | 考试等级 | 刷题效果 | | |
|---|---|---|---|---|
| | | 一刷 | 二刷 | 三刷 |
| 【题型 31】矩阵的运算 | ☆☆☆☆ | | | |
| 【题型 32】方阵的伴随矩阵与逆矩阵 | ☆☆☆☆ | | | |
| 【题型 33】初等矩阵与初等变换 | ☆☆☆☆☆ | | | |
| 【题型 34】矩阵的秩 | ☆☆☆☆☆ | | | |

# 题型31 矩阵的运算

**1. 矩阵的相等**

两个同型矩阵 $\boldsymbol{A}=(a_{ij})_{m\times n}$，$\boldsymbol{B}=(b_{ij})_{m\times n}$，若矩阵 $\boldsymbol{A}$ 与 $\boldsymbol{B}$ 对应的元素都相等，即 $a_{ij}=b_{ij}(i=1,2,\cdots,m,j=1,2,\cdots,n)$，则称矩阵 $\boldsymbol{A}$ 与 $\boldsymbol{B}$ 相等，记作 $\boldsymbol{A}=\boldsymbol{B}$.

【注】对于 $n$ 阶方阵 $\boldsymbol{A}$ 与 $\boldsymbol{B}$，若 $\boldsymbol{A}=\boldsymbol{B}$，则有 $|\boldsymbol{A}|=|\boldsymbol{B}|$，但反之却不一定成立，例如 $\boldsymbol{A}=\begin{pmatrix}1&0\\0&1\end{pmatrix}$，$\boldsymbol{B}=\begin{pmatrix}1&1\\0&1\end{pmatrix}$，显然 $|\boldsymbol{A}|=|\boldsymbol{B}|$，但 $\boldsymbol{A}\neq\boldsymbol{B}$.

特殊地，对于 $n$ 阶方阵 $\boldsymbol{A}$，若 $\boldsymbol{A}=\boldsymbol{O}$，则有 $|\boldsymbol{A}|=0$，但反之却不一定成立，例如 $\boldsymbol{A}=\begin{pmatrix}0&0\\0&1\end{pmatrix}$，显然 $|\boldsymbol{A}|=0$，但 $\boldsymbol{A}\neq\boldsymbol{O}$.

**2. 矩阵的加减**

若 $\boldsymbol{A}=(a_{ij})_{m\times n}$ 和 $\boldsymbol{B}=(b_{ij})_{m\times n}$ 是同型矩阵，则

$$\boldsymbol{A}\pm\boldsymbol{B}=\begin{pmatrix}a_{11}\pm b_{11}&a_{12}\pm b_{12}&\cdots&a_{1n}\pm b_{1n}\\a_{21}\pm b_{21}&a_{22}\pm b_{22}&\cdots&a_{2n}\pm b_{2n}\\\vdots&\vdots&&\vdots\\a_{m1}\pm b_{m1}&a_{m2}\pm b_{m2}&\cdots&a_{mn}\pm b_{mn}\end{pmatrix}=(a_{ij}\pm b_{ij})_{m\times n}.$$

**3. 矩阵的数乘**

若矩阵 $\boldsymbol{A}=(a_{ij})_{m\times n}$，且 $k$ 为任意常数，则 $k\boldsymbol{A}=\boldsymbol{A}k=\begin{pmatrix}ka_{11}&ka_{12}&\cdots&ka_{1n}\\ka_{21}&ka_{22}&\cdots&ka_{2n}\\\vdots&\vdots&&\vdots\\ka_{m1}&ka_{m2}&\cdots&ka_{mn}\end{pmatrix}_{m\times n}$.

**4. 矩阵的乘法**

设 $\boldsymbol{A}=(a_{ij})$ 是一个 $m\times s$ 矩阵，$\boldsymbol{B}=(b_{ij})$ 是一个 $s\times n$ 矩阵，规定矩阵 $\boldsymbol{A}$ 与矩阵 $\boldsymbol{B}$ 的乘积是一个 $m\times n$ 矩阵，记为 $\boldsymbol{C}=\boldsymbol{AB}=(c_{ij})$，其中

$$c_{ij}=a_{i1}b_{1j}+a_{i2}b_{2j}+\cdots+a_{is}b_{sj}=\sum_{k=1}^{s}a_{ik}b_{kj}(i=1,2,\cdots,m;\ j=1,2,\cdots,n).$$

【注】矩阵乘法一般不满足三大运算律：

(1) 乘法一般不满足交换律，即 $\boldsymbol{AB}\neq\boldsymbol{BA}$.

(2) 乘法一般不满足零因子律,即 $AB=O \nRightarrow A=O$ 或 $B=O$;$AB=O$,且 $A\neq O \nRightarrow B=O$.

(3) 乘法一般不满足消去律,即 $AB=AC$,且 $A\neq O \nRightarrow B=C$.

但特殊地,若 $n$ 阶方阵 $A$ 可逆,当 $AB=O$,则有 $B=O$;当 $AB=AC$,则有 $B=C$.

**5. 矩阵的转置**

设 $A=\begin{pmatrix} a_{11} & a_{12} & \cdots & a_{1n} \\ a_{21} & a_{22} & \cdots & a_{2n} \\ \vdots & \vdots & & \vdots \\ a_{m1} & a_{m2} & \cdots & a_{mn} \end{pmatrix}_{m\times n}$,则 $A$ 的转置矩阵为 $A^{\mathrm{T}}=\begin{pmatrix} a_{11} & a_{21} & \cdots & a_{m1} \\ a_{12} & a_{22} & \cdots & a_{m2} \\ \vdots & \vdots & & \vdots \\ a_{1n} & a_{2n} & \cdots & a_{mn} \end{pmatrix}_{n\times m}$.

矩阵转置具有以下四个基本性质:

(1) $(A^{\mathrm{T}})^{\mathrm{T}}=A$.

(2) $(A+B)^{\mathrm{T}}=A^{\mathrm{T}}+B^{\mathrm{T}}$.

(3) $(kA)^{\mathrm{T}}=kA^{\mathrm{T}}$.

(4) $(AB)^{\mathrm{T}}=B^{\mathrm{T}}A^{\mathrm{T}}$.

**6. 方阵的幂**

设 $A$ 是 $n$ 阶方阵,则矩阵 $A$ 的 $k$ 次幂为 $A^k=\underbrace{AA\cdots A}_{k个}$,其中 $k\in\mathbf{N}$,特殊地,$A^0=E$.

矩阵的幂满足运算律:$A^kA^l=A^{k+l}$,$(A^k)^l=A^{kl}$,其中 $k,l$ 为正整数.

**【注】** 矩阵乘法不满足交换律,所以一些常见的初等数学计算公式无法在矩阵运算中沿用,例如

$$(AB)^k\neq A^kB^k,(A+B)^2\neq A^2+2AB+B^2,(A-B)(A+B)\neq A^2-B^2,$$

$$A^3-B^3\neq(A-B)(A^2+AB+B^2),A^3+B^3\neq(A+B)(A^2-AB+B^2),$$

但注意,当两个方阵 $A$ 与 $B$ 可交换时,即 $AB=BA$ 时,上述公式就成立.

这里,列出一些常见的可交换的矩阵:

(1) 单位矩阵 $E_n$ 与任意一个 $n$ 阶方阵 $A$ 可交换,即 $E_nA_{n\times n}=A_{n\times n}E_n=A_{n\times n}$.

(2) 一个 $n$ 阶方阵 $A$ 与其伴随矩阵 $A^*$ 可交换,即 $AA^*=A^*A=|A|E$.

(3) 一个 $n$ 阶方阵 $A$ 与其逆矩阵 $A^{-1}$ 可交换,即 $AA^{-1}=A^{-1}A=E$.

**7. 秩为 1 的矩阵**

**定理 1** 若 $r(A_{m\times n})=1$,则 $A=\alpha\beta^{\mathrm{T}}$,其中 $\alpha$, $\beta$ 均为 $n$ 维非零列矩阵(向量).

若 $\alpha=\begin{pmatrix} a_1 \\ a_2 \\ a_3 \end{pmatrix}$, $\beta=\begin{pmatrix} b_1 \\ b_2 \\ b_3 \end{pmatrix}$ 均为非零列矩阵,则有如下结论:

(1) $\boldsymbol{\alpha}^{\mathrm{T}}\boldsymbol{\beta}=\boldsymbol{\beta}^{\mathrm{T}}\boldsymbol{\alpha}=a_1b_1+a_2b_2+a_3b_3$.

(2) $\boldsymbol{\alpha}\boldsymbol{\beta}^{\mathrm{T}}$, $\boldsymbol{\beta}\boldsymbol{\alpha}^{\mathrm{T}}$ 均为秩为 1 的矩阵，且两者互为转置关系，即 $\boldsymbol{\alpha}\boldsymbol{\beta}^{\mathrm{T}}=(\boldsymbol{\beta}\boldsymbol{\alpha}^{\mathrm{T}})^{\mathrm{T}}$.

(3) $\boldsymbol{\alpha}^{\mathrm{T}}\boldsymbol{\beta}=\boldsymbol{\beta}^{\mathrm{T}}\boldsymbol{\alpha}=\mathrm{tr}(\boldsymbol{\alpha}\boldsymbol{\beta}^{\mathrm{T}})=\mathrm{tr}(\boldsymbol{\beta}\boldsymbol{\alpha}^{T})$，其中 $\mathrm{tr}(\boldsymbol{\alpha}\boldsymbol{\beta}^{\mathrm{T}})$，$\mathrm{tr}(\boldsymbol{\beta}\boldsymbol{\alpha}^{T})$ 分别称为 $\boldsymbol{\alpha}\boldsymbol{\beta}^{\mathrm{T}}$ 与 $\boldsymbol{\beta}\boldsymbol{\alpha}^{\mathrm{T}}$ 的迹，迹的大小等于方阵主对角线元素的和.

**定理 2** 若 $r(\boldsymbol{A}_{m\times n})=1$，则 $\boldsymbol{A}=\boldsymbol{\alpha}\boldsymbol{\beta}^{\mathrm{T}}$，且矩阵的 $n$ 次幂为

$$\boldsymbol{A}^n=\boldsymbol{\alpha}\boldsymbol{\beta}^{\mathrm{T}}\boldsymbol{\alpha}\boldsymbol{\beta}^{\mathrm{T}}\cdots\boldsymbol{\alpha}\boldsymbol{\beta}^{\mathrm{T}}\boldsymbol{\alpha}\boldsymbol{\beta}^{\mathrm{T}}=\boldsymbol{\alpha}(\boldsymbol{\beta}^{\mathrm{T}}\boldsymbol{\alpha})^{n-1}\boldsymbol{\beta}^{\mathrm{T}}=(\boldsymbol{\beta}^{\mathrm{T}}\boldsymbol{\alpha})^{n-1}\boldsymbol{\alpha}\boldsymbol{\beta}^{\mathrm{T}}=[\mathrm{tr}(\boldsymbol{A})]^{n-1}\boldsymbol{A}.$$

**8. 对称矩阵和反对称矩阵**

若矩阵 $\boldsymbol{A}$ 为 $n$ 阶方阵，且满足 $\boldsymbol{A}^{\mathrm{T}}=\boldsymbol{A}$，即 $a_{ij}=a_{ji}(i,j=1,2,\cdots,n)$，则 $\boldsymbol{A}$ 称为对称矩阵. 对称矩阵元素以主对角线为对称轴对应相等.

若矩阵 $\boldsymbol{A}$ 满足 $\boldsymbol{A}^{\mathrm{T}}=-\boldsymbol{A}$，即 $a_{ij}=-a_{ji}(i,j=1,2,\cdots,n)$，则 $\boldsymbol{A}$ 称为反对称矩阵. 反对称矩阵元素以主对角线为轴对应互为相反数，且主对角线元素全为 0.

**强化 268** 设 $n$ 阶方阵 $\boldsymbol{A},\boldsymbol{B}$ 与 $\boldsymbol{P}$，给出下列四个结论：

① 若 $\boldsymbol{AB}=\boldsymbol{O}$，且 $\boldsymbol{A}\neq\boldsymbol{O}$，则 $\boldsymbol{B}=\boldsymbol{O}$，

② 若 $\boldsymbol{A}^2=\boldsymbol{O}$，则 $\boldsymbol{A}=\boldsymbol{O}$，

③ $|\boldsymbol{AB}|=|\boldsymbol{BA}|$，

④ $(\boldsymbol{A}+\boldsymbol{A}^*)^2=\boldsymbol{A}^2+2\boldsymbol{A}\boldsymbol{A}^*+(\boldsymbol{A}^*)^2$，

其中正确的个数为（　　）.

A. 0　　B. 1　　C. 2　　D. 3　　E. 4

**强化 269** 设 $n$ 阶方阵 $\boldsymbol{A},\boldsymbol{B}$,给出下列四个结论:

① 若 $\boldsymbol{A},\boldsymbol{B}$ 都是对称矩阵,$k$ 和 $l$ 为两个任意常数,则 $k\boldsymbol{A}+l\boldsymbol{B}$ 也是对称矩阵,

② 若 $\boldsymbol{A},\boldsymbol{B}$ 都是对称矩阵,则 $\boldsymbol{AB}$ 也是对称矩阵,

③ $\boldsymbol{A}-\boldsymbol{A}^{\mathrm{T}}$ 为反对称矩阵,

④ $\boldsymbol{A}$ 可表示为一个对称矩阵与反对称矩阵的和,

其中正确的个数为(　　).

A. 0　　B. 1　　C. 2　　D. 3　　E. 4

**强化 270** 设 $\boldsymbol{\alpha},\boldsymbol{\beta}$ 为三维列向量,$\boldsymbol{\beta}^{\mathrm{T}}$ 是 $\boldsymbol{\beta}$ 的转置,若 $\boldsymbol{\alpha}\boldsymbol{\beta}^{\mathrm{T}}=\begin{pmatrix}1&-1&1\\-1&a&b\\1&-1&c\end{pmatrix}$,则 $a+b+c$ 与 $\boldsymbol{\alpha}^{\mathrm{T}}\boldsymbol{\beta}$ 分别为(　　).

A. 1,3　　B. 3,3　　C. 1,2　　D. 3,2　　E. 2,3

强化 271 设 $A=\begin{pmatrix}2&2&-2\\-1&-1&1\\3&3&-3\end{pmatrix}$，则 $A^n=(\quad)$.

A. $(-2)^{n-1}\begin{pmatrix}2&2&-2\\-1&-1&1\\3&3&-3\end{pmatrix}$

B. $2^{n-1}\begin{pmatrix}2&2&-2\\-1&-1&1\\3&3&-3\end{pmatrix}$

C. $(-3)^{n-1}\begin{pmatrix}2&2&-2\\-1&-1&1\\3&3&-3\end{pmatrix}$

D. $\begin{pmatrix}2&2&-2\\-1&-1&1\\3&3&-3\end{pmatrix}$

E. $(-1)^{n-1}\begin{pmatrix}2&2&-2\\-1&-1&1\\3&3&-3\end{pmatrix}$



强化 272 设 $A=\begin{pmatrix}\lambda&1&0\\0&\lambda&1\\0&0&\lambda\end{pmatrix}$，则 $A^6=(\quad)$.

A. $\begin{pmatrix}\lambda^6&6\lambda^5&15\lambda^4\\0&\lambda^6&6\lambda^5\\0&0&\lambda^6\end{pmatrix}$

B. $\begin{pmatrix}\lambda^6&4\lambda^5&15\lambda^4\\0&\lambda^6&4\lambda^5\\0&0&\lambda^6\end{pmatrix}$

C. $\begin{pmatrix}\lambda^6&8\lambda^5&15\lambda^4\\0&\lambda^6&8\lambda^5\\0&0&\lambda^6\end{pmatrix}$

D. $\begin{pmatrix}\lambda^6&10\lambda^5&15\lambda^4\\0&\lambda^6&10\lambda^5\\0&0&\lambda^6\end{pmatrix}$

E. $\begin{pmatrix}\lambda^6&12\lambda^5&15\lambda^4\\0&\lambda^6&12\lambda^5\\0&0&\lambda^6\end{pmatrix}$

**强化 273** 设 $\boldsymbol{A}=\begin{pmatrix}3 & 1\\ 1 & -3\end{pmatrix}$，则 $\boldsymbol{A}^{32}=($　　$)$.

A. $\begin{pmatrix}3^{16} & 0\\ 0 & 3^{16}\end{pmatrix}$

B. $\begin{pmatrix}10^{16} & 0\\ 0 & 10^{16}\end{pmatrix}$

C. $\begin{pmatrix}-3^{16} & 0\\ 0 & -3^{16}\end{pmatrix}$

D. $\begin{pmatrix}-10^{16} & 0\\ 0 & -10^{16}\end{pmatrix}$

E. $\begin{pmatrix}10^{16} & 0\\ 0 & 3^{16}\end{pmatrix}$

# 题型32 方阵的伴随矩阵与逆矩阵

## 【考向1】伴随矩阵

**1. 伴随矩阵的定义**

由行列式$|\boldsymbol{A}|$的各元素的代数余子式$A_{ij}$所构成的矩阵$\boldsymbol{A}^* = \begin{pmatrix} A_{11} & A_{21} & \cdots & A_{n1} \\ A_{12} & A_{22} & \cdots & A_{n2} \\ \vdots & \vdots & & \vdots \\ A_{1n} & A_{2n} & \cdots & A_{nn} \end{pmatrix}$称为矩阵$\boldsymbol{A}$的伴随矩阵.

【注】对于二阶矩阵的伴随矩阵求解要熟悉,设二阶矩阵$\boldsymbol{A} = \begin{pmatrix} a_{11} & a_{12} \\ a_{21} & a_{22} \end{pmatrix}$,则其伴随矩阵为$\boldsymbol{A}^* = \begin{pmatrix} a_{22} & -a_{12} \\ -a_{21} & a_{11} \end{pmatrix}$,即“主对角线调换位置,副对角线加负号”.

**2. 重要公式**

$$\boldsymbol{A}\boldsymbol{A}^* = \boldsymbol{A}^*\boldsymbol{A} = |\boldsymbol{A}|\boldsymbol{E}.$$

**3. 伴随矩阵的性质**

设$\boldsymbol{A}$与$\boldsymbol{B}$均是$n$阶方阵,则

$$|\boldsymbol{A}^*| = |\boldsymbol{A}|^{n-1}(n \geqslant 2), \quad (k\boldsymbol{A})^* = k^{n-1}\boldsymbol{A}^*(n \geqslant 2), \quad (\boldsymbol{AB})^* = \boldsymbol{B}^*\boldsymbol{A}^*.$$

## 【考向2】逆矩阵

**1. 逆矩阵的定义**

设$\boldsymbol{A}$是$n$阶方阵,若存在$n$阶方阵$\boldsymbol{B}$,使得$\boldsymbol{AB} = \boldsymbol{E}$,则称$\boldsymbol{A}$为可逆矩阵或非奇异矩阵,且$\boldsymbol{B}$是$\boldsymbol{A}$的逆矩阵,记为$\boldsymbol{A}^{-1} = \boldsymbol{B}$.

【注】对于$n$阶方阵$\boldsymbol{A}$与$\boldsymbol{B}$,若$\boldsymbol{AB} = \boldsymbol{E}$,则$\boldsymbol{A}$与$\boldsymbol{B}$互为逆矩阵,此时矩阵$\boldsymbol{A}$与$\boldsymbol{B}$是可交换的,即$\boldsymbol{AB} = \boldsymbol{BA} = \boldsymbol{E}$.

考生可独立完成下面这道2023年考研真题,相信你会对这一考点的理解更清晰:

(2023年)设$A,B,C,D$均为$n$阶矩阵,满足$ABCD=E$,其中$E$为$n$阶单位矩阵,则(　　).

A. $CABD=E$　B. $CADB=E$　C. $CBDA=E$　D. $CDBA=E$　E. $CDAB=E$

【答案】E.

【解析】因为$(AB)(CD)=E$,所以$AB$与$CD$互为逆矩阵,故方阵$AB$与$CD$可交换,进而可得$(CD)(AB)=E$,应选E.

**2. 矩阵可逆性的判定**

(1) $n$阶方阵$A$可逆$\Leftrightarrow |A_{n\times n}|\neq 0$

$\Leftrightarrow r(A)=n$(满秩)

$\Leftrightarrow$方阵$A$的行(列)向量组线性无关

$\Leftrightarrow$齐次线性方程组$Ax=0$只有零解

$\Leftrightarrow$非齐次线性方程组$Ax=\beta$有唯一解.

(2) $n$阶方阵$A$不可逆$\Leftrightarrow |A_{n\times n}|=0$

$\Leftrightarrow r(A)<n$(不满秩)

$\Leftrightarrow$方阵$A$的行(列)向量组线性相关

$\Leftrightarrow$齐次线性方程组$Ax=0$有非零解

$\Leftrightarrow$非齐次线性方程组$Ax=\beta$无解或有无穷多解

**3. 逆矩阵的性质**

(1) 若$n$阶方阵$A$可逆,则$A^{-1}$也可逆,且$(A^{-1})^{-1}=A$.

(2) 若$n$阶方阵$A$可逆,$k$为任意非零常数,则$(kA)^{-1}=\dfrac{1}{k}A^{-1}$.

(3) 若$n$阶方阵$A,B$均可逆,则$AB$也可逆,且$(AB)^{-1}=B^{-1}A^{-1}$.

(4) 若$n$阶方阵$A$可逆,则$A^{T},A^{*}$也可逆,且$(A^{T})^{-1}=(A^{-1})^{T}$,$(A^{*})^{-1}=(A^{-1})^{*}$.

(5) 若$n$阶方阵$A,B$均可逆,但$A+B$却未必可逆,且$(A+B)^{-1}\neq A^{-1}+B^{-1}$;

(6) 若$n$阶方阵$A$可逆,则$|A^{-1}|=\dfrac{1}{|A|}$.

**4. 逆矩阵的求解方法**

(1) 定义法:设$A,B$均为$n$阶方阵,若$AB=E$,则$A,B$互为逆矩阵.

(2) 公式法:若$n$阶方阵$A$可逆,则$A^{-1}=\dfrac{A^{*}}{|A|}$.

(3) 初等行变换法:若$n$阶方阵$A$可逆,且$(A\vdots E)\xrightarrow{r}(E\vdots B)$,则$B=A^{-1}$.

(4) 分块矩阵求逆:若$n$阶方阵$A,B$均可逆,且$\lambda_1,\lambda_2,\cdots,\lambda_n$均不为0,则有

$$\begin{pmatrix} \boldsymbol{A} & \boldsymbol{O} \\ \boldsymbol{O} & \boldsymbol{B} \end{pmatrix}^{-1}=\begin{pmatrix} \boldsymbol{A}^{-1} & \boldsymbol{O} \\ \boldsymbol{O} & \boldsymbol{B}^{-1} \end{pmatrix}，特别地\begin{pmatrix} \lambda_1 & & & \\ & \lambda_2 & & \\ & & \ddots & \\ & & & \lambda_n \end{pmatrix}^{-1}=\begin{pmatrix} \lambda_1^{-1} & & & \\ & \lambda_2^{-1} & & \\ & & \ddots & \\ & & & \lambda_n^{-1} \end{pmatrix};$$

$$\begin{pmatrix} \boldsymbol{O} & \boldsymbol{A} \\ \boldsymbol{B} & \boldsymbol{O} \end{pmatrix}^{-1}=\begin{pmatrix} \boldsymbol{O} & \boldsymbol{B}^{-1} \\ \boldsymbol{A}^{-1} & \boldsymbol{O} \end{pmatrix}，特别地，\begin{pmatrix} & & & \lambda_1 \\ & & \lambda_2 & \\ & \iddots & & \\ \lambda_n & & & \end{pmatrix}^{-1}=\begin{pmatrix} & & & \lambda_n^{-1} \\ & & \lambda_{n-1}^{-1} & \\ & \iddots & & \\ \lambda_1^{-1} & & & \end{pmatrix}.$$

**强化 274** 已知 $n$ 阶矩阵 $\boldsymbol{A}$ 满足 $2\boldsymbol{A}^2-3\boldsymbol{A}+4\boldsymbol{E}=\boldsymbol{O}$，则（　　）.

A. $2\boldsymbol{A}-3\boldsymbol{E}$ 与 $\boldsymbol{A}-\boldsymbol{E}$ 均不可逆

B. $2\boldsymbol{A}-3\boldsymbol{E}$ 可逆，但 $\boldsymbol{A}-\boldsymbol{E}$ 不可逆

C. $2\boldsymbol{A}-3\boldsymbol{E}$ 不可逆，但 $\boldsymbol{A}-\boldsymbol{E}$ 可逆

D. $2\boldsymbol{A}-3\boldsymbol{E}$ 与 $\boldsymbol{A}-\boldsymbol{E}$ 均可逆，且 $(\boldsymbol{A}-\boldsymbol{E})^{-1}=\frac{1}{3}(2\boldsymbol{A}-\boldsymbol{E})$

E. $2\boldsymbol{A}-3\boldsymbol{E}$ 与 $\boldsymbol{A}-\boldsymbol{E}$ 均可逆，且 $(\boldsymbol{A}-\boldsymbol{E})^{-1}=-\frac{1}{3}(2\boldsymbol{A}-\boldsymbol{E})$

**强化 275** 设三阶方阵 $\boldsymbol{A}$ 满足 $\boldsymbol{A}^6=\boldsymbol{O}$，则（　　）.

A. $\boldsymbol{A}=\boldsymbol{O}$，且 $\boldsymbol{A}-\boldsymbol{E}$ 不可逆

B. $\boldsymbol{A}$ 可能不是零矩阵，且 $\boldsymbol{A}-\boldsymbol{E}$ 不可逆

C. $\boldsymbol{A}=\boldsymbol{O}$，且 $(\boldsymbol{E}-\boldsymbol{A})^{-1}=\boldsymbol{E}+\boldsymbol{A}+\boldsymbol{A}^2+\boldsymbol{A}^3+\boldsymbol{A}^4+\boldsymbol{A}^5$

D. $\boldsymbol{A}$ 可能不是零矩阵，且 $(\boldsymbol{E}-\boldsymbol{A})^{-1}=\boldsymbol{E}+\boldsymbol{A}+\boldsymbol{A}^2+\boldsymbol{A}^3+\boldsymbol{A}^4+\boldsymbol{A}^5$

E. $\boldsymbol{A}$ 可能不是零矩阵，且 $(\boldsymbol{E}-\boldsymbol{A})^{-1}=\boldsymbol{E}-\boldsymbol{A}+\boldsymbol{A}^2-\boldsymbol{A}^3+\boldsymbol{A}^4-\boldsymbol{A}^5$

**强化 276** 设 $\boldsymbol{A},\boldsymbol{B},\boldsymbol{C}$ 均为 $n$ 阶矩阵，$\boldsymbol{E}$ 为 $n$ 阶单位矩阵，若 $\boldsymbol{B}=\boldsymbol{E}+\boldsymbol{AB}$，$\boldsymbol{C}=\boldsymbol{A}+\boldsymbol{CA}$，则 $\boldsymbol{B}-\boldsymbol{C}=$（　　）.

A. $\boldsymbol{E}$　　B. $-\boldsymbol{E}$　　C. $\boldsymbol{A}$　　D. $-\boldsymbol{A}$　　E. $\boldsymbol{B}$

**强化 277** 设 $\boldsymbol{A},\boldsymbol{B},\boldsymbol{A}+\boldsymbol{B},\boldsymbol{A}^{-1}+\boldsymbol{B}^{-1}$ 均为 $n$ 阶可逆矩阵，则 $(\boldsymbol{A}^{-1}+\boldsymbol{B}^{-1})^{-1}=$（　　）.

A. $\boldsymbol{A}^{-1}+\boldsymbol{B}^{-1}$　　B. $\boldsymbol{A}+\boldsymbol{B}$

C. $\boldsymbol{A}(\boldsymbol{A}+\boldsymbol{B})^{-1}\boldsymbol{B}$　　D. $(\boldsymbol{A}+\boldsymbol{B})^{-1}$

E. $\boldsymbol{B}^{-1}(\boldsymbol{B}+\boldsymbol{A})\boldsymbol{A}^{-1}$

**强化 278** 设矩阵 $\boldsymbol{A}=\begin{pmatrix}3&0&0\\1&4&0\\0&0&3\end{pmatrix}$，则 $(\boldsymbol{A}-2\boldsymbol{E})^{-1}=($　　$)$.

A. $\begin{pmatrix}1&0&0\\-\frac{1}{2}&\frac{1}{2}&0\\0&0&1\end{pmatrix}$

B. $\begin{pmatrix}1&0&0\\\frac{1}{2}&\frac{1}{2}&0\\0&0&1\end{pmatrix}$

C. $\begin{pmatrix}1&0&0\\-\frac{1}{2}&-\frac{1}{2}&0\\0&0&1\end{pmatrix}$

D. $\begin{pmatrix}1&0&0\\2&2&0\\0&0&1\end{pmatrix}$

E. $\begin{pmatrix}1&0&0\\-2&2&0\\0&0&1\end{pmatrix}$



**强化 279** 设 $\boldsymbol{A}=\begin{pmatrix}1&0&0&0\\-2&3&0&0\\0&-4&5&0\\0&0&-6&7\end{pmatrix}$ 且 $\boldsymbol{E}$ 为 4 阶单位矩阵，且 $\boldsymbol{B}=(\boldsymbol{E}+\boldsymbol{A})^{-1}(\boldsymbol{E}-\boldsymbol{A})$. 则 $(\boldsymbol{E}+\boldsymbol{B})^{-1}=($　　$)$.

A. $\begin{pmatrix}1&0&0&0\\-1&3&0&0\\0&-2&5&0\\0&0&-3&7\end{pmatrix}$

B. $\begin{pmatrix}1&0&0&0\\-2&3&0&0\\0&-4&5&0\\0&0&-6&7\end{pmatrix}$

C. $\begin{pmatrix}2&0&0&0\\-2&4&0&0\\0&-4&6&0\\0&0&-6&8\end{pmatrix}$

D. $\begin{pmatrix}1&0&0&0\\2&3&0&0\\0&4&5&0\\0&0&6&7\end{pmatrix}$

E. $\begin{pmatrix}1&0&0&0\\-1&2&0&0\\0&-2&3&0\\0&0&-3&4\end{pmatrix}$

**强化 280** 设三阶矩阵 $A=\begin{pmatrix}1&2&-1\\3&4&-2\\5&-4&1\end{pmatrix}$,则 $(A^*)^*=($ $)$.

A. $\begin{pmatrix}\frac{1}{2}&1&-\frac{1}{2}\\\frac{3}{2}&2&-1\\\frac{5}{2}&-2&\frac{1}{2}\end{pmatrix}$

B. $\begin{pmatrix}2&4&-2\\6&8&-4\\10&-8&2\end{pmatrix}$

C. $\begin{pmatrix}4&8&-4\\12&16&-8\\20&-16&4\end{pmatrix}$

D. $\begin{pmatrix}8&16&-8\\24&32&-16\\40&-32&8\end{pmatrix}$

E. $\begin{pmatrix}12&-2&0\\13&6&1\\-32&-14&-2\end{pmatrix}$

**强化 281** 设三阶矩阵 $A=\begin{pmatrix}2&0&0\\2&1&0\\4&6&1\end{pmatrix}$ 且 $A^*$ 为 $A$ 的伴随矩阵,则 $(A^*)^{-1}=($ $)$.

A. $\frac{1}{2}A^{\mathrm{T}}$ B. $-\frac{1}{2}A^{\mathrm{T}}$ C. $-\frac{1}{2}A$ D. $\frac{1}{2}A$ E. $-2A$

**强化 282** 设 $A,B$ 是三阶可逆矩阵,$A^*$ 是 $A$ 的伴随矩阵,若 $|A|=2$,则 $(A^*B^{-1}A)^{-1}=($ $)$.

A. $\frac{1}{2}A^{-1}BA$ B. $\frac{1}{8}A^{-1}BA$ C. $2A^{-1}BA$ D. $\frac{1}{2}ABA^{-1}$ E. $2ABA^{-1}$

# 题型33 初等矩阵与初等变换

**1. 矩阵的初等变换**

矩阵的初等行(列)变换包括三种:

(1) 交换:交换矩阵的某两行(列);

(2) 倍乘:矩阵的某行(列)的所有元素乘以非零常数 $k$;

(3) 倍加:将矩阵的某一行(列)所有元素的 $k$ 倍加到另一行(列)上,矩阵的初等行变换和初等列变换统称为矩阵的初等变换.

**2. 初等矩阵**

$n$ 阶单位矩阵 $\boldsymbol{E}$ 经过一次初等变换所得到的矩阵称为 $n$ 阶初等矩阵,初等矩阵包括以下三种:

(1) 互换初等矩阵 $\boldsymbol{E}_{ij}$:交换单位矩阵 $\boldsymbol{E}$ 的 $i,j$ 两行(列)所得的矩阵;

(2) 倍乘初等矩阵 $\boldsymbol{E}_i(k)$:单位矩阵 $\boldsymbol{E}$ 的第 $i$ 行(列)乘以非零常数 $k$ 所得的矩阵;

(3) 倍加初等矩阵 $\boldsymbol{E}_{ij}(k)$:单位矩阵 $\boldsymbol{E}$ 的第 $j$ 行乘以常数 $k$ 加到第 $i$ 行(第 $i$ 列乘以常数 $k$ 加到第 $j$ 列)所得的矩阵.

**3. 初等矩阵与初等变换之间的关系**

(1) 矩阵 $\boldsymbol{A}$ 左乘一初等矩阵,相当于对矩阵 $\boldsymbol{A}$ 实施了一次相对应的初等行变换;

(2) 矩阵 $\boldsymbol{A}$ 右乘一初等矩阵,相当于对矩阵 $\boldsymbol{A}$ 实施了一次相对应的初等列变换.

**4. 初等矩阵的性质**

| | $\boldsymbol{E}_{ij}$ | $\boldsymbol{E}_i(k)$ | $\boldsymbol{E}_{ij}(k)$ |
|---|---|---|---|
| (1) 左乘(相应行变换) | 交换 $i,j$ 行 | 第 $i$ 行×非零常数 $k$ | 第 $j$ 行×$k$+第 $i$ 行 |
| (2) 右乘(相应列变换) | 交换 $i,j$ 列 | 第 $i$ 列×非零常数 $k$ | 第 $i$ 列×$k$+第 $j$ 列 |
| (3) 行列式 | $-1$ | $k$ | 1 |
| (4) 逆矩阵 | $\boldsymbol{E}_{ij}$ | $\boldsymbol{E}_i\left(\frac{1}{k}\right)$ | $\boldsymbol{E}_{ij}(-k)$ |
| (5) 转置 | $\boldsymbol{E}_{ij}$ | $\boldsymbol{E}_i(k)$ | $\boldsymbol{E}_{ji}(k)$ |

**强化 283** (2024 年真题)设 $A$ 为二阶可逆矩阵,$A^{-1}=\begin{pmatrix} a_{11} & a_{12} \\ a_{21} & a_{22} \end{pmatrix}$.将 $A$ 的第 1 行的 2 倍加到第 2 行上,得到矩阵 $B$,则 $B^{-1}=($　　$)$.

A. $\begin{pmatrix} a_{11}-\frac{1}{2}a_{12} & a_{12} \\ a_{21}-\frac{1}{2}a_{22} & a_{22} \end{pmatrix}$

B. $\begin{pmatrix} a_{11} & a_{12}+\frac{1}{2}a_{11} \\ a_{21} & a_{22}+\frac{1}{2}a_{21} \end{pmatrix}$

C. $\begin{pmatrix} a_{11}-2a_{12} & a_{12} \\ a_{21}-2a_{22} & a_{22} \end{pmatrix}$

D. $\begin{pmatrix} a_{11}+2a_{12} & a_{12} \\ a_{21}+2a_{22} & a_{22} \end{pmatrix}$

E. $\begin{pmatrix} a_{11} & a_{12} \\ a_{21}+2a_{11} & a_{22}+2a_{12} \end{pmatrix}$



**强化 284** 设 $A$ 为三阶可逆矩阵,且 $|A|=-2$,若将 $A$ 的第 1 列的 2 倍加到第 3 列上,得到矩阵 $B$,则 $|A+B|=($　　$)$.

A. 4　　B. $-4$　　C. 8　　D. $-16$　　E. 16

**强化 285** $A$ 为三阶矩阵,将 $A$ 的第 2 列加到第 1 列得矩阵 $B$,再交换 $B$ 的第 2 行与第 3 行得单位矩阵,记 $P_1=\begin{pmatrix}1&0&0\\1&1&0\\0&0&1\end{pmatrix}$,$P_2=\begin{pmatrix}1&0&0\\0&0&1\\0&1&0\end{pmatrix}$,则 $A=$( ).

A. $P_1P_2$　　B. $P_1^{-1}P_2$　　C. $P_2P_1$　　D. $P_2P_1^{-1}$　　E. $P_1P_1^{-1}$

**强化 286** 设 $A$ 为三阶矩阵,$P$ 为三阶可逆矩阵,且 $P^{-1}AP=\begin{pmatrix}1&0&0\\0&1&0\\0&0&2\end{pmatrix}$,若 $P=(\alpha_1,\alpha_2,\alpha_3)$,$Q=(\alpha_1+\alpha_2,\alpha_2,\alpha_3)$,则 $Q^{-1}AQ=$( ).

A. $\begin{pmatrix}1&0&0\\0&2&0\\0&0&1\end{pmatrix}$　　B. $\begin{pmatrix}1&0&0\\0&1&0\\0&0&2\end{pmatrix}$　　C. $\begin{pmatrix}2&0&0\\0&1&0\\0&0&2\end{pmatrix}$　　D. $\begin{pmatrix}2&0&0\\0&2&0\\0&0&1\end{pmatrix}$　　E. $\begin{pmatrix}2&0&0\\0&1&0\\0&0&1\end{pmatrix}$

**刻意练习** 设 $A,P$ 均为三阶矩阵,$P^{\mathrm{T}}$ 为 $P$ 的转置矩阵,且 $P^{\mathrm{T}}AP=\begin{pmatrix}1&0&0\\0&1&0\\0&0&2\end{pmatrix}$,若 $P=(\alpha_1,\alpha_2,\alpha_3)$,$Q=(\alpha_1+\alpha_2,\alpha_2,\alpha_3)$,则 $Q^{\mathrm{T}}AQ$ 为( ).

A. $\begin{pmatrix}2&1&0\\1&1&0\\0&0&2\end{pmatrix}$　　B. $\begin{pmatrix}1&1&0\\1&2&0\\0&0&2\end{pmatrix}$　　C. $\begin{pmatrix}2&0&0\\0&1&0\\0&0&2\end{pmatrix}$　　D. $\begin{pmatrix}1&0&0\\0&2&0\\0&0&2\end{pmatrix}$　　E. $\begin{pmatrix}2&1&0\\1&2&0\\0&0&2\end{pmatrix}$

# 题型34 矩阵的秩

**1. 矩阵的秩的定义**

在 $m\times n$ 矩阵 $\boldsymbol{A}$ 中，任取 $k$ 行和 $k$ 列（$1\leqslant k\leqslant m,1\leqslant k\leqslant n$），位于这 $k$ 行和 $k$ 列交叉位置上的 $k^2$ 个元素，不改变它们在 $\boldsymbol{A}$ 中所处的位置次序而得的 $k$ 阶行列式，称为矩阵 $\boldsymbol{A}$ 的 $k$ 阶子式.

在矩阵 $\boldsymbol{A}_{m\times n}$ 中，若存在一个 $r$ 阶子式不为 0，且所有 $r+1$ 阶子式全为 0（如果存在的话），则称 $\boldsymbol{A}$ 的秩为 $r$，记作 $r(\boldsymbol{A})=r$.

【注】(1) 矩阵的秩 $r(\boldsymbol{A})=r\Leftrightarrow$ 矩阵 $\boldsymbol{A}$ 中最高阶非零子式的阶数为 $r$.

(2) $r(\boldsymbol{A}_{m\times n})\geqslant 0$，特殊地，若 $r(\boldsymbol{A}_{m\times n})=0\Leftrightarrow \boldsymbol{A}=\boldsymbol{O}$.

(3) 考题中常用到一些重要的定式思维：

① 若矩阵 $\boldsymbol{A}\neq\boldsymbol{O}$，则矩阵的秩 $r(\boldsymbol{A})\geqslant 1$；

② 若矩阵 $\boldsymbol{A}$ 存在两行不成比例，则矩阵的秩 $r(\boldsymbol{A})\geqslant 2$.

**2. 求矩阵的秩**

(1) 利用初等变换求矩阵的秩.

**定理** 若矩阵 $\boldsymbol{A}$ 经过有限次初等变换变为矩阵 $\boldsymbol{B}$，则 $r(\boldsymbol{A})=r(\boldsymbol{B})$.

根据上述定理，可以得到利用初等变换求矩阵的秩的方法：利用初等变换将矩阵变换为行阶梯矩阵，此时行阶梯矩阵的非零行的行数就是矩阵的秩.

初等变换不改变矩阵的秩，若 $\boldsymbol{A}$ 是行阶梯矩阵，则 $r(\boldsymbol{A})$ 等于 $\boldsymbol{A}$ 中非零行的行数.

(2) 利用行列式求矩阵的秩.

设 $\boldsymbol{A}$ 是 $n$ 阶方阵，则有

① $|\boldsymbol{A}_{n\times n}|\neq 0\Leftrightarrow r(\boldsymbol{A})=n\Leftrightarrow \boldsymbol{A}_{n\times n}$ 可逆；

② $|\boldsymbol{A}_{n\times n}|=0\Leftrightarrow r(\boldsymbol{A})<n\Leftrightarrow \boldsymbol{A}_{n\times n}$ 不可逆.

**3. 矩阵的秩的性质**

(1) $r(\boldsymbol{A}_{m\times n})\leqslant \min(m,n)$.

(2) $r(\boldsymbol{A})=r(\boldsymbol{A}^{\mathrm{T}})=r(k\boldsymbol{A})$（$k$ 为非零常数）.

(3) 若矩阵 $\boldsymbol{P}$ 与 $\boldsymbol{Q}$ 可逆，则 $r(\boldsymbol{PA})=r(\boldsymbol{AQ})=r(\boldsymbol{PAQ})=r(\boldsymbol{A})$.

(4) $r(\boldsymbol{A}+\boldsymbol{B})\leqslant r(\boldsymbol{A})+r(\boldsymbol{B})$.

(5) $\max\{r(\boldsymbol{A}),r(\boldsymbol{B})\}\leqslant r(\boldsymbol{A},\boldsymbol{B})\leqslant r(\boldsymbol{A})+r(\boldsymbol{B})$.

(6) $r(\boldsymbol{AB}) \leqslant \min\{r(\boldsymbol{A}), r(\boldsymbol{B})\}$（越乘越小）.

(7) 若 $\boldsymbol{A}_{m\times n}\boldsymbol{B}_{n\times s}=\boldsymbol{O}$,则 $r(\boldsymbol{A})+r(\boldsymbol{B})\leqslant n$.

(8) 若 $\boldsymbol{A}$ 是 $n(n\geqslant 2)$ 阶方阵,则伴随矩阵 $\boldsymbol{A}^*$ 的秩为 $r(\boldsymbol{A}^*)=\begin{cases} n, & r(\boldsymbol{A})=n, \\ 1, & r(\boldsymbol{A})=n-1, \\ 0, & r(\boldsymbol{A})<n-1. \end{cases}$

(9) $r(\boldsymbol{A}\boldsymbol{A}^{\mathrm{T}})=r(\boldsymbol{A}^{\mathrm{T}}\boldsymbol{A})=r(\boldsymbol{A})$.

(10) $r\begin{pmatrix} \boldsymbol{A} & \boldsymbol{O} \\ \boldsymbol{O} & \boldsymbol{B} \end{pmatrix}=r(\boldsymbol{A})+r(\boldsymbol{B})$.

**强化 287** 设 $\boldsymbol{A}$ 为 $m\times n$ 矩阵,且矩阵的秩 $r(\boldsymbol{A})=r$,其中 $1<r<m$,$1<r<n$,给出下列四个结论:

① $\boldsymbol{A}$ 中所有的 $r+1$ 阶子式为 0,

② $\boldsymbol{A}$ 中所有的 $r$ 阶子式不为 0,

③ $\boldsymbol{A}$ 中所有的 $r-1$ 阶子式为 0,

④ $\boldsymbol{A}$ 中不存在 $r-1$ 阶子式为 0,

其中正确的个数为(　　).

A. 0　　B. 1　　C. 2　　D. 3　　E. 4

**强化 288** 设矩阵 $\boldsymbol{A}=\begin{pmatrix} 0 & 1 & 0 & 0 \\ 0 & 0 & 1 & 0 \\ 0 & 0 & 0 & 1 \\ 0 & 0 & 0 & 0 \end{pmatrix}$,则 $\boldsymbol{A}^3$ 的秩为(　　).

A. 0　　B. 1　　C. 2　　D. 3　　E. 4

**强化 289** 已知 $A=\begin{pmatrix}1&-2&3k\\-1&2k&-3\\k&-2&3\end{pmatrix}$,给出下列四个结论:

① 当 $k=1$ 时,$r(A)=1$, ② 当 $k=-2$ 时,$r(A)=2$,

③ 当 $k=0$ 时,$r(A)=1$, ④ 当 $k\neq1$ 时,$r(A)=3$,

其中正确的个数为(　　).

A. 0　　B. 1　　C. 2　　D. 3　　E. 4

**强化 290** 设 $n$ 阶矩阵 $A=\begin{pmatrix}1&2&3&\cdots&n\\0&1&0&\cdots&0\\0&0&1&\cdots&0\\\vdots&\vdots&\vdots&&\vdots\\0&0&0&\cdots&1\end{pmatrix}$,则 $A^2-A$ 的秩为(　　).

A. 1　　B. 2　　C. 3　　D. $n-1$　　E. $n$

**强化 291** 设三阶矩阵 $\boldsymbol{A}=\begin{pmatrix} a & b & b \\ b & a & b \\ b & b & a \end{pmatrix}$，若 $\boldsymbol{A}$ 的伴随矩阵 $\boldsymbol{A}^*$ 的秩为 1，则必有（　　）.

A. $a=b$ 或 $a+2b=0$

B. $a=b$ 或 $a+2b\neq 0$

C. $a\neq b$ 且 $a+2b=0$

D. $a\neq b$ 且 $a+2b\neq 0$

E. $a+2b=0$



**强化 292** 设 $\boldsymbol{A}$ 为四阶方阵，$\boldsymbol{B}$ 为 $4\times 5$ 矩阵，且 $r(\boldsymbol{AB})=4$，则 $r(\boldsymbol{A}^*)=$（　　）.

A. 0　　B. 1　　C. 2　　D. 3　　E. 4

**强化 293** 设 $\boldsymbol{A}$ 为 $n$ 阶方阵，且 $\boldsymbol{A}^2=\boldsymbol{A}$，则 $r(\boldsymbol{A})+r(\boldsymbol{A}-\boldsymbol{E})=$（　　）.

A. 0　　B. 1　　C. $n-1$　　D. $n$　　E. $n+1$

**强化 294** 设 $A=\begin{pmatrix} a_1b_1 & a_1b_2 & \cdots & a_1b_n \\ a_2b_1 & a_2b_2 & \cdots & a_2b_n \\ \vdots & \vdots & & \vdots \\ a_nb_1 & a_nb_2 & \cdots & a_nb_n \end{pmatrix}$,其中 $a_i \neq 0, b_i \neq 0 (i=1,2,\cdots,n)$.则矩阵 $A$ 的秩 $r(A)=(\quad)$.

A. 0　　B. 1　　C. 2　　D. $n-1$　　E. $n$

**强化 295** 设 $\boldsymbol{\alpha},\boldsymbol{\beta}$ 均为 $n$ 维单位列向量,且 $\boldsymbol{\alpha}$ 与 $\boldsymbol{\beta}$ 线性相关,若 $A=\boldsymbol{\alpha}\boldsymbol{\alpha}^{\mathrm{T}}+\boldsymbol{\beta}\boldsymbol{\beta}^{\mathrm{T}}$,则(　　).

A. $r(A)=0$　　B. $r(A)=1$　　C. $r(A)=2$　　D. $r(A)>2$　　E. $r(A)>1$

# 第三章　向量与方程组

## 经济类综合能力数学题型清单

| 题型清单 | 考试等级 | 刷题效果 | | |
|---|---|---|---|---|
| | | 一刷 | 二刷 | 三刷 |
| 【题型 35】向量组的秩 | ☆☆☆ | | | |
| 【题型 36】向量组的线性相关性 | ☆☆☆☆☆ | | | |
| 【题型 37】求向量组的极大线性无关组 | ☆☆☆☆ | | | |
| 【题型 38】齐次线性方程组的求解与判定 | ☆☆☆☆☆ | | | |
| 【题型 39】非齐次线性方程组的求解与判定 | ☆☆☆☆☆ | | | |
| 【题型 40】向量的线性表出 | ☆☆☆☆ | | | |
| 【题型 41】矩阵方程与向量组的表出 | ☆☆☆ | | | |
| 【题型 42】矩阵等价与向量组等价 | ☆☆☆ | | | |
| 【题型 43】方程组的同解与公共解 | ☆☆☆☆☆ | | | |

# 题型35 向量组的秩

**1. 极大线性无关组与向量组的秩的定义**

向量组 $\boldsymbol{\alpha}_1,\boldsymbol{\alpha}_2,\cdots,\boldsymbol{\alpha}_n$ 中部分组 $\boldsymbol{\alpha}_{j_1},\boldsymbol{\alpha}_{j_2},\cdots,\boldsymbol{\alpha}_{j_r}$ 若满足：

（1）$\boldsymbol{\alpha}_{j_1},\boldsymbol{\alpha}_{j_2},\cdots,\boldsymbol{\alpha}_{j_r}$ 线性无关；

（2）$\boldsymbol{\alpha}_1,\boldsymbol{\alpha}_2,\cdots,\boldsymbol{\alpha}_n$ 中任一向量均可由 $\boldsymbol{\alpha}_{j_1},\boldsymbol{\alpha}_{j_2},\cdots,\boldsymbol{\alpha}_{j_r}$ 线性表出，

则称 $\boldsymbol{\alpha}_{j_1},\boldsymbol{\alpha}_{j_2},\cdots,\boldsymbol{\alpha}_{j_r}$ 为向量组 $\boldsymbol{\alpha}_1,\boldsymbol{\alpha}_2,\cdots,\boldsymbol{\alpha}_n$ 的一个极大线性无关组，且极大线性无关组中所含向量的个数称为该向量组的秩，记 $r(\boldsymbol{\alpha}_1,\boldsymbol{\alpha}_2,\cdots,\boldsymbol{\alpha}_n)=r$.

**2. 矩阵的秩与向量组的秩之间的关系**

**定理**　矩阵的秩等于它的列向量组的秩，也等于它的行向量组的秩.

设矩阵 $\boldsymbol{A}=(\boldsymbol{\alpha}_1,\boldsymbol{\alpha}_2,\cdots,\boldsymbol{\alpha}_m)=\begin{pmatrix}\boldsymbol{\beta}_1\\\boldsymbol{\beta}_2\\\vdots\\\boldsymbol{\beta}_n\end{pmatrix}$，则 $r(\boldsymbol{A})=r(\boldsymbol{\alpha}_1,\boldsymbol{\alpha}_2,\cdots,\boldsymbol{\alpha}_m)=r(\boldsymbol{\beta}_1,\boldsymbol{\beta}_2,\cdots,\boldsymbol{\beta}_n)$.

**3. 求向量组的秩的方法**

步骤 1：为了方便，无论是行向量组还是列向量组，统一将向量组 $\boldsymbol{\alpha}_1,\boldsymbol{\alpha}_2,\cdots,\boldsymbol{\alpha}_n$ 按列向量排列组成一个矩阵 $\boldsymbol{A}$.

（1）若 $\boldsymbol{\alpha}_1,\boldsymbol{\alpha}_2,\cdots,\boldsymbol{\alpha}_n$ 均为列向量，则 $\boldsymbol{A}=(\boldsymbol{\alpha}_1,\boldsymbol{\alpha}_2,\cdots,\boldsymbol{\alpha}_n)$；

（2）若 $\boldsymbol{\alpha}_1,\boldsymbol{\alpha}_2,\cdots,\boldsymbol{\alpha}_n$ 均为行向量，则 $\boldsymbol{A}=(\boldsymbol{\alpha}_1^{\mathrm{T}},\boldsymbol{\alpha}_2^{\mathrm{T}},\cdots,\boldsymbol{\alpha}_n^{\mathrm{T}})$.

步骤 2：对矩阵 $\boldsymbol{A}$ 施以初等变换（一般进行初等行变换）化成行阶梯矩阵.

步骤 3：此时行阶梯矩阵的非零行数即为向量组的秩.

**强化 296**　设向量组 $\boldsymbol{\alpha}_1=\begin{pmatrix}a\\3\\1\end{pmatrix},\boldsymbol{\alpha}_2=\begin{pmatrix}2\\b\\3\end{pmatrix},\boldsymbol{\alpha}_3=\begin{pmatrix}1\\2\\1\end{pmatrix},\boldsymbol{\alpha}_4=\begin{pmatrix}2\\3\\1\end{pmatrix}$ 的秩为 2，则（　　）.

A. $a=2,b=5$　　B. $a=5,b=2$　　C. $a=3,b=4$　　D. $a=4,b=3$　　E. $a=0,b=0$

**强化 297** 设向量组 $\boldsymbol{\alpha}_1=(1,2,1)$, $\boldsymbol{\alpha}_2=(k,-1,10)$, $\boldsymbol{\alpha}_3=(-1,k,-6)$, $\boldsymbol{\alpha}_4=(2,5,1)$ 的秩为 2，则(　　).

A. $k=3$　　B. $k\neq 3$　　C. $k=-3$　　D. $k\neq -3$　　E. $k=-1$

**强化 298** 设矩阵 $\boldsymbol{A}=\begin{pmatrix}1&0&1\\1&1&2\\0&1&1\end{pmatrix}$, $\boldsymbol{\alpha}_1,\boldsymbol{\alpha}_2,\boldsymbol{\alpha}_3$ 为线性无关的三维列向量，则向量组 $\boldsymbol{A}\boldsymbol{\alpha}_1,\boldsymbol{A}\boldsymbol{\alpha}_2,\boldsymbol{A}\boldsymbol{\alpha}_3$ 的秩为(　　).

A. 0　　B. 1　　C. 2　　D. 3　　E. 4

**强化 299** 已知 $\boldsymbol{\alpha}_4=2\boldsymbol{\alpha}_1+\boldsymbol{\alpha}_3$, $r(\boldsymbol{\alpha}_1,\boldsymbol{\alpha}_2,\boldsymbol{\alpha}_3,\boldsymbol{\alpha}_5)=4$，则 $r(\boldsymbol{\alpha}_1,\boldsymbol{\alpha}_2,\boldsymbol{\alpha}_3,\boldsymbol{\alpha}_5-\boldsymbol{\alpha}_4)=$(　　).

A. 0　　B. 1　　C. 2　　D. 3　　E. 4

# 题型36 向量组的线性相关性

**1. 线性相关性的定义及等价说法**

(1) 线性相关:

向量组 $\boldsymbol{\alpha}_1,\boldsymbol{\alpha}_2,\cdots,\boldsymbol{\alpha}_m$ 线性相关

$\Leftrightarrow$存在一组不全为0的数 $k_1,k_2,\cdots,k_m$ 使得 $k_1\boldsymbol{\alpha}_1+k_2\boldsymbol{\alpha}_2+\cdots+k_m\boldsymbol{\alpha}_m=\mathbf{0}$

$\Leftrightarrow\boldsymbol{\alpha}_1,\boldsymbol{\alpha}_2,\cdots,\boldsymbol{\alpha}_m$ 中至少有一个向量可由其余 $m-1$ 个向量线性表示.

(2) 线性无关:

向量组 $\boldsymbol{\alpha}_1,\boldsymbol{\alpha}_2,\cdots,\boldsymbol{\alpha}_m$ 线性无关

$\Leftrightarrow$ 当且仅当 $k_1=k_2=\cdots=k_m=0$ 时,才有 $k_1\boldsymbol{\alpha}_1+k_2\boldsymbol{\alpha}_2+\cdots+k_m\boldsymbol{\alpha}_m=\mathbf{0}$

$\Leftrightarrow$对于任意不全为0的数 $k_1,k_2,\cdots,k_m$,均有 $k_1\boldsymbol{\alpha}_1+k_2\boldsymbol{\alpha}_2+\cdots+k_m\boldsymbol{\alpha}_m\neq\mathbf{0}$

$\Leftrightarrow\boldsymbol{\alpha}_1,\boldsymbol{\alpha}_2,\cdots,\boldsymbol{\alpha}_m$ 中任意向量均不可由其余 $m-1$ 个向量线性表示.

**2. 向量组的线性相关性的判定方法**

方法一:用向量组的秩与向量组中向量个数作比较.

(1) $r(\boldsymbol{\alpha}_1,\boldsymbol{\alpha}_2,\cdots,\boldsymbol{\alpha}_m)<m\Leftrightarrow$向量组 $\boldsymbol{\alpha}_1,\boldsymbol{\alpha}_2,\cdots,\boldsymbol{\alpha}_m$ 线性相关.

(2) $r(\boldsymbol{\alpha}_1,\boldsymbol{\alpha}_2,\cdots,\boldsymbol{\alpha}_m)=m\Leftrightarrow$向量组 $\boldsymbol{\alpha}_1,\boldsymbol{\alpha}_2,\cdots,\boldsymbol{\alpha}_m$ 线性无关.

方法二:利用线性相关性的定义.

对于向量组 $\boldsymbol{\alpha}_1,\boldsymbol{\alpha}_2,\cdots,\boldsymbol{\alpha}_m$,设 $k_1\boldsymbol{\alpha}_1+k_2\boldsymbol{\alpha}_2+\cdots+k_m\boldsymbol{\alpha}_m=\mathbf{0}$,

(1) 若存在一组不全为0的数 $k_1,k_2,\cdots,k_m$ 使得等式成立,则向量组 $\boldsymbol{\alpha}_1,\boldsymbol{\alpha}_2,\cdots,\boldsymbol{\alpha}_m$ 线性相关;

(2) 若只有当 $k_1=k_2=\cdots=k_m=0$ 时等式才成立,则向量组 $\boldsymbol{\alpha}_1,\boldsymbol{\alpha}_2,\cdots,\boldsymbol{\alpha}_m$ 线性无关.

**3. 矩阵的行(列)向量组线性相关性的判定方法**

(1) 若 $r(\boldsymbol{A}_{m\times n})=m$(行数),则 $\boldsymbol{A}$ 的行向量组线性无关;

(2) 若 $r(\boldsymbol{A}_{m\times n})<m$(行数),则 $\boldsymbol{A}$ 的行向量组线性相关;

(3) 若 $r(\boldsymbol{A}_{m\times n})=n$(列数),则 $\boldsymbol{A}$ 的列向量组线性无关;

(4) 若 $r(\boldsymbol{A}_{m\times n})<n$(列数),则 $\boldsymbol{A}$ 的列向量组线性相关.

**4. 涉及线性相关性的重要定理**

(1) 局部相关,则整体相关.

若向量组的一个部分组线性相关,则该向量组必线性相关.

（2）整体无关，则局部无关.

若向量组线性无关，则向量组中的任意部分组也线性无关.

（3）向量组线性无关，则伸长组也无关.

若一个向量组线性无关，则在每个向量相同位置处增加一个或多个分量后得到的新向量组仍线性无关.

（4）向量组线性相关，则缩短组也相关.

若一个向量组线性相关，则在每个向量相同位置处去掉一个或多个分量后得到的新向量组仍线性相关.

（5）向量组中向量的个数超过维数，该向量组必线性相关.

（6）若向量组 $\boldsymbol{\alpha}_1,\boldsymbol{\alpha}_2,\cdots,\boldsymbol{\alpha}_m$ 线性无关，但向量组 $\boldsymbol{\alpha}_1,\boldsymbol{\alpha}_2,\cdots,\boldsymbol{\alpha}_m,\boldsymbol{\beta}$ 线性相关，则 $\boldsymbol{\beta}$ 可由 $\boldsymbol{\alpha}_1,\boldsymbol{\alpha}_2,\cdots,\boldsymbol{\alpha}_m$ 线性表出且唯一.

（7）若向量组 $\boldsymbol{\alpha}_1,\boldsymbol{\alpha}_2,\cdots,\boldsymbol{\alpha}_m$ 能由向量组 $\boldsymbol{\beta}_1,\boldsymbol{\beta}_2,\cdots,\boldsymbol{\beta}_n$ 线性表出，则向量组的秩有 $r(\boldsymbol{\alpha}_1,\boldsymbol{\alpha}_2,\cdots,\boldsymbol{\alpha}_m)\leqslant r(\boldsymbol{\beta}_1,\boldsymbol{\beta}_2,\cdots,\boldsymbol{\beta}_n)$.



**强化 300** 设 $\boldsymbol{\alpha}_1=(1,1,1)^{\mathrm{T}},\boldsymbol{\alpha}_2=(1,2,3)^{\mathrm{T}},\boldsymbol{\alpha}_3=(1,3,t)^{\mathrm{T}}$ 线性相关，则（　　）.

A. $t=3$　　B. $t\neq3$　　C. $t=5$　　D. $t\neq5$　　E. $t=1$

**强化 301** 设 $\boldsymbol{\alpha}_1=(1,0,5,2),\boldsymbol{\alpha}_2=(3,-2,3,-4),\boldsymbol{\alpha}_3=(-1,1,t,3)$ 线性相关，则（　　）.

A. $t=-1$　　B. $t\neq-1$　　C. $t=-3$　　D. $t\neq-3$　　E. $t=1$

**强化 302** 设向量组 $\boldsymbol{\alpha}_1,\boldsymbol{\alpha}_2,\boldsymbol{\alpha}_3$ 线性无关,则以下向量组中线性相关的是(　　).

A. $\boldsymbol{\alpha}_1+\boldsymbol{\alpha}_2,\boldsymbol{\alpha}_2+\boldsymbol{\alpha}_3,\boldsymbol{\alpha}_3+\boldsymbol{\alpha}_1$

B. $2\boldsymbol{\alpha}_1+\boldsymbol{\alpha}_2,2\boldsymbol{\alpha}_2+\boldsymbol{\alpha}_3,2\boldsymbol{\alpha}_3+\boldsymbol{\alpha}_1$

C. $\boldsymbol{\alpha}_1+2\boldsymbol{\alpha}_2,\boldsymbol{\alpha}_2+2\boldsymbol{\alpha}_3,\boldsymbol{\alpha}_3+2\boldsymbol{\alpha}_1$

D. $\boldsymbol{\alpha}_1-2\boldsymbol{\alpha}_2,\boldsymbol{\alpha}_2-2\boldsymbol{\alpha}_3,\boldsymbol{\alpha}_3-2\boldsymbol{\alpha}_1$

E. $\boldsymbol{\alpha}_1-\boldsymbol{\alpha}_2,\boldsymbol{\alpha}_2-\boldsymbol{\alpha}_3,\boldsymbol{\alpha}_1-\boldsymbol{\alpha}_3$

**强化 303** 已知向量组 $\boldsymbol{\alpha}_1,\boldsymbol{\alpha}_2,\boldsymbol{\alpha}_3$ 线性无关,且 $\boldsymbol{\beta}_1=-\boldsymbol{\alpha}_1+3\boldsymbol{\alpha}_2$, $\boldsymbol{\beta}_2=-\boldsymbol{\alpha}_2+a\boldsymbol{\alpha}_3$, $\boldsymbol{\beta}_3=\boldsymbol{\alpha}_1-\boldsymbol{\alpha}_3$,若 $\boldsymbol{\beta}_1,\boldsymbol{\beta}_2,\boldsymbol{\beta}_3$ 线性无关,则(　　).

A. $a\neq 3$　　B. $a\neq\frac{1}{3}$　　C. $a=3$　　D. $a=\frac{1}{3}$　　E. $a$ 为任意常数

**强化 304** 设 $\boldsymbol{\alpha}_1,\boldsymbol{\alpha}_2,\cdots,\boldsymbol{\alpha}_s$ 均为 $n$ 维列向量,$\boldsymbol{A}$ 是 $m\times n$ 矩阵,下列选项中正确的是(　　).

A. 若 $\boldsymbol{\alpha}_1,\boldsymbol{\alpha}_2,\cdots,\boldsymbol{\alpha}_s$ 线性相关,则 $\boldsymbol{A}\boldsymbol{\alpha}_1,\boldsymbol{A}\boldsymbol{\alpha}_2,\cdots,\boldsymbol{A}\boldsymbol{\alpha}_s$ 线性相关

B. 若 $\boldsymbol{\alpha}_1,\boldsymbol{\alpha}_2,\cdots,\boldsymbol{\alpha}_s$ 线性相关,则 $\boldsymbol{A}\boldsymbol{\alpha}_1,\boldsymbol{A}\boldsymbol{\alpha}_2,\cdots,\boldsymbol{A}\boldsymbol{\alpha}_s$ 线性无关

C. 若 $\boldsymbol{\alpha}_1,\boldsymbol{\alpha}_2,\cdots,\boldsymbol{\alpha}_s$ 线性无关,则 $\boldsymbol{A}\boldsymbol{\alpha}_1,\boldsymbol{A}\boldsymbol{\alpha}_2,\cdots,\boldsymbol{A}\boldsymbol{\alpha}_s$ 线性相关

D. 若 $\boldsymbol{\alpha}_1,\boldsymbol{\alpha}_2,\cdots,\boldsymbol{\alpha}_s$ 线性无关,则 $\boldsymbol{A}\boldsymbol{\alpha}_1,\boldsymbol{A}\boldsymbol{\alpha}_2,\cdots,\boldsymbol{A}\boldsymbol{\alpha}_s$ 线性无关

E. 若 $\boldsymbol{\alpha}_1,\boldsymbol{\alpha}_2,\cdots,\boldsymbol{\alpha}_s$ 线性相关,则 $\boldsymbol{A}\boldsymbol{\alpha}_1,\boldsymbol{A}\boldsymbol{\alpha}_2,\cdots,\boldsymbol{A}\boldsymbol{\alpha}_s$ 的线性相关性无法判定

**强化 305** 设矩阵 $A=\begin{pmatrix}3&2&0&5&0\\3&-2&12&6&-4\\2&0&4&5&-12\\1&6&-16&-1&16\end{pmatrix}$,则(　　).

A. 矩阵 $A$ 的行、列向量组均线性无关

B. 矩阵 $A$ 的行、列向量组均线性相关

C. 矩阵 $A$ 的行向量组线性相关,列向量组线性无关

D. 矩阵 $A$ 的行向量组线性无关,列向量组线性相关

E. 矩阵 $A$ 的行向量组线性相关,列向量组的线性相关性无法确定



**强化 306** 设 $A$ 是 $n\times m$ 矩阵,$B$ 是 $m\times n$ 矩阵,且 $m>n$.若 $AB=E$,则必有(　　).

A. 矩阵 $A$ 与 $B$ 的行向量组都线性无关

B. 矩阵 $A$ 与 $B$ 的列向量组都线性无关

C. 矩阵 $A$ 的行向量组线性无关,$B$ 的列向量组线性无关

D. 矩阵 $A$ 的列向量组线性无关,$B$ 的行向量组线性无关

E. 矩阵 $A$ 的列向量组线性相关,$B$ 的行向量组线性相关

**强化 307** 下列向量组中,线性无关的是(  ).

A. $(1,2,3,4)^{T},(2,3,4,5)^{T},(0,0,0,0)^{T}$

B. $(1,2,-1)^{T},(3,5,6)^{T},(0,7,9)^{T},(1,0,2)^{T}$

C. $(1,1,2,2)^{T},(2,1,2,3)^{T},(2,2,4,4)^{T},(1,3,5,7)^{T}$

D. $(a,1,2,3)^{T},(b,1,2,3)^{T},(c,3,4,5)^{T},(1,0,0,0)^{T}$

E. $(a,1,b,0,0)^{T},(c,0,d,6,0)^{T},(a,0,c,5,6)^{T}$

**强化 308** 已知向量:

$$\boldsymbol{\alpha}_1=(1,1,1,1,1),\quad \boldsymbol{\alpha}_2=(1,-1,1,-1,1),\quad \boldsymbol{\alpha}_3=(1,1,1,-1,-1),$$

$$\boldsymbol{\alpha}_4=(-1,1,-1,1,-1),\quad \boldsymbol{\alpha}_5=(1,-1,-1,-1,-1),\quad \boldsymbol{\alpha}_6=(1,1,-1,-1,-1).$$

若 $\boldsymbol{\alpha}_1,\boldsymbol{\alpha}_2,\cdots,\boldsymbol{\alpha}_{k-1}$线性无关,$\boldsymbol{\alpha}_1,\boldsymbol{\alpha}_2,\cdots,\boldsymbol{\alpha}_{k-1},\boldsymbol{\alpha}_k$ 线性相关,则 $k$ 的最小值为(  ).

A. 2  B. 3  C. 4  D. 5  E. 6

**强化 309** 已知三阶矩阵 $\boldsymbol{A}$ 与三维列向量 $\boldsymbol{\alpha}_1$ 满足 $\boldsymbol{A}^3\boldsymbol{\alpha}_1=3\boldsymbol{A}\boldsymbol{\alpha}_1-\boldsymbol{A}^2\boldsymbol{\alpha}_1$,且 $\boldsymbol{\alpha}_1,\boldsymbol{A}\boldsymbol{\alpha}_1,\boldsymbol{A}^2\boldsymbol{\alpha}_1$ 线性无关,$\boldsymbol{\alpha}_2=\boldsymbol{A}\boldsymbol{\alpha}_1,\boldsymbol{\alpha}_3=\boldsymbol{A}\boldsymbol{\alpha}_2$,则 $|\boldsymbol{A}|=$(  ).

A. 0  B. 1  C. $-1$  D. 2  E. $-2$

# 题型37 求向量组的极大线性无关组

**1. 极大线性无关组与向量组的秩的关系**

若 $r(\boldsymbol{\alpha}_1,\boldsymbol{\alpha}_2,\cdots,\boldsymbol{\alpha}_n)=r$，则 $\boldsymbol{\alpha}_1,\boldsymbol{\alpha}_2,\cdots,\boldsymbol{\alpha}_n$ 的极大线性无关组中含有 $r$ 个线性无关的向量，即 $\boldsymbol{\alpha}_1,\boldsymbol{\alpha}_2,\cdots,\boldsymbol{\alpha}_n$ 中任意 $r$ 个线性无关的部分组均可作为该向量组的极大线性无关组，向量组的极大线性无关组未必是唯一的.

**2. 求向量组的极大线性无关组的方法**

方法一：定义法.

若已知 $r(\boldsymbol{\alpha}_1,\boldsymbol{\alpha}_2,\cdots,\boldsymbol{\alpha}_n)=r$，则在 $\boldsymbol{\alpha}_1,\boldsymbol{\alpha}_2,\cdots,\boldsymbol{\alpha}_n$ 中任意取 $r$ 个线性无关的部分组，即可作为该向量组的极大线性无关组.

方法二：初等变换法.

步骤1：将向量组 $\boldsymbol{\alpha}_1,\boldsymbol{\alpha}_2,\cdots,\boldsymbol{\alpha}_n$（无论行向量还是列向量）按列向量组的形式排列形成矩阵 $\boldsymbol{A}$.

步骤2：对矩阵 $\boldsymbol{A}$ 施以初等行变换，化成行阶梯矩阵.

步骤3：若行阶梯矩阵的非零行数为 $r$，则 $r(\boldsymbol{\alpha}_1,\boldsymbol{\alpha}_2,\cdots,\boldsymbol{\alpha}_n)=r$，此时在行阶梯矩阵中找取 $r$ 阶的非零子式，其对应列即为向量组的极大线性无关组（一般情况下选取行阶梯矩阵阶梯口所对应列为极大线性无关组）.

**强化 310** 设向量组 $\boldsymbol{\alpha}_1=(1,0,1,-1)^{\mathrm{T}},\boldsymbol{\alpha}_2=(1,-2,1,1)^{\mathrm{T}},\boldsymbol{\alpha}_3=(0,2,0,-2)^{\mathrm{T}},\boldsymbol{\alpha}_4=(0,2,1,3)^{\mathrm{T}}$，$\boldsymbol{\alpha}_5=(2,-6,0,-6)^{\mathrm{T}}$，则下列不是该向量组极大线性无关组的是（　　）.

A. $\boldsymbol{\alpha}_1,\boldsymbol{\alpha}_2,\boldsymbol{\alpha}_4$　　B. $\boldsymbol{\alpha}_1,\boldsymbol{\alpha}_2,\boldsymbol{\alpha}_3$

C. $\boldsymbol{\alpha}_2,\boldsymbol{\alpha}_3,\boldsymbol{\alpha}_4$　　D. $\boldsymbol{\alpha}_1,\boldsymbol{\alpha}_2,\boldsymbol{\alpha}_5$

E. $\boldsymbol{\alpha}_1,\boldsymbol{\alpha}_3,\boldsymbol{\alpha}_5$

# 题型38 齐次线性方程组的求解与判定

**1. 齐次线性方程组的三种基本形式**

含有 $m$ 个方程、$n$ 个未知数的齐次线性方程组

(1) 一般式：$\begin{cases} a_{11}x_1+a_{12}x_2+\cdots+a_{1n}x_n=0, \\ a_{21}x_1+a_{22}x_2+\cdots+a_{2n}x_n=0, \\ \cdots\cdots\cdots\cdots \\ a_{m1}x_1+a_{m2}x_2+\cdots+a_{mn}x_n=0, \end{cases}$

(2) 矩阵式：$\boldsymbol{Ax}=\boldsymbol{0}$，其中方程组的系数矩阵 $\boldsymbol{A}=\begin{pmatrix} a_{11} & a_{12} & \cdots & a_{1n} \\ a_{21} & a_{22} & \cdots & a_{2n} \\ \vdots & \vdots & & \vdots \\ a_{m1} & a_{m2} & \cdots & a_{mn} \end{pmatrix}$，未知数向量为 $\boldsymbol{x}=\begin{pmatrix} x_1 \\ x_2 \\ \vdots \\ x_n \end{pmatrix}$.

(3) 向量式：若记 $\boldsymbol{\alpha}_1=\begin{pmatrix} a_{11} \\ a_{21} \\ \vdots \\ a_{m1} \end{pmatrix}$，$\boldsymbol{\alpha}_2=\begin{pmatrix} a_{12} \\ a_{22} \\ \vdots \\ a_{m2} \end{pmatrix}$，$\cdots$，$\boldsymbol{\alpha}_n=\begin{pmatrix} a_{1n} \\ a_{2n} \\ \vdots \\ a_{mn} \end{pmatrix}$，则方程组可表示为

$$x_1\boldsymbol{\alpha}_1+x_2\boldsymbol{\alpha}_2+\cdots+x_n\boldsymbol{\alpha}_n=\boldsymbol{0}.$$

**2. 齐次线性方程组的解的判定**

(1) 方法一：利用系数矩阵的秩.

① $\boldsymbol{A}_{m\times n}\boldsymbol{x}=\boldsymbol{0}$ 只有零解 $\Leftrightarrow \boldsymbol{r}(\boldsymbol{A})=n \Leftrightarrow \boldsymbol{A}$ 的列向量组线性无关；

② $\boldsymbol{A}_{m\times n}\boldsymbol{x}=\boldsymbol{0}$ 有非零解 $\Leftrightarrow \boldsymbol{r}(\boldsymbol{A})<n \Leftrightarrow \boldsymbol{A}$ 的列向量组线性相关.

(2) 方法二：利用系数矩阵的行列式（当系数矩阵为方阵时）.

① $\boldsymbol{A}_{n\times n}\boldsymbol{x}=\boldsymbol{0}$ 只有零解 $\Leftrightarrow \boldsymbol{r}(\boldsymbol{A})=n \Leftrightarrow |\boldsymbol{A}|\neq 0 \Leftrightarrow \boldsymbol{A}$ 的行（列）向量组线性无关；

② $\boldsymbol{A}_{n\times n}\boldsymbol{x}=\boldsymbol{0}$ 有非零解 $\Leftrightarrow \boldsymbol{r}(\boldsymbol{A})<n \Leftrightarrow |\boldsymbol{A}|=0 \Leftrightarrow \boldsymbol{A}$ 的行（列）向量组线性相关.

**3. 齐次线性方程组 $\boldsymbol{A}_{m\times n}\boldsymbol{x}=\boldsymbol{0}$ 的基础解系**

若向量组 $\boldsymbol{\xi}_1,\boldsymbol{\xi}_2,\cdots,\boldsymbol{\xi}_s$ 满足以下三个条件：

(1) 均为 $\boldsymbol{A}_{m\times n}\boldsymbol{x}=\boldsymbol{0}$ 的解；

（2）线性无关；

（3）向量组中向量个数 $s=n-r(A_{m\times n})$，

则称向量组 $\xi_1,\xi_2,\cdots,\xi_s$ 为齐次线性方程组 $A_{m\times n}x=0$ 的一个基础解系，且此时 $A_{m\times n}x=0$ 的通解为 $x=k_1\xi_1+k_2\xi_2+\cdots+k_s\xi_s$，其中 $k_1,k_2,\cdots,k_s$ 为任意常数.

【敲重点】齐次线性方程组 $A_{m\times n}x=0$ 至多有 $s=n-r(A_{m\times n})$ 个线性无关的解.

**4. 齐次线性方程组 $A_{m\times n}x=0$ 的基础解系和通解的求法**

步骤 1：对系数矩阵 $A$ 施以初等行变换化为行阶梯矩阵，再化为行最简矩阵，行最简矩阵的非零行数即为系数矩阵的秩. 若 $r(A)=n$，此时 $A_{m\times n}x=0$ 只有零解；若 $r(A)<n$，再进行第 2 步.

步骤 2：将每一非零行最左端（即行阶梯矩阵阶梯口）对应的未知数称为独立未知数，其余的未知数为自由未知数（自由未知数的个数为 $s=n-r(A)$），令自由未知数中一个为 1，其余为 0，将会得到 $s=n-r(A)$ 个解向量 $\xi_1,\xi_2,\cdots,\xi_s$，即为该方程组的基础解系，且此时 $A_{m\times n}x=0$ 的通解为 $x=k_1\xi_1+k_2\xi_2+\cdots+k_s\xi_s$，其中 $k_1,k_2,\cdots,k_s$ 为任意常数.



**强化 311** 若齐次线性方程组 $\begin{cases}x_1+3x_2+2x_3+x_4=0,\\x_2+ax_3-ax_4=0,\\x_1+2x_2+3x_4=0,\end{cases}$

① 当 $a=2$ 时，基础解系中含有 1 个向量，

② 当 $a\neq2$ 时，基础解系中含有 2 个向量，

③ 当 $a=2$ 时，基础解系中含有 2 个向量，

④ 当 $a\neq2$ 时，基础解系中含有 0 个向量，

其中所有正确结论的序号是（　　）.

A. ①　　B. ③　　C. ①②　　D. ②③　　E. ③④

**强化 312** 设矩阵 $A=\begin{pmatrix} a & 1 & 1 \\ 1 & a & 1 \\ 1 & 1 & a \end{pmatrix}$,

① 当 $a=1$ 时,$A^*x=0$ 的基础解系中含有 2 个向量,

② 当 $a=-2$ 时,$A^*x=0$ 的基础解系中含有 1 个向量,

③ 当 $a=1$ 时,$A^*x=0$ 的基础解系中含有 3 个向量,

④ 当 $a=-2$ 时,$A^*x=0$ 的基础解系中含有 2 个向量,

其中所有正确结论的序号是(　　).

A. ①　　B. ②　　C. ①②　　D. ②③　　E. ③④

**强化 313** 设 $A=\begin{pmatrix} a_{11} & a_{12} & a_{13} \\ a_{21} & a_{22} & a_{23} \end{pmatrix}$,$B=\begin{pmatrix} b_{11} & b_{12} \\ b_{21} & b_{22} \\ b_{31} & b_{32} \end{pmatrix}$.若 $AB=\begin{pmatrix} 1 & 0 \\ 2 & 1 \end{pmatrix}$,则齐次线性方程组 $Ax=0$ 和 $By=0$ 的线性无关解向量的个数分别为(　　).

A. 0 和 0　　B. 1 和 0　　C. 0 和 1　　D. 2 和 0　　E. 1 和 2

**强化 314** 设 $\boldsymbol{A}$ 为 $n$ 阶矩阵，且 $r(\boldsymbol{A})=n-1$，$\boldsymbol{\alpha}_1$ 与 $\boldsymbol{\alpha}_2$ 为 $\boldsymbol{Ax}=\boldsymbol{0}$ 两个不同的解向量，则 $\boldsymbol{Ax}=\boldsymbol{0}$ 的通解为（　　）.

A. $k\boldsymbol{\alpha}_1, k\in\mathbf{R}$

B. $k\boldsymbol{\alpha}_2, k\in\mathbf{R}$

C. $k(\boldsymbol{\alpha}_1+\boldsymbol{\alpha}_2), k\in\mathbf{R}$

D. $k(\boldsymbol{\alpha}_1+2\boldsymbol{\alpha}_2), k\in\mathbf{R}$

E. $k(\boldsymbol{\alpha}_1-\boldsymbol{\alpha}_2), k\in\mathbf{R}$

**强化 315** 设三阶矩阵 $\boldsymbol{A}$ 的各行元素之和均为 0，且 $\boldsymbol{A}$ 的秩为 2，则线性方程组 $\boldsymbol{Ax}=\boldsymbol{0}$ 的通解为（　　）.

A. $k_1\begin{pmatrix}1\\1\\1\end{pmatrix}+k_2\begin{pmatrix}1\\2\\3\end{pmatrix}, k_1,k_2\in\mathbf{R}$

B. $k_1\begin{pmatrix}1\\1\\1\end{pmatrix}+k_2\begin{pmatrix}-1\\-2\\-3\end{pmatrix}, k_1,k_2\in\mathbf{R}$

C. $k\begin{pmatrix}1\\1\\1\end{pmatrix}, k\in\mathbf{R}$

D. $k\begin{pmatrix}1\\2\\3\end{pmatrix}, k\in\mathbf{R}$

E. $k\begin{pmatrix}1\\0\\0\end{pmatrix}, k\in\mathbf{R}$

线性代数篇

# 题型39 非齐次线性方程组的求解与判定

**1. 非齐次线性方程组的三种基本形式**

含有 $m$ 个方程、$n$ 个未知数的齐次线性方程组

(1) 一般式：$\begin{cases} a_{11}x_1+a_{12}x_2+\cdots+a_{1n}x_n=b_1, \\ a_{21}x_1+a_{22}x_2+\cdots+a_{2n}x_n=b_2, \\ \cdots\cdots\cdots\cdots \\ a_{m1}x_1+a_{m2}x_2+\cdots+a_{mn}x_n=b_m. \end{cases}$

(2) 矩阵式：$\boldsymbol{Ax}=\boldsymbol{\beta}$，其中 $\boldsymbol{A}=\begin{pmatrix} a_{11} & a_{12} & \cdots & a_{1n} \\ a_{21} & a_{22} & \cdots & a_{2n} \\ \vdots & \vdots & & \vdots \\ a_{m1} & a_{m2} & \cdots & a_{mn} \end{pmatrix}$ 为方程组的系数矩阵，$\boldsymbol{x}=\begin{pmatrix} x_1 \\ x_2 \\ \vdots \\ x_n \end{pmatrix}$ 为方程组的未知数向量，$\boldsymbol{\beta}=\begin{pmatrix} b_1 \\ b_2 \\ \vdots \\ b_m \end{pmatrix}$ 为方程组的常数项向量.

(3) 向量式：若记 $\boldsymbol{\alpha}_1=\begin{pmatrix} a_{11} \\ a_{21} \\ \vdots \\ a_{m1} \end{pmatrix}$，$\boldsymbol{\alpha}_2=\begin{pmatrix} a_{12} \\ a_{22} \\ \vdots \\ a_{m2} \end{pmatrix}$，$\cdots$，$\boldsymbol{\alpha}_n=\begin{pmatrix} a_{1n} \\ a_{2n} \\ \vdots \\ a_{mn} \end{pmatrix}$，$\boldsymbol{\beta}=\begin{pmatrix} b_1 \\ b_2 \\ \vdots \\ b_m \end{pmatrix}$，则方程组可表示为向量形式

$$x_1\boldsymbol{\alpha}_1+x_2\boldsymbol{\alpha}_2+\cdots+x_n\boldsymbol{\alpha}_n=\boldsymbol{\beta}.$$

**2. 非齐次线性方程组的解的判定**

(1) 方法一：利用矩阵的秩.

① $r(\boldsymbol{A})\neq r(\boldsymbol{A},\boldsymbol{\beta})\Leftrightarrow \boldsymbol{A}_{m\times n}x=\boldsymbol{\beta}$ 无解；

② $r(\boldsymbol{A})=r(\boldsymbol{A},\boldsymbol{\beta})<n\Leftrightarrow \boldsymbol{A}_{m\times n}\boldsymbol{x}=\boldsymbol{\beta}$ 有无穷多解；

③ $r(\boldsymbol{A})=r(\boldsymbol{A},\boldsymbol{\beta})=n\Leftrightarrow \boldsymbol{A}_{m\times n}\boldsymbol{x}=\boldsymbol{\beta}$ 有唯一解.

(2) 方法二:利用系数矩阵的行列式(当系数矩阵为方阵时).

① $|\boldsymbol{A}| \neq 0 \Leftrightarrow \boldsymbol{A}_{n\times n}\boldsymbol{x}=\boldsymbol{b}$ 有唯一解;

② $|\boldsymbol{A}| = 0 \Leftrightarrow \boldsymbol{A}_{n\times n}\boldsymbol{x}=\boldsymbol{b}$ 无解或有无穷多解.

**3. 非齐次线性方程组 $\boldsymbol{Ax}=\boldsymbol{b}$ 的通解**

若向量组 $\boldsymbol{\xi}_1,\boldsymbol{\xi}_2,\cdots,\boldsymbol{\xi}_s$ 是对应齐次线性方程组 $\boldsymbol{Ax}=\boldsymbol{0}$ 的一个基础解系,$\boldsymbol{\eta}$ 是非齐次线性方程组 $\boldsymbol{Ax}=\boldsymbol{b}$ 的一个特解,则非齐次线性方程组 $\boldsymbol{Ax}=\boldsymbol{b}$ 的通解为

$$\boldsymbol{x}=k_1\boldsymbol{\xi}_1+k_2\boldsymbol{\xi}_2+\cdots+k_s\boldsymbol{\xi}_s+\boldsymbol{\eta},\text{其中 } k_1,k_2,\cdots,k_s \text{ 为任意常数}.$$

【敲重点】非齐次线性方程组 $\boldsymbol{A}_{m\times n}\boldsymbol{x}=\boldsymbol{b}$ 至多有 $s+1=n-r(\boldsymbol{A}_{m\times n})+1$ 个线性无关的解.

**4. 非齐次线性方程组的通解求法(有无穷多解时)**

步骤 1:对增广矩阵 $\overline{\boldsymbol{A}}=(\boldsymbol{A},\boldsymbol{\beta})$ 施以初等行变换,化为行阶梯矩阵,再化为行最简矩阵.

步骤 2:确定自由未知数,利用赋值法求出基础解系 $\boldsymbol{\xi}_1,\boldsymbol{\xi}_2,\cdots,\boldsymbol{\xi}_s$,再令自由未知数均为 0 求出一个非齐次线性方程组 $\boldsymbol{Ax}=\boldsymbol{b}$ 的特解 $\boldsymbol{\eta}$,即可得非齐次线性方程组的通解

$$\boldsymbol{x}=k_1\boldsymbol{\xi}_1+k_2\boldsymbol{\xi}_2+\cdots+k_s\boldsymbol{\xi}_s+\boldsymbol{\eta},$$

其中 $k_1,k_2,\cdots,k_s$ 为任意常数.



**强化 316** 若线性方程组 $\begin{cases} x_1+x_2=-a_1, \\ x_2+x_3=a_2, \\ x_3+x_4=-a_3, \\ x_4+x_1=a_4 \end{cases}$ 有解,则常数 $\sum_{i=1}^{4} a_i=($ $)$.

A. $-1$　　B. 0　　C. $\frac{1}{2}$　　D. 1　　E. 2

**强化 317** 设矩阵 $\boldsymbol{A}=\begin{pmatrix}1&0&-1\\1&1&-1\\0&1&a^2-1\end{pmatrix}$，$\boldsymbol{b}=\begin{pmatrix}0\\1\\a\end{pmatrix}$，

① 当 $a=1$ 时，$\boldsymbol{Ax}=\boldsymbol{b}$ 无解，

② 当 $a=-1$ 时，$\boldsymbol{Ax}=\boldsymbol{b}$ 有唯一解，

③ 当 $a=1$ 时，$\boldsymbol{Ax}=\boldsymbol{b}$ 有无穷多解，

④ 当 $a=-1$ 时，$\boldsymbol{Ax}=\boldsymbol{b}$ 有无穷多解，

其中所有正确结论的序号是(　　).

A. ①　　B. ③　　C. ①②　　D. ②③　　E. ③④



**强化 318** 设矩阵 $\boldsymbol{A}=\begin{pmatrix}1&1&1\\1&2&a\\1&4&a^2\end{pmatrix}$，$\boldsymbol{b}=\begin{pmatrix}1\\d\\d^2\end{pmatrix}$. 若集合 $\Omega=\{1,2\}$，则线性方程组 $\boldsymbol{Ax}=\boldsymbol{b}$ 有无穷多解的充分必要条件为(　　).

A. $a\notin\Omega,d\notin\Omega$　　B. $a\notin\Omega,d\in\Omega$

C. $a\in\Omega,d\notin\Omega$　　D. $a\in\Omega,d\in\Omega$

E. $a,d$ 均为任意常数

**强化 319** 设 $A=\begin{pmatrix}\lambda & 1 & 1\\ 0 & \lambda-1 & 0\\ 1 & 1 & \lambda\end{pmatrix}$，$b=\begin{pmatrix}a\\ 1\\ 1\end{pmatrix}$，已知线性方程组 $Ax=b$ 有无穷多解，则（　　）.

A. $\lambda=-1, a=-2$　　B. $\lambda=1, a=-2$

C. $\lambda=-1, a=2$　　D. $\lambda=1, a=2$

E. $\lambda=-1, a=0$



**强化 320** 设 $A$ 为 $4\times3$ 矩阵，$\eta_1,\eta_2,\eta_3$ 是非齐次线性方程组 $Ax=\beta$ 的 3 个线性无关的解，$k_1,k_2$ 为任意常数，则 $Ax=\beta$ 的通解为（　　）.

A. $\dfrac{\eta_2+\eta_3}{2}+k_1(\eta_2-\eta_1)$

B. $\dfrac{\eta_2-\eta_3}{2}+k_1(\eta_2-\eta_1)$

C. $\dfrac{\eta_2+\eta_3}{2}+k_1(\eta_2-\eta_1)+k_2(\eta_3-\eta_1)$

D. $\dfrac{\eta_2-\eta_3}{2}+k_1(\eta_2-\eta_1)+k_2(\eta_3-\eta_1)$

E. $(\eta_2-\eta_3)+k_1(\eta_2-\eta_1)+k_2(\eta_3-\eta_1)$

**强化 321** 设四阶方阵 $\boldsymbol{A}=(\boldsymbol{\alpha}_1,\boldsymbol{\alpha}_2,\boldsymbol{\alpha}_3,\boldsymbol{\alpha}_4)$，$\boldsymbol{\alpha}_1,\boldsymbol{\alpha}_2,\boldsymbol{\alpha}_3,\boldsymbol{\alpha}_4$ 均为四维列向量，其中 $\boldsymbol{\alpha}_2,\boldsymbol{\alpha}_3,\boldsymbol{\alpha}_4$ 线性无关，$\boldsymbol{\alpha}_1=2\boldsymbol{\alpha}_2-\boldsymbol{\alpha}_3$，若 $\boldsymbol{\beta}=\boldsymbol{\alpha}_1+\boldsymbol{\alpha}_2+\boldsymbol{\alpha}_3+\boldsymbol{\alpha}_4$，则线性方程组 $\boldsymbol{Ax}=\boldsymbol{\beta}$ 的通解为(　　).

A. $k(1,-2,1,0)^{\mathrm{T}}+(1,1,1,1)^{\mathrm{T}},k\in\mathbf{R}$

B. 无解

C. $k(1,2,-1,0)^{\mathrm{T}}+(1,1,1,1)^{\mathrm{T}},k\in\mathbf{R}$

D. $(1,1,1,1)^{\mathrm{T}}$

E. $k(1,-2,1,1)^{\mathrm{T}}+(1,1,1,1)^{\mathrm{T}},k\in\mathbf{R}$

线性代数篇

# 题型40 向量的线性表出

**1. 线性表出与非齐次线性方程组的关系**

例如,已知非齐次线性方程组 $\boldsymbol{Ax}=\boldsymbol{\beta}$,其中 $\boldsymbol{A}=\begin{pmatrix} a_{11} & a_{12} & a_{13} \\ a_{21} & a_{22} & a_{23} \\ a_{31} & a_{32} & a_{33} \end{pmatrix}$,$\boldsymbol{x}=\begin{pmatrix} x_1 \\ x_2 \\ x_3 \end{pmatrix}$,$\boldsymbol{\beta}=\begin{pmatrix} b_1 \\ b_2 \\ b_3 \end{pmatrix}$,若记 $\boldsymbol{\alpha}_1=\begin{pmatrix} a_{11} \\ a_{21} \\ a_{31} \end{pmatrix}$,$\boldsymbol{\alpha}_2=\begin{pmatrix} a_{12} \\ a_{22} \\ a_{32} \end{pmatrix}$,$\boldsymbol{\alpha}_3=\begin{pmatrix} a_{13} \\ a_{23} \\ a_{33} \end{pmatrix}$,则方程组可表示为

$$x_1\boldsymbol{\alpha}_1+x_2\boldsymbol{\alpha}_2+x_3\boldsymbol{\alpha}_3=\boldsymbol{\beta},$$

显然 $\boldsymbol{\beta}$ 可否由 $\boldsymbol{\alpha}_1,\boldsymbol{\alpha}_2,\boldsymbol{\alpha}_3$ 线性表出取决于 $\boldsymbol{Ax}=\boldsymbol{\beta}$ 有解与否,其中 $\boldsymbol{x}=\begin{pmatrix} x_1 \\ x_2 \\ x_3 \end{pmatrix}$ 为对应的表示系数.

【总结】记 $\boldsymbol{A}=(\boldsymbol{\alpha}_1,\boldsymbol{\alpha}_2,\cdots,\boldsymbol{\alpha}_n)$,则 $\boldsymbol{\beta}$ 可否由 $\boldsymbol{\alpha}_1,\boldsymbol{\alpha}_2,\cdots,\boldsymbol{\alpha}_n$ 线性表出$\Leftrightarrow$非齐次线性方程组 $\boldsymbol{Ax}=\boldsymbol{\beta}$ 有解与否,且

(1) $\boldsymbol{Ax}=\boldsymbol{\beta}$ 有解(唯一解)$\Leftrightarrow\boldsymbol{\beta}$ 可由 $\boldsymbol{A}$ 的列向量组线性表出且唯一,其中线性方程组的解 $\boldsymbol{x}=\begin{pmatrix} x_1 \\ x_2 \\ \vdots \\ x_n \end{pmatrix}$ 为对应的表示系数,即 $\boldsymbol{\beta}=x_1\boldsymbol{\alpha}_1+x_2\boldsymbol{\alpha}_2+\cdots+x_n\boldsymbol{\alpha}_n$.

(2) $\boldsymbol{Ax}=\boldsymbol{\beta}$ 有解(无穷多解)$\Leftrightarrow\boldsymbol{\beta}$ 可由 $\boldsymbol{A}$ 的列向量组线性表出且表示有无穷多组,其中线性方程组的解 $\boldsymbol{x}=\begin{pmatrix} x_1 \\ x_2 \\ \vdots \\ x_n \end{pmatrix}$ 为对应的表示系数,即 $\boldsymbol{\beta}=x_1\boldsymbol{\alpha}_1+x_2\boldsymbol{\alpha}_2+\cdots+x_n\boldsymbol{\alpha}_n$.

(3) $\boldsymbol{Ax}=\boldsymbol{\beta}$ 无解$\Leftrightarrow\boldsymbol{\beta}$ 不可由 $\boldsymbol{A}$ 的列向量组线性表出.

**2. 一个向量可否由一个向量组线性表出的判定**

（1）列向量 $\boldsymbol{\beta}$ 可由向量组 $\boldsymbol{\alpha}_1,\boldsymbol{\alpha}_2,\cdots,\boldsymbol{\alpha}_n$ 线性表出且唯一的充分必要条件是 $r(\boldsymbol{\alpha}_1,\boldsymbol{\alpha}_2,\cdots,\boldsymbol{\alpha}_n)=r(\boldsymbol{\alpha}_1,\boldsymbol{\alpha}_2,\cdots,\boldsymbol{\alpha}_n,\boldsymbol{\beta})=n$.

（2）列向量 $\boldsymbol{\beta}$ 可由向量组 $\boldsymbol{\alpha}_1,\boldsymbol{\alpha}_2,\cdots,\boldsymbol{\alpha}_n$ 线性表出且有无穷多组的充分必要条件是 $r(\boldsymbol{\alpha}_1,\boldsymbol{\alpha}_2,\cdots,\boldsymbol{\alpha}_n)=r(\boldsymbol{\alpha}_1,\boldsymbol{\alpha}_2,\cdots,\boldsymbol{\alpha}_n,\boldsymbol{\beta})<n$.

（3）列向量 $\boldsymbol{\beta}$ 不可由向量组 $\boldsymbol{\alpha}_1,\boldsymbol{\alpha}_2,\cdots,\boldsymbol{\alpha}_n$ 线性表出的充分必要条件是 $r(\boldsymbol{\alpha}_1,\boldsymbol{\alpha}_2,\cdots,\boldsymbol{\alpha}_n)\neq r(\boldsymbol{\alpha}_1,\boldsymbol{\alpha}_2,\cdots,\boldsymbol{\alpha}_n,\boldsymbol{\beta})$.

**强化 322** 若向量 $\boldsymbol{\beta}=(1,k,5)^{\mathrm{T}}$ 可由 $\boldsymbol{\alpha}_1=(1,-3,2)^{\mathrm{T}},\boldsymbol{\alpha}_2=(2,-1,1)^{\mathrm{T}}$ 线性表出，则 $k=$（　　）.

A. $-2$　　B. $-8$　　C. $0$　　D. $2$　　E. $8$

**强化 323** 已知向量组 $\boldsymbol{\alpha}_1=(a,2,10)^{\mathrm{T}},\boldsymbol{\alpha}_2=(-2,1,5)^{\mathrm{T}},\boldsymbol{\alpha}_3=(-1,1,4)^{\mathrm{T}},\boldsymbol{\beta}=(1,b,c)^{\mathrm{T}}$，若 $\boldsymbol{\beta}$ 可由 $\boldsymbol{\alpha}_1,\boldsymbol{\alpha}_2,\boldsymbol{\alpha}_3$ 线性表出，且表示唯一，则（　　）.

A. $a\neq-4$　　B. $a=-4$　　C. $a\neq0$　　D. $b\neq-4$　　E. $b=-4$

**强化 324** 设两个向量组为

（Ⅰ）$\boldsymbol{\beta}=(0,8,-1,5)^{\mathrm{T}},\boldsymbol{\alpha}_1=(1,3,-1,2)^{\mathrm{T}},\boldsymbol{\alpha}_2=(0,-1,2,1)^{\mathrm{T}},\boldsymbol{\alpha}_3=(-2,1,3,2)^{\mathrm{T}}$；

（Ⅱ）$\boldsymbol{\beta}=(-1,1,0,1)^{\mathrm{T}},\boldsymbol{\alpha}_1=(5,0,1,2)^{\mathrm{T}},\boldsymbol{\alpha}_2=(4,1,0,1)^{\mathrm{T}},\boldsymbol{\alpha}_3=(1,1,1,0)^{\mathrm{T}}$，

对于以上两个向量组有以下四个结论：

① 向量组（Ⅰ）中 $\boldsymbol{\beta}$ 不可由 $\boldsymbol{\alpha}_1,\boldsymbol{\alpha}_2,\boldsymbol{\alpha}_3$ 线性表示，

② 向量组（Ⅱ）中 $\boldsymbol{\beta}$ 不可由 $\boldsymbol{\alpha}_1,\boldsymbol{\alpha}_2,\boldsymbol{\alpha}_3$ 线性表示，

③ 向量组（Ⅰ）中 $\boldsymbol{\beta}$ 可由 $\boldsymbol{\alpha}_1,\boldsymbol{\alpha}_2,\boldsymbol{\alpha}_3$ 线性表示，且 $\boldsymbol{\beta}=2\boldsymbol{\alpha}_1-\boldsymbol{\alpha}_2+\boldsymbol{\alpha}_3$，

④ 向量组（Ⅱ）中 $\boldsymbol{\beta}$ 可由 $\boldsymbol{\alpha}_1,\boldsymbol{\alpha}_2,\boldsymbol{\alpha}_3$ 线性表示，且 $\boldsymbol{\beta}=\boldsymbol{\alpha}_1+5\boldsymbol{\alpha}_3$，

其中所有正确结论的序号是（　　）.

A. ①　　B. ③　　C. ①②　　D. ②③　　E. ③④

# 题型41 矩阵方程与向量组的表出

**1. 矩阵方程 $AX=B$ 的求解(以三阶矩阵为例)**

已知矩阵方程 $\boldsymbol{AX}=\boldsymbol{B}$,其中系数矩阵 $\boldsymbol{A}=\begin{pmatrix} a_{11} & a_{12} & a_{13} \\ a_{21} & a_{22} & a_{23} \\ a_{31} & a_{32} & a_{33} \end{pmatrix}$,常数项矩阵 $\boldsymbol{B}=\begin{pmatrix} b_{11} & b_{12} & b_{13} \\ b_{21} & b_{22} & b_{23} \\ b_{31} & b_{32} & b_{33} \end{pmatrix}$,

待求未知数矩阵为 $\boldsymbol{X}=\begin{pmatrix} x_{11} & x_{12} & x_{13} \\ x_{21} & x_{22} & x_{23} \\ x_{31} & x_{32} & x_{33} \end{pmatrix}$,若令

$$\boldsymbol{A}=\begin{pmatrix} a_{11} & a_{12} & a_{13} \\ a_{21} & a_{22} & a_{23} \\ a_{31} & a_{32} & a_{33} \end{pmatrix}=(\boldsymbol{\alpha}_1,\boldsymbol{\alpha}_2,\boldsymbol{\alpha}_3),$$

$$\boldsymbol{B}=\begin{pmatrix} b_{11} & b_{12} & b_{13} \\ b_{21} & b_{22} & b_{23} \\ b_{31} & b_{32} & b_{33} \end{pmatrix}=(\boldsymbol{\beta}_1,\boldsymbol{\beta}_2,\boldsymbol{\beta}_3),$$

$$\boldsymbol{X}=\begin{pmatrix} x_{11} & x_{12} & x_{13} \\ x_{21} & x_{22} & x_{23} \\ x_{31} & x_{32} & x_{33} \end{pmatrix}=(\boldsymbol{x}_1,\boldsymbol{x}_2,\boldsymbol{x}_3),$$

故 $\boldsymbol{A}(\boldsymbol{x}_1,\boldsymbol{x}_2,\boldsymbol{x}_3)=(\boldsymbol{\beta}_1,\boldsymbol{\beta}_2,\boldsymbol{\beta}_3)$,因此非齐次线性方程组 $\boldsymbol{Ax}=\boldsymbol{\beta}_1$ 的解即为 $\boldsymbol{x}_1$;$\boldsymbol{Ax}=\boldsymbol{\beta}_2$ 的解为 $\boldsymbol{x}_2$;$\boldsymbol{Ax}=\boldsymbol{\beta}_3$ 的解为 $\boldsymbol{x}_3$,再将这三个解按顺序排列即为矩阵方程的解 $\boldsymbol{X}=(\boldsymbol{x}_1,\boldsymbol{x}_2,\boldsymbol{x}_3)$.

**2. 矩阵方程 $AX=B$ 的解的判定**

(1) 方法一:利用矩阵的秩.

① $r(\boldsymbol{A})\neq r(\boldsymbol{A},\boldsymbol{B})\Leftrightarrow \boldsymbol{A}_{m\times n}\boldsymbol{X}=\boldsymbol{B}$ 无解;

② $r(\boldsymbol{A})=r(\boldsymbol{A},\boldsymbol{B})<n\Leftrightarrow \boldsymbol{A}_{m\times n}\boldsymbol{X}=\boldsymbol{B}$ 有无穷多解;

③ $r(\boldsymbol{A})=r(\boldsymbol{A},\boldsymbol{B})=n\Leftrightarrow \boldsymbol{A}_{m\times n}\boldsymbol{X}=\boldsymbol{B}$ 有唯一解.

(2) 方法二:利用系数矩阵的行列式(当系数矩阵为方阵时).

① $|\boldsymbol{A}|\neq 0\Leftrightarrow \boldsymbol{A}_{n\times n}\boldsymbol{X}=\boldsymbol{B}$ 有唯一解;

② $|\boldsymbol{A}|=0 \Leftrightarrow \boldsymbol{A}_{n\times n}\boldsymbol{X}=\boldsymbol{B}$ 无解或有无穷多解.

**3. 矩阵方程 $\boldsymbol{AX}=\boldsymbol{B}$ 与向量组表出之间的关系**

（1）$\boldsymbol{AX}=\boldsymbol{B}$ 无解 $\Leftrightarrow \boldsymbol{B}$ 的列向量组不可由 $\boldsymbol{A}$ 的列向量组线性表出.

（2）$\boldsymbol{AX}=\boldsymbol{B}$ 有解（唯一解）$\Leftrightarrow \boldsymbol{B}$ 的列向量组可由 $\boldsymbol{A}$ 的列向量组线性表出且唯一.

（3）$\boldsymbol{AX}=\boldsymbol{B}$ 有解（无穷多解）$\Leftrightarrow \boldsymbol{B}$ 的列向量组可由 $\boldsymbol{A}$ 的列向量组线性表出且表示有无穷多组.

**4. 一个向量组可否由另一个向量组线性表出的判定（以三个向量的向量组为例）**

（1）列向量组 $\boldsymbol{\beta}_1,\boldsymbol{\beta}_2,\boldsymbol{\beta}_3$ 可由向量组 $\boldsymbol{\alpha}_1,\boldsymbol{\alpha}_2,\boldsymbol{\alpha}_3$ 线性表出且唯一的充分必要条件是 $r(\boldsymbol{\alpha}_1,\boldsymbol{\alpha}_2,\boldsymbol{\alpha}_3)=r(\boldsymbol{\alpha}_1,\boldsymbol{\alpha}_2,\boldsymbol{\alpha}_3,\boldsymbol{\beta}_1,\boldsymbol{\beta}_2,\boldsymbol{\beta}_3)=3$.

（2）列向量组 $\boldsymbol{\beta}_1,\boldsymbol{\beta}_2,\boldsymbol{\beta}_3$ 可由向量组 $\boldsymbol{\alpha}_1,\boldsymbol{\alpha}_2,\boldsymbol{\alpha}_3$ 线性表出且有无穷多组的充分必要条件是 $r(\boldsymbol{\alpha}_1,\boldsymbol{\alpha}_2,\boldsymbol{\alpha}_3)=r(\boldsymbol{\alpha}_1,\boldsymbol{\alpha}_2,\boldsymbol{\alpha}_3,\boldsymbol{\beta}_1,\boldsymbol{\beta}_2,\boldsymbol{\beta}_3)<3$.

（3）列向量组 $\boldsymbol{\beta}_1,\boldsymbol{\beta}_2,\boldsymbol{\beta}_3$ 不可由向量组 $\boldsymbol{\alpha}_1,\boldsymbol{\alpha}_2,\boldsymbol{\alpha}_3$ 线性表出的充分必要条件是 $r(\boldsymbol{\alpha}_1,\boldsymbol{\alpha}_2,\boldsymbol{\alpha}_3)\neq r(\boldsymbol{\alpha}_1,\boldsymbol{\alpha}_2,\boldsymbol{\alpha}_3,\boldsymbol{\beta}_1,\boldsymbol{\beta}_2,\boldsymbol{\beta}_3)$.



**强化 325** （2023 年真题）已知非零矩阵 $\boldsymbol{A}=\begin{pmatrix} a_{11} & a_{12} \\ a_{21} & a_{22} \end{pmatrix}$ 和 $\boldsymbol{B}=\begin{pmatrix} b_{11} & b_{12} \\ b_{21} & b_{22} \end{pmatrix}$，$\boldsymbol{X}=\begin{pmatrix} x_{11} & x_{12} \\ x_{21} & x_{22} \end{pmatrix}$，则（　　）.

A. 当 $|\boldsymbol{A}|=0$ 且 $|\boldsymbol{B}|=0$ 时，关于 $\boldsymbol{X}$ 的方程 $\boldsymbol{AX}=\boldsymbol{B}$ 无解

B. 当 $|\boldsymbol{A}|=0$ 且 $|\boldsymbol{B}|=0$ 时，关于 $\boldsymbol{X}$ 的方程 $\boldsymbol{AX}=\boldsymbol{B}$ 有解

C. 当 $|\boldsymbol{A}|=0$ 且 $|\boldsymbol{B}|\neq 0$ 时，关于 $\boldsymbol{X}$ 的方程 $\boldsymbol{AX}=\boldsymbol{B}$ 无解

D. 当 $|\boldsymbol{A}|=0$ 且 $|\boldsymbol{B}|\neq 0$ 时，关于 $\boldsymbol{X}$ 的方程 $\boldsymbol{AX}=\boldsymbol{B}$ 有解

E. 当 $|\boldsymbol{A}|\neq 0$ 且 $|\boldsymbol{B}|\neq 0$ 时，关于 $\boldsymbol{X}$ 的方程 $\boldsymbol{AX}=\boldsymbol{B}$ 无解

强化 326 已知向量组 $\boldsymbol{\alpha}_1=(1,0,1)^{\mathrm{T}},\boldsymbol{\alpha}_2=(0,1,1)^{\mathrm{T}},\boldsymbol{\alpha}_3=(1,3,5)^{\mathrm{T}}$ 不能由向量组 $\boldsymbol{\beta}_1=(1,1,1)^{\mathrm{T}},\boldsymbol{\beta}_2=(1,2,3)^{\mathrm{T}},\boldsymbol{\beta}_3=(3,4,a)^{\mathrm{T}}$ 线性表示，则 $a=$(　　).

A. 1　　B. 3　　C. 5　　D. $-3$　　E. $-5$

# 题型42 矩阵等价与向量组等价

## 【考向1】矩阵等价

**1. 矩阵等价的定义**

若矩阵 $\boldsymbol{A}$ 经有限次初等变换变成矩阵 $\boldsymbol{B}$,则称矩阵 $\boldsymbol{A}$ 和 $\boldsymbol{B}$ 等价,记为 $\boldsymbol{A}\cong\boldsymbol{B}$.

**2. 矩阵等价的判定方法**

(1) 存在可逆矩阵 $\boldsymbol{P}$ 与 $\boldsymbol{Q}$,使得 $\boldsymbol{PAQ}=\boldsymbol{B}$,则矩阵 $\boldsymbol{A}$ 和 $\boldsymbol{B}$ 等价.

(2) 矩阵 $\boldsymbol{A}$ 和 $\boldsymbol{B}$ 等价的充分必要条件是矩阵 $\boldsymbol{A}$ 和 $\boldsymbol{B}$ 同型,且 $r(\boldsymbol{A})=r(\boldsymbol{B})$.

## 【考向2】向量组等价

**1. 向量组等价的定义**

设向量组(Ⅰ):$\boldsymbol{\alpha}_1,\boldsymbol{\alpha}_2,\cdots,\boldsymbol{\alpha}_s$,及向量组(Ⅱ):$\boldsymbol{\beta}_1,\boldsymbol{\beta}_2,\cdots,\boldsymbol{\beta}_t$,若向量组(Ⅱ)中的每个向量都能由向量组(Ⅰ)中的向量线性表示,则称向量组(Ⅱ)能由向量组(Ⅰ)线性表示.

若向量组(Ⅰ)与向量组(Ⅱ)能相互线性表示,则称这两个向量组等价.

**2. 向量组等价的判定方法**

向量组(Ⅰ):$\boldsymbol{\alpha}_1,\boldsymbol{\alpha}_2,\cdots,\boldsymbol{\alpha}_s$ 与向量组(Ⅱ):$\boldsymbol{\beta}_1,\boldsymbol{\beta}_2,\cdots,\boldsymbol{\beta}_t$ 等价的充分必要条件是 $r(\boldsymbol{\alpha}_1,\boldsymbol{\alpha}_2,\cdots,\boldsymbol{\alpha}_s)=r(\boldsymbol{\beta}_1,\boldsymbol{\beta}_2,\cdots,\boldsymbol{\beta}_t)=r(\boldsymbol{\alpha}_1,\cdots,\boldsymbol{\alpha}_s,\boldsymbol{\beta}_1,\cdots,\boldsymbol{\beta}_t)$.

**【注】** 对于列向量组(Ⅰ):$\boldsymbol{\alpha}_1,\boldsymbol{\alpha}_2,\cdots,\boldsymbol{\alpha}_s$ 与列向量组(Ⅱ):$\boldsymbol{\beta}_1,\boldsymbol{\beta}_2,\cdots,\boldsymbol{\beta}_t$,记

$$\boldsymbol{A}=(\boldsymbol{\alpha}_1,\boldsymbol{\alpha}_2,\cdots,\boldsymbol{\alpha}_s),\quad \boldsymbol{B}=(\boldsymbol{\beta}_1,\boldsymbol{\beta}_2,\cdots,\boldsymbol{\beta}_t),$$

则向量组(Ⅰ)与向量组(Ⅱ)等价的充分必要条件为 $r(\boldsymbol{A})=r(\boldsymbol{B})=r(\boldsymbol{A},\boldsymbol{B})$.

**强化 327** 设 $\boldsymbol{A},\boldsymbol{B}$ 均为 $n$ 阶方阵,且 $\boldsymbol{A}$ 与 $\boldsymbol{B}$ 等价,则下列不正确的选项是(　　).

A. 若 $|\boldsymbol{A}|>0$,则 $|\boldsymbol{B}|>0$

B. 若 $|\boldsymbol{A}|\neq0$,则 $|\boldsymbol{B}|\neq0$

C. 若 $|\boldsymbol{A}|\neq0$,则必存在可逆矩阵 $\boldsymbol{P}$ 使 $\boldsymbol{PB}=\boldsymbol{E}$

D. 若 $\boldsymbol{A}$ 与 $\boldsymbol{E}$ 等价,则 $\boldsymbol{B}$ 可逆

E. 存在可逆矩阵 $\boldsymbol{P}$ 与 $\boldsymbol{Q}$,使 $\boldsymbol{PAQ}=\boldsymbol{B}$

强化 328 设 $\boldsymbol{a}_1=(1,-1,1,-1)^{\mathrm{T}},\boldsymbol{a}_2=(3,1,1,3)^{\mathrm{T}},\boldsymbol{b}_1=(2,0,1,1)^{\mathrm{T}},\boldsymbol{b}_2=(3,-1,2,0)^{\mathrm{T}},\boldsymbol{b}_3=(3,-1,2,0)^{\mathrm{T}}$，记矩阵 $\boldsymbol{A}=(\boldsymbol{a}_1,\boldsymbol{a}_2),\boldsymbol{B}=(\boldsymbol{b}_1,\boldsymbol{b}_2,\boldsymbol{b}_3)$，

① 向量组 $\boldsymbol{a}_1,\boldsymbol{a}_2$ 与向量组 $\boldsymbol{b}_1,\boldsymbol{b}_2,\boldsymbol{b}_3$ 不等价，

② 矩阵 $\boldsymbol{A}$ 与 $\boldsymbol{B}$ 等价，

③ 向量组 $\boldsymbol{a}_1,\boldsymbol{a}_2$ 与向量组 $\boldsymbol{b}_1,\boldsymbol{b}_2,\boldsymbol{b}_3$ 等价，

④ 矩阵 $\boldsymbol{A}$ 与 $\boldsymbol{B}$ 不等价，

其中所有正确结论的序号是（　　）.

A. ①　　B. ③　　C. ①②　　D. ②③　　E. ③④

强化 329 设 $n$ 维列向量组（Ⅰ）：$\boldsymbol{\alpha}_1,\cdots,\boldsymbol{\alpha}_m(m\leqslant n)$ 线性无关，则 $n$ 维列向量组（Ⅱ）：$\boldsymbol{\beta}_1,\cdots,\boldsymbol{\beta}_m$ 线性无关的充分必要条件为（　　）.

A. 矩阵 $\boldsymbol{B}=(\boldsymbol{\beta}_1,\cdots,\boldsymbol{\beta}_m)$ 为可逆矩阵

B. 向量组（Ⅰ）可由向量组（Ⅱ）线性表示

C. 向量组（Ⅱ）可由向量组（Ⅰ）线性表示

D. 向量组（Ⅰ）与向量组（Ⅱ）等价

E. 矩阵 $\boldsymbol{A}=(\boldsymbol{\alpha}_1,\cdots,\boldsymbol{\alpha}_m)$ 与矩阵 $\boldsymbol{B}=(\boldsymbol{\beta}_1,\cdots,\boldsymbol{\beta}_m)$ 等价

# 题型43 方程组的同解与公共解

**1. 方程组同解**

$\boldsymbol{A}_{m\times n}\boldsymbol{x}=\boldsymbol{0}$ 与 $\boldsymbol{B}_{s\times n}\boldsymbol{x}=\boldsymbol{0}$ 同解

$\Leftrightarrow \boldsymbol{A}_{m\times n}\boldsymbol{x}=\boldsymbol{0}$ 的解均为 $\boldsymbol{B}_{s\times n}\boldsymbol{x}=\boldsymbol{0}$ 的解，$\boldsymbol{B}_{s\times n}\boldsymbol{x}=\boldsymbol{0}$ 的解也均为 $\boldsymbol{A}_{m\times n}\boldsymbol{x}=\boldsymbol{0}$ 的解

$\Leftrightarrow r(\boldsymbol{A})=r(\boldsymbol{B})=r\begin{pmatrix}\boldsymbol{A}\\ \boldsymbol{B}\end{pmatrix}$

$\Leftrightarrow \boldsymbol{A}$ 的行向量组与 $\boldsymbol{B}$ 的行向量组等价

$\Leftrightarrow \boldsymbol{A}$ 的列向量组与 $\boldsymbol{B}$ 的列向量组具有相同的线性关系.

【注】若 $\boldsymbol{Ax}=\boldsymbol{0}$ 的解都是 $\boldsymbol{Bx}=\boldsymbol{0}$ 的解，则 $n-r(\boldsymbol{A})\leqslant n-r(\boldsymbol{B})$，从而 $r(\boldsymbol{A})\geqslant r(\boldsymbol{B})$.

**2. 方程组的公共解**

（1）方程组联立法.

$\boldsymbol{Ax}=\boldsymbol{0}$ 与 $\boldsymbol{Bx}=\boldsymbol{0}$ 的公共解为 $\begin{cases}\boldsymbol{Ax}=\boldsymbol{0},\\ \boldsymbol{Bx}=\boldsymbol{0},\end{cases}$ 即 $\begin{pmatrix}\boldsymbol{A}\\ \boldsymbol{B}\end{pmatrix}\boldsymbol{x}=\boldsymbol{0}$.

（2）方程组与通解联立法.

将 $\boldsymbol{Ax}=\boldsymbol{0}$ 的通解 $\boldsymbol{x}=k_1\boldsymbol{\xi}_1+k_2\boldsymbol{\xi}_2+\cdots+k_s\boldsymbol{\xi}_s$ 代入 $\boldsymbol{Bx}=\boldsymbol{0}$ 中得到 $k_1,k_2,\cdots,k_s$ 关系，再将该关系回代入 $\boldsymbol{Ax}=\boldsymbol{0}$ 的通解 $\boldsymbol{x}=k_1\boldsymbol{\xi}_1+k_2\boldsymbol{\xi}_2+\cdots+k_s\boldsymbol{\xi}_s$ 中，即得方程组的公共解.

（3）通解联立法.

将 $\boldsymbol{Ax}=\boldsymbol{0}$ 的通解 $\boldsymbol{x}=k_1\boldsymbol{\xi}_1+k_2\boldsymbol{\xi}_2+\cdots+k_s\boldsymbol{\xi}_s$ 与 $\boldsymbol{Bx}=\boldsymbol{0}$ 的通解 $\boldsymbol{x}=C_1\boldsymbol{\alpha}_1+C_2\boldsymbol{\alpha}_2+\cdots+C_n\boldsymbol{\alpha}_n$，联立得到 $k_1,k_2,\cdots,k_s$ 或 $C_1,C_2,\cdots,C_n$ 的关系，回代入原通解中，即得方程组的公共解.

**强化 330** 已知齐次线性方程组

$$(\mathrm{I})\begin{cases}x_1+2x_2+3x_3=0,\\ 2x_1+3x_2+5x_3=0,\\ x_1+x_2+ax_3=0\end{cases}\quad 和 \quad (\mathrm{II})\begin{cases}x_1+bx_2+cx_3=0,\\ 2x_1+b^2x_2+(c+1)x_3=0\end{cases}$$

同解，则（　　）.

A. $a=2,b=1,c=2$　　B. $a=2,b=0,c=1$

C. $a=-2,b=1,c=2$　　D. $a=-2,b=0,c=1$

E. $a=-2,b=0,c=2$

**强化 331** 设 $A$ 为 $n$ 阶实矩阵，$A^{\mathrm{T}}$ 是 $A$ 的转置矩阵，则对于线性方程组（Ⅰ）：$Ax=0$ 和（Ⅱ）：$A^{\mathrm{T}}Ax=0$，必有（　　）.

A. 方程组（Ⅰ）与（Ⅱ）同解

B. 方程组（Ⅰ）的解是（Ⅱ）的解，但（Ⅱ）的解不是（Ⅰ）的解

C. 方程组（Ⅰ）的解不是（Ⅱ）的解，但（Ⅱ）的解是（Ⅰ）的解

D. 方程组（Ⅰ）的解不是（Ⅱ）的解，（Ⅱ）的解也不是（Ⅰ）的解

E. 无法判定方程组（Ⅰ）与（Ⅱ）解的情况

**强化 332** 已知四元齐次线性方程组

$$(\text{Ⅰ}):\begin{cases}x_1+x_2=0,\\x_2-x_4=0,\end{cases}\qquad(\text{Ⅱ}):\begin{cases}x_1-x_2+x_3=0,\\x_2-x_3+x_4=0,\end{cases}$$

则（Ⅰ）与（Ⅱ）的公共解为（　　）.

A. $k(-1,1,2,1)^{\mathrm{T}},k\in\mathbf{R}$

B. $k(-2,2,3,2)^{\mathrm{T}},k\in\mathbf{R}$

C. $k(-3,3,1,3)^{\mathrm{T}},k\in\mathbf{R}$

D. $k(-1,1,5,1)^{\mathrm{T}},k\in\mathbf{R}$

E. $k_1(-1,1,1,1)^{\mathrm{T}}+k_2(-1,1,0,1)^{\mathrm{T}},k_1,k_2\in\mathbf{R}$

强化 333 设有四元齐次线性方程组(Ⅰ)$\begin{cases} x_1+x_2=0, \\ x_2-x_4=0, \end{cases}$ 又已知某齐次线性方程组(Ⅱ)的通解为 $k_1(0,1,1,0)^T+k_2(-1,2,2,1)^T$,则(　　).

A.(Ⅰ)与(Ⅱ)无非零公共解

B. 当 $k_1=k_2\neq0$ 时,(Ⅰ)与(Ⅱ)有非零公共解为 $k(-1,1,1,1)^T,k\neq0$

C. 当 $k_1=-k_2\neq0$ 时,(Ⅰ)与(Ⅱ)有非零公共解为 $k(-1,1,1,1)^T,k\neq0$

D. 当 $k_1=2k_2\neq0$ 时,(Ⅰ)与(Ⅱ)有非零公共解为 $k(-2,5,5,2)^T,k\neq0$

E. 当 $k_1=-2k_2\neq0$ 时,(Ⅰ)与(Ⅱ)有非零公共解为 $k(2,-3,-3,-2)^T,k\neq0$

# 概 率 论 篇


第一章　随机事件及其概率 // 212

第二章　随机变量及其分布 // 226

第三章　随机变量的期望与方差 // 246

# 第一章　随机事件及其概率

## 经济类综合能力数学题型清单

| 题型清单 | 考试等级 | 刷题效果 | | |
| --- | --- | --- | --- | --- |
| | | 一刷 | 二刷 | 三刷 |
| 【题型 44】随机事件及概率公式 | ☆☆☆☆☆ | | | |
| 【题型 45】随机事件的独立性 | ☆☆☆ | | | |
| 【题型 46】三大概型、全概率公式与贝叶斯公式 | ☆☆☆☆ | | | |

# 题型44 随机事件及概率公式

## 【考向 1】随机事件的关系

(1) 包含:$A\subset B$,表示"事件 $A$ 发生必导致事件 $B$ 发生",如图 44.1.

(2) 相等:$A=B$,表示"事件 $A,B$ 同时发生或同时不发生".

(3) 互斥(互不相容):$AB=\varnothing$,表示"事件 $A$ 与 $B$ 不能同时发生",如图 44.2.

(4) 对立:$AB=\varnothing$且 $A\cup B=\Omega$,表示"事件 $A,B$ 必有一个发生,且仅有一个发生",如图 44.3.

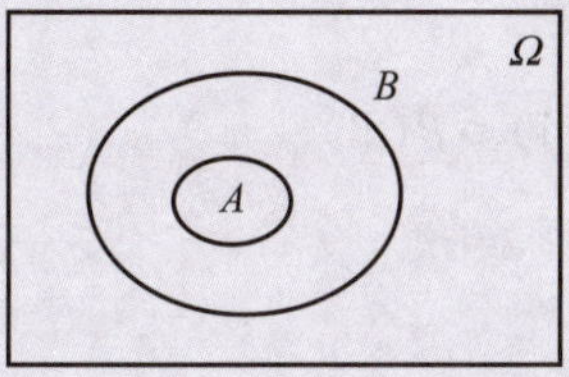


图 44.1 $A\subset B$

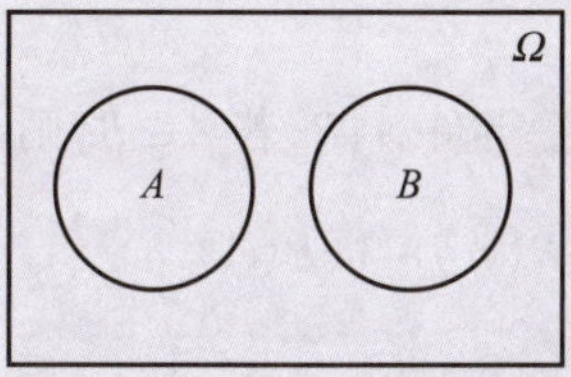


图 44.2 $A$ 与 $B$ 互斥

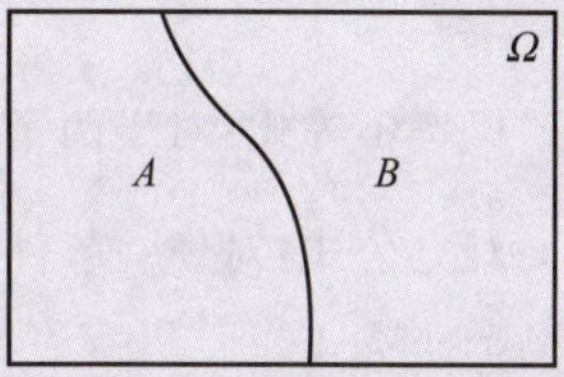


图 44.3 $A$ 与 $B$ 对立

## 【考向 2】随机事件的运算

(1) 加法(和事件):$A\cup B$ 或 $A+B$,表示"事件 $A$ 或事件 $B$ 发生",如图 44.4.

(2) 乘法(积事件):$A\cap B$ 或 $AB$,表示"事件 $A$ 且事件 $B$ 发生",如图 44.5.

(3) 减法(差事件):$A-B$ 或 $A\overline{B}$,表示"事件 $A$ 发生且事件 $B$ 不发生",如图 44.6.

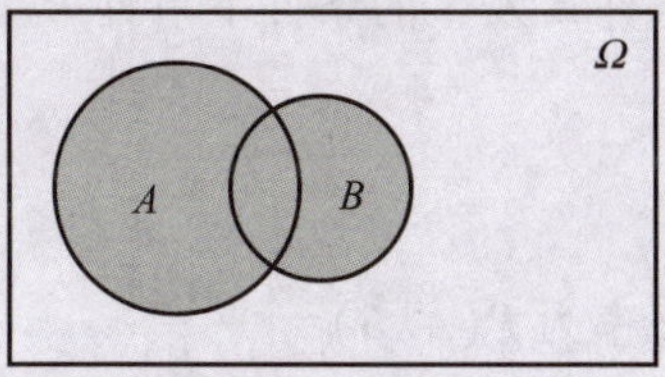


图 44.4 $A\cup B$

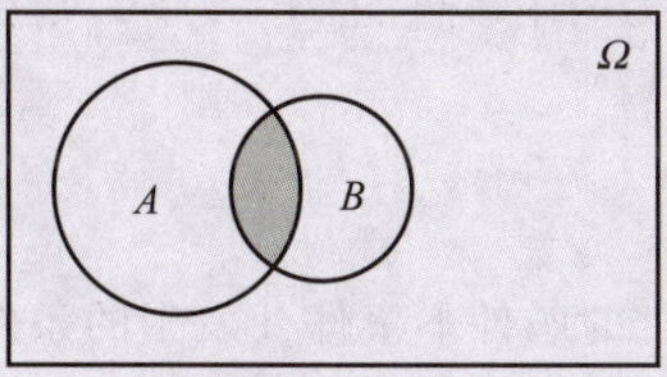


图 44.5 $A\cap B$

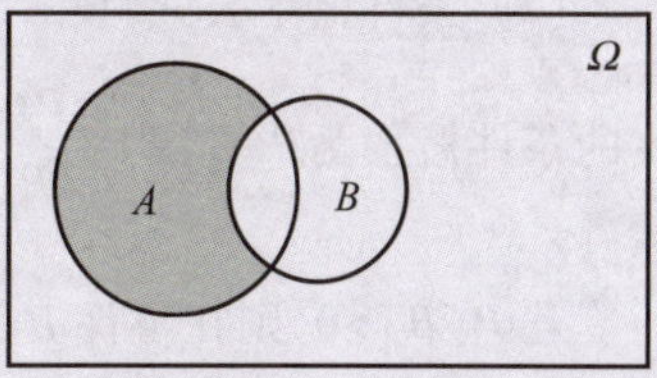


图 44.6 $A-B$

## 【考向3】随机事件的运算律

(1) 吸收律：若 $A\subset B$，则 $A\cap B=A, A\cup B=B$.

(2) 交换律：$A\cup B=B\cup A; A\cap B=B\cap A$.

(3) 结合律：$A\cup(B\cup C)=(A\cup B)\cup C; A\cap(B\cap C)=(A\cap B)\cap C$.

(4) 分配律：$A\cup(B\cap C)=(A\cup B)\cap(A\cup C); A\cap(B\cup C)=(A\cap B)\cup(A\cap C)$.

(5) 德·摩根律：$\overline{A\cup B}=\bar{A}\cap\bar{B}; \overline{A\cap B}=\bar{A}\cup\bar{B}$.

**【注】** $(A\cap B)\subset A, (A\cap B)\subset B, (A\cup B)\supset A, (A\cup B)\supset B$.

## 【考向4】概率公式

(1) 概率不等式：对于两个任意事件 $A,B$，若 $A\subset B$，则 $P(A)\leqslant P(B)$.

(2) 对立公式：对任一事件 $A$，$P(\bar{A})=1-P(A)$.

(3) 加法公式：

对于两个任意随机事件 $A,B$，有

$$P(A\cup B)=P(A+B)=P(A)+P(B)-P(AB),$$

对于3个任意随机事件 $A,B,C$，有

$$P(A+B+C)=P(A)+P(B)+P(C)-P(AB)-P(AC)-P(BC)+P(ABC).$$

(4) 减法公式：对于两个任意随机事件 $A,B$，有

$$P(A-B)=P(A\bar{B})=P(A)-P(AB),$$

$$P(B-A)=P(B\bar{A})=P(B)-P(AB).$$

(5) 条件概率公式：设 $A,B$ 为两个事件，且 $P(A)>0$，则在事件 $A$ 发生的条件下事件 $B$ 发生的条件概率为 $P(B|A)=\dfrac{P(AB)}{P(A)}$.

若 $P(B)>0$，则在事件 $B$ 发生的条件下事件 $A$ 发生的条件概率为 $P(A|B)=\dfrac{P(AB)}{P(B)}$.

**【注】** 若随机事件 $A$ 为不能发生事件 $\varnothing$，则 $P(A)=0$，但反之不一定成立；若随机事件 $A$ 为必然发生事件 $\Omega$，则 $P(A)=1$，但反之也不一定成立.

概率论篇

**强化 334** 若 $A,B$ 为任意两个随机事件,则(　　).

A. $P(A\cup B)\leqslant P(A)$

B. $P(A)+P(B)\leqslant P(A\cup B)$

C. $P(AB)\leqslant\dfrac{P(A)+P(B)}{2}$

D. $P(AB)\geqslant\dfrac{P(A)+P(B)}{2}$

E. $P(AB)\geqslant P(A\cup B)$

**强化 335** 设 $A,B$ 为两个随机事件,且 $P(A)=\dfrac{1}{2},P(A|B)=\dfrac{1}{3},P(B|A)=\dfrac{1}{6}$,则 $P(\overline{A}\overline{B})=$(　　).

A. $\dfrac{1}{6}$　　B. $\dfrac{5}{12}$　　C. $\dfrac{1}{3}$　　D. $\dfrac{7}{12}$　　E. $\dfrac{3}{8}$

**强化 336** 设 $A,B,C$ 是随机事件,$A$ 与 $C$ 互不相容,$P(AB)=\dfrac{1}{2},P(C)=\dfrac{1}{3}$,则 $P(AB|\overline{C})=$(　　).

A. $\dfrac{1}{4}$　　B. $\dfrac{1}{3}$　　C. $\dfrac{1}{2}$　　D. $\dfrac{3}{4}$　　E. $\dfrac{1}{5}$

**强化 337** 设 $A,B$ 为两个随机事件，且 $P(\bar{A})=0.2, P(B)=0.6, P(A\bar{B})=0.4$，则 $P(B|(A\cup\bar{B}))=($　　$)$.

A. $\frac{1}{4}$　　B. $\frac{1}{3}$　　C. $\frac{1}{2}$　　D. $\frac{2}{3}$　　E. $\frac{3}{4}$

**强化 338** 设 $A,B$ 为随机事件，若 $0<P(A)<1, 0<P(B)<1$，则 $P(A|B)>P(A|\bar{B})$ 的充分必要条件是(　　).

A. $P(B|A)>P(B|\bar{A})$　　B. $P(B|A)<P(B|\bar{A})$

C. $P(\bar{B}|A)>P(B|\bar{A})$　　D. $P(\bar{B}|A)<P(B|\bar{A})$

E. $P(B|A)=P(B|\bar{A})$

**强化 339** 假设一批产品中一、二、三等品各占 60%、30%、10%，从中随意取出一件，结果不是三等品，则取到的是一等品的概率为(　　).

A. $\frac{1}{4}$　　B. $\frac{2}{3}$　　C. $\frac{1}{3}$　　D. $\frac{1}{2}$　　E. $\frac{4}{5}$

概率论篇

# 题型45 随机事件的独立性

## 【考向1】随机事件的独立

**1. 定义**

设 $A,B$ 是两个随机事件,若

$$P(AB)=P(A)P(B),$$

则称事件 $A,B$ 相互独立,简称独立.

**2. 独立的等价说法**

若 $P(A)>0$,随机事件 $A,B$ 独立 $\Leftrightarrow P(B)=P(B|A)\Leftrightarrow P(AB)=P(A)P(B)$;

若 $P(B)>0$,随机事件 $A,B$ 独立 $\Leftrightarrow P(A)=P(A|B)\Leftrightarrow P(AB)=P(A)P(B)$;

若 $0<P(A)<1,0<P(B)<1$,随机事件 $A,B$ 独立 $\Leftrightarrow P(AB)=P(A)P(B)$

$$\Leftrightarrow P(B|A)=P(B|\bar{A}).$$

**3. 独立的性质**

若事件 $A,B$ 相互独立,则 $A$ 与 $\bar{B}$,$\bar{A}$ 与 $B$,$\bar{A}$ 与 $\bar{B}$ 也相互独立.

**【注】** 当 $P(A)>0,P(B)>0$ 时,随机事件 $A,B$ 相互独立与事件 $A,B$ 互斥(互不相容)不能同时成立.

## 【考向2】随机事件两两独立

设 $A,B,C$ 是三个随机事件,若满足等式

$$P(AB)=P(A)P(B),$$

$$P(AC)=P(A)P(C),$$

$$P(BC)=P(B)P(C),$$

则称随机事件 $A,B,C$ 两两独立.

## 【考向 3】随机事件相互独立

设 $A,B,C$ 是三个随机事件，若满足等式

$$P(AB)=P(A)P(B),$$

$$P(AC)=P(A)P(C),$$

$$P(BC)=P(B)P(C),$$

$$P(ABC)=P(A)P(B)P(C),$$

则称随机事件 $A,B,C$ 相互独立.

**强化 340** 设事件 $A$ 与事件 $B$ 互不相容，则（　　）.

A. $P(\overline{A}\,\overline{B})=0$

B. $P(AB)=P(A)P(B)$

C. $P(A)=1-P(B)$

D. $P(\overline{A}\cup\overline{B})=1$

E. $P(\overline{A}\cup\overline{B})=0$

**强化 341** 已知事件 $A,B$ 相互独立，且 $P(\overline{B})=\frac{1}{3}$，$P(\overline{A})>0$，则 $P(A\cup B|\overline{A})=$（　　）.

A. $\frac{1}{3}$　　B. $\frac{2}{3}$　　C. $\frac{1}{9}$　　D. $\frac{2}{9}$　　E. $\frac{1}{2}$

概率论篇

**强化 342** 设随机事件 $A$ 与 $B$ 相互独立,$A$ 与 $C$ 相互独立,$BC=\varnothing$,若 $P(A)=P(B)=\frac{1}{2}$,$P(AC\mid AB\cup C)=\frac{1}{4}$,则 $P(C)=(\quad)$.

A. $\frac{1}{4}$　　B. $\frac{1}{2}$　　C. $\frac{1}{3}$　　D. $\frac{3}{4}$　　E. $\frac{1}{5}$

**强化 343** 设两个相互独立的事件 $A$ 和 $B$ 都不发生的概率为$\frac{1}{9}$,$A$ 发生 $B$ 不发生的概率与 $B$ 发生 $A$ 不发生的概率相等,则 $P(A)=(\quad)$.

A. $\frac{1}{4}$　　B. $\frac{2}{3}$　　C. $\frac{1}{3}$　　D. $\frac{1}{2}$　　E. $\frac{4}{5}$

**强化 344** 将一枚硬币独立地掷两次,引进事件:$A_1$ 为“掷第一次出现正面”,$A_2$ 为“掷第二次出现正面”,$A_3$ 为“正、反面各出现一次”,$A_4$ 为“正面出现两次”,则事件(　　).

A. $A_1,A_2,A_3$ 相互独立　　B. $A_2,A_3,A_4$ 相互独立

C. $A_1,A_2,A_3$ 两两独立　　D. $A_2,A_3,A_4$ 两两独立

E. $A_1,A_3,A_4$ 两两独立

**强化 345** 在三局两胜制的比赛中，甲赢得第一局、第二局、第三局的概率分别为$\frac{1}{2}$，$\frac{1}{3}$，$\frac{1}{4}$，且每局赢下比赛与否相互独立，则甲获胜的概率为(　　).

A. $\frac{1}{24}$　　B. $\frac{7}{24}$　　C. $\frac{1}{3}$　　D. $\frac{3}{8}$　　E. $\frac{13}{24}$

**强化 346** 甲、乙两人独立地对同一目标射击一次，其命中率分别为 0.6 和 0.5. 现已知目标被命中，则它是甲射中的概率为(　　).

A. $\frac{1}{4}$　　B. $\frac{1}{3}$　　C. $\frac{1}{2}$　　D. $\frac{3}{4}$　　E. $\frac{1}{5}$

# 题型46 三大概型、全概率公式与贝叶斯公式

**1. 古典概型(样本空间有限)**

$$随机事件 A 的概率 P(A)=\frac{A\text{包含的基本事件个数}N_A}{\text{基本事件的总数}N_\Omega}=\frac{N_A}{N_\Omega}.$$

**2. 几何概型(样本空间无限)**

$$随机事件 A 的概率 P(A)=\frac{A\text{的测度(长度、面积、体积)}}{\text{样本空间的测度(长度、面积、体积)}}.$$

**3. 伯努利概型与二项概率公式**

若随机试验具备以下三个特征:

(1) 各次试验相互独立,即某一次的试验结果对其他次均无影响;

(2) 试验在相同条件下重复进行;

(3) 每次试验结果仅有两个,即事件发生或不发生,

则称该试验为伯努利试验,也称为伯努利概型.

如果在伯努利试验中,事件 $A$ 发生的概率为 $p(0<p<1)$,则在 $n$ 次试验中,$A$ 恰好发生 $k$ 次的概率为 $P_n(k)=\mathrm{C}_n^k p^k(1-p)^{n-k}(k=0,1,2,\cdots,n)$,且 $\sum\limits_{k=0}^{n}P_n(k)=1$.

**4. 全概率公式**

设 $A_1,A_2,\cdots,A_n$ 为一完备事件组,且 $P(A_i)>0(i=1,2,\cdots,n)$,则对任意事件 $B$ 有

$$P(B)=\sum_{i=1}^{n}P(A_i)P(B|A_i).$$

**5. 贝叶斯(Bayes)公式**

设 $A_1,A_2,\cdots,A_n$ 为一完备事件组,且 $P(A_1)>0(i=1,2,\cdots,n)$,$P(B)>0$,则

$$P(A_k|B)=\frac{P(A_k)P(B|A_k)}{\sum\limits_{i=1}^{n}P(A_i)P(B|A_i)},\quad k=1,2,\cdots,n.$$

**强化 347** 已知 $B$ 与 $C$ 分别表示一枚骰子接连掷两次先后出现的点数，则一元二次方程 $x^2+Bx+C=0$ 有实根的概率为（　　）.

A. $\frac{1}{6}$　　B. $\frac{19}{36}$　　C. $\frac{1}{18}$　　D. $\frac{17}{36}$　　E. $\frac{1}{36}$

**强化 348** 一袋中有 5 个红球，3 个白球，2 个黑球，从中任取 3 球，则至少有 1 个白球的概率为（　　）.

A. $\frac{1}{24}$　　B. $\frac{5}{24}$　　C. $\frac{1}{3}$　　D. $\frac{13}{24}$　　E. $\frac{17}{24}$

**强化 349** 箱子内装有 4 个球，2 个白球，2 个红球，现从中每次取出 1 个球后放回，共取 5 次，则既摸到红球也摸到白球的概率为（　　）.

A. $\frac{1}{16}$　　B. $\frac{3}{16}$　　C. $\frac{7}{16}$　　D. $\frac{13}{16}$　　E. $\frac{15}{16}$

**强化 350** 袋中有 1 个红球,2 个黑球与 3 个白球,现有放回地从袋中取两次,每次取 1 个球,以 $X,Y,Z$ 分别表示两次取球所取得的红球、黑球与白球的个数,则 $P\{X=1|Z=0\}=$(　　).

A. $\frac{1}{2}$　　B. $\frac{1}{3}$　　C. $\frac{2}{3}$　　D. $\frac{1}{9}$　　E. $\frac{4}{9}$

**强化 351** 将 3 个球放入 4 个盒子中去,则恰有 3 个盒子内各有 1 个球的概率为(　　).

A. $\frac{1}{8}$　　B. $\frac{1}{4}$　　C. $\frac{3}{8}$　　D. $\frac{1}{2}$　　E. $\frac{5}{8}$

**强化 352** 从 5 双不同的鞋子中任取 4 只,则 4 只鞋至少有两只配成 1 双的概率为(　　).

A. $\frac{1}{21}$　　B. $\frac{4}{21}$　　C. $\frac{8}{21}$　　D. $\frac{13}{21}$　　E. $\frac{16}{21}$

**强化 353** 在区间$[0,\pi]$上随机取两个数 $x$ 与 $y$,则 $\cos(x+y)<0$ 的概率为(　　).

A. $\frac{1}{2}$　　B. $\frac{3}{4}$　　C. $\frac{1}{4}$　　D. $\frac{1}{8}$　　E. $\frac{7}{8}$

**强化 354** 在长为 2 米的线段 $AB$ 上随机地投两点 $C,D$,则 $C$ 点到 $D$ 点的距离比到 $A$ 点的距离近的概率为(　　).

A. $\frac{3}{4}$　　B. $\frac{1}{4}$　　C. $\frac{5}{6}$　　D. $\frac{1}{6}$　　E. $\frac{1}{8}$

**强化 355** 有一个箱子和一个袋子,箱子中装有两个白球和一个黑球,袋子中装有一个白球和两个黑球,现由箱子任取一球放入袋子,再从袋子中取出一球,则从袋子中取到白球的概率为(　　).

A. $\frac{1}{4}$　　B. $\frac{1}{8}$　　C. $\frac{1}{12}$　　D. $\frac{1}{16}$　　E. $\frac{5}{12}$

**强化 356** 已知甲、乙两箱中装有同种产品，其中甲箱中装有 3 件合格品和 3 件次品，乙箱中仅装有 3 件合格品.从甲箱中任取 3 件产品放入乙箱后，则从乙箱中任取 1 件产品是次品的概率为(　　).

A. $\frac{1}{2}$　　B. $\frac{1}{4}$　　C. $\frac{2}{3}$　　D. $\frac{1}{6}$　　E. $\frac{4}{5}$

**强化 357** 箱子内共有 10 个球，其中 3 个白球，7 个红球，现从中取出 1 个球，在余下的球中任取 2 个球发现均为红球，则最先取出的 1 个球是白球的概率为(　　).

A. $\frac{7}{15}$　　B. $\frac{8}{15}$　　C. $\frac{3}{8}$　　D. $\frac{5}{8}$　　E. $\frac{7}{8}$

# 第二章　随机变量及其分布

## 经济类综合能力数学题型清单

| 题型清单 | 考试等级 | 刷题效果 | | |
|---|---|---|---|---|
| | | 一刷 | 二刷 | 三刷 |
| 【题型 47】分布函数 | ☆☆☆☆☆ | | | |
| 【题型 48】一维离散型随机变量 | ☆☆☆ | | | |
| 【题型 49】一维连续型随机变量 | ☆☆☆☆☆ | | | |
| 【题型 50】一维常见分布 | ☆☆☆☆☆ | | | |
| 【题型 51】一维随机变量函数的分布 | ☆☆☆ | | | |
| 【题型 52】二维离散型随机变量及其分布 | ☆☆☆☆☆ | | | |

# 题型47 分布函数

**1. 随机变量的分布函数定义**

设 $X$ 是一个随机变量，对于任意实数 $x$，称函数

$$F(x)=P\{X\leqslant x\}$$

为随机变量 $X$ 的分布函数. 有时也可用 $F_X(x)$ 表示随机变量 $X$ 的分布函数(将 $X$ 记为 $F$ 的下标).

**2. 分布函数的性质**

对于任一分布函数 $F(x)$ 均具有下列四条性质：

(1) 非负性：$0\leqslant F(x)\leqslant 1$.

(2) 规范性：$F(+\infty)=\lim\limits_{x\to+\infty}F(x)=1$；$F(-\infty)=\lim\limits_{x\to-\infty}F(x)=0$.

(3) 单调不减性：$F(x)$ 在 $(-\infty,+\infty)$ 上是一个单调不减的函数，即对于任意的 $x_1<x_2$，有 $F(x_1)\leqslant F(x_2)$.

(4) 右连续性：$F(x)$ 是右连续函数，即对于任意的 $x_0$ 有

$$F(x_0+0)=\lim_{x\to x_0^+}F(x)=F(x_0).$$

【注】上述四条是一个函数为某个随机变量的分布函数的充分必要条件.

**3. 分布函数与概率之间的关系**

设函数 $F(x)$ 为随机变量 $X$ 的分布函数，则对于任意的实数 $a$，有

(1) $P\{X\leqslant a\}=F(a)$.

(2) $P\{X<a\}=F(a-0)$.

【注】根据以上两个基本关系，不难得出：设函数 $F(x)$ 为随机变量 $X$ 的分布函数，则对于任意的实数 $a,b$，有

(1) $P\{X>a\}=1-P\{x\leqslant a\}=1-F(a)$.

(2) $P\{X=a\}=P\{X\leqslant a\}-P\{X<a\}=F(a)-F(a-0)$.

(3) $P\{a<X\leqslant b\}=P\{X\leqslant b\}-P\{X\leqslant a\}=F(b)-F(a)$.

(4) $P\{a\leqslant X<b\}=P\{X<b\}-P\{X<a\}=F(b-0)-F(a-0)$.

(5) $P\{a\leqslant X\leqslant b\}=P\{X\leqslant b\}-P\{X<a\}=F(b)-F(a-0)$.

(6) $P\{a<X<b\}=P\{X<b\}-P\{X\leqslant a\}=F(b-0)-F(a)$.

**强化 358** 设随机变量 $X$ 的分布函数为 $F(x)=\begin{cases}0, & x<-1, \\ a, & -1\leqslant x<1, \\ \dfrac{2}{3}-a, & 1\leqslant x<2, \\ a+b, & x\geqslant 2,\end{cases}$ 且 $P\{X=2\}=\dfrac{1}{2}$，则（　　）.

A. $a=\dfrac{1}{6},b=\dfrac{5}{6}$　　B. $a=\dfrac{1}{2},b=\dfrac{1}{2}$

C. $a=\dfrac{1}{3},b=\dfrac{2}{3}$　　D. $a=\dfrac{2}{3},b=\dfrac{1}{3}$

E. $a=\dfrac{5}{6},b=\dfrac{1}{6}$

**强化 359** 设随机变量 $X$ 的分布函数为 $F(x)=\begin{cases}0, & x\leqslant -1, \\ \dfrac{1}{\pi}\arcsin x+a, & -1<x<1, \\ b, & x\geqslant 1,\end{cases}$ 则概率 $P\left\{X^2-\dfrac{\sqrt{3}}{2}X>0\right\}=$（　　）.

A. $\dfrac{1}{4}$　　B. $\dfrac{2}{3}$　　C. $\dfrac{1}{2}$　　D. $\dfrac{1}{3}$　　E. $\dfrac{2}{9}$

概率论篇

强化 360　已知 $F(x)=\begin{cases}0, & x<0,\\ \dfrac{x}{2}, & 0\leqslant x<1,\\ 1, & x>1,\end{cases}$ 则(　　).

A. $F(x)$是离散型随机变量的分布函数

B. $F(x)$是连续型随机变量的分布函数

C. $F(x)$是分布函数,但既不是离散型,也不是连续型随机变量的分布函数

D. $F(x)$不是某随机变量的分布函数

E. 无法判断 $F(x)$是否为某随机变量的分布函数

# 题型48 一维离散型随机变量

**1. 离散型随机变量的分布律**

设 $X$ 为离散型随机变量,如果 $X$ 所有可能取值为 $x_1,x_2,\cdots,x_n,\cdots$,则称 $X$ 取 $x_k$ 的概率

$$P\{X=x_k\}=p_k,\quad k=1,2,\cdots,n,\cdots$$

为离散型随机变量 $X$ 的分布律或概率分布.

分布律可以写成表格形式:

| $X$ | $x_1$ | $x_2$ | $\cdots$ | $x_k$ | $\cdots$ |
|---|---|---|---|---|---|
| $P$ | $p_1$ | $p_2$ | $\cdots$ | $p_k$ | $\cdots$ |

亦或者写为:

$$X\sim\begin{pmatrix} x_1 & x_2 & \cdots & x_k & \cdots \\ p_1 & p_2 & \cdots & p_k & \cdots \end{pmatrix}.$$

**2. 离散型随机变量的分布函数**

设随机变量 $X$ 的分布律为

$$P\{X=x_k\}=p_k\quad(k=1,2,3,\cdots),$$

则 $X$ 的分布函数为

$$F(x)=P\{X\leqslant x\}=\sum_{x_k\leqslant x}p_k,\quad -\infty<x<+\infty.$$

**【注】**(1)离散型随机变量的分布函数为一个阶梯函数,且每一段均为常数.

(2)离散型随机变量分布函数 $F(x)$ 的间断点 $x_k$,即为随机变量 $X$ 的可能取值,且

$$P\{X=x_k\}=F(x_k)-F(x_k-0)\quad(k=1,2,3,\cdots).$$

**强化 361** 一箱子中装有 5 个球,分别编号 1,2,3,4,5,从箱子中同时取出 3 个球,$X$ 表示取出的 3 个球中的最大号码,则随机变量 $X$ 的概率分布为(　　).

A. $X\sim\begin{pmatrix}3 & 4 & 5\\ \frac{1}{10} & \frac{3}{10} & \frac{3}{5}\end{pmatrix}$

B. $X\sim\begin{pmatrix}3 & 4 & 5\\ \frac{1}{10} & \frac{3}{5} & \frac{3}{10}\end{pmatrix}$

C. $X\sim\begin{pmatrix}3 & 4 & 5\\ \frac{1}{10} & \frac{2}{5} & \frac{1}{2}\end{pmatrix}$

D. $X\sim\begin{pmatrix}3 & 4 & 5\\ \frac{1}{10} & \frac{7}{10} & \frac{1}{5}\end{pmatrix}$

E. $X\sim\begin{pmatrix}3 & 4 & 5\\ \frac{1}{10} & \frac{1}{10} & \frac{4}{5}\end{pmatrix}$

**强化 362** 一汽车沿街道行驶,需要经过 3 个设有红绿信号灯的路口.设每个信号灯显示红绿两种信号的时间相等,且各个信号灯工作相互独立.若以 $X$ 表示汽车首次遇到红灯前已通过的路口数,则 $X$ 的概率分布为(　　).

A. $X\sim\begin{pmatrix}0 & 1 & 2\\ \frac{1}{2} & \frac{1}{4} & \frac{1}{4}\end{pmatrix}$

B. $X\sim\begin{pmatrix}0 & 1 & 2 & 3\\ \frac{1}{2} & \frac{1}{8} & \frac{1}{8} & \frac{1}{4}\end{pmatrix}$

C. $X\sim\begin{pmatrix}0 & 1 & 2 & 3\\ \frac{1}{2} & \frac{1}{4} & \frac{1}{8} & \frac{1}{8}\end{pmatrix}$

D. $X\sim\begin{pmatrix}0 & 1 & 2\\ \frac{1}{4} & \frac{1}{4} & \frac{1}{2}\end{pmatrix}$

E. $X\sim\begin{pmatrix}0 & 1 & 2 & 3\\ \frac{1}{4} & \frac{1}{4} & \frac{1}{4} & \frac{1}{4}\end{pmatrix}$

**强化 363** 设随机变量 $X$ 分布函数为 $F(x)=\begin{cases}0, & x<-1,\\ 0.4, & -1\leqslant x<1,\\ 0.8, & 1\leqslant x<3,\\ 1, & x\geqslant 3,\end{cases}$ 则 $P\{X<2\mid X\neq 1\}=($ $)$.

A. $\frac{1}{3}$　　B. $\frac{2}{3}$　　C. $\frac{1}{4}$　　D. $\frac{3}{4}$　　E. $\frac{1}{5}$

# 题型49 一维连续型随机变量

**1. 概率密度函数**

设 $F(x)$ 是随机变量 $X$ 的分布函数,若存在非负可积函数 $f(x)$,使对任意 $x\in(-\infty,+\infty)$,都有

$$F(x)=\int_{-\infty}^{x}f(t)\,\mathrm{d}t,\quad -\infty<x<+\infty,$$

则称 $X$ 为连续型随机变量,$f(x)$ 为 $X$ 的概率密度函数.

**2. 概率密度函数的性质**

设函数 $f(x)$ 为连续型随机变量 $X$ 的概率密度函数,则 $f(x)$ 具有以下两条基本性质:

(1) 非负性:$f(x)\geqslant 0$.

(2) 正则性:$\int_{-\infty}^{+\infty}f(x)\,\mathrm{d}x=1$.

【注】上述两条是一个函数为某个连续型随机变量的概率密度函数的充分必要条件.

**3. 连续型随机变量的分布函数的性质**

(1) 连续型随机变量的分布函数 $F(x)$ 是连续函数.

(2) 若随机变量 $X$ 为连续型随机变量,则对于任意 $x_0\in(-\infty,+\infty)$,有 $P\{X=x_0\}=0$.

**4. 连续型随机变量求概率**

若随机变量 $X$ 为连续型随机变量,对于任意实数 $a$ 和 $b(a<b)$,有

$$\begin{aligned}P\{a<X\leqslant b\}&=P\{a<X<b\}=P\{a\leqslant X<b\}=P\{a\leqslant X\leqslant b\}\\&=F(b)-F(a)=\int_a^b f(x)\,\mathrm{d}x.\end{aligned}$$

**强化 364** 随机变量 $X$ 的概率密度函数为 $f(x)=Ae^{-|x|}$,则 $X$ 的分布函数为(　　).

A. $F(x)=\begin{cases}\frac{1}{2}e^{x}, & x<0,\\ 1+\frac{1}{2}e^{-x}, & x\geqslant 0\end{cases}$

B. $F(x)=\begin{cases}0, & x<0,\\ 1-\frac{1}{2}e^{-x}, & x\geqslant 0\end{cases}$

C. $F(x)=\begin{cases}0, & x<0,\\ 1+\frac{1}{2}e^{-x}, & x\geqslant 0\end{cases}$

D. $F(x)=\begin{cases}\frac{3}{2}e^{x}, & x<0,\\ 1-\frac{1}{2}e^{-x}, & x\geqslant 0\end{cases}$

E. $F(x)=\begin{cases}\frac{1}{2}e^{x}, & x<0,\\ 1-\frac{1}{2}e^{-x}, & x\geqslant 0\end{cases}$

**强化 365** 设随机变量 $X$ 的概率密度函数为 $f(x)=Ce^{-\frac{|x|}{a}}(a>0)$,则 $P\{|X|<2\}=$(　　).

A. $1-e^{-\frac{1}{a}}$　　B. $e^{-\frac{1}{a}}$　　C. $1-e^{-\frac{2}{a}}$　　D. $e^{-\frac{2}{a}}$　　E. $1-e^{-\frac{4}{a}}$

概率论篇

# 题型50　一维常见分布

**1. 离散型随机变量的常见分布**

| 常见分布 | 分布律 | 数学期望 | 方差 |
| --- | --- | --- | --- |
| 1. 0-1分布 | 若 $X$ 服从参数为 $p$ 的 0-1 分布,其分布律为 $$P\{X=k\}=p^k(1-p)^{1-k},k=0,1,$$ 其中 $0<p<1$ | $EX=p$ | $DX=p(1-p)$ |
| 2. 二项分布 | 若 $X\sim B(n,p)$,其分布律为 $$P\{X=k\}=C_n^k p^k(1-p)^{n-k}$$ 其中 $k=0,1,2,\cdots,n$ | $EX=np$ | $DX=np(1-p)$ |
| 3. 泊松分布 | 若 $X\sim P(\lambda)$,其分布律为 $$P\{X=k\}=\frac{\lambda^k}{k!}e^{-\lambda},$$ 其中 $k=0,1,2,\cdots$,参数 $\lambda>0$ | $EX=\lambda$ | $DX=\lambda$ |
| 4. 几何分布 | 若 $X\sim Ge(p)$,其分布律为 $$P\{X=k\}=p(1-p)^{k-1},$$ 其中 $k=1,2,\cdots$ | $EX=\frac{1}{p}$ | $DX=\frac{1-p}{p^2}$ |

**2. 连续型随机变量的常见分布**

| 常见分布 | 概率密度函数 | 数学期望 | 方差 |
| --- | --- | --- | --- |
| 1. 均匀分布 $X\sim U[a,b]$ | 若 $X\sim U[a,b]$,其概率密度函数为 $$f(x)=\begin{cases}\frac{1}{b-a}, & a\leqslant x\leqslant b,\\ 0, & 其他\end{cases}$$ | $EX=\frac{a+b}{2}$ | $DX=\frac{(b-a)^2}{12}$ |
| 2. 指数分布 | 若 $X\sim E(\lambda)$,其概率密度函数为 $$f(x)=\begin{cases}\lambda e^{-\lambda x}, & x>0,\\ 0, & 其他,\end{cases}$$ $$F(x)=\begin{cases}1-e^{-\lambda x}, & x>0,\\ 0, & x\leqslant 0\end{cases}$$ | $EX=\frac{1}{\lambda}$ | $DX=\frac{1}{\lambda^2}$ |
| 3. 正态分布 | 若 $X\sim N(\mu,\sigma^2)$,其概率密度函数为 $$f(x)=\frac{1}{\sqrt{2\pi}\sigma}e^{-\frac{(x-\mu)^2}{2\sigma^2}}(-\infty<x<+\infty)$$ | $EX=\mu$ | $DX=\sigma^2$ |

**3. 均匀分布的注意点**

设 $X\sim U(a,b)$，对任一子区间 $(c,c+d)\subseteq(a,b)$，则有

$$P\{c<X\leqslant c+d\}=\int_{c}^{c+d}f(x)\mathrm{d}x=\int_{c}^{c+d}\frac{1}{b-a}\mathrm{d}x=\frac{d}{b-a}.$$

可以发现，若 $X$ 在区间 $(a,b)$ 上服从均匀分布，则落入 $(a,b)$ 子区间的概率等于子区间长度与区间 $(a,b)$ 长度的比值.

**4. 指数分布的无记忆性**

指数分布具有无记忆性，无记忆性是指：若随机变量 $X\sim E(\lambda)$，则对于任意的 $m>0,n>0$，均有 $P\{X>m+n\mid X>m\}=P\{X>n\}$.

**5. 标准正态分布的注意点**

（1）标准正态分布的概率密度函数：

若 $X\sim N(0,1)$，则概率密度函数为 $\varphi(x)=\frac{1}{\sqrt{2\pi}}\mathrm{e}^{-\frac{x^2}{2}},x\in(-\infty,+\infty)$.

（2）标准正态分布的分布函数：

$$\phi(x)=\int_{-\infty}^{x}\frac{1}{\sqrt{2\pi}}\mathrm{e}^{-\frac{t^2}{2}}\mathrm{d}t,\quad x\in(-\infty,+\infty).$$

（3）标准正态化：

若随机变量 $X\sim N(\mu,\sigma^2)$，则 $\frac{X-\mu}{\sigma}\sim N(0,1)$.

一般地，若 $X\sim N(\mu,\sigma^2)$，则 $Y=aX+b\sim N(a\mu+b,a^2\sigma^2)$.

（4）标准正态分布的性质：

若 $X\sim N(0,1)$，则 $\phi(0)=\frac{1}{2}$，且对任意 $x\in(-\infty,+\infty)$，有

$$\phi(-x)=1-\phi(x),\quad P\{|X|\leqslant x\}=2\phi(x)-1.$$

**强化 366** 已知随机变量 $X$ 服从泊松分布，且 $P\{X=1\}=P\{X=2\}$，则 $P\{X\geqslant2\}=(\quad)$.

A. $1-\frac{\mathrm{e}}{3}$　B. $1-\frac{\mathrm{e}}{2}$　C. $1-3\mathrm{e}^{-2}$　D. $1-2\mathrm{e}^{-2}$　E. $1-\mathrm{e}^{-2}$

概率论篇

**强化 367** 已知随机变量 $X$ 与 $Y$ 分别服从参数为 $\lambda$ 和 $2\lambda$ 的泊松分布,且相互独立,若 $P\{X+Y\geqslant 1\}=1-e^{-1}$,则 $\lambda=$(　　).

A. $\frac{1}{2}$　　B. $\frac{1}{3}$　　C. $\frac{1}{4}$　　D. $\frac{1}{5}$　　E. $\frac{1}{6}$

**强化 368** 已知随机变量 $X$ 服从$[0,5]$上的均匀分布,则方程 $4x^2+4Xx+X+2=0$ 有实根的概率为(　　).

A. $\frac{1}{5}$　　B. $\frac{2}{5}$　　C. $\frac{3}{5}$　　D. $\frac{4}{5}$　　E. 1

**强化 369** 某灯泡的寿命 $X$ 服从参数 $\lambda=\frac{1}{1\ 000}$的指数分布,则灯泡在使用 500 小时没坏的条件下,还可继续使用 100 小时而不坏的概率为(　　).

A. $e^{-0.1}$　　B. $e^{-0.2}$　　C. $e^{0.1}$　　D. $e^{0.2}$　　E. $e^{-1}$

**强化 370** 设随机变量 $X$ 与 $Y$ 相互独立，且 $X$ 服从区间 $[0,3]$ 上的均匀分布，$Y$ 服从正态分布 $N(1,4)$，则 $P\{\max(X,Y)\leqslant 1\}=(\quad)$.

A. $\frac{5}{6}$　　B. $\frac{2}{3}$　　C. $\frac{1}{2}$　　D. $\frac{1}{3}$　　E. $\frac{1}{6}$

**强化 371** 设随机变量 $X$ 与 $Y$ 相互独立，且 $X$ 服从区间 $[0,3]$ 上的均匀分布，$Y$ 服从正态分布 $N(1,4)$，则 $P\{\min(X,Y)\leqslant 1\}=(\quad)$.

A. $\frac{5}{6}$　　B. $\frac{2}{3}$　　C. $\frac{1}{2}$　　D. $\frac{1}{3}$　　E. $\frac{1}{6}$

**强化 372** 设随机变量 $X$ 和 $Y$ 独立，都在区间 $[1,3]$ 上服从均匀分布，引进事件 $A=\{X\leqslant a\}$，$B=\{Y>a\}$，且 $P(A\cup B)=\frac{7}{9}$，则 $a=(\quad)$.

A. $\frac{5}{3}$　　B. $\frac{7}{3}$　　C. $\frac{5}{3}$或$\frac{7}{3}$　　D. 0　　E. $\frac{5}{3}$或 0

**强化 373** 设 $X\sim N(\mu,25)$,$Y\sim N(\mu,100)$,记 $p_1=P\{X\leqslant\mu-5\}$,$p_2=P\{Y\geqslant\mu+10\}$,则( ).

A. $p_1=p_2$　　B. $p_1>p_2$　　C. $p_1<p_2$　　D. $p_1\geqslant p_2$　　E. $p_1\leqslant p_2$

**强化 374** 设随机变量 $X,Y$ 与 $Z$ 均服从正态分布,$X\sim N(1,\sigma^2)$,$Y\sim N(-1,\sigma^2)$,$Z\sim N(2,\sigma^2)$,记 $p_1=P\{X\leqslant-1\}$,$p_2=P\{Y\geqslant1\}$,$p_3=P\{Z\leqslant0\}$,则( ).

A. $p_1=p_2=p_3$　　B. $p_1=p_3>p_2$

C. $p_1>p_2>p_3$　　D. $p_1=p_3<p_2$

E. $p_1>p_3>p_2$

**强化 375** 设 $X\sim N(\mu,\sigma^2)$,则 $\sigma$ 增大时,概率 $P\{|X-\mu|<\sigma\}$( ).

A. 单调增加　　B. 单调减少

C. 保持不变　　D. 增减不定

E. 与 $\mu$ 的大小有关

# 题型51 一维随机变量函数的分布

**1. 一维离散型随机变量函数的分布**

若离散型随机变量 $X$ 的分布律为

$$X\sim\begin{pmatrix} x_1 & x_2 & \cdots & x_k & \cdots \\ p_1 & p_2 & \cdots & p_k & \cdots \end{pmatrix},$$

则 $X$ 的函数 $Y=g(X)$ 也是离散型随机变量，且 $Y$ 的分布律为

$$Y\sim\begin{pmatrix} g(x_1) & g(x_2) & \cdots & g(x_k) & \cdots \\ p_1 & p_2 & \cdots & p_k & \cdots \end{pmatrix}\text{（注意相同项要合并）}.$$

**2. 一维连续型随机变量函数的分布**

问题：已知连续型随机变量 $X$ 的概率密度函数为 $f_X(x)$（或已知分布函数 $F_X(x)$），求随机变量 $Y=g(X)$ 的概率密度函数.

方法一：分布函数法.

由分布函数的定义，有

$$F_Y(y)=P\{Y\leqslant y\}=P\{g(X)\leqslant y\}=\int_{g(x)\leqslant y} f_X(x)\,\mathrm{d}x,$$

进而，$Y$ 的概率密度函数为 $f_Y(y)=\dfrac{\mathrm{d}F_Y(y)}{\mathrm{d}y}$.

方法二：公式法.

设连续型随机变量 $X$ 的概率密度函数为 $f_X(x)$，$-\infty<x<+\infty$，若 $y=g(x)$ 是关于 $x$ 的严格单调可导函数，则 $Y=g(X)$ 也是连续型随机变量，且其概率密度函数为

$$f_Y(y)=\begin{cases} f_X[h(y)]\,|h'(y)|, & \alpha<y<\beta, \\ 0, & \text{其他}, \end{cases}$$

其中 $(\alpha,\beta)$ 为 $y=g(x)$ 的值域，$h(y)$ 是 $g(x)$ 的反函数.

**强化 376** 设随机变量 $X$ 的分布律为 $P\{X=k\}=\dfrac{a}{2^k}, k=1,2,3,\cdots$，且 $Y=\sin\left(\dfrac{\pi}{2}X\right)$，则 $P\{Y=0\}=($　　$)$.

A. $\dfrac{5}{9}$　　B. $\dfrac{1}{2}$　　C. $\dfrac{2}{5}$　　D. $\dfrac{1}{3}$　　E. $\dfrac{2}{3}$

**强化 377** 已知 $X$ 的概率密度函数为 $f(x)=\begin{cases}\dfrac{2}{\lambda(1+x^2)}, & x>0,\\ 0, & x\leqslant 0,\end{cases}$ 则 $Y=\ln X$ 的概率密度函数为(　　).

A. $f_Y(y)=\dfrac{2e^y}{\pi(1+e^{2y})}$

B. $f_Y(y)=\dfrac{e^y}{\pi(1+e^{2y})}$

C. $f_Y(y)=\dfrac{2e^{2y}}{\pi(1+e^{2y})}$

D. $f_Y(y)=\dfrac{e^{2y}}{\pi(1+e^{2y})}$

E. $f_Y(y)=\dfrac{2}{\pi}\arctan e^y$

**强化 378** 已知随机变量 $X$ 的概率密度函数为 $f_X(x)=\begin{cases}1+x, & -1\leqslant x<0,\\ 1-x, & 0\leqslant x\leqslant 1,\\ 0, & \text{其他},\end{cases}$ 且 $Y=X^2+1$，则随机变量 $Y$ 的概率密度函数 $f_Y(y)$ 在区间 $(1,2)$ 内的表达式为(　　).

A. $\sqrt{y-1}$　　B. $\dfrac{1}{\sqrt{y-1}}+\dfrac{1}{2}$　　C. $\dfrac{1}{2}(y-1)$　　D. $\dfrac{1}{\sqrt{y-1}}-1$　　E. $2\sqrt{y-1}-1$

# 题型52 二维离散型随机变量及其分布

**1. 联合分布律**

设二维离散型随机变量$(X,Y)$所有可能的取值为$(x_i,y_j)$ $(i,j=1,2,3,\cdots)$,且

$$P\{X=x_i,Y=y_j\}=p_{ij},\quad i,j=1,2,3,\cdots,$$

其中$p_{ij}\geqslant 0$, $\sum_i\sum_j p_{ij}=1$,则称上式为随机变量$(X,Y)$的联合分布律,亦可记为

| $X$ | $Y$ | | | | |
|---|---|---|---|---|---|
| | $y_1$ | $y_2$ | $\cdots$ | $y_j$ | $\cdots$ |
| $x_1$ | $p_{11}$ | $p_{12}$ | $\cdots$ | $p_{1j}$ | $\cdots$ |
| $x_2$ | $p_{21}$ | $p_{22}$ | $\cdots$ | $p_{2j}$ | $\cdots$ |
| $\vdots$ | $\vdots$ | $\vdots$ | | $\vdots$ | |
| $x_i$ | $p_{i1}$ | $p_{i2}$ | $\cdots$ | $p_{ij}$ | $\cdots$ |
| $\vdots$ | $\vdots$ | $\vdots$ | | $\vdots$ | |

**2. 边缘分布律**

对于二维离散型随机变量$(X,Y)$,设其概率分布为

$$P\{X=x_i,Y=y_j\}=p_{ij},\quad i,j=1,2,\cdots.$$

$X$的边缘分布为

$$P\{X=x_i\}=P\{X=x_i,Y<+\infty\}=\sum_{j=1}^{+\infty}P\{X=x_i,Y=y_j\}=\sum_{j=1}^{\infty}p_{ij}=p_{i\cdot}\ (i=1,2,\cdots),$$

$Y$的边缘分布为

$$P\{Y=y_j\}=P\{X<+\infty,Y=y_j\}=\sum_{i=1}^{+\infty}P\{X=x_i,Y=y_j\}=\sum_{i=1}^{\infty}p_{ij}=p_{\cdot j}(j=1,2,\cdots).$$

**3. 二维离散型随机变量的独立性**

如果$(X,Y)$是二维离散型随机变量,则随机变量$X$和$Y$相互独立的充分必要条件是

$$P\{X=x_i,Y=y_j\}=P\{X=x_i\}P\{Y=y_j\},\quad i,j=1,2,\cdots.$$

**4. 二维离散型随机变量函数的分布**

已知离散型随机变量$(X,Y)$的分布律$P\{X=x_i,Y=y_j\}=p_{ij}$,则$Z=g(X,Y)$的分布为

$$P\{Z=z_k\}=P\{g(X,Y)=z_k\}=\sum_{g(x_i,y_j)=z_k}p_{ij}.$$

**强化 379** 设随机变量 $X$ 与 $Y$ 的概率分布分别为

| $X$ | 0 | 1 |
|---|---|---|
| $P$ | $\frac{1}{3}$ | $\frac{2}{3}$ |

| $Y$ | $-1$ | 0 | 1 |
|---|---|---|---|
| $P$ | $\frac{1}{3}$ | $\frac{1}{3}$ | $\frac{1}{3}$ |

且 $P\{X^2=Y^2\}=1$,则 $P\{X=0,Y=0\}+P\{X=1,Y=-1\}=(\quad)$.

A. $\frac{1}{3}$　　B. $\frac{2}{3}$　　C. 1　　D. $\frac{1}{4}$　　E. 0

**强化 380** 设随机变量 $X$ 与 $Y$ 相互独立,下表列出了二维随机变量$(X,Y)$的联合分布律及关于 $X$ 和 $Y$ 的边缘分布律中的部分数值:

| $X$ | $Y$ | | | $p_{i\cdot}$ |
|---|---|---|---|---|
| | $y_1$ | $y_2$ | $y_3$ | |
| $x_1$ | $p_1$ | $\frac{1}{8}$ | $p_2$ | $p_7$ |
| $x_2$ | $\frac{1}{8}$ | $p_3$ | $p_4$ | $p_8$ |
| $p_{\cdot j}$ | $\frac{1}{6}$ | $p_5$ | $p_6$ | 1 |

则 $p_3p_4=(\quad)$.

A. $\frac{1}{24}$　　B. $\frac{7}{5}$　　C. $\frac{3}{8}$　　D. $\frac{2}{25}$　　E. $\frac{3}{32}$

概率论篇

**强化 381** 设二维随机变量$(X,Y)$的概率分布为

| X | Y | |
|---|---|---|
| | 0 | 1 |
| 0 | 0.4 | $a$ |
| 1 | $b$ | 0.1 |

已知随机事件$\{X=0\}$与$\{X+Y=1\}$相互独立，则（　　）.

A. $a=0.2, b=0.3$　　B. $a=0.4, b=0.1$

C. $a=0.3, b=0.2$　　D. $a=0.1, b=0.4$

E. $a=0.45, b=0.05$

**强化 382** 设随机变量 $X$ 和 $Y$ 独立，且 $X\sim B\left(3,\frac{1}{2}\right)$，$Y\sim U[1,3]$，引进事件 $A=\{X\leqslant 2\}$，$B=\{Y\leqslant 2\}$，则 $P(A\cup B)=$（　　）.

A. $\frac{1}{4}$　　B. $\frac{1}{2}$　　C. $\frac{9}{16}$　　D. $\frac{15}{16}$　　E. 1

概率论篇

**强化 383** 设两个随机变量 $X$ 与 $Y$ 相互独立且同分布，且 $P\{X=-1\}=P\{Y=-1\}=\frac{1}{2}$，$P\{X=1\}=P\{Y=1\}=\frac{1}{2}$，则下列式子中正确的是(　　).

A. $P\{X=Y\}=\frac{1}{2}$　　　　B. $P\{X=Y\}=1$

C. $P\{X+Y=0\}=\frac{1}{4}$　　　　D. $P\{XY=1\}=\frac{1}{4}$

E. $P\{X=Y\}=0$

# 第三章　随机变量的期望与方差

## 经济类综合能力数学题型清单

| 题型清单 | 考试等级 | 刷题效果 | | |
|---|---|---|---|---|
| | | 一刷 | 二刷 | 三刷 |
| 【题型 53】随机变量的数学期望 | ☆☆☆☆☆ | | | |
| 【题型 54】随机变量的方差 | ☆☆☆☆☆ | | | |

# 题型53 随机变量的数学期望

**1. 数学期望的计算方法**

(1) 一维离散型随机变量的数学期望:

已知随机变量 $X$ 的分布律为 $P\{X=x_i\}=p_i(i=1,2,3,\cdots)$,则

$$E(X)=\sum_i x_i p_i,$$

$$E(Y)=E[g(X)]=\sum_i g(x_i)p_i,$$

其中 $E(X)$,$E[g(X)]$分别称为随机变量 $X$ 的数学期望、函数 $g(X)$ 的数学期望.

【注】当上述无穷级数绝对收敛时,数学期望才存在,但这一点对于396经济类综合能力数学考试而言不做特别要求.

(2) 一维连续型随机变量的数学期望:

已知随机变量 $X$ 的概率密度为 $f(x)$,则

$$E(X)=\int_{-\infty}^{+\infty} xf(x)\mathrm{d}x,\quad E(Y)=E[g(X)]=\int_{-\infty}^{+\infty} g(x)f(x)\mathrm{d}x.$$

【注】当上述反常积分绝对收敛时,数学期望才存在,但这一点对于396经济类综合能力数学考试而言也不做特别要求.

(3) 二维随机变量的函数 $Z=g(X,Y)$ 的数学期望:

设二维随机变量 $(X,Y)$ 的分布律为 $P\{X=x_i,Y=y_j\}=p_{ij},i,j=1,2,\cdots,Z=g(X,Y)$,则 $E(Z)=E[g(X,Y)]=\sum_i\sum_j g(x_i,y_j)p_{ij}$.

**2. 数学期望的性质**

设 $X,Y$ 为任意的两个随机变量,则有

(1) $E(C)=C$($C$ 为任意常数).

(2) $E(CX)=CEX$($C$ 为任意常数).

(3) $E(X+Y)=EX+EY$.

(4) 若 $X$ 与 $Y$ 相互独立,则有 $E(XY)=EX\cdot EY$.

**强化 384** 设随机变量 $X$ 的分布律为

| $X$ | $-2$ | $0$ | $2$ |
|---|---|---|---|
| $P_k$ | $a$ | $0.3$ | $b$ |

其中 $a,b$ 为常数，且 $EX=-0.2$，则 $E(3X^2+5)=$ (　　).

A. $-0.2$　　B. $6.2$　　C. $8.4$　　D. $13.4$　　E. $14.6$

**强化 385** 设 $X$ 和 $Y$ 是两个相互独立的随机变量，其概率密度函数分别为

$$f_X(x)=\begin{cases}2x, & 0<x<1,\\ 0, & \text{其他},\end{cases}\qquad f_Y(y)=\begin{cases}e^{-y+5}, & y>5,\\ 0, & \text{其他},\end{cases}$$

则 $E(X+Y)=$ (　　).

A. $-\dfrac{16}{3}$　　B. $-\dfrac{10}{3}$　　C. $\dfrac{14}{3}$　　D. $\dfrac{17}{3}$　　E. $\dfrac{20}{3}$

**强化 386** 设随机变量 $X$ 的概率密度函数为 $f(x)=\begin{cases} ax, & 0<x<2, \\ cx+b, & 2\leqslant x\leqslant 4, \\ 0, & \text{其他}, \end{cases}$ 且 $E(X)=2, P\{1<X<3\}=\frac{3}{4}$，则（　　）.

A. $a=\frac{1}{4}, b=-1, c=-\frac{1}{4}$

B. $a=\frac{1}{4}, b=1, c=-\frac{1}{4}$

C. $a=\frac{1}{4}, b=1, c=\frac{1}{4}$

D. $a=\frac{1}{2}, b=1, c=-\frac{1}{4}$

E. $a=\frac{1}{4}, b=2, c=-\frac{1}{4}$

**强化 387** 设随机变量 $X$ 的概率密度函数为 $f(x)=\begin{cases} kx^{\alpha}, & 0<x<1, \\ 0, & \text{其他}, \end{cases}$ 其中 $k>0, \alpha>0$，又知 $E(X)=0.75$，则（　　）.

A. $\alpha=-5, k=-\frac{1}{4}$

B. $\alpha=-4, k=-\frac{1}{4}$

C. $\alpha=-2, k=-1$

D. $\alpha=\frac{1}{2}, k=\frac{3}{2}$

E. $\alpha=2, k=3$

**强化 388** 设随机变量 $X$ 的概率密度函数为 $f(x)=\begin{cases}\frac{1}{2}f_1(x), & x\leqslant 0,\\ f_2(x), & x>0,\end{cases}$ 其中 $f_1(x)$ 是标准正态分布的概率密度，$f_2(x)$ 是区间 $[-1,3]$ 上均匀分布的概率密度，则 $E(X)=$（　　）.

A. $-\frac{1}{2\sqrt{2\pi}}+\frac{9}{8}$　B. $-\frac{1}{2\sqrt{2\pi}}+1$　C. $-\frac{1}{\sqrt{2\pi}}+\frac{9}{8}$　D. $\frac{1}{2\sqrt{2\pi}}+\frac{9}{8}$　E. $\frac{1}{2\sqrt{2\pi}}+1$

**强化 389** 设随机变量 $X$ 的概率密度函数为 $f(x)=\frac{1}{2\lambda}e^{-\frac{|x-\mu|}{\lambda}}$，其中 $\lambda>0$，则 $E(X)=$（　　）.

A. $-\mu$　B. $-\frac{1}{2}\mu$　C. $\frac{\mu}{2}$　D. $\mu$　E. $2\mu$

**强化 390** 设随机变量 $X$ 的概率密度函数为 $f(x)=\frac{1}{\pi(1+x^2)}$，则 $Y=\min(|X|,1)$ 的数学期望 $E(Y)=$（　　）.

A. $\frac{1}{\pi}\ln 2+\frac{1}{2}$　B. $\ln 2+1$　C. $\frac{1}{\pi}\ln 2+1$　D. $\frac{1}{\pi}\ln 2+\frac{1}{4}$　E. $\frac{1}{2\pi}\ln 2+\frac{1}{4}$

**强化 391** 设随机变量 $X$ 的概率密度函数为 $f(x)=\dfrac{1}{2\sqrt{\pi}}e^{-\frac{1}{4}x^2+x-1}$，$-\infty<x<+\infty$，则 $E(X^2)=$ (　　).

A. 2　　B. 4　　C. 6　　D. 8　　E. 10

**强化 392** 把 4 个球随机地放入 4 个盒子中去，设 $X$ 表示空盒子的个数，则 $E(X)=$ (　　).

A. $\dfrac{5}{7}$　　B. $\dfrac{7}{5}$　　C. $\dfrac{14}{25}$　　D. $\dfrac{2}{25}$　　E. $\dfrac{81}{64}$

**强化 393** 设随机变量 $(X,Y)$ 的分布律为

| $Y$ | $X$ | | |
|---|---|---|---|
| | 1 | 2 | 3 |
| −1 | 0.2 | 0.1 | 0.0 |
| 0 | 0.1 | 0.0 | 0.3 |
| 1 | 0.1 | 0.1 | 0.1 |

设 $Z=(X-Y)^2$，则 $E(Z)=$ (　　).

A. 2.5　　B. 2　　C. 7.4　　D. 5　　E. 10.2

概率论篇

# 题型54 随机变量的方差

**1. 随机变量方差的定义**

设 $X$ 是一个随机变量，若数学期望 $E[X-E(X)]^2$ 存在，则称

$$D(X)=E[X-E(X)]^2$$

为随机变量 $X$ 的方差，且 $\sqrt{D(X)}$ 为随机变量 $X$ 的标准差.

**2. 随机变量方差的计算方法**

$$D(X)=E(X^2)-[E(X)]^2.$$

**3. 随机变量方差的性质**

设 $X,Y$ 为任意的两个随机变量，则有

(1) $D(C)=0$（$C$ 为任意常数）.

(2) $D(X+C)=DX$（$C$ 为任意常数）.

(3) $D(CX)=C^2DX$（$C$ 为任意常数）.

(4) 若 $X$ 与 $Y$ 相互独立，则有 $D(X\pm Y)=DX+DY$.

**强化 394** 设随机变量 $X$ 在区间 $[-1,2]$ 上服从均匀分布，随机变量 $Y=\begin{cases}1, & X>0,\\ 0, & X=0,\\ -1, & X<0,\end{cases}$ 则方差 $D(Y)=($　　$)$.

A. $-\frac{8}{9}$　　B. $\frac{8}{9}$　　C. $\frac{10}{9}$　　D. $\frac{4}{3}$　　E. $\frac{2}{3}$

**强化 395** 设随机变量 $X_1,X_2,X_3,X_4$ 相互独立，且有 $E(X_i)=i,D(X_i)=5-i,i=1,2,3,4$. 设 $Y=2X_1-X_2+3X_3-\frac{1}{2}X_4$，则 $E(Y)$ 与 $D(Y)$ 分别为（　　）.

A. 7,10　　B. 7,16.25　　C. 4,37.25　　D. 4,16.25　　E. 7,37.25

**强化 396** 设随机变量 $X$ 的概率密度函数为 $f(x)=\begin{cases}\frac{2}{9}x, & 0<x<3,\\ 0, & \text{其他},\end{cases}$ 对 $X$ 独立观察 3 次，事件 $\{X\leqslant 1\}$ 出现的次数为 $Y$，则 $D(Y)=$（　　）.

A. $\frac{8}{81}$　　B. $\frac{8}{27}$　　C. $\frac{14}{27}$　　D. $\frac{1}{3}$　　E. $\frac{2}{3}$

**强化 397** 设随机变量 $X_1,X_2,X_3$ 相互独立，且 $X_1\sim U(0,2),X_2\sim N(0,2),X_3\sim P(2),Y=X_1-\frac{1}{2}X_2+\frac{1}{3}X_3$，则 $D(Y)=$（　　）.

A. $\frac{1}{18}$　　B. $\frac{7}{9}$　　C. $\frac{8}{9}$　　D. $\frac{19}{18}$　　E. 2

**强化 398** 设一次试验成功的概率为 $p$，进行 100 次独立重复试验，当成功次数的标准差的值最大时，$p=$(　　).

A. $\frac{1}{4}$　　B. $\frac{1}{6}$　　C. $\frac{1}{2}$　　D. $\frac{1}{3}$　　E. $\frac{1}{5}$

**强化 399** 设两个随机变量 $X,Y$ 相互独立，且都服从均值为 0，方差为$\frac{1}{2}$的正态分布，则随机变量 $|X-Y|$ 的方差为(　　).

A. $1-\frac{2}{\pi}$　　B. $\frac{2}{\pi}$　　C. $1-\frac{1}{\pi}$　　D. $\frac{4}{\pi}$　　E. $1-\frac{4}{\pi}$

**强化 400** 设随机变量 $X,Y$ 相互独立，且 $X\sim N(1,2)$，$Y\sim N(1,4)$，则 $D(XY)$ 为(　　).

A. 6　　B. 8　　C. 14　　D. 15　　E. 21

**2025版** 周洋鑫经济类综合能力数学系列

# 396经济类综合能力数学

## 辅导讲义强化篇

周洋鑫／编著

**解析分册**

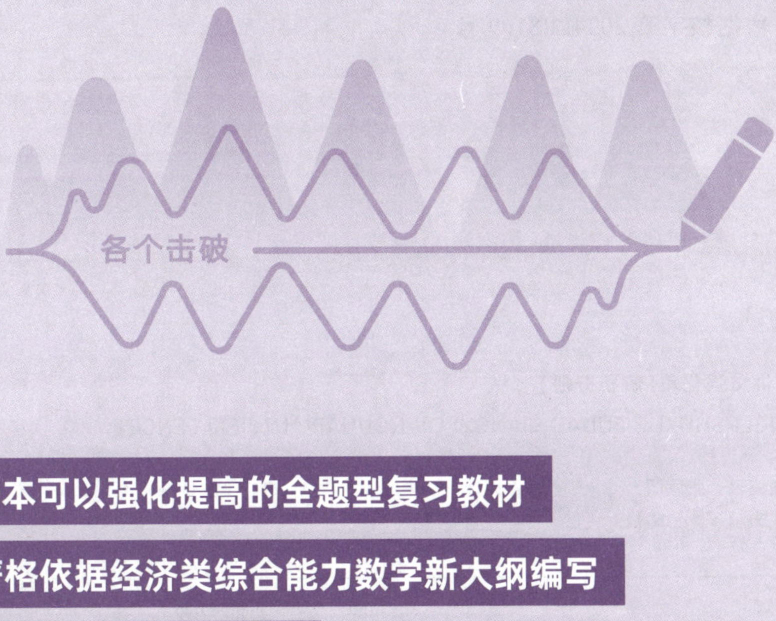


**一本可以强化提高的全题型复习教材**

**严格依据经济类综合能力数学新大纲编写**

**396经济类综合能力科目**

金融／税务／保险／应用统计／国际商务／资产评估

**54大** **核心题型精讲精练**

**400道** **典型例题冲刺高分**

中国教育出版传媒集团
高等教育出版社·北京

**图书在版编目（C I P）数据**

396 经济类综合能力数学辅导讲义. 强化篇. 解析分册 / 周洋鑫编著. --北京:高等教育出版社,2024.
7. --ISBN 978-7-04-062554-7

Ⅰ. O13

中国国家版本馆 CIP 数据核字第 2024LB8199 号

**396 经济类综合能力数学辅导讲义强化篇(解析分册)**

396 JINGJILEI ZONGHE NENGLI SHUXUE FUDAO JIANGYI QIANGHUAPIAN(JIEXI FENCE)

策划编辑 王 蓉　　责任编辑 张耀明　　版式设计 李彩丽　　责任绘图 马天驰
责任校对 张 薇　　责任印制 高 峰

出版发行 高等教育出版社
社　　址 北京市西城区德外大街 4 号
邮政编码 100120
印　　刷 固安县铭成印刷有限公司
开　　本 787mm×1092mm 1/16
本册印张 9.75
本册字数 190 千字
购书热线 010-58581118
咨询电话 400-810-0598
网　　址 http://www.hep.edu.cn
　　　　 http://www.hep.com.cn
网上订购 http://www.hepmall.com.cn
　　　　 http://www.hepmall.com
　　　　 http://www.hepmall.cn
版　　次 2024 年 7 月第 1 版
印　　次 2024 年 7 月第 1 次印刷
总 定 价 70.00 元

本书如有缺页、倒页、脱页等质量问题，请到所购图书销售部门联系调换

物 料 号 62554-001

Content

# 目录

## 微积分篇


第一章　函数、极限与连续 //　2

【题型 1】　函数的基本性质 …… 2

【题型 2】　函数极限的定义与性质 …… 3

【题型 3】　无穷小量及其阶的比较问题 …… 7

【题型 4】　函数极限计算 …… 11

【题型 5】　数列极限定义与性质 …… 20

【题型 6】　数列极限计算 …… 22

【题型 7】　连续与间断 …… 25

第二章　一元函数微分学 //　29

【题型 8】　导数与微分的定义 …… 29

【题型 9】　导数与微分的计算 …… 35

【题型 10】　切线方程与法线方程 …… 41

【题型 11】　函数的单调性与极值 …… 43

【题型 12】　曲线的凹凸性与拐点 …… 49

【题型 13】　渐近线与曲率 …… 51

【题型 14】　求函数零点及方程根 …… 52

【题型 15】　中值定理 …… 54

【题型 16】　微分的经济学应用 …… 56

第三章　一元函数积分学 //　57

【题型 17】　不定积分 …… 57

【题型 18】　定积分的定义与性质 …… 61

【题型 19】　定积分的计算 …… 64

【题型 20】　变限函数 …… 68

【题型 21】　反常积分 …… 70

【题型 22】　定积分的应用 …… 73

第四章 多元函数微分学 // 78

【题型 23】 二元函数的连续性、偏导数存在性及可微性 …… 78
【题型 24】 求多元函数的偏导数或全微分 …… 80
【题型 25】 求二元隐函数的偏导数或全微分 …… 83
【题型 26】 求多元函数极值或最值 …… 85

## 线性代数篇

第一章 行列式 // 90

【题型 27】 行列式的定义 …… 90
【题型 28】 数值型行列式的计算 …… 91
【题型 29】 代数余子式线性和问题 …… 93
【题型 30】 抽象型行列式的计算 …… 96

第二章 矩阵 // 99

【题型 31】 矩阵的运算 …… 99
【题型 32】 方阵的伴随矩阵与逆矩阵 …… 101
【题型 33】 初等矩阵与初等变换 …… 104
【题型 34】 矩阵的秩 …… 106

第三章 向量与方程组 // 109

【题型 35】 向量组的秩 …… 109
【题型 36】 向量组的线性相关性 …… 110
【题型 37】 求向量组的极大线性无关组 …… 114
【题型 38】 齐次线性方程组的求解与判定 …… 115
【题型 39】 非齐次线性方程组的求解与判定 …… 116
【题型 40】 向量的线性表出 …… 118
【题型 41】 矩阵方程与向量组的表出 …… 119
【题型 42】 矩阵等价与向量组等价 …… 120
【题型 43】 方程组的同解与公共解 …… 121

# 概 率 论 篇

第一章　随机事件及其概率 // 126

【题型 44】　随机事件及概率公式 …… 126
【题型 45】　随机事件的独立性 …… 128
【题型 46】　三大概型、全概率公式与贝叶斯公式 …… 130

第二章　随机变量及其分布 // 134

【题型 47】　分布函数 …… 134
【题型 48】　一维离散型随机变量 …… 135
【题型 49】　一维连续型随机变量 …… 136
【题型 50】　一维常见分布 …… 137
【题型 51】　一维随机变量函数的分布 …… 140
【题型 52】　二维离散型随机变量及其分布 …… 141

第三章　随机变量的期望与方差 // 144

【题型 53】　随机变量的数学期望 …… 144
【题型 54】　随机变量的方差 …… 147

# 微积分篇

第一章　函数、极限与连续 // 2
第二章　一元函数微分学 // 29
第三章　一元函数积分学 // 57
第四章　多元函数微分学 // 78

# 第一章　函数、极限与连续

## 题型 1　函数的基本性质

**强化 1**　A.

【解析】令 $g(x)=e^{\tan x}-e^{-\tan x}$,因为

$$g(-x)=e^{\tan(-x)}-e^{-\tan(-x)}=e^{-\tan x}-e^{\tan x}=-g(x),$$

即 $g(x)$ 为奇函数,所以 $f(x)$ 为偶函数.

根据函数与导函数之间奇偶性的关系,知 $f'(x)$ 为奇函数,$f''(x)$ 为偶函数,$f'''(x)$ 为奇函数,故 $f'''(0)=0$,应选 A.

**强化 2**　D.

【解析】根据函数奇偶性的定义,不难看出 $\dfrac{\sqrt[3]{t}}{1+t^4},\dfrac{t}{1+t^4},\dfrac{t^3}{1+t^4}$ 均为奇函数,$\dfrac{t\cdot\sqrt[3]{t}}{1+t^4}$ 为偶函数,

所以 $\displaystyle\int_0^x\frac{\sqrt[3]{t}}{1+t^4}dt,\int_0^x\frac{t}{1+t^4}dt,\int_0^x\frac{t^3}{1+t^4}dt$ 为偶函数,$\displaystyle\int_0^x\frac{t\cdot\sqrt[3]{t}}{1+t^4}dt$ 为奇函数,故应选 D.

**强化 3**　D.

【解析】对于选项 A,因为 $f(t^2)$ 为偶函数,所以 $\displaystyle\int_0^x f(t^2)\,dt$ 为奇函数.

对于选项 B,令 $g(t)=\dfrac{e^t-1}{e^t+1}$,因为

$$g(-t)=\frac{e^{-t}-1}{e^{-t}+1}=\frac{1-e^t}{1+e^t}=-g(t),$$

即 $g(t)$ 为奇函数，所以 $\frac{e^t-1}{e^t+1}\cdot\sin t$ 为偶函数，进而 $\int_0^x\frac{e^t-1}{e^t+1}\cdot\sin t\mathrm{d}t$ 为奇函数.

对于选项 C，因为 $f(t)-f(-t)$ 为奇函数，所以 $t[f(t)-f(-t)]$ 为偶函数，进而 $\int_0^x t[f(t)-f(-t)]\mathrm{d}t$ 为奇函数.

对于选项 D，因为 $f(t)+f(-t)$ 为偶函数，所以 $t[f(t)+f(-t)]$ 为奇函数，进而 $\int_0^x t[f(t)+f(-t)]\mathrm{d}t$ 为偶函数.

对于选项 E，因为 $\ln(t+\sqrt{1+t^2})$ 为奇函数，所以 $\sin t\cdot\ln(t+\sqrt{1+t^2})$ 为偶函数，进而 $\int_0^x\sin t\cdot\ln(t+\sqrt{1+t^2})\mathrm{d}t$ 为奇函数.

应选 D.

**强化 4** B.

【解析】对于①，若 $F(x)$ 为偶函数，则 $f(x)$ 为奇函数，且当 $f(x)$ 为奇函数时，其所有原函数均为偶函数，故①正确.

对于②，若 $F(x)$ 为奇函数，则 $f(x)$ 为偶函数，但是，当 $f(x)$ 为偶函数时，原函数中仅有一个是奇函数，故②错误.

对于③，若 $F(x)$ 是以 $T$ 为周期的可导周期函数，则 $f(x)$ 也是以 $T$ 为周期的周期函数，但是当 $f(x)$ 为周期函数时，并非所有原函数均为周期函数，例如 $f(x)=\sin x+1$ 是以 $2\pi$ 为周期的周期函数，但是其中一个原函数 $F(x)=-\cos x+x$ 却不是周期函数，故③错误.

对于④，取 $F(x)=x^3$，显然 $F(x)$ 在 $(-\infty,+\infty)$ 内单调递增，但 $f(x)=3x^2$ 却不是单调函数，④错误.

应选 B.

## 题型 2　函数极限的定义与性质

**强化 5** A.

【解析】若取 $\varepsilon'=2\varepsilon$，则题设中的条件可表述为“对于 $\forall\varepsilon'\in(0,2)$，$\exists\delta>0$，当 $0<|x-x_0|<\delta$ 时，有 $|f(x)-3|<\varepsilon'$”，显然该表述可作为极限 $\lim\limits_{x\to x_0}f(x)=3$ 的定义，故应选 A.

**强化 6** A.

【解析】若取 $\varepsilon'=2\varepsilon$，$M'=M-1$ 则题设中的条件可表述为“对于 $\forall\varepsilon'\in(0,2)$，$\exists M'>0$，当

$x>M'$时，有$|f(x)-3|<\varepsilon'$”，显然该表述可作为极限$\lim\limits_{x\to+\infty}f(x)=3$的定义，故应选 A.

**强化 7** B.

【解析】令$\lim\limits_{x\to 0}f(x)=A$，则

$$f(x)=\frac{x-\ln(1+x)}{\tan\frac{1}{4}x^2}+\tan\left(x-\frac{\pi}{4}\right)\cdot A,$$

进而

$$\lim_{x\to 0}f(x)=\lim_{x\to 0}\frac{x-\ln(1+x)}{\tan\frac{1}{4}x^2}+A\lim_{x\to 0}\tan\left(x-\frac{\pi}{4}\right),$$

即$A=\lim\limits_{x\to 0}\dfrac{\frac{1}{2}x^2}{\frac{1}{4}x^2}+A\cdot(-1)$，解得$A=1$，应选 B.

**强化 8** C.

【解析】由$\lim\limits_{x\to 0}\left[\dfrac{f(x)-1}{\tan x}-\dfrac{e^x\sin x}{\tan^2 x}\right]=2$，知

$$\frac{f(x)-1}{\tan x}-\frac{e^x\sin x}{\tan^2 x}=2+\alpha(x),$$

其中$\lim\limits_{x\to x_0}\alpha(x)=0$，故

$$f(x)=1+\frac{e^x\sin x}{\tan x}+2\tan x+\alpha(x)\tan x,$$

故

$$\begin{aligned}\lim_{x\to 0}f(x)&=\lim_{x\to 0}\left[1+\frac{e^x\sin x}{\tan x}+2\tan x+\alpha(x)\tan x\right]\\&=\lim_{x\to 0}\left[1+e^x\cos x+2\tan x+\alpha(x)\tan x\right]=2,\end{aligned}$$

应选 C.

**强化 9** B.

【解析】对于①，假设$\lim\limits_{x\to x_0}f(x)=0$，满足条件，但$\lim\limits_{x\to x_0}\dfrac{1}{f(x)}$却不存在.

对于②，若取$f(x)\equiv 2$，显然满足$\lim\limits_{x\to x_0}f(x)$存在，但在$x\to x_0$时，$\arcsin f(x)$无定义，所以$\lim\limits_{x\to x_0}\arcsin f(x)$不存在.

对于③,若取 $f(x)\equiv-1$,显然满足 $\lim\limits_{x\to x_0}f(x)$ 存在,但在 $x\to x_0$ 时,$\ln f(x)$ 无定义,所以 $\lim\limits_{x\to x_0}\ln f(x)$ 不存在.

对于④,见本题【敲重点】中结论,若 $\lim\limits_{x\to x_0}f(x)=A$(存在),则 $\lim\limits_{x\to x_0}|f(x)|=|A|$(存在).

应选 B.

**敲重点**

(1) 若 $\lim\limits_{x\to x_0}f(x)=A$,则 $\lim\limits_{x\to x_0}|f(x)|=|A|$,但反之不成立;

(2) 特殊地,$\lim\limits_{x\to x_0}f(x)=0\Leftrightarrow\lim\limits_{x\to x_0}|f(x)|=0$.

**强化 10** B.

**【解析】** 对于①,因为 $\lim\limits_{x\to x_0}f(x)<\lim\limits_{x\to x_0}g(x)$,所以在 $x_0$ 的某去心邻域内有 $f(x)<g(x)$,但并非对于任意 $x$ 均有 $f(x)<g(x)$,①错误.

对于②,因为极限 $\lim\limits_{x\to x_0}f(x)$ 与 $\lim\limits_{x\to x_0}g(x)$ 均存在,所以 $f(x)$ 与 $g(x)$ 在 $x_0$ 的某去心邻域内处处有定义,但 $f(x_0)$ 与 $g(x_0)$ 可能无定义,故无法得出在 $x_0$ 的某邻域内 $f(x)$ 与 $g(x)$ 均有定义,②错误.

对于③,因为 $x\to x_0$ 时的极限与 $x_0$ 处的函数值无关,所以 $f(x_0)$ 可能大于 $g(x_0)$,③正确.

对于④,因为 $\lim\limits_{x\to x_0}g(x)=1>0$,所以在 $x_0$ 的某去心邻域内 $g(x)>0$,但由于 $\lim\limits_{x\to x_0}f(x)=0$,无法确定 $f(x)$ 在 $x_0$ 的某去心邻域内的情况,④错误.

应选 B.

**强化 11** C.

**【解析】** $\lim\limits_{x\to1}f(x)=\lim\limits_{x\to1}\dfrac{(x^2+x+1)+(x-4)}{(x-1)(x^2+x+1)}=\lim\limits_{x\to1}\dfrac{x^2+2x-3}{(x-1)(x^2+x+1)}$

$$=\lim_{x\to1}\frac{(x-1)(x+3)}{(x-1)(x^2+x+1)}=\lim_{x\to1}\frac{x+3}{x^2+x+1}=\frac{4}{3}\text{,①正确.}$$

$$\lim_{x\to1}g(x)=\lim_{x\to1}\frac{\sqrt{3-x}-\sqrt{1+x}}{x^2-1}=\lim_{x\to1}\frac{(\sqrt{3-x}-\sqrt{1+x})(\sqrt{3-x}+\sqrt{1+x})}{(x^2-1)(\sqrt{3-x}+\sqrt{1+x})}$$

$$=\frac{1}{2\sqrt2}\lim_{x\to1}\frac{2(1-x)}{(x-1)(x+1)}=-\frac{1}{\sqrt2}\lim_{x\to1}\frac{1}{x+1}=-\frac{1}{2\sqrt2}\text{,③错误.}$$

因为 $\lim\limits_{x\to1}g(x)<0$,所以在 $x=1$ 的某去心邻域内 $g(x)<0$,②错误.

又 $\lim\limits_{x\to1}f(x)>\lim\limits_{x\to1}g(x)$,所以在 $x=1$ 的某去心邻域内 $f(x)>g(x)$,④正确.

应选 C.

**强化 12** A.

【解析】$f(x)$的无定义点为$x=0,x=1,x=2$,故$f(x)$在$[-1,0),(0,1),(1,2),(2,3]$上连续,又

$$\lim_{x\to 0^-}f(x)=\lim_{x\to 0^-}\frac{\arctan x}{|x(x-1)|(x-2)}=\lim_{x\to 0^-}\frac{x}{(-x)|x-1|(x-2)}=\frac{1}{2},$$

$$\lim_{x\to 0^+}f(x)=\lim_{x\to 0^+}\frac{\arctan x}{|x(x-1)|(x-2)}=\lim_{x\to 0^+}\frac{x}{x|x-1|(x-2)}=-\frac{1}{2},$$

$$\lim_{x\to 1}f(x)=\lim_{x\to 1}\frac{\arctan x}{|x(x-1)|(x-2)}=\infty,$$

$$\lim_{x\to 2}f(x)=\lim_{x\to 2}\frac{\arctan x}{|x(x-1)|(x-2)}=\infty,$$

所以$f(x)$在$(-1,0)$上有界.应选 A.

**强化 13** D.

【解析】对于①,因为$f(x)=\frac{x}{1+x^2}$在$(-\infty,+\infty)$上连续,且$\lim\limits_{x\to\infty}f(x)=\lim\limits_{x\to\infty}\frac{x}{1+x^2}=0$,所以$f(x)$在$(-\infty,+\infty)$上有界.

对于②,因为$\left|\arctan\frac{x^2+x+1}{x^4+x^2+3}\right|<\frac{\pi}{2}$,所以$g(x)$在$(-\infty,+\infty)$上有界.

对于③,若取$x_n=2n\pi$,则$h(x_n)=2n\pi$,且$\lim\limits_{n\to\infty}h(x_n)=\infty$,所以$h(x)$在$x\to+\infty$方向上无界,进而在$(-\infty,+\infty)$上也无界.

对于④,因为$w(x)=x^2\sin\frac{1}{1+x^2}$在$(-\infty,+\infty)$上连续,且

$$\lim_{x\to\infty}w(x)=\lim_{x\to\infty}x^2\sin\frac{1}{1+x^2}=\lim_{x\to\infty}x^2\cdot\frac{1}{1+x^2}=1,$$

所以$w(x)$在$(-\infty,+\infty)$上有界.

应选 D.

**强化 14** E.

【解析】**方法一:排除法.**

若取$f(x)=\frac{1}{x}$,显然$f(x)$在$(0,1)$内连续,但$f(x)$与$f'(x)$在$(0,1)$内均无界,故选项 A、B 均错误.

若取$f(x)=\frac{1}{x}$,显然$f'(x)$在$(0,1)$内连续,但$f(x)$在$(0,1)$内无界,故选项 C 错误.

若取 $f(x)=\sqrt{x}$，显然 $f(x)$ 在 $(0,1)$ 内有界，但 $f'(x)$ 在 $(0,1)$ 内无界，故选项 D 错误.
应选 E.

**方法二：直接法.**

对于 E，若取 $[x_0,x]\subset(0,1)$，由拉格朗日中值定理可知

$$f(x)-f(x_0)=f'(\xi)(x-x_0),\quad \xi\in(x_0,x),$$

$$f(x)=f(x_0)+f'(\xi)(x-x_0),$$

$$|f(x)|\leqslant|f'(\xi)||x-x_0|+|f(x_0)|,$$

因为 $f'(x)$ 在 $(0,1)$ 内有界，所以 $f(x)$ 在 $(0,1)$ 内有界，故应选 E.

**敲重点**

(1) 若 $f'(x)$ 在 $(a,b)$ 内有界，则 $f(x)$ 在 $(a,b)$ 内有界；

(2) 若 $f(x)$ 在 $(a,b)$ 内无界，则 $f'(x)$ 在 $(a,b)$ 内无界.

## 题型 3　无穷小量及其阶的比较问题

**强化 15**　B.

【解析】当 $x\to0^+$ 时，

$$\alpha_1=x(\cos\sqrt{x}-1)\sim x\cdot\left(-\frac{1}{2}x\right)=-\frac{1}{2}x^2,$$

$$\alpha_2=\sqrt{x}\ln(1+\sqrt[3]{x})\sim\sqrt{x}\cdot\sqrt[3]{x}=x^{\frac{5}{6}},\alpha_3=\sqrt[3]{x+1}-1\sim\frac{x}{3},$$

故按照从低阶到高阶的排序是 $\alpha_2,\alpha_3,\alpha_1$，应选 B.

**强化 16**　C.

【解析】当 $x\to0^+$ 时，

$$f(x)=\sqrt{1-\sqrt{x}}-1=[1+(-\sqrt{x})]^{\frac{1}{2}}-1\sim-\frac{1}{2}\sqrt{x},$$

$$g(x)=\ln\frac{1+\sqrt{x}}{1-x}\sim\frac{1+\sqrt{x}}{1-x}-1=\frac{\sqrt{x}+x}{1-x}\sim\sqrt{x}+x\sim\sqrt{x},$$

$$h(x)=e^{x}-e^{\sqrt{x}}=e^{\sqrt{x}}(e^{x-\sqrt{x}}-1)\sim x-\sqrt{x}\sim-\sqrt{x},$$

$$w(x)=\sqrt{x+x^{2}}+\sin x\sim\sqrt{x+x^{2}}\sim\sqrt{x},$$

应选 C.

**强化 17** A.

**【解析】** 由题意可知，$\lim\limits_{x\to1}\dfrac{f(x)}{g(x)}=1$，又

$$\lim_{x\to1}\frac{f(x)}{g(x)}=\lim_{x\to1}\frac{k\dfrac{x^{2}-1}{x^{2}}}{\sin\pi x}=k\lim_{x\to1}\frac{x^{2}-1}{\sin\pi x}=k\lim_{x\to1}\frac{(x-1)(x+1)}{\sin\pi x}$$

$$=2k\lim_{x\to1}\frac{x-1}{\sin\pi x}=2k\lim_{x\to1}\frac{1}{\pi\cos\pi x}=2k\cdot\frac{1}{-\pi}=1,$$

解得 $k=-\dfrac{\pi}{2}$，故应选 A.

**强化 18** E.

**【解析】** 由题意可知，$\lim\limits_{x\to0}\dfrac{f(x)}{g(x)}=1$，又

$$\lim_{x\to0}\frac{f(x)}{g(x)}=\lim_{x\to0}\frac{\sqrt{1+x\arcsin x}-\sqrt{\cos x}}{kx^{2}}$$

$$=\lim_{x\to0}\frac{1+x\arcsin x-\cos x}{kx^{2}(\sqrt{1+x\arcsin x}+\sqrt{\cos x})}$$

$$=\frac{1}{2}\lim_{x\to0}\frac{1-\cos x+x\arcsin x}{kx^{2}}$$

$$=\frac{1}{2}\lim_{x\to0}\frac{\dfrac{1}{2}x^{2}+x^{2}}{kx^{2}}=\frac{3}{4k}=1,$$

解得 $k=\dfrac{3}{4}$，应选 E.

**强化 19** A.

**【解析】** 显然 $\lim\limits_{x\to0}\dfrac{f(x)}{\sin x}=0$，故

$$\lim_{x\to0}\frac{\sqrt{1+\dfrac{f(x)}{\sin x}}-1}{x(e^{x}-1)}=\lim_{x\to0}\frac{\left[1+\dfrac{f(x)}{\sin x}\right]^{\frac{1}{2}}-1}{x(e^{x}-1)}=\lim_{x\to0}\frac{\dfrac{1}{2}\cdot\dfrac{f(x)}{\sin x}}{x^{2}}=\lim_{x\to0}\frac{f(x)}{2x^{2}\sin x}=\lim_{x\to0}\frac{f(x)}{2x^{3}}=3,$$

即当 $x\to 0$ 时，$f(x)$ 与 $6x^3$ 互为等价无穷小量，故 $c=6,k=3$，应选 A.

**强化 20** B.

**【解析】**当 $x\to 0^+$时，有

$\alpha'=\cos x^2\to 1$，即 $\alpha\sim x$（为 $x$ 的 1 阶无穷小量），

$\beta'=\tan x\cdot 2x\sim 2x^2$，即 $\beta\sim\dfrac{2}{3}x^3$（为 $x$ 的 3 阶无穷小量），

$\gamma'=\sin x^{\frac{3}{2}}\cdot\dfrac{1}{2\sqrt{x}}\sim x^{\frac{3}{2}}\dfrac{1}{2\sqrt{x}}=\dfrac{1}{2}x$，即 $\gamma\sim\dfrac{1}{4}x^2$（为 $x$ 的 2 阶无穷小量），

所以当 $x\to 0^+$时无穷小量从低阶到高阶的顺序为 $\alpha,\gamma,\beta$，故应选 B.

**强化 21** E.

**【解析】方法一：导数定阶法.**

由当 $x\to 0^+$时，

$\left[\int_0^x(e^{t^2}-1)dt\right]'=e^{x^2}-1\sim x^2$，故 $\int_0^x(e^{t^2}-1)dt\sim\dfrac{1}{3}x^3$，为 3 阶无穷小量；

$\left[\int_0^x\ln(1+\sqrt{t^3})dt\right]'=\ln(1+\sqrt{x^3})\sim\sqrt{x^3}$，故 $\int_0^x\ln(1+\sqrt{t^3})dt\sim\dfrac{2}{5}x^{\frac{5}{2}}$，为$\dfrac{5}{2}$阶无穷小量；

$\left[\int_0^{\sin x}\sin t^2dt\right]'=\sin(\sin x)^2\cos x\sim x^2$，故 $\int_0^{\sin x}\sin t^2dt\sim\dfrac{1}{3}x^3$，为 3 阶无穷小量；

$\left[\int_0^x(1-\cos t)dt\right]'\sim 1-\cos x\sim\dfrac{1}{2}x^2$，故 $\int_0^x(1-\cos t)dt\sim\dfrac{1}{6}x^3$，为 3 阶无穷小量；

$\left[\int_0^{1-\cos x}\sqrt{\sin^3 t}dt\right]'=\sqrt{\sin^3(1-\cos x)}\cdot\sin x\sim\left(\dfrac{1}{2}x^2\right)^{\frac{3}{2}}\cdot x=\dfrac{1}{2\sqrt{2}}x^4$，故 $\int_0^{1-\cos x}\sqrt{\sin^3 t}dt$ 为 5 阶无穷小量，应选 E.

**方法二：经验法，见【敲重点】.**

对于选项 A，$\int_0^x(e^{t^2}-1)dt$ 为 $x\to 0^+$时的 $n(m+1)=1\times(2+1)=3$ 阶无穷小量；

对于选项 B，$\int_0^x\ln(1+\sqrt{t^3})dt$ 为 $x\to 0^+$时的 $n(m+1)=1\times\left(\dfrac{3}{2}+1\right)=\dfrac{5}{2}$阶无穷小量；

对于选项 C，$\int_0^{\sin x}\sin t^2dt$ 为 $x\to 0^+$时的 $n(m+1)=1\times(2+1)=3$ 阶无穷小量；

对于选项 D，$\int_0^x(1-\cos t)dt$ 为 $x\to 0^+$时的 $n(m+1)=1\times(2+1)=3$ 阶无穷小量，

对于选项 E，$\int_0^{1-\cos x}\sqrt{\sin^3 t}dt$ 为 $x\to 0^+$时的 $n(m+1)=2\times\left(\dfrac{3}{2}+1\right)=5$ 阶无穷小量，故应选 E.

微积分篇

**敲重点**

已知 $f(x)$ 与 $g(x)$ 在 $x=0$ 的某邻域内连续，当 $x\to0$ 时，$f(x)$ 与 $g(x)$ 分别为 $m$ 阶和 $n$ 阶无穷小量，则 $\int_0^{g(x)} f(t)\,dt$ 为 $x\to0$ 时的 $n(m+1)$ 阶无穷小量.

**强化 22** E.

**【解析】** 当 $x\to0$ 时，

$\tan x-\sin x=\tan x(1-\cos x)\sim\frac{x^3}{2}$，为 $x$ 的 3 阶无穷小量；

$(1-\cos x)\ln(x+\sqrt{1+x^2})\sim\frac{x^2}{2}\cdot x=\frac{x^3}{2}$，为 $x$ 的 3 阶无穷小量；

$(1+\sin x)^x-1=e^{x\ln(1+\sin x)}-1\sim x\ln(1+\sin x)\sim x\sin x\sim x^2$，为 $x$ 的 2 阶无穷小量；

$\sin x+\sin x^2\sim\sin x\sim x$（和取低阶原则），为 $x$ 的 1 阶无穷小量；

$\left(\int_0^{x^2}\arcsin t\,dt\right)'=\arcsin x^2\cdot2x\sim2x^3$，则 $\int_0^{x^2}\arcsin t\,dt$ 为 $x$ 的 4 阶无穷小量，应选 E.

**强化 23** C.

**【解析】** 当 $x\to0$ 时，

$$\begin{aligned}f(x)&=x-\ln(1+x)-\frac{1}{2}x\sin x\\&=x-\left[x-\frac{1}{2}x^2+\frac{1}{3}x^3+o(x^3)\right]-\frac{1}{2}x[x+0\cdot x^2+o(x^2)]\\&=x-\left[x-\frac{1}{2}x^2+\frac{1}{3}x^3+o(x^3)\right]-\left[\frac{1}{2}x^2+o(x^3)\right]\\&=-\frac{1}{3}x^3+o(x^3)\sim-\frac{1}{3}x^3,\end{aligned}$$

故 $k=-\frac{1}{3}$，$n=3$，应选 C.

**强化 24** D.

**【解析】** **方法一：** 由 $f'(x)=\sec x\tan x$，$f''(x)=\sec x\tan^2x+\sec^3x$，知 $f'(0)=0$，$f''(0)=1$，所以 $a=f'(0)=0$，$b=\frac{f''(0)}{2!}=\frac{1}{2}$，故应选 D.

**方法二：** 因为在 $x=0$ 处有

$$f(x)=\sec x=\frac{1}{\cos x}=1+ax+bx^2+o(x^2),$$

所以

$$\begin{aligned}1&=[1+ax+bx^2+o(x^2)]\cos x\\&=[1+ax+bx^2+o(x^2)]\cdot\left[1-\frac{1}{2}x^2+o(x^2)\right]\\&=1+ax+\left(b-\frac{1}{2}\right)x^2+o(x^2),\end{aligned}$$

因此 $a=0,b=\frac{1}{2}$,故应选 D.

## 题型 4　函数极限计算

**强化 25**　B.

**【解析】** $\lim\limits_{x\to 0}\frac{\sqrt{1+x-\sin x}-1}{(e^x-1)(1-\sqrt{\cos x})}=\lim\limits_{x\to 0}\frac{\frac{1}{2}(x-\sin x)}{x\cdot\frac{1}{4}x^2}=\lim\limits_{x\to 0}\frac{\frac{1}{2}\cdot\frac{1}{6}x^3}{\frac{1}{4}x^3}=\frac{1}{3}$,应选 B.

**强化 26**　D.

**【解析】** $\lim\limits_{x\to 0}\frac{\tan^3 x-\arcsin^3 x}{(e^{x^2}-1)(\sqrt{1-x^3}-1)}=\lim\limits_{x\to 0}\frac{\tan^3 x-\arcsin^3 x}{x^2\cdot\left(-\frac{1}{2}x^3\right)}$

$$=-2\lim_{x\to 0}\frac{(\tan x-\arcsin x)(\tan^2 x+\tan x\cdot\arcsin x+\arcsin^2 x)}{x^5}$$

$$=-2\lim_{x\to 0}\frac{\frac{1}{6}x^3\cdot(x^2+x^2+x^2)}{x^5}=-1,$$

应选 D.

**强化 27**　C.

**【解析】** $\lim\limits_{x\to 0}\frac{\sqrt{1-x\sin x}-\sqrt{\cos x}}{x\tan x}$

$$=\lim_{x\to 0}\frac{1-x\sin x-\cos x}{x^2(\sqrt{1-x\sin x}+\sqrt{\cos x})}$$

$$=\frac{1}{2}\lim_{x\to 0}\frac{1-\cos x-x\sin x}{x^2}$$

$$=\frac{1}{2}\lim_{x\to 0}\frac{\frac{1}{2}x^2-x^2}{x^2}=-\frac{1}{4},$$

应选 C.

**强化 28** A.

【解析】$\lim\limits_{x\to 0}\frac{2\sin x+x^3\cos\frac{1}{x^2}}{(1+\cos x)\arctan x}=\frac{1}{2}\lim\limits_{x\to 0}\frac{2\sin x+x^3\cos\frac{1}{x^2}}{x}$

$$=\frac{1}{2}\lim_{x\to 0}\left(\frac{2\sin x}{x}+x^2\cos\frac{1}{x^2}\right)$$

$$=\frac{1}{2}\lim_{x\to 0}(2+0)=1,$$

应选 A.

**强化 29** D.

【解析】$\lim\limits_{x\to 0}\frac{\ln(x+e^x)+2\sin x}{\sqrt{1+2x}-\cos x}=\lim\limits_{x\to 0}\frac{\frac{1}{x+e^x}(1+e^x)+2\cos x}{\frac{1}{\sqrt{1+2x}}+\sin x}=\frac{2+2}{1+0}=4$，应选 D.

**强化 30** D.

【解析】由 $\arctan x=x\frac{1}{1+\xi^2}$，知当 $x\to 0$ 时 $\xi^2=\frac{x}{\arctan x}-1$，故

$$\lim_{x\to 0}\frac{\xi^2}{x^2}=\lim_{x\to 0}\frac{\frac{x}{\arctan x}-1}{x^2}=\lim_{x\to 0}\frac{x-\arctan x}{x^2\arctan x}=\lim_{x\to 0}\frac{\frac{1}{3}x^3}{x^3}=\frac{1}{3},$$

应选 D.

**强化 31** D.

【解析】$\lim\limits_{x\to 0}\frac{(1+x)^{\frac{2}{x}}-e^2}{x}=\lim\limits_{x\to 0}\frac{e^{\frac{2}{x}\ln(1+x)}-e^2}{x}=e^2\lim\limits_{x\to 0}\frac{e^{\frac{2}{x}\ln(1+x)-2}-1}{x}$

$$=e^2\lim_{x\to 0}\frac{\frac{2}{x}\ln(1+x)-2}{x}=2e^2\lim_{x\to 0}\frac{\ln(1+x)-x}{x^2}$$

$$=2e^2\lim_{x\to 0}\frac{-\frac{1}{2}x^2}{x^2}=-e^2,$$

应选 D.

**强化 32** B.

【解析】令 $x-1=t$,则

$$\lim_{x\to 1}\frac{x-x^x}{1-x+\ln x}=\lim_{t\to 0}\frac{(t+1)-(t+1)^{t+1}}{\ln(1+t)-t}=\lim_{t\to 0}\frac{(t+1)[1-(t+1)^t]}{\ln(1+t)-t}$$

$$=-\lim_{t\to 0}\frac{(t+1)^t-1}{\ln(1+t)-t}=-\lim_{t\to 0}\frac{e^{t\ln(1+t)}-1}{\ln(1+t)-t}$$

$$=-\lim_{t\to 0}\frac{t\ln(1+t)}{-\frac{1}{2}t^2}=2,$$

应选 B.

**强化 33** A.

【解析】令 $x-1=t$,则

$$\lim_{x\to 1}\left(\frac{1}{x-1}-\frac{1}{\ln x}\right)=\lim_{t\to 0}\left[\frac{1}{t}-\frac{1}{\ln(1+t)}\right]=\lim_{t\to 0}\frac{\ln(1+t)-t}{t\ln(1+t)}=\lim_{t\to 0}\frac{-\frac{1}{2}t^2}{t^2}=-\frac{1}{2},$$

应选 A.

**强化 34** A.

【解析】$\lim\limits_{x\to+\infty}(\sqrt[6]{x^6+x^5}-\sqrt[6]{x^6-x^5})=\lim\limits_{x\to+\infty}x\left(\sqrt[6]{1+\frac{1}{x}}-\sqrt[6]{1-\frac{1}{x}}\right)$

$$=\lim_{x\to+\infty}x\left[\left(\sqrt[6]{1+\frac{1}{x}}-1\right)+\left(1-\sqrt[6]{1-\frac{1}{x}}\right)\right]$$

$$=\lim_{x\to+\infty}x\left(\sqrt[6]{1+\frac{1}{x}}-1\right)+\lim_{x\to\infty}x\left(1-\sqrt[6]{1-\frac{1}{x}}\right)$$

$$=\lim_{x\to+\infty}x\cdot\frac{1}{6}\cdot\frac{1}{x}+\lim_{x\to+\infty}x\cdot\frac{1}{6}\cdot\frac{1}{x}$$

$$=\frac{1}{6}+\frac{1}{6}=\frac{1}{3},$$

应选 A.

**强化 35** B.

【解析】令 $x=-t$,则

$$\lim_{x\to-\infty}x(\sqrt{x^2+100}+x)=\lim_{t\to+\infty}(-t)(\sqrt{t^2+100}-t)$$

$$=\lim_{t\to+\infty}(-t)\left(t\sqrt{1+\frac{100}{t^2}}-t\right)$$

$$=\lim_{t\to+\infty}(-t^2)\left(\sqrt{1+\frac{100}{t^2}}-1\right)$$

$$=\lim_{t\to+\infty}(-t^2)\cdot\frac{1}{2}\cdot\frac{100}{t^2}=-50,$$

应选 B.

**强化 36** B.

【解析】显然该极限为"$1^\infty$"型未定式极限,故

$$\lim_{x\to0}(e^x+x^2+3\sin x)^{\frac{1}{2x}}=e^{\lim\limits_{x\to0}\frac{e^x+x^2+3\sin x-1}{2x}}=e^{\frac{1}{2}\left(\lim\limits_{x\to0}\frac{e^x-1}{x}+\lim\limits_{x\to0}\frac{x^2}{x}+\lim\limits_{x\to0}\frac{3\sin x}{x}\right)}=e^{\frac{1}{2}(1+0+3)}=e^2,$$

应选 B.

**强化 37** E.

【解析】因为

$$f(x)=x\lim_{t\to0}(1+3t)^{\frac{x}{t}}\xlongequal{1^\infty}xe^{\lim\limits_{t\to0}\frac{x}{t}3t}=xe^{3x},$$

所以 $f'(x)=e^{3x}+3xe^{3x}$,应选 E.

**强化 38** A.

【解析】因为

$$\lim_{x\to0^+}\frac{x^x-1}{\ln x}=\lim_{x\to0^+}\frac{e^{x\ln x}-1}{\ln x}=\lim_{x\to0^+}\frac{x\ln x}{\ln x}=0,$$

$$\lim_{x\to0^+}(\cos x)^{\frac{1}{x^2}}=e^{\lim\limits_{x\to0^+}\frac{1}{x^2}(\cos x-1)}=e^{\lim\limits_{x\to0^+}\frac{1}{x^2}\cdot\left(-\frac{1}{2}x^2\right)}=e^{-\frac{1}{2}},$$

所以

$$\lim_{x\to0^+}\left[\frac{x^x-1}{\ln x}+(\cos x)^{\frac{1}{x^2}}\right]=\lim_{x\to0^+}\frac{x^x-1}{\ln x}+\lim_{x\to0^+}(\cos x)^{\frac{1}{x^2}}=e^{-\frac{1}{2}},$$

应选 A.

**强化 39** E.

【解析】因为

$$\lim_{x\to\infty}\left(1+\frac{1}{x}\right)^{ax}=e^{\lim\limits_{x\to\infty}ax\cdot\frac{1}{x}}=e^{a},$$

$$\lim_{x\to 0}\arccos\frac{\sqrt{x+1}-1}{\sin x}=\arccos\left(\lim_{x\to 0}\frac{\sqrt{x+1}-1}{\sin x}\right)=\arccos\frac{1}{2}=\frac{\pi}{3},$$

所以 $a=\ln\frac{\pi}{3}$,应选 E.

**强化 40** C.

【解析】显然该极限为“$\infty^0$”型未定式极限,故

$$\lim_{x\to+\infty}\left(x+\sqrt{1+x^2}\right)^{\frac{1}{\ln x}}=e^{\lim\limits_{x\to+\infty}\frac{\ln(x+\sqrt{1+x^2})}{\ln x}}=e^{\lim\limits_{x\to+\infty}\frac{x}{\sqrt{1+x^2}}}=e,$$

应选 C.

**强化 41** D.

【解析】显然该极限为“$0^0$”型未定式极限,故

$$\lim_{x\to+\infty}\left(\frac{\pi}{2}-\arctan x\right)^{\frac{1}{\ln x}}=e^{\lim\limits_{x\to+\infty}\frac{1}{\ln x}\cdot\ln\left(\frac{\pi}{2}-\arctan x\right)},$$

又

$$\lim_{x\to+\infty}\frac{\ln\left(\frac{\pi}{2}-\arctan x\right)}{\ln x}=-\lim_{x\to+\infty}\frac{x}{\left(\frac{\pi}{2}-\arctan x\right)(1+x^2)}$$

$$=-\lim_{x\to+\infty}\frac{\frac{1}{x}}{\frac{\pi}{2}-\arctan x}\cdot\frac{x^2}{1+x^2}=-\lim_{x\to+\infty}\frac{\frac{1}{x}}{\frac{\pi}{2}-\arctan x}$$

$$=-\lim_{x\to+\infty}\frac{-\frac{1}{x^2}}{-\frac{1}{1+x^2}}=-\lim_{x\to+\infty}\frac{1+x^2}{x^2}=-1,$$

故原式 $=e^{-1}$,应选 D.

**强化 42** A.

**【解析】** $\lim\limits_{x\to 0}\dfrac{\cos(\sin x)-\cos x}{x^4}=\lim\limits_{x\to 0}\dfrac{-\sin \xi(\sin x-x)}{x^4}$ （其中 $\xi$ 介于 $x$ 与 $\sin x$ 之间）

$$=\lim_{x\to 0}\frac{\sin \xi\cdot \frac{1}{6}x^3}{x^4}$$

$$=\frac{1}{6}\lim_{x\to 0}\frac{\sin \xi}{x}=\frac{1}{6}\lim_{x\to 0}\frac{\xi}{x},$$

由于 $\dfrac{\xi}{x}$ 介于 1 与 $\dfrac{\sin x}{x}$ 之间，且 $\lim\limits_{x\to 0}\dfrac{\sin x}{x}=\lim\limits_{x\to 0}1=1$，故 $\lim\limits_{x\to 0}\dfrac{\sin \xi}{x}=1$，进而原式 $=\dfrac{1}{6}$，应选 A.

**强化 43** D.

**【解析】** 因为

$$\sin\sqrt{x+1}-\sin\sqrt{x}=\cos \xi(\sqrt{x+1}-\sqrt{x}),\text{其中}\sqrt{x}<\xi<\sqrt{x+1},$$

所以

$$\lim_{x\to+\infty}(\sin\sqrt{x+1}-\sin\sqrt{x})=\lim_{x\to+\infty}\cos \xi(\sqrt{x+1}-\sqrt{x})$$

$$=\lim_{x\to+\infty}\cos \xi\left(\frac{1}{\sqrt{x+1}+\sqrt{x}}\right)$$

$$=0,$$

应选 D.

**强化 44** A.

**【解析】** $\lim\limits_{x\to+\infty}x\left(\dfrac{\pi}{4}-\arctan\dfrac{x}{x+1}\right)=\lim\limits_{x\to+\infty}x\left(\arctan 1-\arctan\dfrac{x}{x+1}\right)$

$$=\lim_{x\to+\infty}x\frac{1}{1+\xi^2}\left(1-\frac{x}{x+1}\right)\left(\text{其中 }\xi\text{ 介于}\frac{x}{1+x}\text{与 1 之间}\right)$$

$$=\lim_{x\to+\infty}\frac{1}{1+\xi^2}\frac{x}{x+1}$$

$$=\lim_{x\to+\infty}\frac{1}{1+\xi^2}=\frac{1}{2},$$

应选 A.

**强化 45** A.

【解析】$\lim\limits_{x\to0^+}\dfrac{\int_0^{\sin x}\sqrt{\tan t}\,dt}{\int_0^{\tan x}\sqrt{\sin t}\,dt}=\lim\limits_{x\to0^+}\dfrac{\sqrt{\tan(\sin x)}\cos x}{\sqrt{\sin(\tan x)}\sec^2 x}=\lim\limits_{x\to0^+}\cos^3 x\dfrac{\sqrt{\tan(\sin x)}}{\sqrt{\sin(\tan x)}}$

$$=\lim_{x\to0^+}\frac{\sqrt{\tan(\sin x)}}{\sqrt{\sin(\tan x)}}=\lim_{x\to0^+}\frac{\sqrt{x}}{\sqrt{x}}=1,$$

应选 A.

**强化 46** E.

【解析】$\lim\limits_{x\to0}\left(\dfrac{1}{x^5}\int_0^x e^{-t^2}dt+\dfrac{1}{3}\dfrac{1}{x^2}-\dfrac{1}{x^4}\right)$

$$=\lim_{x\to0}\frac{\int_0^x e^{-t^2}dt+\frac{x^3}{3}-x}{x^5}=\lim_{x\to0}\frac{e^{-x^2}+x^2-1}{5x^4}$$

$$=\lim_{x\to0}\frac{e^{-x^2}-(-x^2)-1}{5x^4}=\lim_{x\to0}\frac{\frac{1}{2}(-x^2)^2}{5x^4}=\frac{1}{10},$$

应选 E.

**强化 47** B.

【解析】$\lim\limits_{x\to\infty}\dfrac{\left(\int_0^x e^{t^2}dt\right)^2}{\int_0^x e^{2t^2}dt}=\lim\limits_{x\to\infty}\dfrac{2\int_0^x e^{t^2}dt\cdot e^{x^2}}{e^{2x^2}}=\lim\limits_{x\to\infty}\dfrac{2\int_0^x e^{t^2}dt}{e^{x^2}}=\lim\limits_{x\to\infty}\dfrac{2e^{x^2}}{2xe^{x^2}}=\lim\limits_{x\to\infty}\dfrac{1}{x}=0$,故应选 B.

**强化 48** C.

【解析】因为

$$\int_0^x f(t)(x-t)dt=\int_0^x xf(t)dt-\int_0^x tf(t)dt=x\int_0^x f(t)dt-\int_0^x tf(t)dt,$$

所以

$$原式=\lim_{x\to0}\frac{x\int_0^x f(t)dt-\int_0^x tf(t)dt}{x^2}$$

$$=\lim_{x\to0}\frac{\int_0^x f(t)dt+xf(x)-xf(x)}{2x}=\lim_{x\to0}\frac{\int_0^x f(t)dt}{2x}$$

$$=\lim_{x\to 0}\frac{f(x)}{2}=\frac{f(0)}{2}=2,$$

应选 C.

**强化 49** E.

**【解析】** 因为

$$\int_x^{x^2}\sin(xt)\,\mathrm{d}t\xlongequal{令\ xt=u}\int_{x^2}^{x^3}\sin u\cdot\frac{1}{x}\mathrm{d}u=\frac{1}{x}\int_{x^2}^{x^3}\sin u\mathrm{d}u,$$

$$\int_0^x t\cdot\sin(x^2-t^2)\,\mathrm{d}t=\frac{1}{2}\int_0^x\sin(x^2-t^2)\,\mathrm{d}t^2\xlongequal{令\ x^2-t^2=u}-\frac{1}{2}\int_{x^2}^0\sin u\mathrm{d}u=\frac{1}{2}\int_0^{x^2}\sin u\mathrm{d}u,$$

所以

$$\lim_{x\to 0^+}\frac{x\int_x^{x^2}\sin(xt)\,\mathrm{d}t}{\int_0^x t\cdot\sin(x^2-t^2)\,\mathrm{d}t}=\lim_{x\to 0^+}\frac{\int_{x^2}^{x^3}\sin u\mathrm{d}u}{\frac{1}{2}\int_0^{x^2}\sin u\mathrm{d}u}=\lim_{x\to 0^+}\frac{\sin x^3\cdot 3x^2-\sin x^2\cdot 2x}{\sin x^2\cdot x}$$

$$=\lim_{x\to 0^+}\frac{-\sin x^2\cdot 2x}{\sin x^2\cdot x}=-2,$$

应选 E.

**强化 50** D.

**【解析】** 因为

$$\lim_{x\to 0^+}\left[a\arctan\frac{1}{x}+\mathrm{e}^{\frac{1}{x}\ln(1+x)}\right]=\frac{\pi}{2}a+\lim_{x\to 0^+}\mathrm{e}^{\frac{1}{x}\ln(1+x)}=\frac{\pi}{2}a+\mathrm{e},$$

$$\lim_{x\to 0^-}\left[a\arctan\frac{1}{x}+\mathrm{e}^{\frac{1}{x}\ln(1-x)}\right]=-\frac{\pi}{2}a+\lim_{x\to 0^-}\mathrm{e}^{\frac{1}{x}\ln(1-x)}=-\frac{\pi}{2}a+\mathrm{e}^{-1},$$

所以$\frac{\pi}{2}a+\mathrm{e}=-\frac{\pi}{2}a+\mathrm{e}^{-1}$，解得 $a=\frac{\mathrm{e}^{-1}-\mathrm{e}}{\pi}$，应选 D.

**强化 51** A.

**【解析】** 由$\lim_{x\to\infty}\frac{ax+2|x|}{bx-|x|}\arctan x=-\frac{\pi}{2}$，知

$$\lim_{x\to+\infty}\frac{ax+2|x|}{bx-|x|}\arctan x=\lim_{x\to+\infty}\frac{ax+2x}{bx-x}\arctan x=\frac{a+2}{b-1}\cdot\frac{\pi}{2}=-\frac{\pi}{2},$$

$$\lim_{x\to-\infty}\frac{ax+2|x|}{bx-|x|}\arctan x=\lim_{x\to-\infty}\frac{ax-2x}{bx+x}\arctan x=\frac{a-2}{b+1}\left(-\frac{\pi}{2}\right)=-\frac{\pi}{2},$$

求得 $a=1,b=-2$，应选 A.

**强化 52** A.

【解析】显然该极限为“$1^{\infty}$”型未定式极限,故

$$\lim_{x\to 0}\left(\frac{1-\tan x}{1+\tan x}\right)^{\frac{1}{\sin kx}}=\lim_{x\to 0}e^{\frac{1}{\sin kx}\left(\frac{1-\tan x}{1+\tan x}-1\right)}=e^{\lim\limits_{x\to 0}\frac{-2\tan x}{\sin kx(1+\tan x)}}=e^{\lim\limits_{x\to 0}\frac{-2x}{kx}}=e^{\frac{-2}{k}}=e,$$

解得 $k=-2$,应选 A.

**强化 53** A.

【解析】因为$\lim\limits_{x\to 2}(x^2-3x+2)=0$,所以

$$\lim_{x\to 2}(x^2+ax+b)=4+2a+b=0,$$

进而

$$\lim_{x\to 2}\frac{x^2+ax+b}{x^2-3x+2}=\lim_{x\to 2}\frac{2x+a}{2x-3}=4+a=6,$$

解得 $a=2,b=-8$,应选 A.

**强化 54** B.

【解析】显然该极限为“$1^{\infty}$”型未定式极限,故

$$\lim_{x\to 0}(e^x+ax^2+bx)^{\frac{1}{x^2}}=e^{\lim\limits_{x\to 0}\frac{1}{x^2}(e^x+ax^2+bx-1)}=1,$$

进而

$$\lim_{x\to 0}\frac{e^x+ax^2+bx-1}{x^2}=0,$$

由于分母极限为 0,所以$\lim\limits_{x\to 0}(e^x+2ax+b)=1+b=0$,解得 $b=-1$.

又

$$\lim_{x\to 0}\frac{e^x+ax^2+bx-1}{x^2}=\lim_{x\to 0}\frac{e^x+2a}{2}=\frac{1}{2}(1+2a)=0,$$

解得 $a=-\frac{1}{2}$,应选 B.

**强化 55** A.

【解析】由

$$\lim_{x\to 0}\frac{\int_0^x\frac{t^2}{\sqrt{a+t^2}}dt}{x-b\sin x}=\lim_{x\to 0}\frac{\frac{x^2}{\sqrt{a+x^2}}}{1-b\cos x}=\frac{1}{\sqrt{a}}\lim_{x\to 0}\frac{x^2}{1-b\cos x}=1,$$

知$\lim\limits_{x\to 0}(1-b\cos x)=1-b=0$，解得 $b=1$，进而

$$\frac{1}{\sqrt{a}}\lim_{x\to 0}\frac{x^2}{1-b\cos x}=\frac{1}{\sqrt{a}}\lim_{x\to 0}\frac{x^2}{1-\cos x}=\frac{2}{\sqrt{a}}=1,$$

解得 $a=4$，应选 A.

**强化 56** E.

【解析】显然 $\lim\limits_{x\to -\infty}(\sqrt{x^2-x+1}-ax)=b$，令 $x=-t$，则

$$\lim_{t\to +\infty}(\sqrt{t^2+t+1}+at)=b,$$

即 $\lim\limits_{t\to +\infty}[\sqrt{t^2+t+1}-(-a)t]=b$，故 $-a=1$，解得 $a=-1$.

进而

$$b=\lim_{t\to +\infty}(\sqrt{t^2+t+1}-t)=\lim_{t\to +\infty}\frac{t+1}{\sqrt{t^2+t+1}+t}=\frac{1}{2},$$

应选 E.

## 题型 5 数列极限定义与性质

**强化 57** A.

【解析】若取 $\varepsilon'=3\varepsilon$，$N'=N-1$，则题中的条件可表述为“对于 $\forall\,\varepsilon'\in(0,3)$，总存在正整数 $N$，当 $n>N'$ 时，恒有 $|x_n-a|<\varepsilon'$”，显然该表述可作为极限 $\lim\limits_{n\to\infty}x_n=a$ 的定义，故应选 A.

**强化 58** C.

【解析】由题意可知，$\lim\limits_{n\to\infty}a_{2n}$ 与 $\lim\limits_{n\to\infty}a_{2n+1}$ 均存在且相等.

因为

$$\lim_{n\to\infty}a_{2n}=\lim_{n\to\infty}(\sqrt{n+\sqrt{n}}-\sqrt{n})=\lim_{n\to\infty}\frac{\sqrt{n}}{\sqrt{n+\sqrt{n}}+\sqrt{n}}=\frac{1}{2},$$

所以 $\lim\limits_{n\to\infty}a_{2n+1}=\dfrac{1}{2}$，应选 C.

**强化 59** A.

【解析】由 $\lim\limits_{n\to\infty}a_n=a\neq 0$，知 $\lim\limits_{n\to\infty}|a_n|=|a|>\dfrac{|a|}{2}$，根据数列极限的局部保号性，知存在正整数

$N>0$,当 $n>N$ 时,有 $|a_n|>\frac{|a|}{2}$,进而当 $n$ 充分大时,有 $|a_n|>\frac{|a|}{2}$,应选 A.

**强化 60** E.

【**解析**】若取 $x_n=(-1)^n$,显然

$\lim\limits_{n\to\infty}\cos(\sin x_n)=\cos(\sin 1)$,$\lim\limits_{n\to\infty}\sin(\cos x_n)=\sin(\cos 1)$,$\lim\limits_{n\to\infty}\cos x_n=\cos 1$,$\lim\limits_{n\to\infty}|x_n|=1$,均存在,但是$\lim\limits_{n\to\infty}x_n$ 不存在,故排除选项 A、B、C、D.

对于选项 E,因为 $\sin x$ 在$-\frac{\pi}{2}\leqslant x\leqslant\frac{\pi}{2}$上单调递增,所以当极限$\lim\limits_{n\to\infty}\sin x_n$ 存在时,$\lim\limits_{n\to\infty}x_n$ 必存在.

应选 E.

**强化 61** D.

【**解析**】对于①③,因为 $\sin x$ 与 $e^x$ 均为连续函数,所以当$\lim\limits_{n\to\infty}a_n=A$ 时,有$\lim\limits_{n\to\infty}\sin a_n=\sin A$ 及$\lim\limits_{n\to\infty}e^{a_n}=e^A$,故①③正确.

对于②,假设极限$\lim\limits_{n\to\infty}a_n$ 存在,不妨设为 $a$,即$\lim\limits_{n\to\infty}a_n=a$,进而

$$\lim_{n\to\infty}\sin a_n=\sin a=\sin A,$$

但$\lim\limits_{n\to\infty}a_n=a$ 与 $A$ 未必相等,故②错误.

对于④,因为 $e^x$ 单调递增,所以当极限$\lim\limits_{n\to\infty}e^{a_n}=e^A$ 时,$\lim\limits_{n\to\infty}a_n=A$,故④正确.

应选 D.

**强化 62** B.

【**解析**】对于①,若取 $x_n=n,y_n=\frac{1}{n^2}$,显然满足要求,但$\{y_n\}$收敛,故①错误.

对于②,若取 $x_n=\frac{1}{n^2},y_n=n$,显然满足要求,但$\{y_n\}$发散,故②错误.

对于③,若取 $x_n=\frac{1}{n^2},y_n=n$,显然满足要求,但$\{y_n\}$发散,故③错误.

对于④,因为$\lim\limits_{n\to\infty}y_n=\lim\limits_{n\to\infty}\left(x_ny_n\cdot\frac{1}{x_n}\right)=0$,所以$\{y_n\}$有界,故④正确.

应选 B.

## 题型 6 数列极限计算

**强化 63** D.

【解析】原式 $=\lim\limits_{n\to\infty}\left[\sqrt{\dfrac{n(n+1)}{2}}-\sqrt{\dfrac{n(n-1)}{2}}\right]$

$$=\frac{1}{\sqrt{2}}\lim_{n\to\infty}\left[\sqrt{n^2+n}-\sqrt{n^2-n}\right]$$

$$=\frac{1}{\sqrt{2}}\lim_{n\to\infty}\frac{2n}{\sqrt{n^2+n}+\sqrt{n^2-n}}$$

$$=\lim_{n\to\infty}\frac{\sqrt{2}}{\sqrt{1+\dfrac{1}{n}}+\sqrt{1-\dfrac{1}{n}}}$$

$$=\frac{\sqrt{2}}{2},$$

应选 D.

**强化 64** C.

【解析】因为

$$\lim_{x\to+\infty}\sqrt[2x-1]{x^2+x}=\lim_{x\to+\infty}(x^2+x)^{\frac{1}{2x-1}}=e^{\lim\limits_{x\to+\infty}\frac{1}{2x-1}\ln(x^2+x)}=e^{\lim\limits_{x\to+\infty}\frac{2x+1}{2(x^2+x)}}=e^0=1,$$

所以 $\lim\limits_{n\to\infty}\sqrt[2n-1]{n^2+n}=1$，应选 C.

**强化 65** D.

【解析】原式 $=\lim\limits_{n\to\infty}\dfrac{1}{n}\sum\limits_{k=1}^{n}\sqrt{1+\cos\dfrac{k}{n}\pi}=\int_0^1\sqrt{1+\cos\pi x}\,dx$

$$\xlongequal{令\ \pi x=t}\frac{1}{\pi}\int_0^{\pi}\sqrt{1+\cos t}\,dt=\frac{1}{\pi}\int_0^{\pi}\sqrt{2\cos^2\frac{t}{2}}\,dt$$

$$=\frac{\sqrt{2}}{\pi}\int_0^{\pi}\cos\frac{t}{2}\,dt=\frac{2\sqrt{2}}{\pi},$$

应选 D.

**强化 66** D.

【解析】$\lim\limits_{n\to\infty}\sum\limits_{k=1}^{n}\dfrac{\sin\dfrac{k-1}{n}\pi}{(2n+1)}=\lim\limits_{n\to\infty}\dfrac{1}{2n+1}\sum\limits_{k=1}^{n}\sin\dfrac{k-1}{n}\pi$

$$=\lim_{n\to\infty}\frac{n}{2n+1}\cdot\frac{1}{n}\sum_{k=1}^{n}\sin\frac{k-1}{n}\pi$$

$$=\frac{1}{2}\lim_{n\to\infty}\frac{1}{n}\sum_{k=1}^{n}\sin\frac{k-1}{n}\pi$$

$$=\frac{1}{2}\int_0^1\sin\pi x\,\mathrm{d}x=-\frac{1}{2\pi}\cos\pi x\Big|_0^1$$

$$=-\frac{1}{2\pi}(-1-1)=\frac{1}{\pi},$$

应选 D.

**强化 67** B.

【解析】原式 $=\lim\limits_{n\to\infty}\dfrac{2}{n}\ln\left[\left(1+\dfrac{1}{n}\right)\left(1+\dfrac{2}{n}\right)\cdots\left(1+\dfrac{2n}{n}\right)\right]$

$$=2\lim_{n\to\infty}\frac{1}{n}\sum_{i=1}^{2n}\ln\left(1+\frac{i}{n}\right)$$

$$=2\int_0^2\ln(1+x)\,\mathrm{d}x$$

$$=2\int_0^2\ln(1+x)\,\mathrm{d}(x+1)$$

$$=2\ln(1+x)\cdot(x+1)\Big|_0^2-2\int_0^2 1\mathrm{d}x$$

$$=6\ln 3-4,$$

应选 B.

**强化 68** B.

【解析】令 $u_n=\sum\limits_{k=1}^{n}\dfrac{\sin\dfrac{k}{n}\pi}{n+\dfrac{1}{k}}$,显然

$$\sum_{k=1}^{n}\frac{\sin\frac{k}{n}\pi}{n+1}<u_n<\sum_{k=1}^{n}\frac{\sin\frac{k}{n}\pi}{n},$$

又因为

$$\lim_{n\to\infty}\sum_{k=1}^{n}\frac{\sin\frac{k}{n}\pi}{n}=\lim_{n\to\infty}\frac{1}{n}\sum_{k=1}^{n}\sin\frac{k}{n}\pi=\int_0^1\sin\pi x\mathrm{d}x,$$

$$\lim_{n\to\infty}\sum_{k=1}^{n}\frac{\sin\frac{k}{n}\pi}{n+1}=\lim_{n\to\infty}\frac{1}{n+1}\sum_{k=1}^{n}\sin\frac{k}{n}\pi=\lim_{n\to\infty}\frac{n}{n+1}\cdot\frac{1}{n}\sum_{k=1}^{n}\sin\frac{k}{n}\pi=\int_0^1\sin\pi x\mathrm{d}x,$$

所以根据夹逼准则得，原式 $=\int_0^1\sin\pi x\mathrm{d}x=\frac{2}{\pi}$，应选 B.

**强化 69** E.

【解析】因为

$$\frac{\frac{1}{2}n[1+(2n-1)]}{n^2+2n-1}\leqslant\frac{1}{n^2+1}+\frac{3}{n^2+3}+\cdots+\frac{2n-1}{n^2+2n-1}\leqslant\frac{\frac{1}{2}n[1+(2n-1)]}{n^2+1},$$

且

$$\lim_{n\to\infty}\frac{\frac{1}{2}n[1+(2n-1)]}{n^2+2n-1}=\lim_{n\to\infty}\frac{\frac{1}{2}n[1+(2n-1)]}{n^2+1}=1,$$

所以 $\lim\limits_{n\to\infty}\left(\frac{1}{n^2+1}+\frac{3}{n^2+3}+\cdots+\frac{2n-1}{n^2+2n-1}\right)=1$，应选 E.

**强化 70** A.

【解析】因为

$$\sqrt[n]{\sin 1}\leqslant\sqrt[n]{\sin 1+\sin\frac{1}{2}+\cdots+\sin\frac{1}{n}}\leqslant\sqrt[n]{n\sin 1}=\sqrt[n]{n}\cdot\sqrt[n]{\sin 1},$$

且 $\lim\limits_{n\to\infty}\sqrt[n]{n}\cdot\sqrt[n]{\sin 1}=1$，$\lim\limits_{n\to\infty}\sqrt[n]{\sin 1}=1$，所以 $\lim\limits_{n\to\infty}\sqrt[n]{\sin 1+\sin\frac{1}{2}+\cdots+\sin\frac{1}{n}}=1$，应选 A.

**强化 71** B.

【解析】对于①②④，若取 $a_n=n$，显然满足题意，但 $\lim\limits_{n\to\infty}\sin a_n$，$\lim\limits_{n\to\infty}|a_n|$，$\lim\limits_{n\to\infty}\mathrm{e}^{a_n}$ 均不存在，故①②④错误.

对于③，因为 $\{a_n\}$ 单调，且函数 $\arctan x$ 也单调，所以 $\{\arctan a_n\}$ 单调. 又 $-\frac{\pi}{2}<\arctan a_n<\frac{\pi}{2}$，即 $\{\arctan a_n\}$ 有界，根据单调有界准则，知 $\lim\limits_{n\to\infty}\arctan a_n$ 存在，故③正确.

应选 B.

# 题型 7 连续与间断

**强化 72** A.

【解析】由题意可知，$\lim\limits_{x\to1}\dfrac{x^2+ax+b}{\arctan(x^2-1)}=3$，即

$$\lim_{x\to1}\frac{x^2+ax+b}{\arctan(x^2-1)}=\lim_{x\to1}\frac{x^2+ax+b}{x^2-1}=\lim_{x\to1}\frac{x^2+ax+b}{(x-1)(x+1)}=\frac{1}{2}\lim_{x\to1}\frac{x^2+ax+b}{x-1}=3,$$

整理得$\lim\limits_{x\to1}\dfrac{x^2+ax+b}{x-1}=6.$

又$\lim\limits_{x\to1}(x-1)=0$，所以

$$\lim_{x\to1}(x^2+ax+b)=1+a+b=0,$$

进而

$$\lim_{x\to1}\frac{x^2+ax+b}{x-1}=\lim_{x\to1}(2x+a)=2+a=6,$$

解得 $a=4,b=-5$，应选 A.

**强化 73** D.

【解析】由题意可知，$\lim\limits_{x\to0}f(x)=f(0)=a$，又

$$\lim_{x\to0}f(x)=\lim_{x\to0}\frac{\tan 2x+e^{2ax}-1}{\sqrt{1+x}-1}=\lim_{x\to0}\frac{\tan 2x+e^{2ax}-1}{\frac{1}{2}x}$$

$$=2\lim_{x\to0}\left(\frac{\tan 2x}{x}+\frac{e^{2ax}-1}{x}\right)=2(2+2a),$$

所以 $2(2+2a)=a$，解得 $a=-\dfrac{4}{3}$，应选 D.

**强化 74** C.

【解析】由题意可知，$\lim\limits_{x\to0^-}f(x)=\lim\limits_{x\to0^+}f(x)=f(0)=a$，又

$$\lim_{x\to0^-}f(x)=\lim_{x\to0^-}\frac{\ln(1+\pi x^2)}{x\sin x}=\lim_{x\to0^-}\frac{\pi x^2}{x\cdot x}=\pi,$$

$$\lim_{x\to0^+}f(x)=\lim_{x\to0^+}2(x+b)\arctan\frac{1}{x}=2b\cdot\frac{\pi}{2}=\pi b,$$

故 $\pi b=\pi=a$，解得 $a=\pi, b=1$，应选 C.

**强化 75** D.

【解析】由题意可知，

$$f(x)+g(x)=\begin{cases}1-ax, & x\leqslant -1,\\ x-1, & -1<x<0,\\ x-b+1, & x\geqslant 0,\end{cases}$$

因为 $f(x)+g(x)$ 在 $x=-1$ 与 $x=0$ 上连续，所以

$$\lim_{x\to -1^+} f(x)+g(x)=\lim_{x\to -1^-} f(x)+g(x)=f(-1)+g(-1)，即 1+a=-2,$$

$$\lim_{x\to 0^+} f(x)+g(x)=\lim_{x\to 0^-} f(x)+g(x)=f(0)+g(0)，即 -1=-b+1,$$

解得 $a=-3, b=2$，应选 D.

**强化 76** D.

【解析】因为 $\lim\limits_{x\to -\infty}\dfrac{x}{a+e^{bx}}=0$，所以 $\lim\limits_{x\to -\infty}(a+e^{bx})=\infty$，从而 $b<0$.

假设 $a<0$，则 $f(x)$ 必有间断点 $x=\dfrac{\ln(-a)}{b}$，与已知条件矛盾. 又因为 $f(x)$ 为初等函数，且当 $a\geqslant 0$ 时，$f(x)=\dfrac{x}{a+e^{bx}}$ 在 $(-\infty,+\infty)$ 内均有定义，所以 $f(x)$ 在 $(-\infty,+\infty)$ 上连续，满足题意，故 $a\geqslant 0$.

应选 D.

**强化 77** A.

【解析】显然 $f(x)$ 的间断点为 $x=a$ 与 $x=1$，故 $a=0$.

因为 $x=1$ 是 $f(x)$ 的可去间断点，所以 $\lim\limits_{x\to 1}\dfrac{e^x-b}{(x-a)(x-1)}$ 存在，进而

$$\lim_{x\to 1}(e^x-b)=e-b=0,$$

解得 $b=e$，此时可以检验

$$\lim_{x\to a}\frac{e^x-b}{(x-a)(x-1)}=\lim_{x\to 0}\frac{e^x-e}{x(x-1)}=\infty,$$

即 $x=0$ 是 $f(x)$ 的无穷间断点，应选 A.

**强化 78** B.

【解析】不难看出，$x=0$ 为函数 $f(x)$ 的无定义点.

当 $x\neq 0$ 时，有

$$f(x)=\lim_{t\to 0}\left(1+\frac{\sin t}{x}\right)^{\frac{x^2}{t}}=e^{\lim\limits_{t\to 0}\frac{x^2}{t}\cdot\frac{\sin t}{x}}=e^{x\lim\limits_{t\to 0}\frac{\sin t}{t}}=e^x,$$

进而$\lim\limits_{x\to 0}f(x)=\lim\limits_{x\to 0}e^x=1$,所以 $x=0$ 为 $f(x)$ 的可去间断点,应选 B.

**强化 79** C.

【**解析**】函数 $f(x)=\dfrac{x}{\ln|x-1|}$的间断点为 $x=0,x=1,x=2$.

因为

$$\lim_{x\to 0}f(x)=\lim_{x\to 0}\frac{x}{\ln(1-x)}=-1,$$

$$\lim_{x\to 2}f(x)=\lim_{x\to 2}\frac{x}{\ln(x-1)}=\infty,$$

$$\lim_{x\to 1}f(x)=\lim_{x\to 1}\frac{x}{\ln|x-1|}=0,$$

所以 $x=0$ 与 $x=1$ 为 $f(x)$ 的可去间断点,$x=2$ 为 $f(x)$ 的无穷间断点,应选 C.

**强化 80** C.

【**解析**】当 $|x|<1$ 时,$\lim\limits_{n\to\infty}x^{2n}=\lim\limits_{n\to\infty}(x^2)^n=0$,故 $f(x)=x$.

当 $|x|>1$ 时,$\lim\limits_{n\to\infty}x^{2n}=\lim\limits_{n\to\infty}(x^2)^n=\infty$,故 $f(x)=-x$.

当 $|x|=1$ 时,$\lim\limits_{n\to\infty}x^{2n}=\lim\limits_{n\to\infty}(x^2)^n=1$,故 $f(x)=0$.

综上所述,$f(x)=\lim\limits_{n\to\infty}\dfrac{1-x^{2n}}{1+x^{2n}}\cdot x=\begin{cases}x, & |x|<1,\\ 0, & |x|=1,\\ -x, & |x|>1.\end{cases}$

由于

$$\lim_{x\to 1^-}f(x)=\lim_{x\to 1^-}x=1,\ \lim_{x\to 1^+}f(x)=\lim_{x\to 1^+}(-x)=-1,$$
$$\lim_{x\to -1^-}f(x)=\lim_{x\to -1^-}(-x)=1,\ \lim_{x\to -1^+}f(x)=\lim_{x\to -1^+}x=-1,$$

所以 $x=1,x=-1$ 是 $f(x)$ 的跳跃间断点,应选 C.

**强化 81** A.

【**解析**】当 $0<x<e$ 时,$f(x)=\lim\limits_{n\to\infty}\dfrac{\ln e^n}{n}=1$;

当 $x=e$ 时,$f(e)=\lim\limits_{n\to\infty}\dfrac{\ln 2e^n}{n}=\lim\limits_{n\to\infty}\dfrac{n+\ln 2}{n}=1$;

当 $x>\mathrm{e}$ 时，$f(x)=\lim\limits_{n\to\infty}\dfrac{\ln x^n}{n}=\ln x$.

故 $f(x)=\begin{cases}1, & 0<x\leqslant \mathrm{e},\\ \ln x, & x>\mathrm{e}.\end{cases}$

此时 $\lim\limits_{x\to \mathrm{e}^+}f(x)=1=f(\mathrm{e})=\lim\limits_{x\to \mathrm{e}^-}f(x)$，因此 $f(x)$ 在定义域内处处连续，应选 A.

**强化 82** A.

【解析】当 $x>0$ 时，$\lim\limits_{n\to\infty}\mathrm{e}^{xn}=+\infty$，则 $f(x)=x$；

当 $x=0$ 时，$\lim\limits_{n\to\infty}\mathrm{e}^{xn}=1$，则 $f(0)=0$；

当 $x<0$ 时，$\lim\limits_{n\to\infty}\mathrm{e}^{xn}=0$，则 $f(x)=\dfrac{\cos x-1}{\arctan x}$.

此时 $\lim\limits_{x\to 0^+}f(x)=\lim\limits_{x\to 0^+}x=0$，$\lim\limits_{x\to 0^-}f(x)=\lim\limits_{x\to 0^-}\dfrac{\cos x-1}{\arctan x}=0$，且 $f(0)=0$，因此 $f(x)$ 在定义域内处处连续，应选 A.

**强化 83** E.

【解析】对于选项 A，若取 $\varphi(x)=\begin{cases}-1, & x\leqslant 0,\\ 1, & x>0,\end{cases}$ $f(x)=\mathrm{e}^x$，此时 $\varphi[f(x)]=1$，无间断点，故选项 A 错误.

对于选项 B、D，若取 $\varphi(x)=\begin{cases}-1, & x\leqslant 0,\\ 1, & x>0,\end{cases}$ 此时 $[\varphi(x)]^2=1$，$|\varphi(x)|=1$，均无间断点，故选项 B、D 错误.

对于选项 C，若取 $\varphi(x)=\begin{cases}-1, & x\leqslant 0,\\ 1, & x>0,\end{cases}$ $f(x)=x^2$，此时 $f[\varphi(x)]=1$，无间断点，故选项 C 错误.

对于选项 E，假设 $\dfrac{\varphi(x)}{f(x)}$ 为连续函数，又 $f(x)$ 为连续函数，所以 $\varphi(x)=f(x)\dfrac{\varphi(x)}{f(x)}$ 也为连续函数，与题设矛盾，故 $\dfrac{\varphi(x)}{f(x)}$ 必有间断点，应选 E.

# 第二章　一元函数微分学

## 题型 8　导数与微分的定义

**强化 84**　C.

【解析】对于①，因为

$$\lim_{x\to 0}\frac{f(x_0)-f(x_0-x)}{\ln(1+x)}=\lim_{x\to 0}\frac{f(x_0)-f(x_0-x)}{x}=\lim_{x\to 0}\frac{f[x_0+(-x)]-f(x_0)}{-x},$$

且 $-x\to 0$，所以 $\lim\limits_{x\to 0}\dfrac{f(x_0)-f(x_0-x)}{\ln(1+x)}=f'(x_0)$，故①正确.

对于②，因为

$$\frac{1}{6}\lim_{x\to 0}\frac{f(x_0+x^3)-f(x_0)}{x-\sin x}=\frac{1}{6}\lim_{x\to 0}\frac{f(x_0+x^3)-f(x_0)}{\frac{1}{6}x^3}=\lim_{x\to 0}\frac{f(x_0+x^3)-f(x_0)}{x^3},$$

且 $x^3\to 0$，所以 $\dfrac{1}{6}\lim\limits_{x\to 0}\dfrac{f(x_0+x^3)-f(x_0)}{x-\sin x}=f'(x_0)$，故②正确.

对于③，因为

$$\lim_{x\to 0}\frac{f(x_0+e^{x^2}-1)-f(x_0)}{\sin x^2}=\lim_{x\to 0}\frac{f(x_0+e^{x^2}-1)-f(x_0)}{e^{x^2}-1},$$

且 $e^{x^2}-1\sim x^2\to 0$，所以 $\lim\limits_{x\to 0}\dfrac{f(x_0+e^{x^2}-1)-f(x_0)}{\sin x^2}=f'_+(x_0)$，故③错误.

对于④，可做恒等变形：

$$\lim_{x\to 0}\frac{f(x_0+2x)-f(x_0+x)}{x}=\lim_{x\to 0}\left[\frac{f(x_0+2x)-f(x_0)}{x}-\frac{f(x_0+x)-f(x_0)}{x}\right]$$

$$=\lim_{x\to 0}\left[2\frac{f(x_0+2x)-f(x_0)}{2x}-\frac{f(x_0+x)-f(x_0)}{x}\right],$$

若$f'(x_0)$存在时，又

$$\lim_{x\to 0}\frac{f(x_0+2x)-f(x_0)}{2x}=f'(x_0),\lim_{x\to 0}\frac{f(x_0+x)-f(x_0)}{x}=f'(x_0),$$

所以

$$\lim_{x\to 0}\frac{f(x_0+2x)-f(x_0+x)}{x}=2\lim_{x\to 0}\frac{f(x_0+2x)-f(x_0)}{2x}-\lim_{x\to 0}\frac{f(x_0+x)-f(x_0)}{x}$$
$$=2f'(x_0)-f'(x_0),$$

但是本题中$f'(x_0)$的存在性未知，当$f'(x_0)$不存在时，$2f'(x_0)-f'(x_0)=f'(x_0)$无意义，故④错误.

应选 C.

**强化 85** D.

**【解析】**可做恒等变形：

$$\lim_{x\to 0}\frac{f(2+3x)-f(2-5x)}{x}=\lim_{x\to 0}\left[\frac{f(2+3x)-f(2)}{x}-\frac{f(2-5x)-f(2)}{x}\right]$$
$$=\lim_{x\to 0}\left[3\frac{f(2+3x)-f(2)}{3x}+5\frac{f(2-5x)-f(2)}{-5x}\right].$$

因为$f'(x)=\dfrac{1}{1+\left(\dfrac{1}{x}\right)^2}\cdot\dfrac{-1}{x^2}=-\dfrac{1}{1+x^2}$，所以$f'(2)=-\dfrac{1}{5}$，进而

$$\lim_{x\to 0}\frac{f(2+3x)-f(2-5x)}{x}=\lim_{x\to 0}\left[3\frac{f(2+3x)-f(2)}{3x}+5\frac{f(2-5x)-f(2)}{-5x}\right]$$
$$=3f'(2)+5f'(2)=-\frac{8}{5},$$

应选 D.

**强化 86** E.

**【解析】**对于选项 A、C，因为$\lim\limits_{x\to 0}\dfrac{f(x)}{x}$存在，所以$\lim\limits_{x\to 0}f(x)=0$，又$f(x)$在点$x=0$处连续，所以$f(0)=0$，进而

$$\lim_{x\to 0}\frac{f(x)}{x}=\lim_{x\to 0}\frac{f(x)-f(0)}{x-0}=f'(0),$$

即$f'(0)$存在，故选项 A、C 均正确.

对于选项 B，因为$\lim\limits_{x\to 0}\dfrac{f(x)+f(-x)}{x}$存在，所以

$$\lim_{x\to 0}[f(x)+f(-x)]=0,$$

又 $f(x)$ 在点 $x=0$ 处连续,故

$$\lim_{x\to 0}[f(x)+f(-x)]=f(0)+f(0)=0,$$

选项 B 正确,同理选项 D 也正确.

对于选项 E,可做恒等变形:

$$\lim_{x\to 0}\frac{f(x)-f(-x)}{x}=\lim_{x\to 0}\left\{\frac{f(x)-f(0)}{x}+\frac{f[0+(-x)]-f(0)}{-x}\right\},$$

因为 $\lim\limits_{x\to 0}\left\{\frac{f(x)-f(0)}{x}+\frac{f[0+(-x)]-f(0)}{-x}\right\}$ 存在,无法得出 $\lim\limits_{x\to 0}\frac{f(x)-f(0)}{x}$ 与 $\lim\limits_{x\to 0}\frac{f[0+(-x)]-f(0)}{-x}$ 均存在,即无法得出 $f'(0)$ 存在,故选项 E 错误.

应选 E.

**强化 87** C.

**【解析】** 由 $\lim\limits_{x\to 0}\frac{f(x)}{\sqrt{1+x^2}-1}=\lim\limits_{x\to 0}\frac{f(x)}{\frac{1}{2}x^2}=1$,知 $\lim\limits_{x\to 0}\frac{f(x)}{x^2}=\frac{1}{2}$,进而 $\lim\limits_{x\to 0}f(x)=0$,又因为 $f(x)$ 在点 $x=0$ 处连续,所以

$$f(0)=0,f'(0)=\lim_{x\to 0}\frac{f(x)-f(0)}{x}=\lim_{x\to 0}\frac{f(x)}{x}=\lim_{x\to 0}\frac{f(x)}{x^2}\cdot x=0.$$

再根据洛必达法则,可知

$$\lim_{x\to 0}\frac{f(x)}{x^2}=\lim_{x\to 0}\frac{f'(x)}{2x}=\frac{1}{2},$$

解得 $\lim\limits_{x\to 0}\frac{f'(x)}{x}=1$,进而

$$\lim_{x\to 0}\frac{f'(x)}{x}=\lim_{x\to 0}\frac{f'(x)-f'(0)}{x}=f''(0)=1.$$

但注意,若再对极限 $\lim\limits_{x\to 0}\frac{f'(x)}{x}$ 使用洛必达法则,由于 $\lim\limits_{x\to 0}f''(x)$ 无法确定,所以未必有 $\lim\limits_{x\to 0}\frac{f'(x)}{x}=\lim\limits_{x\to 0}f''(x)=1$.

综上所述,仅②③一定正确,故应选 C.

**强化 88** D.

**【解析】** 因为

$$\lim_{x\to 0^-}f(x)=\lim_{x\to 0^-}\frac{1-\cos x}{2}=0,\ \lim_{x\to 0^+}f(x)=\lim_{x\to 0^+}\frac{\int_0^{x^2}\sin\sqrt{t}\,\mathrm{d}t}{x}=\lim_{x\to 0^+}\frac{\sin x\cdot 2x}{1}=0,$$

且 $f(0)=0$，所以 $f(x)$ 在 $x=0$ 处连续.

又因为

$$\lim_{x\to0^-}\frac{f(x)-f(0)}{x-0}=\lim_{x\to0^-}\frac{\frac{1-\cos x}{2}-0}{x}=\lim_{x\to0^-}\frac{\frac{1}{2}x^2}{2x}=0,$$

$$\lim_{x\to0^+}\frac{f(x)-f(0)}{x-0}=\lim_{x\to0^+}\frac{\frac{1}{x}\int_0^{x^2}\sin\sqrt{t}\,\mathrm{d}t}{x}=\lim_{x\to0^+}\frac{\int_0^{x^2}\sin\sqrt{t}\,\mathrm{d}t}{x^2}=\lim_{x\to0^+}\frac{\sin x\cdot 2x}{2x}=0,$$

所以 $f'(0)=0$，应选 D.

**强化 89** B.

**【解析】** $f'(0)=\lim\limits_{x\to0}\frac{f(x)-f(0)}{x}=\lim\limits_{x\to0}\frac{\frac{g(x)}{x}-0}{x}=\lim\limits_{x\to0}\frac{g(x)}{x^2}$

$$=\lim_{x\to0}\frac{g'(x)}{2x}=\frac{1}{2}\lim_{x\to0}\frac{g'(x)-g'(0)}{x}=\frac{1}{2}g''(0)=\frac{a}{2},$$

应选 B.

**强化 90** A.

**【解析】** 由题意可知，$\lim\limits_{x\to0}F(x)=F(0)=1$，又

$$\lim_{x\to0}F(x)=\lim_{x\to0}\frac{f(x)+2\ln(1+x)}{x}$$

$$=\lim_{x\to0}\frac{f(x)}{x}+\lim_{x\to0}\frac{2\ln(1+x)}{x}=\lim_{x\to0}\frac{f(x)}{x}+2=1,$$

解得 $\lim\limits_{x\to0}\frac{f(x)}{x}=-1$.

又因为 $f(x)$ 在点 $x=0$ 处连续，所以 $f(0)=\lim\limits_{x\to0}f(x)=0$，进而

$$\lim_{x\to0}\frac{f(x)}{x}=\lim_{x\to0}\frac{f(x)-f(0)}{x}=f'(0)=-1,$$

应选 A.

**强化 91** C.

**【解析】** 显然该极限为“$1^\infty$”型未定式极限，故

$$\lim_{n\to\infty}\left[\frac{f\left(a+\frac{1}{n}\right)}{f(a)}\right]^n=\mathrm{e}^{\lim\limits_{n\to\infty}n\left[\frac{f\left(a+\frac{1}{n}\right)}{f(a)}-1\right]}=\mathrm{e}^{\lim\limits_{n\to\infty}n\frac{f\left(a+\frac{1}{n}\right)-f(a)}{f(a)}}=\mathrm{e}^{\frac{1}{f(a)}\lim\limits_{n\to\infty}\frac{f\left(a+\frac{1}{n}\right)-f(a)}{\frac{1}{n}}}=\mathrm{e}^{\frac{f'(a)}{f(a)}},$$

应选 C.

**强化 92** C.

【解析】由题意可知，$f(x)=\lim\limits_{n\to\infty}\sqrt[n]{1^n+(|x^3|)^n}=\max(1,|x^3|)=\begin{cases}1, & |x|\leqslant 1,\\ |x^3|, & |x|>1.\end{cases}$

因为

$$f'_-(1)=\lim_{x\to1^-}\frac{f(x)-f(1)}{x-1}=\lim_{x\to1^-}\frac{1-1}{x-1}=0,$$

$$f'_+(1)=\lim_{x\to1^+}\frac{f(x)-f(1)}{x-1}=\lim_{x\to1^+}\frac{x^3-1}{x-1}=\lim_{x\to1^+}3x^2=3,$$

所以 $x=1$ 为不可导点，同理 $x=-1$ 也为不可导点，故应选 C.

【注】$\lim\limits_{n\to\infty}\sqrt[n]{a^n+b^n+c^n}=\max(a,b,c)\,(a\geqslant0,b\geqslant0,c\geqslant0)$.

**强化 93** D.

【解析】当 $-2\leqslant x<0$ 时，即 $0\leqslant x+2<2$ 时，

$$f(x)=kf(x+2)=k(x+2)[(x+2)^2-4]=kx(x+2)(x+4),$$

故 $f(x)=\begin{cases}kx(x+2)(x+4), & -2\leqslant x<0,\\ x(x^2-4), & 0\leqslant x\leqslant 2.\end{cases}$

易知 $f(0)=0$，且

$$f'_+(0)=\lim_{x\to0^+}\frac{f(x)-f(0)}{x-0}=\lim_{x\to0^+}\frac{x(x^2-4)}{x}=-4,$$

$$f'_-(0)=\lim_{x\to0^-}\frac{f(x)-f(0)}{x-0}=\lim_{x\to0^-}\frac{kx(x+2)(x+4)}{x}=8k,$$

若 $f(x)$ 在点 $x=0$ 处可导，则 $f'_+(0)=f'_-(0)$，解得 $k=-\dfrac{1}{2}$，应选 D.

**强化 94** E.

【解析】由于

$$\lim_{x\to0}\frac{f(x)-\tan x}{x}=\lim_{x\to0}\left[\frac{f(x)}{x}-\frac{\tan x}{x}\right]=1,$$

故 $\lim\limits_{x\to0}\dfrac{f(x)}{x}=2$.

当 $x\neq0$ 时，令 $u=xt$，则

$$F(x)=\int_0^1 f(tx)\,\mathrm{d}t=\frac{1}{x}\int_0^x f(u)\,\mathrm{d}u,$$

当 $x=0$ 时，$F(0)=\int_0^1 f(0)\mathrm{d}t=0.$

根据导数定义，知

$$F'(0)=\lim_{x\to 0}\frac{F(x)-F(0)}{x}=\lim_{x\to 0}\frac{\int_0^x f(u)\mathrm{d}u}{x^2}=\lim_{x\to 0}\frac{f(x)}{2x}=1,$$

应选 E.

**强化 95** A.

【解析】根据微分的定义，可知 $f'(x)=\dfrac{1}{\sqrt{x(9-x)}}$，进而

$$f(x)=\int\frac{1}{\sqrt{x(9-x)}}\mathrm{d}x=2\int\frac{1}{\sqrt{9-x}}\mathrm{d}\sqrt{x}$$

$$=2\int\frac{1}{\sqrt{3^2-(\sqrt{x})^2}}\mathrm{d}\sqrt{x}$$

$$=2\arcsin\frac{\sqrt{x}}{3}+C,$$

又 $f(0)=C=0$，故 $f(x)=2\arcsin\dfrac{\sqrt{x}}{3}$，进而 $f(9)=2\arcsin 1=\pi$，应选 A.

**强化 96** B.

【解析】因为函数 $f(x)$ 在点 $x_0$ 处可导，所以 $f(x)$ 在点 $x_0$ 处可微，即当 $\Delta x\to 0$ 时，有

$$\Delta y=f'(x_0)\Delta x+o(\Delta x),$$

且微分 $\mathrm{d}y=f'(x_0)\Delta x$，显然 $\Delta y-\mathrm{d}y=o(\Delta x)$，即 $\Delta y-\mathrm{d}y$ 是比 $\Delta x$ 高阶的无穷小量.

又因为 $f'(x_0)=\lim\limits_{\Delta x\to 0}\dfrac{\Delta y}{\Delta x}\neq 0$，所以当 $\Delta x\to 0$ 时 $\Delta y$ 与 $\Delta x$ 是同阶的无穷小量，进而 $\Delta y-\mathrm{d}y$ 也是比 $\Delta y$ 高阶的无穷小量.

应选 B.

**强化 97** D.

【解析】由题意可知，函数 $y=f(x^2)$ 的微分为

$$\mathrm{d}y=f'(x^2)2x\mathrm{d}x=f'(x^2)2x\cdot\Delta x,$$

当 $\Delta x=-0.1$，$x=-1$ 时，$\mathrm{d}y=0.1$，代入上式中

$$0.1=f'(1)\cdot 2(-1)\cdot(-0.1),$$

解得 $f'(1)=0.5$，故应选 D.

## 题型 9　导数与微分的计算

**强化 98**　D.

【解析】因为

$$f'(x)=\sqrt{1-x^2}+x\frac{-x}{\sqrt{1-x^2}}+\frac{1}{\sqrt{1-x^2}}=2\sqrt{1-x^2},$$

所以

$$\begin{aligned}\lim_{x\to 0}\frac{f(1+x)-f(1-x)}{x}&=\lim_{x\to 0}\left[\frac{f(1+x)-f(1)}{x}-\frac{f(1-x)-f(1)}{x}\right]\\&=\lim_{x\to 0}\left[\frac{f(1+x)-f(1)}{x}+\frac{f(1-x)-f(1)}{-x}\right]\\&=2f'(1)=0,\end{aligned}$$

应选 D.

**强化 99**　A.

【解析】因为

$$b=\left.\frac{\mathrm{d}f(g(x))}{\mathrm{d}x}\right|_{x=1}=f'(g(x))\cdot g'(x)\big|_{x=1}=f'(g(1))\cdot g'(1)=4f'(a),$$

所以当 $a=1$ 时，$b=4f'(1)=4$，应选 A.

**强化 100**　C.

【解析】因为

$$f_1(x)=f(x)=\frac{x}{\sqrt{1+x^2}},$$

$$f_2(x)=f[f(x)]=\frac{\frac{x}{\sqrt{1+x^2}}}{\sqrt{1+\left(\frac{x}{\sqrt{1+x^2}}\right)^2}}=\frac{x}{\sqrt{1+2x^2}},$$

$$f_3(x)=f[f(f(x))]=f[f_2(x)]=\frac{\frac{x}{\sqrt{1+2x^2}}}{\sqrt{1+\left(\frac{x}{\sqrt{1+2x^2}}\right)^2}}=\frac{x}{\sqrt{1+3x^2}},$$

依次可得$f_n(x)=\frac{x}{\sqrt{1+nx^2}}$，$n\in\mathbf{N}_+$，所以

$$f_n'(x)=\left(\frac{x}{\sqrt{1+nx^2}}\right)'=\frac{1}{1+nx^2}\left(\sqrt{1+nx^2}-\frac{nx^2}{\sqrt{1+nx^2}}\right)=\frac{1}{\sqrt{(1+nx^2)^3}},$$

应选 C.

**强化 101** B.

【解析】因为$\frac{\mathrm{d}y}{\mathrm{d}x}=f'[f(x)]\cdot f'(x)$，所以

$$\left.\frac{\mathrm{d}y}{\mathrm{d}x}\right|_{x=\mathrm{e}}=f'[f(\mathrm{e})]\cdot f'(\mathrm{e})=f'\left(\frac{1}{2}\right)\cdot f'(\mathrm{e}).$$

又因为$f'(x)=\begin{cases}\frac{1}{2x}, & x>1,\\ 2, & x<1,\end{cases}$所以$\left.\frac{\mathrm{d}y}{\mathrm{d}x}\right|_{x=\mathrm{e}}=\frac{1}{\mathrm{e}}$，应选 B.

**强化 102** C.

【解析】因为$f(x)=\ln|(x-1)(x-2)(x-3)|=\ln|x-1|+\ln|x-2|+\ln|x-3|$，所以

$$f'(x)=\frac{1}{x-1}+\frac{1}{x-2}+\frac{1}{x-3}=\frac{3x^2-12x+11}{(x-1)(x-2)(x-3)},$$

令$3x^2-12x+11=0$，显然$\Delta>0$，则$g(x)=0$有两个不同的实根，且不是 1，2，3，所以$f(x)$有两个不同的驻点，故应选 C.

**强化 103** A.

【解析】方程$\sin(xy)+\ln(y-x+1)=x$两边同时对$x$求导，得

$$\cos(xy)\cdot(y+xy')+\frac{1}{y-x+1}\cdot(y'-1)=1,$$

将$x=0$代入原方程中得$f(0)=0$，进而代入上式得$y'(0)=f'(0)=2$.

**方法一：凑导数定义.**

$$\lim_{x\to+\infty}xf\left(\frac{1}{4x+3}\right)=\lim_{x\to+\infty}\left[\frac{f\left(0+\frac{1}{4x+3}\right)-f(0)}{\frac{1}{4x+3}}\cdot\frac{x}{4x+3}\right]$$

$$=\frac{1}{4}\lim_{x\to+\infty}\frac{f\left(0+\frac{1}{4x+3}\right)-f(0)}{\frac{1}{4x+3}}$$

$$=\frac{1}{4}f'(0)=\frac{1}{2},$$

应选 A.

**方法二:特例法.**

若取 $f(x)=2x$,显然满足 $f(0)=0,f'(0)=2$,则

$$\lim_{x\to+\infty}xf\left(\frac{1}{4x+3}\right)=\lim_{x\to+\infty}x\cdot 2\frac{1}{4x+3}=\lim_{x\to+\infty}\frac{2x}{4x+3}=\frac{1}{2},$$

仅选项 A 满足,故应选 A.

**强化 104** A.

**【解析】** 方程可转化为 $\arctan\frac{y}{x}=\frac{1}{2}\ln(x^2+y^2)$,两边同时对 $x$ 求导得

$$\frac{1}{1+\left(\frac{y}{x}\right)^2}\cdot\frac{xy'-y}{x^2}=\frac{1}{2(x^2+y^2)}\cdot(2x+2y\cdot y'),$$

整理得 $xy'-y=x+y\cdot y'$,两边再同时对 $x$ 求导得

$$y'+xy''-y'=1+(y')^2+y\cdot y'',$$

当 $x=1$ 时,$y=0$,进而 $y'\big|_{x=1}=1$,再代入上式,解得 $\left.\frac{d^2y}{dx^2}\right|_{x=1}=2$,应选 A.

**强化 105** A.

**【解析】** 当 $x\neq0$ 时,

$$f'(x)=4x^3\sin\frac{1}{x}+x^4\cos\frac{1}{x}\left(-\frac{1}{x^2}\right)=4x^3\sin\frac{1}{x}-x^2\cos\frac{1}{x},$$

当 $x=0$ 时,

$$f'(0)=\lim_{x\to0}\frac{f(x)-f(0)}{x-0}=\lim_{x\to0}\frac{x^4\sin\frac{1}{x}-0}{x-0}=\lim_{x\to0}x^3\sin\frac{1}{x}=0,$$

进而有

$$f''(0)=\lim_{x\to0}\frac{f'(x)-f'(0)}{x-0}=\lim_{x\to0}\left(4x^2\sin\frac{1}{x}-x\cos\frac{1}{x}\right)=0,$$

应选 A.

**强化 106** A.

**【解析】** 当 $x\neq0$ 时,

$$f'(x)=\lambda x^{\lambda-1}\cos\frac{1}{x}+x^{\lambda-2}\sin\frac{1}{x}.$$

因为$f'(x)$在 $x=0$ 处连续，所以$f'(0)$存在，即

$$f'(0)=\lim_{x\to 0}\frac{x^{\lambda}\cos\frac{1}{x}}{x}=\lim_{x\to 0}x^{\lambda-1}\cos\frac{1}{x}\text{（存在）},$$

故 $\lambda>1$，且$f'(0)=0$.

进而根据连续的定义，知$\lim\limits_{x\to 0}f'(x)=f'(0)$，即

$$\lim_{x\to 0}\left(\lambda x^{\lambda-1}\cos\frac{1}{x}+x^{\lambda-2}\sin\frac{1}{x}\right)=0,$$

解得 $\lambda-1>0$，且 $\lambda-2>0$，故 $\lambda>2$，应选 A.

**强化 107** D.

**【解析】** 因为

$$\frac{\mathrm{d}y}{\mathrm{d}x}=\frac{y'(t)}{x'(t)}=\frac{a\sin t}{a(1-\cos t)}=\frac{\sin t}{1-\cos t},$$

$$\frac{\mathrm{d}^2y}{\mathrm{d}x^2}=\frac{\mathrm{d}\left(\frac{\mathrm{d}y}{\mathrm{d}x}\right)}{\mathrm{d}t}\cdot\frac{1}{x'(t)}$$

$$=\frac{\cos t\cdot(1-\cos t)-\sin t\cdot\sin t}{(1-\cos t)^2}\cdot\frac{1}{a(1-\cos t)}$$

$$=-\frac{1}{a(1-\cos t)^2},$$

所以$\left.\frac{\mathrm{d}^2y}{\mathrm{d}x^2}\right|_{t=\frac{\pi}{2}}=-\frac{1}{a}$，应选 D.

**强化 108** A.

**【解析】** 因为

$$\frac{\mathrm{d}y}{\mathrm{d}x}=\frac{y'(t)}{x'(t)}=\frac{\ln(1+t^2)}{-\mathrm{e}^{-t}}=-\mathrm{e}^{t}\ln(1+t^2),$$

$$\frac{\mathrm{d}^2y}{\mathrm{d}x^2}=\frac{\mathrm{d}\left(\frac{\mathrm{d}y}{\mathrm{d}x}\right)}{\mathrm{d}t}\cdot\frac{1}{\frac{\mathrm{d}x}{\mathrm{d}t}}=\mathrm{e}^{2t}\ln(1+t^2)+\mathrm{e}^{2t}\frac{2t}{1+t^2},$$

所以$\left.\frac{\mathrm{d}^2y}{\mathrm{d}x^2}\right|_{t=0}=0$，应选 A.

**强化 109** C.

【解析】当 $t=0$ 时，解得 $x=0, y=2$.

令 $2y-ty^2+e^t=5$，两边同时对 $t$ 求导，得

$$2\frac{dy}{dt}-y^2-t\cdot 2y\cdot\frac{dy}{dt}+e^t=0,$$

当 $t=0, x=0$ 时，解得 $\left.\frac{dy}{dt}\right|_{t=0}=\frac{3}{2}$.

又 $\left.\frac{dx}{dt}\right|_{t=0}=\left.\frac{1}{1+t^2}\right|_{t=0}=1$，所以

$$\left.\frac{dy}{dx}\right|_{t=0}=\frac{y'(t)\big|_{t=0}}{x'(t)\big|_{t=0}}=\frac{3}{2},$$

应选 C.

**强化 110** B.

【解析】$\lim\limits_{x\to+\infty}x\left[f\left(2+\frac{2}{x}\right)-f(2)\right]=\lim\limits_{x\to+\infty}2\frac{f\left(2+\frac{2}{x}\right)-f(2)}{\frac{2}{x}}=2f'_+(2)$.

根据参数方程确定的函数的导数计算公式，知

$$f'(x)=\frac{dy}{dx}=\frac{y'(t)}{x'(t)}=\frac{e^{t^2}\cdot 2t}{3t^2},$$

当 $x=2$ 时，解得 $t=1$，故 $f'(2)=\frac{2}{3}e$，进而 $\lim\limits_{x\to+\infty}x\left[f\left(2+\frac{2}{x}\right)-f(2)\right]=\frac{4}{3}e$，应选 B.

**强化 111** C.

【解析】$\frac{dy}{dx}=1+\cos x$，$\frac{d^2y}{dx^2}=-\sin x$，根据反函数导数计算公式，知 $x=f^{-1}(y)$ 的导数为

$$\frac{dx}{dy}=\frac{1}{\left(\frac{dy}{dx}\right)}=\frac{1}{1+\cos x},\quad \frac{d^2x}{dy^2}=-\frac{\frac{d^2y}{dx^2}}{\left(\frac{dy}{dx}\right)^3}=\frac{\sin x}{(1+\cos x)^3},$$

当 $y=0$ 时，即 $y=x+\sin x=0$，解得 $x=0$，故

$$\left.\frac{dx}{dy}\right|_{y=0}=\left.\frac{1}{1+\cos x}\right|_{x=0}=\frac{1}{2},\quad \left.\frac{d^2x}{dy^2}\right|_{y=0}=\left.\frac{\sin x}{(1+\cos x)^3}\right|_{x=0}=0,$$

应选 C.

**强化 112** B.

【解析】因为$\frac{dy}{dx}=\sqrt{1-e^x}$，所以

$$\frac{dx}{dy}=\frac{1}{\left(\frac{dy}{dx}\right)}=\frac{1}{\sqrt{1-e^x}},$$

当 $y=0$ 时，即 $y=\int_{-1}^{x}\sqrt{1-e^t}\,dt=0$，解得 $x=-1$，故$\left.\frac{dx}{dy}\right|_{y=0}=\frac{1}{\sqrt{1-e^{-1}}}$，应选 B.

**强化 113** C.

【解析】因为 $y=\frac{1}{1-x^2}=\frac{1}{(1-x)(1+x)}=\frac{1}{2}\left(\frac{1}{1-x}+\frac{1}{1+x}\right)$，所以

$$\begin{aligned}y^{(n)}(x)&=\frac{1}{2}\left[\left(\frac{1}{1-x}\right)^{(n)}+\left(\frac{1}{1+x}\right)^{(n)}\right]\\&=\frac{1}{2}\left[\frac{n!}{(1-x)^{n+1}}+(-1)^n\frac{n!}{(1+x)^{n+1}}\right]=\frac{n!}{2}\left[\frac{1}{(1-x)^{n+1}}+(-1)^n\frac{1}{(1+x)^{n+1}}\right],\end{aligned}$$

应选 C.

**强化 114** E.

【解析】根据泰勒公式

$$\ln(1+x)=x-\frac{1}{2}x^2+\frac{1}{3}x^3+\cdots+(-1)^{n+1}\frac{1}{n}x^n+\cdots,$$

知

$$\ln(1-2x)=(-2x)+\cdots+(-1)^{n+1}\frac{1}{n}(-2x)^n+\cdots,$$

所以$\frac{y^{(n)}(0)}{n!}=-\frac{1}{n}2^n$，解得 $y^{(n)}(0)=-2^n\cdot(n-1)!$，应选 E.

**强化 115** B.

【解析】由泰勒公式

$$\ln(1+x)=x-\frac{1}{2}x^2+\frac{1}{3}x^3+\cdots+(-1)^{n-1}\frac{1}{n-2}x^{n-2}+\cdots,$$

知

$$f(x)=x^2\ln(1+x)=x^2\left[x-\frac{1}{2}x^2+\cdots+(-1)^{n-1}\frac{1}{n-2}x^{n-2}+\cdots\right]$$

$$=x^3+\cdots+(-1)^{n-1}\frac{1}{n-2}x^n+\cdots,$$

所以$\frac{f^{(n)}(0)}{n!}=(-1)^{n-1}\frac{1}{n-2}$,解得$f^{(n)}(0)=(-1)^{n-1}\frac{1}{n-2}n!$,应选 B.



**强化 116** D.

【解析】由泰勒公式

$$\arctan x=x-\frac{x^3}{3}+\cdots,\quad \frac{1}{1+ax^2}=1-ax^2+\cdots,$$

知

$$f(x)=\left(x-\frac{x^3}{3}+\cdots\right)-x(1-ax^2+\cdots)=\left(a-\frac{1}{3}\right)x^3+\cdots,$$

所以$\frac{f'''(0)}{3!}=a-\frac{1}{3}$,解得 $a=\frac{1}{2}$,应选 D.

## 题型 10　切线方程与法线方程

**强化 117** B.

【解析】$\sin(xy)+e^y=2x$ 两边同时对 $x$ 求导数,得

$$\cos(xy)(xy'+y)+y'\cdot e^y=2,$$

将$\left(\frac{1}{2},0\right)$代入,解得 $y'\Big|_{\left(\frac{1}{2},0\right)}=\frac{4}{3}$.

因此,$y=f(x)$在点$\left(\frac{1}{2},0\right)$处的切线方程为

$$y-0=\frac{4}{3}\left(x-\frac{1}{2}\right),\quad 即\ y=\frac{4}{3}x-\frac{2}{3}.$$

$y=f(x)$在点$\left(\frac{1}{2},0\right)$处的法线方程为

$$y-0=-\frac{3}{4}\left(x-\frac{1}{2}\right),\quad 即\ y=-\frac{3}{4}x+\frac{3}{8},$$

应选 B.

**强化 118** D.

【解析】因为$f'(x)=nx^{n-1}$,所以$f'(1)=n$,进而可得切线方程为

$$y-1=n(x-1).$$

令 $y=0$，解得 $\xi_n=1-\frac{1}{n}$.故

$$\lim_{n\to\infty}f(\xi_n)=\lim_{n\to\infty}\left(1-\frac{1}{n}\right)^n=e^{\lim\limits_{n\to\infty}n\left(-\frac{1}{n}\right)}=\frac{1}{e},$$

应选 D.

**强化 119** E.

【解析】$\lim\limits_{x\to1}\frac{f(x)+\ln x}{x-1}=\lim\limits_{x\to1}\frac{f(x)}{x-1}+\lim\limits_{x\to1}\frac{\ln x}{x-1}$

$$=\lim_{x\to1}\frac{f(x)}{x-1}+\lim_{x\to1}\frac{x-1}{x-1}$$

$$=\lim_{x\to1}\frac{f(x)}{x-1}+1=0,$$

所以 $\lim\limits_{x\to1}\frac{f(x)}{x-1}=-1$.

**方法一：直接法**

因为 $\lim\limits_{x\to1}\frac{f(x)}{x-1}=-1$，所以 $\lim\limits_{x\to1}f(x)=0$，又 $f(x)$ 在点 $x=1$ 处连续，所以

$$\lim_{x\to1}f(x)=f(1)=0,$$

且 $f'(1)=\lim\limits_{x\to1}\frac{f(x)-f(1)}{x-1}=\lim\limits_{x\to1}\frac{f(x)}{x-1}=-1$.

因此，曲线 $y=f(x)$ 在点 $x=1$ 处的切线方程为 $y=f(1)+f'(1)(x-1)$，即 $y=1-x$，应选 E.

**方法二：特例法.**

若取 $f(x)=-(x-1)$，显然满足 $\lim\limits_{x\to1}\frac{f(x)}{x-1}=-1$，且 $f(x)=-(x-1)$ 在点 $x=1$ 处的切线为原直线，即切线方程为 $y=1-x$，仅选项 E 满足，故应选 E.

**强化 120** C.

【解析】$y=x^2+2\ln x$ 的定义域为 $x>0$，且

$$y'=2x+\frac{2}{x},y''=2-\frac{2}{x^2}=2\frac{(x-1)(x+1)}{x^2}.$$

令 $y''=0$，解得 $x=1$（唯一的拐点可疑点），所以曲线 $y=x^2+2\ln x$ 的拐点为 $(1,1)$，此时 $y(1)=1$，故切线方程为 $y=4x-3$，应选 C.

**强化 121** A.

【解析】显然曲线 $y=x^2-x$ 在点 $(1,0)$ 处，有 $y(1)=0$，$y'(1)=1$.

因为曲线 $y=f(x)$ 与 $y=x^2-x$ 在点 $(1,0)$ 处有公共切线，所以 $f(1)=0, f'(1)=1$，因此

$$\lim_{n\to\infty} nf\left(\frac{n}{n+2}\right)=\lim_{n\to\infty}\frac{f\left[1+\left(\frac{-2}{n+2}\right)\right]-f(1)}{\frac{-2}{n+2}}\cdot\frac{-2n}{n+2}$$

$$=-2\lim_{n\to\infty}\frac{f\left[1+\left(\frac{-2}{n+2}\right)\right]-f(1)}{\frac{-2}{n+2}}=-2f'(1)=-2,$$

应选 A.

**强化 122** D.

【**解析**】根据参数方程确定的函数的导数计算公式，知

$$\frac{\mathrm{d}y}{\mathrm{d}x}=\frac{y'(t)}{x'(t)}=\frac{2t\ln(2-t^2)+t^2\frac{-2t}{2-t^2}}{\mathrm{e}^{-(1-t)^2}\cdot(-1)},$$

又当 $x=y=0$ 时，$t=1$，故 $\left.\frac{\mathrm{d}y}{\mathrm{d}x}\right|_{(0,0)}=2$，因此在点 $(0,0)$ 处的切线方程为 $y=2x$，应选 D.

## 题型 11　函数的单调性与极值

**强化 123** D.

【**解析**】函数的定义域为 $(-\infty,+\infty)$，且有

$$y'=6x^2-12x-18=6(x-3)(x+1).$$

令 $y'=0$，解得驻点 $x=-1, x=3$，可列表得

| $x$ | $(-\infty,-1)$ | $-1$ | $(-1,3)$ | $3$ | $(3,+\infty)$ |
|---|---|---|---|---|---|
| $y'$ | + | 0 | − | 0 | + |
| $y$ | 增加 | 极大值 | 减少 | 极小值 | 增加 |

故函数的单调增加区间为 $(-\infty,-1)$ 和 $(3,+\infty)$，应选 D.

**强化 124** D.

【**解析**】函数的定义域为 $(-\infty,+\infty)$，且有

$$f(x)=\int_1^{x^2}(x^2-t)e^{-t^2}dt=x^2\int_1^{x^2}e^{-t^2}dt-\int_1^{x^2}te^{-t^2}dt,$$

$$f'(x)=2x\int_1^{x^2}e^{-t^2}dt+2x^3e^{-x^4}-2x^3e^{-x^4}=2x\int_1^{x^2}e^{-t^2}dt,$$

令$f'(x)=0$，得 $x_1=0,x_2=1,x_3=-1$，故可列表

| $x$ | $(-\infty,-1)$ | $-1$ | $(-1,0)$ | $0$ | $(0,1)$ | $1$ | $(1,+\infty)$ |
|---|---|---|---|---|---|---|---|
| $f'(x)$ | $-$ | $0$ | $+$ | $0$ | $-$ | $0$ | $+$ |
| $f(x)$ | 减少 | 极小值 | 增加 | 极大值 | 减少 | 极小值 | 增加 |

因此，$f(x)$的单调增加区间为$(-1,0)$和$(1,+\infty)$，单调减少区间为$(0,1)$和$(-\infty,-1)$，应选 D.

**强化 125** C.

**【解析】**对于①、③，令 $f(x)=\tan x-x-\frac{1}{3}x^3$，有

$$f'(x)=\sec^2x-1-x^2=\tan^2x-x^2=(\tan x-x)(\tan x+x)>0,x\in\left(0,\frac{\pi}{2}\right),$$

即 $f(x)$ 在$\left(0,\frac{\pi}{2}\right)$上单调递增，又 $f(0)=0$，所以 $f(x)>0,x\in\left(0,\frac{\pi}{2}\right)$，即

$$\tan x>x+\frac{1}{3}x^3,\quad x\in\left(0,\frac{\pi}{2}\right).$$

对于②、④，令 $f(x)=\sin x-x+\frac{1}{6}x^3$，有

$$f'(x)=\cos x-1+\frac{1}{2}x^2,f''(x)=-\sin x+x>0,x\in\left(0,\frac{\pi}{2}\right),$$

即$f'(x)$在$\left(0,\frac{\pi}{2}\right)$上单调递增，又$f'(0)=0$，所以$f'(x)>f'(0)=0,x\in\left(0,\frac{\pi}{2}\right)$，进而 $f(x)$ 在$\left(0,\frac{\pi}{2}\right)$上单调递增，又 $f(0)=0$，所以 $f(x)>0,x\in\left(0,\frac{\pi}{2}\right)$，即

$$\sin x>x-\frac{1}{6}x^3,\quad x\in\left(0,\frac{\pi}{2}\right).$$

应选 C.

**强化 126** A.

**【解析】**令 $f(x)=\int_1^x\frac{\sin t}{t}dt-\ln x(x>0)$，则

$$f'(x)=\frac{\sin x-1}{x},$$

显然当 $x>0$ 时,恒有 $f'(x)\leqslant 0$,所以 $f(x)$ 在 $x>0$ 内单调减少,又因为 $f(1)=0$,所以当 $x\in(0,1)$ 时,$f(x)>f(1)=0$,即 $\int_1^x \frac{\sin t}{t}\mathrm{d}t>\ln x$,故应选 A.



**强化 127** C.

【解析】对于①、②,仅需判定当 $b>a>\mathrm{e}$ 时,$\frac{\ln a}{a}$ 与 $\frac{\ln b}{b}$ 的大小,令 $f(x)=\frac{\ln x}{x}$,有

$$f'(x)=\frac{1-\ln x}{x^2}<0,x>\mathrm{e},$$

即 $f(x)$ 在 $x>\mathrm{e}$ 内单调减少,故当 $b>a>\mathrm{e}$ 时,有 $\frac{\ln a}{a}>\frac{\ln b}{b}$,即 $b\ln a>a\ln b$,整理得 $a^b>b^a$,其中 $b>a>\mathrm{e}$,②正确.

对于③、④,令 $f(x)=x\sin x+2\cos x+\pi x,x\in[0,\pi]$,则

$$f'(x)=x\cos x-\sin x+\pi,\quad f'(\pi)=0,$$

$$f''(x)=-x\sin x<0,\quad x\in(0,\pi),$$

故 $f'(x)$ 在 $[0,\pi]$ 上单调减少,进而

$$f'(x)>f'(\pi)=0,\quad x\in(0,\pi),$$

即 $f(x)$ 在 $[0,\pi]$ 上单调增加,因此当 $0<a<b<\pi$ 时,$f(a)<f(b)$,即

$$b\sin b+2\cos b+\pi b>a\sin a+2\cos a+\pi a,$$

③正确.

应选 C.

**强化 128** C.

【解析】令 $y'=1-\frac{1}{\sqrt[3]{x}}=0$,解得驻点为 $x=1$,且 $x=0$ 为不可导点,画表得

| $x$ | $(-\infty,0)$ | 0 | $(0,1)$ | 1 | $(1,+\infty)$ |
|---|---|---|---|---|---|
| $y'$ | + | 不存在 | − | 0 | + |
| $y$ | 增加 | 极大值 | 减少 | 极小值 | 增加 |

故函数的极小值为 $f(1)=-\frac{1}{2}$,极大值为 $f(0)=0$,应选 C.

**强化 129** B.

【解析】$f(x)$ 在 $(1,+\infty)$ 均有定义,且

$$\begin{aligned}f'(x)&=\frac{1}{x^2}\ln\left(\frac{x^2-1}{32}\right)\cdot 2x-\frac{1}{x}\ln\left(\frac{x-1}{32}\right)\\&=\frac{2}{x}\ln\left(\frac{x^2-1}{32}\right)-\frac{1}{x}\ln\left(\frac{x-1}{32}\right)\\&=\frac{1}{x}\left[\ln\left(\frac{x^2-1}{32}\right)^2-\ln\left(\frac{x-1}{32}\right)\right]\\&=\frac{1}{x}\ln\frac{(x+1)^2(x-1)}{32}.\end{aligned}$$

令$f'(x)=0$，即$(x+1)^2(x-1)=32$，解得 $x=3$.

当 $1<x<3$ 时，$f'(x)<0$；当 $x>3$ 时，$f'(x)>0$，所以 $x=3$ 为 $f(x)$ 的极小值点，且为唯一的极小值点，应选 B.

**强化 130** B.

【解析】$f(x)$在$[-\pi,\pi]$内均有定义，且

$$f'(x)=-\sin x-\sin 2x=-\sin x(1+2\cos x),$$

令$f'(x)=0$，解得 $x=-\frac{2}{3}\pi, x=\frac{2}{3}\pi, x=0$.

又$f''(x)=-\cos x-2\cos 2x$，且

$$f''\left(\frac{2}{3}\pi\right)=\frac{1}{2}+1>0,\quad f''\left(-\frac{2}{3}\pi\right)=\frac{1}{2}+1>0,\quad f''(0)=-3<0,$$

所以函数 $f(x)$ 在 $x=\pm\frac{2}{3}\pi$ 处取极小值，在 $x=0$ 处取极大值，应选 B.

**强化 131** B.

【解析】因为 $g(x_0)=a$ 是 $g(x)$ 的极值，且 $g(x)$ 可导，所以 $g'(x_0)=0$.

令 $F(x)=f[g(x)]$，故

$$F'(x)=f'[g(x)]g'(x),$$
$$F''(x)=f''[g(x)][g'(x)]^2+f'[g(x)]g''(x),$$

在 $x=x_0$ 处，有

$$F'(x_0)=f'[g(x_0)]g'(x_0)=0,$$
$$F''(x_0)=f''[g(x_0)][g'(x_0)]^2+f'[g(x_0)]g''(x_0),$$

显然若 $F''(x_0)<0$，则 $f[g(x)]$ 在 $x_0$ 处取极大值，即$f'(a)>0$，应选 B.

**强化 132** E.

【解析】$x^3+y^3-3x+3y-2=0$ 两边同时对 $x$ 求导，得

$$3x^2+3y^2y'-3+3y'=0, \qquad ①$$

$$6x+6y(y')^2+3y^2y''+3y''=0. \qquad ②$$

当 $x=-1$ 时，$y=0$，代入①中，解得 $y'(-1)=0$，进而由②知，$y''(-1)=2$，所以 $y(x)$ 在 $x=-1$ 处取极小值.

当 $x=1$ 时，$y=1$，代入①中，解得 $y'(1)=0$，进而由②知，$y''(1)=-1$，所以 $y(x)$ 在 $x=1$ 处取极大值.

应选 E.

微积分篇

**强化 133** A.

【**解析**】由题意可知，$f(x)=\begin{cases}x^3+3x, x\geqslant 0,\\ x^3-3x, x<0.\end{cases}$

当 $x>0$ 时，$f'(x)=3x^2+3$.

当 $x<0$ 时，$f'(x)=3x^2-3$.

当 $x=0$ 时，由于

$$f'_+(0)=\lim_{x\to 0^+}\frac{f(x)-f(0)}{x-0}=\lim_{x\to 0^+}\frac{x^3+3x}{x}=3,$$

$$f'_-(0)=\lim_{x\to 0^-}\frac{f(x)-f(0)}{x-0}=\lim_{x\to 0^-}\frac{x^3-3x}{x}=-3,$$

所以 $f(x)$ 在 $x=0$ 处不可导.

令 $f'(x)=0$，解得 $x=-1$，可列表：

| $x$ | $(-\infty,-1)$ | $-1$ | $(-1,0)$ | $0$ | $(0,+\infty)$ |
| --- | --- | --- | --- | --- | --- |
| $f'(x)$ | + | 0 | − | 不存在 | + |
| $f(x)$ | 单调增加 | 极大值 | 单调减少 | 极小值 | 单调增加 |

所以有极大值 $f(-1)=2$，极小值 $f(0)=0$，应选 A.

**强化 134** B.

【**解析**】因为

$$f'(a)=\lim_{x\to a}\frac{f(x)-f(a)}{x-a}=\lim_{x\to a}\frac{f(x)-f(a)}{(x-a)^2}\cdot(x-a)=0,$$

所以 $x=a$ 为 $f(x)$ 的驻点.

又 $\lim\limits_{x\to a}\dfrac{f(x)-f(a)}{(x-a)^2}<0$，由极限局部保号性可知，当 $x\to a$ 时，有 $\dfrac{f(x)-f(a)}{(x-a)^2}<0$，即 $f(x)-f(a)<0$，所以根据极值的定义可知，$f(x)$ 在 $x=a$ 处取得极大值.

应选 B.



**强化 135** C.

【解析】因为

$$\lim_{x\to 0}\frac{f(x)}{1-\cos x}=\lim_{x\to 0}\frac{f(x)}{\frac{1}{2}x^2}=2,$$

所以$\lim\limits_{x\to 0}\frac{f(x)}{x^2}=1$，又 $f(x)$ 在 $x=0$ 处连续，知

$$f(0)=\lim_{x\to 0}f(x)=0,$$

$$f'(0)=\lim_{x\to 0}\frac{f(x)-f(0)}{x}=\lim_{x\to 0}\frac{f(x)}{x}=\lim_{x\to 0}\frac{f(x)}{x^2}\cdot x=0.$$

再根据$\lim\limits_{x\to 0}\frac{f(x)}{x^2}=1>0$，由极限局部保号性可知，当 $x\to 0$ 时，有$\frac{f(x)}{x^2}>0$，即 $f(x)>0$，所以根据极值的定义可知，$f(x)$ 在 $x=0$ 处取得极小值.

应选 C.

**强化 136** D.

【解析】当 $x\in(0,1)$ 时，因为

$$f'(x)=\frac{x+2}{x^2+2x+2}>0,$$

所以 $f(x)$ 在 $[0,1]$ 上单调增加，因此函数 $f(x)$ 在 $[0,1]$ 上的最小值为 $f(0)=0$，最大值为

$$\begin{aligned}
f(1)&=\int_0^1\frac{t+2}{t^2+2t+2}\mathrm{d}t=\frac{1}{2}\int_0^1\frac{2t+2+2}{t^2+2t+2}\mathrm{d}t\\
&=\frac{1}{2}\int_0^1\frac{2t+2}{t^2+2t+2}\mathrm{d}t+\int_0^1\frac{1}{t^2+2t+2}\mathrm{d}t\\
&=\frac{1}{2}\int_0^1\frac{(t^2+2t+2)'}{t^2+2t+2}\mathrm{d}t+\int_0^1\frac{1}{(t+1)^2+1}\mathrm{d}t\\
&=\frac{1}{2}\ln(t^2+2t+2)\Big|_0^1+\arctan(t+1)\Big|_0^1\\
&=\frac{1}{2}\ln\frac{5}{2}+\arctan 2-\frac{\pi}{4},
\end{aligned}$$

因此函数 $f(x)$ 在 $[0,1]$ 上的最大值为 $f(1)=\frac{1}{2}\ln\frac{5}{2}+\arctan 2-\frac{\pi}{4}$，应选 D.

## 题型 12 曲线的凹凸性与拐点

**强化 137** E.

【解析】因为$f''(x)<0$,所以$f(x)$在$(0,2)$内为凸曲线.

显然$(0,f(0))$与$(1,f(1))$之间的割线方程为$y=x$;$f(x)$在$x=0$处的切线方程为$y=f'(0)x$;$f(x)$在$x=2$处的切线方程为$y=f(2)+f'(2)(x-2)$,故当$x\in(0,1)$时,$f(x)>x$;当$x\in(0,2)$时,$f(x)<f'(0)x$且$f(x)<f(2)+f'(2)(x-2)$.

应选 E.

**强化 138** A.

【解析】函数$f(x)$的定义域为$(-\infty,+\infty)$,且

$$f(x)=x^{\frac{8}{3}}-x^{\frac{5}{3}},\quad f'(x)=\frac{8}{3}x^{\frac{5}{3}}-\frac{5}{3}x^{\frac{2}{3}},$$

$$f''(x)=\frac{40}{9}x^{\frac{2}{3}}-\frac{10}{9}x^{-\frac{1}{3}}=\frac{10}{9}\frac{4x-1}{\sqrt[3]{x}},$$

令$f''(x)=0$,解得$x=\frac{1}{4}$,且$x=0$为$f''(x)$不存在的点,可列表:

| $x$ | $(-\infty,0)$ | 0 | $\left(0,\frac{1}{4}\right)$ | $\frac{1}{4}$ | $\left(\frac{1}{4},+\infty\right)$ |
|---|---|---|---|---|---|
| $f''(x)$ | + | 不存在 | − | 0 | + |
| $f(x)$ | 凹 | 拐点 | 凸 | 拐点 | 凹 |

故曲线$y=f(x)$的凸区间为$\left(0,\frac{1}{4}\right)$,应选 A.

**强化 139** C.

【解析】根据由参数方程确定函数的导数计算公式,知

$$\frac{dy}{dx}=\frac{y'(t)}{x'(t)}=\frac{3t^2-3}{3t^2+3}=\frac{t^2-1}{t^2+1}=1-\frac{2}{t^2+1},$$

$$\frac{d^2y}{dx^2}=\frac{d\left(\frac{dy}{dx}\right)}{dt}\cdot\frac{1}{x'(t)}=\frac{4t}{3(t^2+1)^3},$$

令$\frac{d^2y}{dx^2}=\frac{4t}{3(t^2+1)^3}<0$，解得 $t<0$.

因为$\frac{dx}{dt}=3t^2+3>0$，所以 $x=t^3+3t+1$ 关于 $t$ 单调增加，又因为当 $t=0$ 时，$x=1$，所以当 $t<0$ 时，有 $x<1$，此时曲线 $y=y(x)$ 为凸曲线，因此，曲线 $y=y(x)$ 向上凸的区间为$(-\infty,1)$，应选 C.

**强化 140** B.

【**解析**】$f'(x)=3ax^2+2bx$，$f''(x)=6ax+2b$.

因为点$(1,2)$为$f(x)=ax^3+bx^2+c$ 的拐点，所以

$$f(1)=a+b+c=2,\quad f''(1)=6a+2b=0.$$

又在点$(1,2)$处的切线斜率为$-9$，所以

$$f'(1)=3a+2b=-9,$$

联立，可解得 $a=3$，$b=-9$，$c=8$，应选 B.

**强化 141** B.

【**解析**】函数$f(x)=(x-1)^4(x-6)$的定义域为$(-\infty,+\infty)$，且

$$f'(x)=5(x-1)^3(x-5),\quad f''(x)=20(x-1)^2(x-4),$$

令$f''(x)=0$，解得 $x_1=1$，$x_2=4$，可列表：

| $x$ | $(-\infty,1)$ | 1 | $(1,4)$ | 4 | $(4,+\infty)$ |
|---|---|---|---|---|---|
| $f''(x)$ | − | 0 | − | 0 | + |
| $y=f(x)$ | 凸 | 不是拐点 | 凸 | 拐点 | 凹 |

所以曲线 $y=(x-1)^4(x-6)$ 仅有 1 个拐点，应选 B.

**强化 142** C.

【**解析**】**方法一**：将函数变形为$f(x)=x\int_0^x(e^{t^2}-1)dt$，则

$$f'(x)=\int_0^x(e^{t^2}-1)dt+x(e^{x^2}-1),\quad f'(0)=0,$$

$$f''(x)=2(e^{x^2}-1)+2x^2e^{x^2},\quad f''(0)=0,$$

$$f'''(x)=8xe^{x^2}+4x^3e^{x^2},\quad f'''(0)=0,$$

$$f^{(4)}(x)=8e^{x^2}+28x^2e^{x^2}+8x^4e^{x^2},\quad f^{(4)}(0)=8,$$

根据极值与拐点的第三充分条件可知，$x=0$ 是$f(x)$的极小值点，点$(0,0)$不是 $y=f(x)$的拐点.

**方法二**:将函数变形为$f(x)=x\int_0^x(e^{t^2}-1)dt$,因为$f(0)=0$,且当$x>0$时,$f(x)>0$;当$x<0$时,$f(x)>0$,所以$x=0$是$f(x)$的极小值点.

又因为

$$f'(x)=\int_0^x(e^{t^2}-1)dt+x(e^{x^2}-1),$$

$$f''(x)=2(e^{x^2}-1)+2x^2e^{x^2},$$

所以$f''(0)=0$,且当$x>0$时,$f''(x)>0$;当$x<0$时,$f''(x)>0$,所以点$(0,0)$不是$y=f(x)$的拐点,应选 C.

微积分篇

**强化 143** C.

**【解析】**由$f''(x)=x-[f(x)]^2$,知$f''(0)=0-[f(0)]^2=0$,此时极值第二充分条件失效,还需进一步判定.

$f''(x)=x-[f(x)]^2$ 再对$x$求导,知

$$f'''(x)=1-2f(x)f'(x),$$

即$f'''(0)=1$,根据极值的第三充分条件可知,$f(0)$不是$f(x)$的极值;根据拐点的第二充分条件可知,点$(0,f(0))$是曲线$y=f(x)$的拐点,应选 C.

## 题型 13　渐近线与曲率

**强化 144** D.

**【解析】**由$\lim\limits_{x\to0}y=\lim\limits_{x\to0}\left[\frac{1}{x}+\ln(1+e^x)\right]=\infty$,知$x=0$是一条垂直渐近线;

由$\lim\limits_{x\to-\infty}y=\lim\limits_{x\to-\infty}\left(\frac{1}{x}+\ln(1+e^x)\right)=0$,知$y=0$是一条水平渐近线;

又

$$a=\lim_{x\to+\infty}\frac{y}{x}=\lim_{x\to+\infty}\left[\frac{1}{x^2}+\frac{\ln(1+e^x)}{x}\right]=0+\lim_{x\to+\infty}\frac{\ln(1+e^x)}{x}=\lim_{x\to+\infty}\frac{\frac{e^x}{1+e^x}}{1}=1,$$

$$b=\lim_{x\to+\infty}(y-x)=\lim_{x\to+\infty}\left[\frac{1}{x}+\ln(1+e^x)-x\right]$$

$$=0+\lim_{x\to+\infty}[\ln(1+e^x)-x]=\lim_{x\to+\infty}\ln\frac{1+e^x}{e^x}=0,$$

所以$y=x$是一条斜渐近线,因此曲线共有 3 条渐近线,故应选 D.

**强化 145** C.

【解析】对于选项 C,因为

$$a=\lim_{x\to\infty}\frac{y}{x}=\lim_{x\to\infty}\frac{x+\sin\dfrac{1}{x}}{x}=1,\quad b=\lim_{x\to\infty}(y-ax)=\lim_{x\to\infty}\left(x+\sin\frac{1}{x}-x\right)=0,$$

所以 $y=x+\sin\dfrac{1}{x}$有斜渐近线 $y=x$,应选 C.

**强化 146** D.

【解析】根据由参数方程确定的函数的导数计算公式,知

$$y'=\frac{\mathrm{d}y}{\mathrm{d}x}=\frac{y'(t)}{x'(t)}=\frac{3\sin^2t\cdot\cos t}{3\cos^2t\cdot(-\sin t)}=-\tan t,$$

$$y''=\frac{\mathrm{d}^2y}{\mathrm{d}x^2}=\frac{\mathrm{d}}{\mathrm{d}t}\left(\frac{\mathrm{d}y}{\mathrm{d}x}\right)\frac{\mathrm{d}t}{\mathrm{d}x}=\frac{1}{3\cos^4t\cdot\sin t},$$

当 $t=\dfrac{\pi}{4}$时,$y'=-1,y''=\dfrac{8}{3\sqrt{2}}$,则在 $t=\dfrac{\pi}{4}$对应点处的曲率为 $K=\dfrac{|y''|}{(1+y'^2)^{\frac{3}{2}}}=\dfrac{2}{3}$,应选 D.

**强化 147** A.

【解析】因为 $y=(x-2)^2-1$,所以 $y=x^2-4x+3$ 的顶点为$(2,-1)$.

又因为 $y'(2)=0,y''(2)=2$,所以抛物线 $y=x^2-4x+3$ 在其顶点处的曲率

$$K\big|_{(2,-1)}=\frac{|y''|}{(1+y'^2)^{\frac{3}{2}}}\Bigg|_{(2,-1)}=2,$$

故曲率半径为 $R=\dfrac{1}{K}=\dfrac{1}{2}$,进而曲率圆圆心坐标为$\left(2,-\dfrac{1}{2}\right)$,曲率圆方程为

$$(x-2)^2+\left(y+\frac{1}{2}\right)^2=\frac{1}{4},$$

应选 A.

## 题型 14 求函数零点及方程根

**强化 148** C.

【解析】函数 $f(x)=\ln x-\dfrac{x}{\mathrm{e}}+k$ 的定义域为 $x>0$,且$f'(x)=\dfrac{1}{x}-\dfrac{1}{\mathrm{e}}$.

令 $f'(x)=0$，解得 $x=e$，可列表得

| $x$ | $(0,e)$ | $e$ | $(e,+\infty)$ |
|---|---|---|---|
| $y'$ | + | 0 | - |
| $y$ | 增加 | 极大值 | 减少 |

又因为

$$\lim_{x\to0^+}f(x)=\lim_{x\to0^+}\left(\ln x-\frac{x}{e}+k\right)=-\infty,\quad \lim_{x\to+\infty}f(x)=\lim_{x\to+\infty}\left(\ln x-\frac{x}{e}+k\right)=-\infty,$$

所以曲线 $y=\ln x-\frac{x}{e}+k$ 与 $x$ 轴有两个交点，因此函数 $f(x)=\ln x-\frac{x}{e}+k$ 在 $(0,+\infty)$ 内有 2 个零点，故应选 C.

**强化 149** C.

【**解析**】令 $f(x)=4\arctan x-x+\frac{4\pi}{3}-\sqrt{3}$，定义域为 $\mathbf{R}$，且

$$f'(x)=\frac{4}{1+x^2}-1=\frac{3-x^2}{1+x^2},$$

令 $f'(x)=0$，解得 $x=\pm\sqrt{3}$，可列表得

| $x$ | $(-\infty,-\sqrt{3})$ | $-\sqrt{3}$ | $(-\sqrt{3},\sqrt{3})$ | $\sqrt{3}$ | $(\sqrt{3},+\infty)$ |
|---|---|---|---|---|---|
| $y'$ | - | 0 | + | 0 | - |
| $y$ | 减少 | 极小值 | 增加 | 极大值 | 减少 |

又因为

$$f(-\sqrt{3})=0,\quad f(\sqrt{3})=\frac{8\pi}{3}-2\sqrt{3}>0,$$

$$\lim_{x\to-\infty}f(x)=\lim_{x\to-\infty}\left(4\arctan x-x+\frac{4\pi}{3}-\sqrt{3}\right)=+\infty,$$

$$\lim_{x\to+\infty}f(x)=\lim_{x\to+\infty}\left(4\arctan x-x+\frac{4\pi}{3}-\sqrt{3}\right)=-\infty,$$

所以 $f(x)=4\arctan x-x+\frac{4\pi}{3}-\sqrt{3}$ 有 2 个零点，即方程 $4\arctan x-x+\frac{4\pi}{3}-\sqrt{3}=0$ 恰有两实根，应选 C.

**强化 150** C.

【**解析**】由题意可知，本题欲求方程 $ax^2=\ln x\,(x>0)$ 的根的个数，分离参数得 $a=\frac{\ln x}{x^2}$.

设 $f(x)=\frac{\ln x}{x^2}(x>0)$，则 $f'(x)=\frac{x-2x\ln x}{x^4}=\frac{1-2\ln x}{x^3}$.

令 $f'(x)=0$，解得 $x=\sqrt{e}$.

当 $0<x<\sqrt{e}$ 时，$f'(x)>0$，$f(x)$ 单调增加；当 $x>\sqrt{e}$ 时，$f'(x)<0$，$f(x)$ 单调减少，且

$$f(\sqrt{e})=\frac{1}{2e},\quad \lim_{x\to 0^+}f(x)=-\infty,\quad \lim_{x\to+\infty}f(x)=0,$$

可得 $f(x)=\frac{\ln x}{x^2}$ 曲线如图 14.1 所示.

因此当 $0<a<\frac{1}{2e}$ 时，$a=\frac{\ln x}{x^2}$ 有两个实根，即曲线 $y=ax^2$ 与 $y=\ln x$ 有两个交点，应选 C.

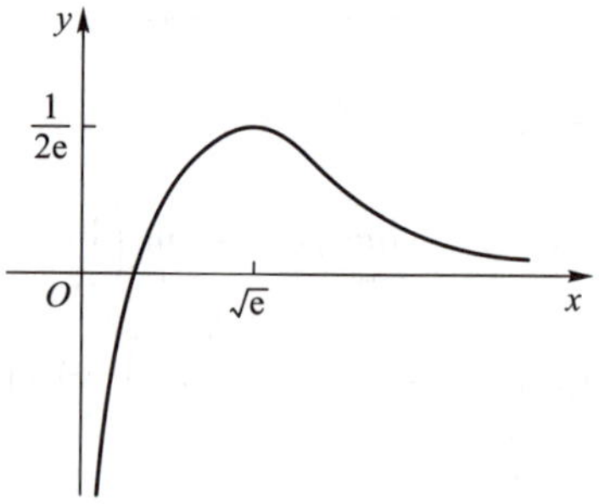


图 14.1

**强化 151** A.

【解析】$f(x)$ 的定义域为 $(-\infty,+\infty)$，且

$$\begin{aligned}f'(x)&=(2x-3)e^x+(x^2-3x+3)e^x-x^2+x\\&=x(x-1)(e^x-1).\end{aligned}$$

令 $f'(x)=0$ 时，解得驻点 $x=0,x=1$，列表得

| $x$ | $(-\infty,0)$ | 0 | $(0,1)$ | 1 | $(1,+\infty)$ |
|---|---|---|---|---|---|
| $f'(x)$ | − | 0 | − | 0 | + |
| $f(x)$ | 单调减少 | 不取极值 | 单调减少 | 极小值 | 单调增加 |

且 $\lim_{x\to+\infty}f(x)=+\infty$，$\lim_{x\to-\infty}f(x)=+\infty$，$f(1)=a+e+\frac{1}{6}$，若 $f(x)$ 有两个零点，即需满足 $f(1)=a+e+\frac{1}{6}<0$，解得 $a+e<-\frac{1}{6}$，故应选 A.

## 题型 15 中值定理

**强化 152** D.

【解析】对于①，因为

$$f'_-(0)=\lim_{x\to 0^-}\frac{f(x)-f(0)}{x}=\lim_{x\to 0^-}\frac{\sqrt{x}\sin x}{x}=0,$$

$$f'_+(0)=\lim_{x\to 0^+}\frac{f(x)-f(0)}{x}=\lim_{x\to 0^+}\frac{2-2}{x}=0,$$

所以 $f(x)$ 满足在 $[-1,1]$ 上连续,在 $(-1,1)$ 内可导,故满足拉格朗日中值定理条件.

对于②,因为

$$f'(0)=\lim_{x\to 0}\frac{f(x)-f(0)}{x}=\lim_{x\to 0}\frac{x\arctan\frac{1}{x^2}}{x}=\lim_{x\to 0}\arctan\frac{1}{x^2}=\frac{\pi}{2},$$

所以 $f(x)$ 满足在 $[-1,1]$ 上连续,在 $(-1,1)$ 内可导,故满足拉格朗日中值定理条件.

对于③,因为

$$f'(0)=\lim_{x\to 0}\frac{f(x)-f(0)}{x}=\lim_{x\to 0}\frac{x^2\sin\frac{1}{x}}{x}=\lim_{x\to 0}x\sin\frac{1}{x}=0,$$

所以 $f(x)$ 满足在 $[-1,1]$ 上连续,在 $(-1,1)$ 内可导,故满足拉格朗日中值定理条件.

对于④,因为 $f(x)=1+|x|$ 在 $x=0$ 处不可导,所以不满足拉格朗日中值定理条件.

应选 D.

**强化 153** C.

【解析】因为

$$f'_-(1)=\lim_{x\to 1^-}\frac{f(x)-f(1)}{x-1}=\lim_{x\to 1^-}\frac{\frac{3-x^2}{2}-1}{x-1}=-1,$$

$$f'_+(1)=\lim_{x\to 1^+}\frac{f(x)-f(1)}{x-1}=\lim_{x\to 1^+}\frac{\frac{1}{x}-1}{x-1}=-1,$$

所以 $f'(x)=\begin{cases}-x, & x\leqslant 1,\\ -\dfrac{1}{x^2}, & x>1.\end{cases}$ 进而 $f(x)$ 在 $[0,2]$ 上满足拉格朗日中值定理条件,$\exists\,\xi\in(0,2)$,使得

$$f'(\xi)=\frac{f(2)-f(0)}{2}=\frac{\frac{1}{2}-\frac{3}{2}}{2}=-\frac{1}{2}.$$

若 $\xi\in(0,1)$,即 $f'(\xi)=-\xi=-\frac{1}{2}$,解得 $\xi=\frac{1}{2}$;若 $\xi\in(1,2)$,即 $f'(\xi)=-\frac{1}{\xi^2}=-\frac{1}{2}$,解得 $\xi=\sqrt{2}$,应选 C.

**强化 154** D.

【解析】设函数 $f(x)=2^x-x^2-1$,因为

$$f'(x)=2^x\ln 2-2x,\quad f''(x)=2^x(\ln 2)^2-2,\quad f'''(x)=2^x(\ln 2)^3\neq 0,$$

所以根据罗尔定理推论,可知 $f(x)=2^x-x^2-1$ 至多有 3 个零点.

又因为

$$f(0)=0,\quad f(1)=0,\quad f(2)=-1<0,\quad f(5)>0,$$

所以 $f(x)=2^x-x^2-1$ 至少有 3 个零点.

综上，$f(x)=2^x-x^2-1$ 有 3 个零点，应选 D.

**强化 155** C.

【解析】对于选项 A，若取 $f(x)=\begin{cases}1, & a<x\leqslant b,\\ -1, & x=a,\end{cases}$ 满足题意，但不存在 $\xi\in(a,b)$，使得 $f(\xi)=0$，选项 A 错误.

对于选项 B，若取 $a=0,b=2$，$f(x)=\begin{cases}x-1, & 0<x\leqslant 2,\\ 1, & x=0,\end{cases}$ 满足题意，但不存在 $\xi\in(a,b)$，使得 $f'(\xi)=0$，选项 B 错误.

对于选项 D、E，若取 $a=0,b=2$，$f(x)=x+1$，满足题意，但不存在 $\xi\in(a,b)$，使得 $f(\xi)=0$ 及 $f'(\xi)=0$，选项 D、E 错误.

应选 C.

## 题型 16 微分的经济学应用

**强化 156** B.

【解析】因为收益函数 $R=P\cdot Q=\left(20-\dfrac{1}{2}Q\right)Q$，所以边际收益 $\dfrac{\mathrm{d}R}{\mathrm{d}Q}=20-Q$，应选 B.

**强化 157** C.

【解析】由于 $MC=C'(Q)=2Q$，$\eta=-\dfrac{p}{Q}\cdot\dfrac{\mathrm{d}p}{\mathrm{d}Q}=\dfrac{p}{Q}$，代入定价模型 $p=\dfrac{MC}{1-\dfrac{1}{\eta}}$ 中，解得 $p=3Q$，故 $p=30$，应选 C.

**强化 158** B.

【解析】成本函数 $C(Q)=Q\cdot\overline{C}(Q)=Q(1+\mathrm{e}^{-Q})$，所以边际成本为

$$\frac{\mathrm{d}C(Q)}{\mathrm{d}Q}=1+\mathrm{e}^{-Q}-Q\mathrm{e}^{-Q}=1+(1-Q)\mathrm{e}^{-Q},$$

应选 B.

# 第三章　一元函数积分学

## 题型 17　不 定 积 分

**强化 159** B.

**【解析】**当 $x\in[0,2]$ 时,有

$$f(x)=\int f'(x)\,\mathrm{d}x=(x-1)^2+C,$$

因为 $f(x)$ 为奇函数,所以 $f(0)=0$,即 $f(0)=C+1=0$,解得 $C=-1$,因此当 $x\in[0,2]$ 时,$f(x)=x^2-2x$.

又因为 $f(x)$ 是周期为 4 的奇函数,所以 $f(7)=f(-1)=-f(1)=1$.

应选 B.

**强化 160** D.

**【解析】方法一:直接法.**

由题意可知,

$$F(x)=\begin{cases}\int 2(x-1)\,\mathrm{d}x, & x<1,\\ \int \ln x\,\mathrm{d}x, & x\geqslant 1\end{cases}=\begin{cases}(x-1)^2+C_1, & x<1,\\ x\ln x-x+C_2, & x>1.\end{cases}$$

因为 $F(x)$ 在 $x=1$ 处连续,所以 $C_1=-1+C_2$.

令 $C_1=C$,故

$$F(x)=\begin{cases}(x-1)^2+C, & x<1,\\ x(\ln x-1)+1+C, & x\geqslant 1,\end{cases}$$

令 $C=0$,则 $f(x)$ 的一个原函数为 $F(x)=\begin{cases}(x-1)^2, & x<1,\\ x(\ln x-1)+1, & x\geqslant 1,\end{cases}$ 应选 D.

**方法二：排除法.**

因为 $F(x)$ 在 $x=1$ 处连续，显然选项 A、C、E 错误，又 $\int \ln x\mathrm{d}x=x\ln x-x+C$，所以选项 B 也错误，故应选 D.

**强化 161** A.

**【解析】** $$\int\frac{2x-1}{x^2-5x+6}\mathrm{d}x=\int\left(\frac{2x-5}{x^2-5x+6}+\frac{4}{x^2-5x+6}\right)\mathrm{d}x$$

$$=\int\frac{2x-5}{x^2-5x+6}\mathrm{d}x+4\int\frac{1}{(x-2)(x-3)}\mathrm{d}x$$

$$=\int\frac{1}{x^2-5x+6}\mathrm{d}(x^2-5x+6)+4\int\left(\frac{1}{x-3}-\frac{1}{x-2}\right)\mathrm{d}x$$

$$=\ln|x^2-5x+6|+4\ln|x-3|-4\ln|x-2|+C$$

$$=\ln|x^2-5x+6|+4\ln\left|\frac{x-3}{x-2}\right|+C,$$

应选 A.

**强化 162** A.

**【解析】** $$\int\frac{x\cos x}{\sin^3x}\mathrm{d}x=\int\frac{x}{\sin^3x}\mathrm{d}\sin x=-\frac{1}{2}\int x\mathrm{d}\frac{1}{\sin^2x}$$

$$=-\frac{1}{2}\left(\frac{x}{\sin^2x}-\int\frac{1}{\sin^2x}\mathrm{d}x\right)$$

$$=-\frac{1}{2}\frac{x}{\sin^2x}-\frac{1}{2}\cot x+C,$$

应选 A.

**强化 163** B.

**【解析】** $$\int x^2(\ln x)^2\mathrm{d}x=\frac{1}{3}\int(\ln x)^2\mathrm{d}(x^3)=\frac{1}{3}\left[x^3(\ln x)^2-2\int x^2\ln x\mathrm{d}x\right]$$

$$=\frac{1}{3}x^3(\ln x)^2-\frac{2}{9}\int\ln x\mathrm{d}(x^3)=\frac{1}{3}x^3(\ln x)^2-\frac{2}{9}\left(x^3\ln x-\int x^2\mathrm{d}x\right)$$

$$=\frac{1}{3}x^3(\ln x)^2-\frac{2}{9}x^3\ln x+\frac{2}{27}x^3+C$$

$$=\frac{1}{3}x^3\left[(\ln x)^2-\frac{2}{3}\ln x+\frac{2}{9}\right]+C,$$

应选 B.

**强化 164** C.

**【解析】** $\int \frac{1}{1+\sin x}dx = \int \frac{1-\sin x}{1-\sin^2 x}dx = \int \frac{1-\sin x}{\cos^2 x}dx = \int \frac{1}{\cos^2 x}dx - \int \frac{\sin x}{\cos^2 x}dx$

$$= \tan x + \int \frac{1}{\cos^2 x}d\cos x = \tan x - \frac{1}{\cos x} + C,$$

应选 C.

**强化 165** A.

**【解析】** $\int \frac{1}{\cos x\sqrt{\sin x}}dx = \int \frac{\cos x}{\cos^2 x\sqrt{\sin x}}dx = \int \frac{1}{(1-\sin^2 x)\sqrt{\sin x}}d\sin x$

$$= 2\int \frac{1}{(1-\sin^2 x)}d\sqrt{\sin x} \xlongequal{令 t=\sqrt{\sin x}} 2\int \frac{1}{(1-t^4)}dt$$

$$= \int \left[\frac{1}{(1+t^2)} + \frac{1}{1-t^2}\right]dt = \int \left[\frac{1}{(1+t^2)} - \frac{1}{t^2-1}\right]dt$$

$$= \arctan t + \frac{1}{2}\ln\left|\frac{t-1}{t+1}\right| + C$$

$$= \arctan\sqrt{\sin x} + \frac{1}{2}\ln\left|\frac{\sqrt{\sin x}-1}{\sqrt{\sin x}+1}\right| + C,$$

应选 A.

**强化 166** B.

**【解析】** 因为 $\frac{x^2+2x-1}{(x-1)(x^2-x+1)} = \frac{2}{x-1} - \frac{x-3}{x^2-x+1}$，所以

$$\int \frac{x^2+2x-1}{(x-1)(x^2-x+1)}dx = 2\int \frac{1}{x-1}dx - \int \frac{x-3}{x^2-x+1}dx = 2\ln|x-1| - \frac{1}{2}\int \frac{2x-1-5}{x^2-x+1}dx$$

$$= 2\ln|x-1| - \frac{1}{2}\left(\int \frac{2x-1}{x^2-x+1}dx - \int \frac{5}{x^2-x+1}dx\right)$$

$$= 2\ln|x-1| - \frac{1}{2}\ln|x^2-x+1| + \frac{5}{2}\int \frac{1}{\left(x-\frac{1}{2}\right)^2+\frac{3}{4}}dx$$

$$= 2\ln|x-1| - \frac{1}{2}\ln|x^2-x+1| + \frac{5}{2}\cdot\frac{2}{\sqrt{3}}\arctan\frac{2x-1}{\sqrt{3}} + C$$

$$= \ln\frac{(x-1)^2}{\sqrt{x^2-x+1}} + \frac{5}{\sqrt{3}}\arctan\frac{2x-1}{\sqrt{3}} + C,$$

应选 B.

**强化 167** D.

【解析】$\int \frac{x^2+1}{x^4+1}dx=\int \frac{1+\frac{1}{x^2}}{x^2+\frac{1}{x^2}}dx=\int \frac{d\left(x-\frac{1}{x}\right)}{\left(x-\frac{1}{x}\right)^2+2}=\frac{1}{\sqrt{2}}\arctan \frac{x^2-1}{\sqrt{2}x}+C$，应选 D.

**强化 168** D.

【解析】
$$\int \frac{1}{x(x^{10}+1)}dx=\int \frac{x^9}{x^{10}(x^{10}+1)}dx=\frac{1}{10}\int \frac{1}{x^{10}(x^{10}+1)}dx^{10}$$
$$=\frac{1}{10}\int\left(\frac{1}{x^{10}}-\frac{1}{x^{10}+1}\right)dx^{10}=\frac{1}{10}\ln \frac{x^{10}}{x^{10}+1}+C$$
$$=\ln|x|-\frac{1}{10}\ln(x^{10}+1)+C,$$

应选 D.

**强化 169** C.

【解析】令 $e^x=u$，则
$$\int e^{2x}f''(e^x)dx=\int e^x f''(e^x)de^x=\int uf''(u)du=\int udf'(u)$$
$$=uf'(u)-\int f'(u)du=uf'(u)-f(u)+C$$
$$=e^x f'(e^x)-f(e^x)+C,$$

应选 C.

**强化 170** C.

【解析】因为$\lim\limits_{x\to 0}f(x)=\lim\limits_{x\to 0}\frac{\arctan x}{x}=1\neq 2$，所以 $f(x)$ 在$[-1,1]$内存在可去间断点，故 $f(x)$ 在$[-1,1]$上不定积分不存在，但定积分存在.

因为$\lim\limits_{x\to 0^+}g(x)=1\neq\lim\limits_{x\to 0^-}g(x)=-1$，所以 $g(x)$ 在$[-1,1]$内存在跳跃间断点，故 $g(x)$ 在$[-1,1]$上不定积分不存在，但定积分存在.

因为$\lim\limits_{x\to 0}h(x)=\infty$，所以 $h(x)$ 在$[-1,1]$内存在无穷间断点，故 $h(x)$ 在$[-1,1]$上不定积分不存在，且定积分也不存在(因为函数在该区间上无界).

因为 $w(x)$ 在$[-1,1]$上连续，所以 $w(x)$ 在$[-1,1]$上不定积分存在，且定积分也存在.

应选 C.

## 题型 18　定积分的定义与性质

**强化 171** C.

【解析】因为 $f(x)$ 是奇函数，所以 $F(x)=\int_0^x f(t)\mathrm{d}t$ 是偶函数.

又因为

$$F(2)=\int_0^2 f(t)\mathrm{d}t=\frac{1}{2}\pi,\quad（上半圆的面积）$$

$$F(3)=\int_0^3 f(t)\mathrm{d}t=\int_0^2 f(t)\mathrm{d}t+\int_2^3 f(t)\mathrm{d}t=\frac{1}{2}\pi-\frac{1}{2}\pi\left(\frac{1}{2}\right)^2=\frac{3}{8}\pi,$$

所以 $F(3)=F(-3)=\frac{3}{4}F(2)$，应选 C.

**强化 172** D.

【解析】因为 $f''(x)>0$，所以曲线 $y=f(x)$ 为凹曲线. 如图 18.1 所示，其中直线 $EF$ 为曲线 $y=f(x)$ 在点 $x=0$ 处的切线，不难看出

$$S_{梯形ABDC}>S_{曲边梯形ABDC}>S_{梯形EFDC},$$

故 $2\cdot\frac{f(-1)+f(1)}{2}>\int_{-1}^1 f(x)\mathrm{d}x>2f(0)$，即 $f(-1)+f(1)>\int_{-1}^1 f(x)\mathrm{d}x>2f(0)$，应选 D.

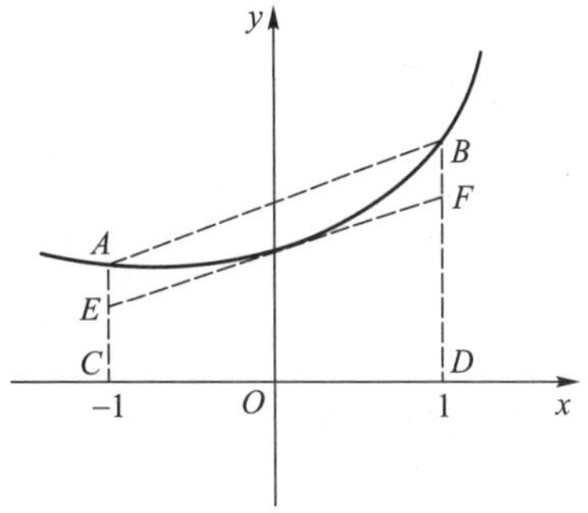


图 18.1

【注】本题的命题背景是数学分析中著名的 Hadamard 不等式：

若 $f(x)$ 在 $[a,b]$ 上二阶可导，且 $f''(x)\geqslant 0$，则有

$$f\left(\frac{a+b}{2}\right)\leqslant\frac{1}{b-a}\int_a^b f(x)\mathrm{d}x\leqslant\frac{f(a)+f(b)}{2}.$$

该问题在 2022 年真题中已有考查，对于备战 396 经济类综合能力考试的考生，我们的重心在于通过几何意义理解该不等式，并且会利用该不等式解决相关问题，至于该不等式的严格证明是次要的（提示：可利用泰勒定理展开证明，有兴趣的考生可自行解决）.

**强化 173** B.

【解析】**方法一：图示法.**

因为 $f''(x)>0$，所以 $f(x)$ 在 $[-1,1]$ 上是凹的，又因为 $f(x)$ 经过点 $(-1,1)$，$(1,1)$，$(0,-1)$，

所以可画草图如图 18.2 所示，不难看出 $\int_{-1}^{1} f(x)\,\mathrm{d}x<0$，故应选 B.

**方法二：特例排除法.**

取 $f(x)=2x^2-1$，则

$$\int_{-1}^{0} f(x)\,\mathrm{d}x=\int_{0}^{1} f(x)\,\mathrm{d}x,$$

$$\int_{-1}^{1} f(x)\,\mathrm{d}x=\int_{-1}^{1}(2x^2-1)\,\mathrm{d}x=-\frac{2}{3}<0,\ \int_{-1}^{0} f(x)\,\mathrm{d}x=-\frac{1}{3}<0,$$

可排除选项 A、C、D、E，应选 B.

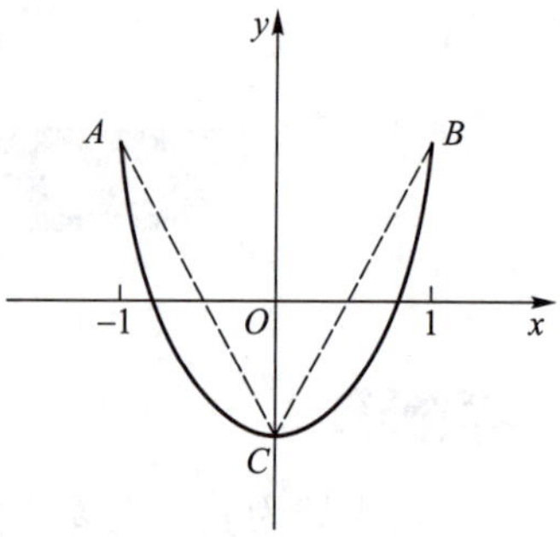


图 18.2

**强化 174** D.

【解析】如图 18.3 所示，当 $0<x<\frac{\pi}{2}$ 时，有

$$1-\cos x<\sin x<x,$$

又 $y=\cos x$ 在 $\left(0,\frac{\pi}{2}\right)$ 内单调减少，所以

$$\cos(1-\cos x)>\cos(\sin x)>\cos x,$$

故 $\int_{0}^{\frac{\pi}{2}}\cos(1-\cos x)\,\mathrm{d}x>\int_{0}^{\frac{\pi}{2}}\cos(\sin x)\,\mathrm{d}x>\int_{0}^{\frac{\pi}{2}}\cos x\,\mathrm{d}x$，即 $J<I<K$，应选 D.

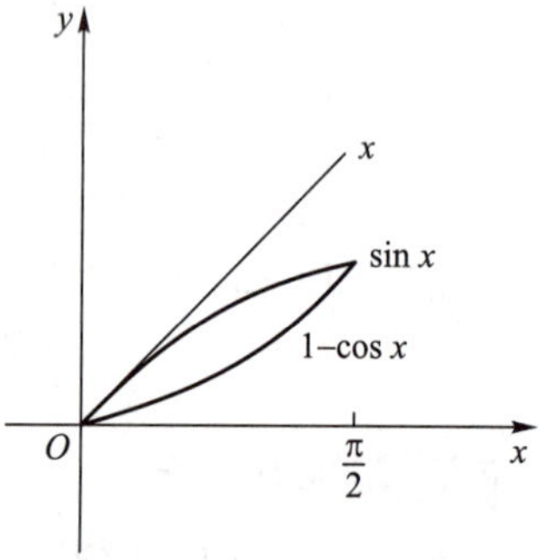


图 18.3

**强化 175** A.

【解析】当 $0<x<1$ 时，有 $\frac{x}{1+x}<\ln(1+x)<x<\mathrm{e}^x-1$，故

$$\frac{x}{(1+x)^2}<\frac{\ln(1+x)}{1+x}<\frac{\mathrm{e}^x-1}{1+x},$$

即 $I<J<K$，应选 A.

**强化 176** A.

【解析】当 $0<x<\frac{\pi}{2}$ 时，有 $\frac{2}{\pi}x<\sin x<x$，故

$$\frac{2}{\pi}<\frac{\sin x}{x}<\frac{x}{\sin x},$$

进而 $\int_{0}^{\frac{\pi}{2}}\frac{2}{\pi}\,\mathrm{d}x<\int_{0}^{\frac{\pi}{2}}\frac{\sin x}{x}\,\mathrm{d}x<\int_{0}^{\frac{\pi}{2}}\frac{x}{\sin x}\,\mathrm{d}x$，即 $1<\int_{0}^{\frac{\pi}{2}}\frac{\sin x}{x}\,\mathrm{d}x<\int_{0}^{\frac{\pi}{2}}\frac{x}{\sin x}\,\mathrm{d}x$，应选 A.

**强化 177** C.

【解析】当$-\frac{\pi}{2}<x<\frac{\pi}{2}$时，$e^x-1\geqslant x$（当且仅当 $x=0$ 时等号成立），所以

$$N=\int_{-\frac{\pi}{2}}^{\frac{\pi}{2}}\frac{1+x}{e^x}dx<\int_{-\frac{\pi}{2}}^{\frac{\pi}{2}}1dx.$$

当$-\frac{\pi}{2}<x<\frac{\pi}{2}$时，$1+\sqrt{\cos x}>1$，所以 $K=\int_{-\frac{\pi}{2}}^{\frac{\pi}{2}}(1+\sqrt{\cos x})dx>\int_{-\frac{\pi}{2}}^{\frac{\pi}{2}}1dx$.

又 $M=\int_{-\frac{\pi}{2}}^{\frac{\pi}{2}}\frac{x^2+2x+1}{1+x^2}dx=\int_{-\frac{\pi}{2}}^{\frac{\pi}{2}}\left(1+\frac{2x}{1+x^2}\right)dx=\int_{-\frac{\pi}{2}}^{\frac{\pi}{2}}1dx$，所以 $K>M>N$.

应选 C.

**强化 178** D.

【解析】**方法一：直接法.**

由题意可知，$I_1=\int_0^{\pi}e^{x^2}\sin x dx$，$I_2=\int_0^{2\pi}e^{x^2}\sin x dx$，$I_3=\int_0^{3\pi}e^{x^2}\sin x dx$.

因为 $I_2=I_1+\int_{\pi}^{2\pi}e^{x^2}\sin x dx$，且 $\int_{\pi}^{2\pi}e^{x^2}\sin x dx<0$，所以 $I_2<I_1$.

又因为

$$I_3=I_1+\int_{\pi}^{3\pi}e^{x^2}\sin x dx=I_1+\int_{\pi}^{2\pi}e^{x^2}\sin x dx+\int_{2\pi}^{3\pi}e^{x^2}\sin x dx,$$

且

$$\int_{2\pi}^{3\pi}e^{x^2}\sin x dx\xlongequal{令 x-\pi=t}\int_{\pi}^{2\pi}e^{(\pi+t)^2}\sin(\pi+t)dt=-\int_{\pi}^{2\pi}e^{(\pi+x)^2}\sin x dx,$$

即

$$\int_{\pi}^{2\pi}e^{x^2}\sin x dx-\int_{\pi}^{2\pi}e^{(\pi+x)^2}\sin x dx$$

$$=\int_{\pi}^{2\pi}\left[e^{x^2}-e^{(\pi+x)^2}\right]\sin x dx>0,$$

所以 $I_3>I_1$，故 $I_2<I_1<I_3$，应选 D.

**方法二：图示法.**

因为 $y=e^{x^2}$ 在$[0,3\pi]$内单调增加，所以可画出 $y=e^{x^2}\sin x$ 的草图（如图 18.4 所示），显然所围面积 $S_1<S_2<S_3$，故根据定积分的几何意义，不难看出 $I_2<I_1<I_3$，应选 D.

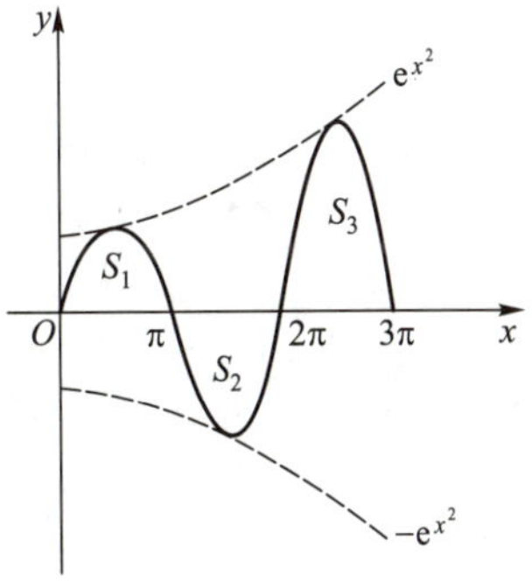


图 18.4

## 题型 19 定积分的计算

**强化 179** B.

【解析】$\int_0^{2\pi}|\sin(x+1)|\mathrm{d}x \xlongequal{令 x+1=t} \int_1^{2\pi+1}|\sin t|\mathrm{d}t$，因为 $|\sin x|$ 是以 $\pi$ 为周期的周期函数，所以原式 $=2\int_0^{\pi}|\sin u|\mathrm{d}u=4$，故应选 B.

**强化 180** D.

【解析】原式 $=\int_{-1}^{1}\frac{x^2}{1+\sqrt{1-x^2}}\mathrm{d}x+\int_{-1}^{1}\frac{\ln(1+x^2)\arctan x}{1+\sqrt{1-x^2}}\mathrm{d}x$

$$=2\int_0^1\frac{x^2}{1+\sqrt{1-x^2}}\mathrm{d}x+0=2\int_0^1\frac{x^2(1-\sqrt{1-x^2})}{x^2}\mathrm{d}x$$

$$=2\int_0^1(1-\sqrt{1-x^2})\mathrm{d}x=2-2\int_0^1\sqrt{1-x^2}\mathrm{d}x$$

$$=2-2\cdot\frac{\pi}{4}=2-\frac{\pi}{2},$$

应选 D.

**强化 181** B.

【解析】根据 $\int_{-a}^{a}f(x)\mathrm{d}x=\int_0^a[f(x)+f(-x)]\mathrm{d}x$，知

$$I=\int_{-\frac{\pi}{4}}^{\frac{\pi}{4}}\frac{\sin^2 x}{1+\mathrm{e}^{-x}}\mathrm{d}x=\int_0^{\frac{\pi}{4}}\left(\frac{\sin^2 x}{1+\mathrm{e}^{x}}+\frac{\sin^2 x}{1+\mathrm{e}^{-x}}\right)\mathrm{d}x$$

$$=\int_0^{\frac{\pi}{4}}\left(\frac{1}{1+\mathrm{e}^{x}}+\frac{1}{1+\mathrm{e}^{-x}}\right)\sin^2 x\mathrm{d}x$$

$$=\int_0^{\frac{\pi}{4}}\sin^2 x\mathrm{d}x=\int_0^{\frac{\pi}{4}}\frac{1-\cos 2x}{2}\mathrm{d}x$$

$$=\frac{1}{8}(\pi-2),$$

应选 B.

**强化 182** D.

【解析】令 $x=2\sin t, t\in\left[0,\frac{\pi}{2}\right]$，则

$$原式=\int_0^{\frac{\pi}{2}}\frac{2\cos t\mathrm{d}t}{2+2\cos t}=\int_0^{\frac{\pi}{2}}\frac{\cos t}{1+\cos t}\mathrm{d}t=\int_0^{\frac{\pi}{2}}\left(1-\frac{1}{1+\cos t}\right)\mathrm{d}t$$

$$=\frac{\pi}{2}-\int_0^{\frac{\pi}{2}}\frac{1}{2\cos^2\frac{t}{2}}\mathrm{d}t=\frac{\pi}{2}-\int_0^{\frac{\pi}{2}}\frac{1}{2}\sec^2\frac{t}{2}\mathrm{d}t$$

$$=\frac{\pi}{2}-\tan\frac{t}{2}\Big|_0^{\frac{\pi}{2}}=\frac{\pi}{2}-1,$$

应选 D.

**强化 183** D.

【解析】$\int_0^1(2x^2+1)\mathrm{e}^{x^2}\mathrm{d}x=\int_0^1 2x^2\mathrm{e}^{x^2}\mathrm{d}x+\int_0^1\mathrm{e}^{x^2}\mathrm{d}x=\int_0^1 x\mathrm{d}\mathrm{e}^{x^2}+\int_0^1\mathrm{e}^{x^2}\mathrm{d}x$

$$=x\mathrm{e}^{x^2}\Big|_0^1-\int_0^1\mathrm{e}^{x^2}\mathrm{d}x+\int_0^1\mathrm{e}^{x^2}\mathrm{d}x=\mathrm{e}.$$

故应选 D.

**强化 184** D.

【解析】$\int_0^1\frac{\ln(1+x)}{(2-x)^2}\mathrm{d}x=\int_0^1\frac{\ln(1+x)}{(x-2)^2}\mathrm{d}x=-\int_0^1\ln(1+x)\mathrm{d}\left(\frac{1}{x-2}\right)$

$$=-\frac{1}{x-2}\cdot\ln(1+x)\Big|_0^1+\int_0^1\frac{1}{(x-2)(x+1)}\mathrm{d}x$$

$$=\ln 2+\frac{1}{3}\int_0^1\left(\frac{1}{x-2}-\frac{1}{x+1}\right)\mathrm{d}x$$

$$=\ln 2+\frac{1}{3}\ln|x-2|\Big|_0^1-\frac{1}{3}\ln|x+1|\Big|_0^1$$

$$=\ln 2+0-\frac{1}{3}\ln 2-\frac{1}{3}\ln 2+0=\frac{1}{3}\ln 2,$$

应选 D.

**强化 185** A.

【解析】$\int_0^{\pi}\mathrm{e}^{-x}\cos x\mathrm{d}x=\int_0^{\pi}\mathrm{e}^{-x}\mathrm{d}(\sin x)=\mathrm{e}^{-x}\sin x\Big|_0^{\pi}+\int_0^{\pi}\mathrm{e}^{-x}\sin x\mathrm{d}x$

$$=-\int_0^{\pi}\mathrm{e}^{-x}\mathrm{d}(\cos x)$$

$$=-e^{-x}\cos x\Big|_0^{\pi}-\int_0^{\pi}e^{-x}\cos x\,dx$$

$$=e^{-\pi}+1-\int_0^{\pi}e^{-x}\cos x\,dx,$$

故 $\int_0^{\pi}e^{-x}\cos x\,dx=\frac{1}{2}(e^{-\pi}+1)$，应选 A.

**强化 186** D.

【解析】$\int_0^{\frac{\pi}{2}}\frac{1}{2\sin^2x+\cos^2x}dx=\int_0^{\frac{\pi}{2}}\frac{\sec^2x}{2\tan^2x+1}dx$

$$=\int_0^{\frac{\pi}{2}}\frac{d(\tan x)}{2\tan^2x+1}=\frac{1}{\sqrt{2}}\int_0^{\frac{\pi}{2}}\frac{d(\sqrt{2}\tan x)}{(\sqrt{2}\tan x)^2+1}$$

$$=\frac{1}{\sqrt{2}}\arctan(\sqrt{2}\tan x)\Big|_0^{\frac{\pi}{2}}=\frac{\pi}{2\sqrt{2}},$$

应选 D.

**强化 187** B.

【解析】$\int_0^1\frac{4-x}{2+4x+x^2+2x^3}dx=\int_0^1\frac{4-x}{(2x+1)(x^2+2)}dx$，令

$$\frac{4-x}{(2x+1)(x^2+2)}=\frac{A}{2x+1}+\frac{Bx+C}{x^2+2},$$

即 $4-x=A(x^2+2)+(Bx+C)(2x+1)$.

令 $x=-\frac{1}{2}$，则 $\frac{9}{2}=\frac{9}{4}A$，解得 $A=2$；

令 $x=0$，则 $4=2A+C$，解得 $C=0$；

令 $x=1$，则 $3=3A+3(B+C)$，解得 $B=-1$，

故

$$\int_0^1\frac{4-x}{2+4x+x^2+2x^3}dx=\int_0^1\left(\frac{2}{2x+1}-\frac{x}{x^2+2}\right)dx$$

$$=\ln(2x+1)\Big|_0^1-\frac{1}{2}\ln(x^2+2)\Big|_0^1=\frac{1}{2}\ln 6,$$

应选 B.

**强化 188** E.

【解析】$f(2)+f\left(\frac{1}{2}\right)=\int_1^2\frac{2\ln u}{1+u}du+\int_1^{\frac{1}{2}}\frac{2\ln u}{1+u}du$，又

$$f\left(\frac{1}{2}\right)=\int_1^{\frac{1}{2}}\frac{2\ln u}{1+u}\mathrm{d}u\xlongequal{令\frac{1}{u}=t}\int_1^2\frac{2\ln\frac{1}{t}}{1+\frac{1}{t}}\cdot\frac{-1}{t^2}\mathrm{d}t=\int_1^2\frac{2\ln t}{t(1+t)}\mathrm{d}t$$

$$=\int_1^2 2\ln t\cdot\left(\frac{1}{t}-\frac{1}{t+1}\right)\mathrm{d}t=\int_1^2\frac{2\ln t}{t}\mathrm{d}t-\int_1^2\frac{2\ln t}{t+1}\mathrm{d}t,$$

所以 $f(2)+f\left(\frac{1}{2}\right)=\int_1^2\frac{2\ln t}{t}\mathrm{d}t=\ln^2 t\Big|_1^2=\ln^2 2$，应选 E.

**强化 189** D.

**【解析】** $\int_{-2}^{4}|x^2-2x-3|\mathrm{d}x$

$$=\int_{-2}^{-1}(x^2-2x-3)\mathrm{d}x+\int_{-1}^{3}[-(x^2-2x-3)]\mathrm{d}x+\int_3^4(x^2-2x-3)\mathrm{d}x$$

$$=\left(\frac{1}{3}x^3-x^2-3x\right)\Big|_{-2}^{-1}-\left(\frac{1}{3}x^3-x^2-3x\right)\Big|_{-1}^{3}+\left(\frac{1}{3}x^3-x^2-3x\right)\Big|_3^4$$

$$=\frac{46}{3},$$

应选 D.

**强化 190** D.

**【解析】** 当 $-2\leqslant k\leqslant 0$ 时，

$$\int_k^1 f(x)\mathrm{d}x=\int_k^0 f(x)\mathrm{d}x+\int_0^1 f(x)\mathrm{d}x$$

$$=\int_k^0(2x+1)\mathrm{d}x+\int_0^1(1-x^2)\mathrm{d}x=\frac{2}{3}-(k^2+k),$$

即 $\frac{2}{3}-(k^2+k)=\frac{2}{3}$，解得 $k=0,-1$.

当 $0<k\leqslant 2$ 时，

$$\int_k^1 f(x)\mathrm{d}x=\int_k^1(1-x^2)\mathrm{d}x=\frac{2}{3}-\left(k-\frac{1}{3}k^3\right),$$

即 $\frac{2}{3}-\left(k-\frac{1}{3}k^3\right)=\frac{2}{3}$，解得 $k=\sqrt{3}$.

应选 D.

**强化 191** B.

**【解析】** 由题意可知，$f(0)=0$，$f(1)=2$，且 $f'(1)=(2^x\ln 2)\big|_{x=1}=2\ln 2$.

进而

$$\begin{aligned}\int_0^1 xf''(x)\mathrm{d}x &= \int_0^1 x\mathrm{d}f'(x)\\ &=xf'(x)\Big|_0^1-\int_0^1 f'(x)\mathrm{d}x\\ &=f'(1)-[f(1)-f(0)]\\ &=2\ln 2-2,\end{aligned}$$

应选 B.

**强化 192** C.

【解析】因为

$$\begin{aligned}\int_0^{\pi} f''(x)\sin x\mathrm{d}x &= \int_0^{\pi}\sin x\mathrm{d}f'(x)=f'(x)\sin x\Big|_0^{\pi}-\int_0^{\pi} f'(x)\cos x\mathrm{d}x\\ &=-\int_0^{\pi}\cos x\mathrm{d}f(x)=-f(x)\cos x\Big|_0^{\pi}-\int_0^{\pi} f(x)\sin x\mathrm{d}x\\ &=f(\pi)+f(0)-\int_0^{\pi} f(x)\sin x\mathrm{d}x,\end{aligned}$$

所以

$$\int_0^{\pi}[f(x)+f''(x)]\sin x\mathrm{d}x=f(\pi)+f(0),$$

故 $f(0)=3$，应选 C.

## 题型 20 变限函数

**强化 193** D.

【解析】令 $x-t=u$，则

$$\int_0^x \mathrm{e}^t f(x-t)\mathrm{d}t=-\int_x^0 \mathrm{e}^{x-u}f(u)\mathrm{d}u=\mathrm{e}^x\int_0^x \mathrm{e}^{-u}f(u)\mathrm{d}u,$$

即 $\mathrm{e}^x\int_0^x \mathrm{e}^{-u}f(u)\mathrm{d}u=x$，进而 $\int_0^x \mathrm{e}^{-u}f(u)\mathrm{d}u=x\mathrm{e}^{-x}$，两边同时对 $x$ 求导，得

$$\mathrm{e}^{-x}f(x)=\mathrm{e}^{-x}-x\mathrm{e}^{-x}=(1-x)\mathrm{e}^{-x},$$

故 $f(x)=1-x$，因此 $\int_1^2 f(x)\mathrm{d}x=\int_1^2(1-x)\mathrm{d}x=-\dfrac{1}{2}$，应选 D.

**强化 194** D.

【解析】由题意可知，$f'(x)=\dfrac{\mathrm{e}^{-x}}{2\sqrt{x}}$，$f(1)=0$，根据分部积分法，知

$$\int_0^1 \frac{f(x)}{\sqrt{x}}dx = 2\int_0^1 f(x)d\sqrt{x} = 2\sqrt{x}f(x)\Big|_0^1 - 2\int_0^1 \sqrt{x}f'(x)dx$$

$$= -2\int_0^1 \sqrt{x}\frac{e^{-x}}{2\sqrt{x}}dx = e^{-x}\Big|_0^1 = e^{-1}-1,$$

应选 D.

**强化 195** E.

【**解析**】由题意可知，$f'(x)=\dfrac{\ln(x+1)}{x}$，$f(1)=0$，根据分部积分法，知

$$\int_0^1 \frac{f(x)}{\sqrt{x}}dx = 2\int_0^1 f(x)d\sqrt{x}$$

$$= 2f(x)\sqrt{x}\Big|_0^1 - 2\int_0^1 \sqrt{x}\,d(f(x))$$

$$= -4\int_0^1 \frac{\ln(1+x)}{2\sqrt{x}}dx = -4\int_0^1 \ln(1+x)d\sqrt{x}$$

$$= -4\ln(1+x)\sqrt{x}\Big|_0^1 + 4\int_0^1 \frac{\sqrt{x}}{1+x}dx$$

$$= -4\ln 2 + 4\int_0^1 \frac{\sqrt{x}}{1+x}dx \quad (\text{令}\sqrt{x}=t)$$

$$= -4\ln 2 + 4\int_0^1 \frac{2t^2}{1+t^2}dt = -4\ln 2 + 4\int_0^1 \left(2-\frac{2}{1+t^2}\right)dt$$

$$= -4\ln 2 + 4(2t - 2\arctan t)\Big|_0^1 = -4\ln 2 + 8 - 2\pi.$$

应选 E.

**强化 196** E.

【**解析**】因为 $f(x)$ 在 $[0,2\pi]$ 上除了 $x=\pi$ 外均连续，且

$$\lim_{x\to\pi^-} f(x) = \lim_{x\to\pi^-}\sin x = 0,\quad \lim_{x\to\pi^+} f(x) = \lim_{x\to\pi^+} 2 = 2,$$

即 $f(x)$ 在 $x=\pi$ 处为跳跃间断点，所以 $F(x)=\int_0^x f(t)dt$ 在 $x=\pi$ 处连续，且

$$F'_-(\pi) = \lim_{x\to\pi^-} f(x) = 0,\quad F'_+(\pi) = \lim_{x\to\pi^+} f(x) = 2,$$

即 $F(x)$ 在 $x=\pi$ 处不可导，故应选 E.

**强化 197** B.

【**解析**】当 $x\neq 0$ 时，$f(x)$ 连续，则 $\int_0^x f(t)dt$ 连续且可导.

当 $x=0$ 时，$f(x)$ 为第一类间断点，则 $\int_0^x f(t)\,\mathrm{d}t$ 连续.

综上所述，$\int_0^x f(t)\,\mathrm{d}t$ 处处连续，为连续函数.

又 $f(x)$ 为奇函数，根据变上限函数性质，知 $\int_0^x f(t)\,\mathrm{d}t$ 为偶函数，应选 B.

**强化 198** B.

【解析】当 $0\leqslant x\leqslant 1$ 时，$F(x)=\int_0^x f(t)\,\mathrm{d}t=\int_0^x t^2\,\mathrm{d}t=\frac{x^3}{3}$，

当 $1<x\leqslant 2$ 时，$F(x)=\int_0^x f(t)\,\mathrm{d}t=\int_0^1 t^2\,\mathrm{d}t+\int_1^x (2-t)\,\mathrm{d}t=-\frac{7}{6}+2x-\frac{1}{2}x^2$，

应选 B.

## 题型 21 反常积分

**强化 199** C.

【解析】原式 $=-\int_0^{+\infty}\ln(1+x)\,\mathrm{d}\frac{1}{(1+x)}=-\frac{\ln(1+x)}{1+x}\Big|_0^{+\infty}+\int_0^{+\infty}\frac{1}{(1+x)^2}\mathrm{d}x$

$$=\int_0^{+\infty}\frac{1}{(1+x)^2}\mathrm{d}x=-\frac{1}{(1+x)}\Big|_0^{+\infty}=1.$$

应选 C.

**强化 200** C.

【解析】原式 $=\int_5^{+\infty}\frac{1}{(x-3)(x-1)}\mathrm{d}x=\frac{1}{2}\int_5^{+\infty}\left(\frac{1}{x-3}-\frac{1}{x-1}\right)\mathrm{d}x$

$$=\frac{1}{2}[\ln(x-3)-\ln(x-1)]\Big|_5^{+\infty}=\frac{1}{2}\ln\frac{x-3}{x-1}\Big|_5^{+\infty}=\frac{1}{2}\ln 2.$$

故应选 C.

**强化 201** D.

【解析】$\int_0^{+\infty}\mathrm{e}^{-ax}\sin bx\,\mathrm{d}x=-\frac{1}{a}\left(\mathrm{e}^{-ax}\sin bx\Big|_0^{+\infty}-\int_0^{+\infty}b\mathrm{e}^{-ax}\cos bx\,\mathrm{d}x\right)$

$$=\frac{b}{a}\int_0^{+\infty}\mathrm{e}^{-ax}\cos bx\,\mathrm{d}x$$

$$=\frac{b}{a^2}-\frac{b^2}{a^2}\int_0^{+\infty}e^{-ax}\sin bx\mathrm{d}x,$$

故 $\int_0^{+\infty}e^{-ax}\sin bx\mathrm{d}x=\frac{b}{a^2+b^2}$，应选 D.

**强化 202** D.

【解析】$\int_1^{+\infty}f(x)\mathrm{d}x=\int_1^{e}\frac{1}{(x-1)^{\alpha-1}}\mathrm{d}x+\int_e^{+\infty}\frac{1}{x\ln^{\alpha+1}x}\mathrm{d}x$，因为 $\int_1^{+\infty}f(x)\mathrm{d}x$ 收敛，所以 $\int_1^{e}\frac{1}{(x-1)^{\alpha-1}}\mathrm{d}x$ 与 $\int_e^{+\infty}\frac{1}{x\ln^{\alpha+1}x}\mathrm{d}x$ 均收敛.

因为 $\int_1^{e}\frac{1}{(x-1)^{\alpha-1}}\mathrm{d}x\xlongequal{令 x-1=t}\int_0^{e-1}\frac{1}{t^{\alpha-1}}\mathrm{d}t$（收敛），所以 $\alpha-1<1$.

因为 $\int_e^{+\infty}\frac{1}{\ln^{\alpha+1}x}\mathrm{d}\ln x\xlongequal{令 \ln x=t}\int_1^{+\infty}\frac{1}{t^{\alpha+1}}\mathrm{d}t$（收敛），所以 $\alpha+1>1$.

综上所述，$0<\alpha<2$，应选 D.

**强化 203** D.

【解析】对于选项 A，由 $\int_0^{+\infty}x^ne^{-x}\mathrm{d}x=n!$，知 $\int_0^{+\infty}xe^{-x}\mathrm{d}x=1$，收敛.

对于选项 B、C、D，因为

$$\int_0^{+\infty}xe^{-x^2}\mathrm{d}x=-\frac{1}{2}e^{-x^2}\Big|_0^{+\infty}=\frac{1}{2},\quad\int_0^{+\infty}\frac{\arctan x}{1+x^2}\mathrm{d}x=\frac{1}{2}(\arctan x)^2\Big|_0^{+\infty}=\frac{\pi^2}{8},$$

$$\int_0^{+\infty}\frac{x}{1+x^2}\mathrm{d}x=\frac{1}{2}\ln(1+x^2)\Big|_0^{+\infty}=+\infty,$$

所以选项 B、C 收敛，选项 D 发散.

对于选项 E，$\int_0^{+\infty}\frac{1}{\sqrt{x}+x^4}\mathrm{d}x=\int_0^1\frac{1}{\sqrt{x}+x^4}\mathrm{d}x+\int_1^{+\infty}\frac{1}{\sqrt{x}+x^4}\mathrm{d}x$. 当 $x\to0^+$ 时，$\frac{1}{\sqrt{x}+x^4}\sim\frac{1}{\sqrt{x}}$，所以 $\int_0^1\frac{1}{\sqrt{x}+x^4}\mathrm{d}x$ 与 $\int_0^1\frac{1}{\sqrt{x}}\mathrm{d}x$ 同敛散性，且收敛. 当 $x\to+\infty$ 时，$\frac{1}{\sqrt{x}+x^4}\sim\frac{1}{x^4}$，所以 $\int_1^{+\infty}\frac{1}{\sqrt{x}+x^4}\mathrm{d}x$ 与 $\int_1^{+\infty}\frac{1}{x^4}\mathrm{d}x$ 同敛散性，且收敛，故 $\int_0^{+\infty}\frac{1}{\sqrt{x}+x^4}\mathrm{d}x$ 收敛.

应选 D.

**强化 204** C.

【解析】对于选项 A，因为 $\lim\limits_{x\to0^+}\frac{x^2}{x^4-x^2+1}=0\neq\infty$，所以 $x=0$ 不是瑕点，故

$$\int_0^{+\infty}\frac{x^2}{x^4-x^2+1}\mathrm{d}x=\int_0^1\frac{x^2}{x^4-x^2+1}\mathrm{d}x+\int_1^{+\infty}\frac{x^2}{x^4-x^2+1}\mathrm{d}x,$$

又因为$\frac{x^2}{x^4-x^2+1}\sim\frac{1}{x^2}(x\to+\infty)$,则$\int_1^{+\infty}\frac{x^2}{x^4-x^2+1}\mathrm{d}x$与$\int_1^{+\infty}\frac{1}{x^2}\mathrm{d}x$同敛散性,由$\int_1^{+\infty}\frac{1}{x^2}\mathrm{d}x$收敛,知选项A的反常积分也收敛.

对于选项B,由于$\frac{1}{x\cdot\sqrt[3]{x^2+1}}\sim\frac{1}{x^{\frac{5}{3}}}(x\to+\infty)$,则$\int_1^{+\infty}\frac{1}{x\sqrt[3]{x^2+1}}\mathrm{d}x$与$\int_1^{+\infty}\frac{1}{x^{\frac{5}{3}}}\mathrm{d}x$同敛散性,由$\int_1^{+\infty}\frac{1}{x^{\frac{5}{3}}}\mathrm{d}x$收敛,知选项B也收敛.

对于选项C,由于$x=1$为该反常积分的瑕点,故

$$\int_0^2\frac{1}{\ln x}\mathrm{d}x=\int_0^1\frac{1}{\ln x}\mathrm{d}x+\int_1^2\frac{1}{\ln x}\mathrm{d}x,$$

因为$\frac{1}{\ln x}\sim\frac{1}{x-1}(x\to1^+)$,所以$\int_1^2\frac{1}{\ln x}\mathrm{d}x$与$\int_1^2\frac{1}{x-1}\mathrm{d}x$同敛散性,又

$$\int_1^2\frac{1}{x-1}\mathrm{d}x\xlongequal{令x-1=t}\int_0^1\frac{1}{t}\mathrm{d}t$$

发散,所以选项C也发散.

对于选项D,因为

$$\lim_{x\to0^+}\frac{\ln x}{1-x^2}=\infty,\quad\lim_{x\to1^-}\frac{\ln x}{1-x^2}=\lim_{x\to1^-}\frac{x-1}{1-x^2}=-\lim_{x\to1^-}\frac{1}{x+1}=-\frac{1}{2},$$

所以$x=0$为该反常积分的唯一瑕点,又因为$\frac{\ln x}{1-x^2}\sim\ln x(x\to0^+)$,且$\int_0^1\ln x\mathrm{d}x=x\ln x\Big|_0^1-\int_0^1x\frac{1}{x}\mathrm{d}x=-1$收敛,所以选项D收敛.

对于选项E,$\int_0^{+\infty}\mathrm{e}^{-x^2}\mathrm{d}x=\frac{\sqrt{\pi}}{2}$,收敛.

应选C.

**强化205** D.

**【解析】** 由于

$$\int_0^{+\infty}\frac{\ln(1+x)}{x^n}\mathrm{d}x=\int_0^1\frac{\ln(1+x)}{x^n}\mathrm{d}x+\int_1^{+\infty}\frac{\ln(1+x)}{x^n}\mathrm{d}x,$$

由题意可知,$\int_0^1\frac{\ln(1+x)}{x^n}\mathrm{d}x$与$\int_1^{+\infty}\frac{\ln(1+x)}{x^n}\mathrm{d}x$均收敛.

因为当$x\to0^+$时,$\frac{\ln(1+x)}{x^n}\sim\frac{x}{x^n}=\frac{1}{x^{n-1}}$,所以$\int_0^1\frac{1}{x^{n-1}}\mathrm{d}x$收敛,故$n-1<1$,即$n<2$.

又因为 $\int_1^{+\infty}\frac{\ln(1+x)}{x^n}dx$ 收敛,故存在 $p>1$ 使得 $\lim\limits_{x\to+\infty}x^p\frac{\ln(1+x)}{x^n}=0$,即

$$\lim_{x\to+\infty}x^p\frac{\ln(1+x)}{x^n}=\lim_{x\to+\infty}\frac{\ln(1+x)}{x^{n-p}}=0,$$

故 $n-p>0$,进而 $1<p<n$,若要这样的 $p$ 存在,需使 $n>1$.

综上所述,$1<n<2$,应选 D.

## 题型 22　定积分的应用

**强化 206**　E.

【解析】设切点为 $(x_0,e^{x_0})$,如图 22.1 所示,所以 $e^{x_0}=\frac{e^{x_0}}{x_0}$,解得 $x_0=1,y_0=e$.

因此,所求面积为 $A=\int_{-\infty}^1 e^x dx-\frac{1}{2}e=\frac{e}{2}$,应选 E.

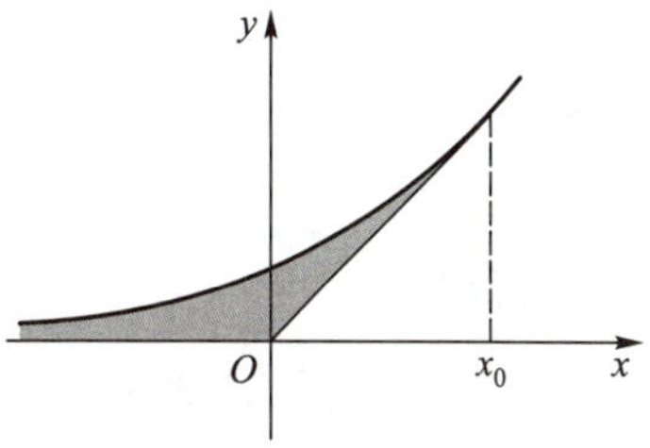

图 22.1

**强化 207**　D.

【解析】如图 22.2 所示,曲线 $y=\ln(1+x)$ 在点 $(1,\ln 2)$ 处的法线方程为

$$y=2+\ln 2-2x.$$

法线与 $x$ 轴的交点为 $\left(1+\frac{1}{2}\ln 2,0\right)$,所以 $D$ 的面积为

$$\begin{aligned}S&=\frac{1}{2}\cdot\ln 2\cdot\frac{1}{2}\ln 2+\int_0^1\ln(1+x)dx\\&=\frac{1}{4}\ln^2 2+\int_0^1\ln(1+x)d(x+1)\\&=\frac{1}{4}\ln^2 2+(1+x)\ln(1+x)\Big|_0^1-\int_0^1 1dx\\&=\frac{1}{4}\ln^2 2+2\ln 2-1,\end{aligned}$$

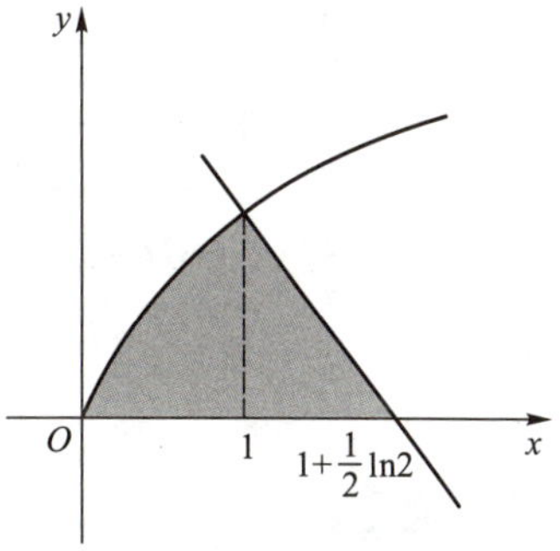

图 22.2

故应选 D.

**强化 208**　D.

【解析】由题意可知,所求面积为

$$\int_0^1 \frac{xe^x}{(1+e^x)^2}dx = \int_0^1 \frac{x}{(1+e^x)^2}d(1+e^x) = -\int_0^1 xd\frac{1}{1+e^x}$$

$$= -\frac{x}{1+e^x}\Big|_0^1 + \int_0^1 \frac{1}{1+e^x}dx$$

$$= -\frac{1}{1+e} + \int_0^1 \frac{1+e^x-e^x}{1+e^x}dx$$

$$= -\frac{1}{1+e} + \int_0^1 \left(1-\frac{e^x}{1+e^x}\right)dx$$

$$= -\frac{1}{1+e} + 1 - \ln(1+e^x)\Big|_0^1$$

$$= -\frac{1}{1+e} + 1 - \ln(1+e) + \ln 2,$$

应选 D.

**强化 209** A.

【解析】如图 22.3 所示，令 $r=3\cos\theta, r=1+\cos\theta$，解得两曲线的交点 $M\left(\frac{3}{2},\frac{\pi}{3}\right)$，$N\left(\frac{3}{2},-\frac{\pi}{3}\right)$.

根据图形的对称性，所求面积为

$$S = 2\cdot\frac{1}{2}\int_0^{\frac{\pi}{3}}[(3\cos\theta)^2-(1+\cos\theta)^2]d\theta$$

$$= \int_0^{\frac{\pi}{3}}(8\cos^2\theta-2\cos\theta-1)d\theta$$

$$= \int_0^{\frac{\pi}{3}}(3+4\cos 2\theta-2\cos\theta)d\theta$$

$$= (3\theta+2\sin 2\theta-2\sin\theta)\Big|_0^{\frac{\pi}{3}} = \pi,$$

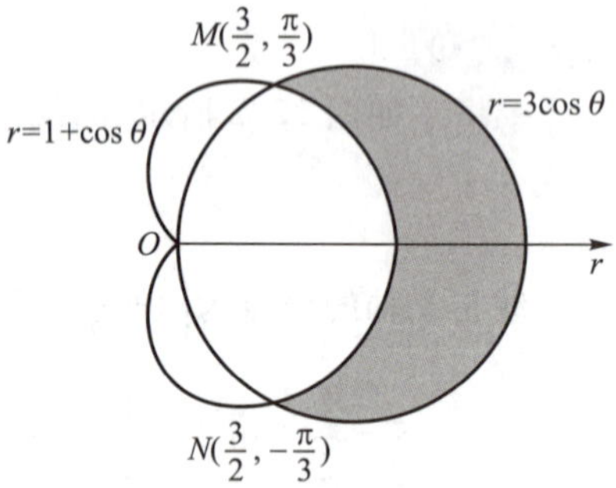


图 22.3

应选 A.

**强化 210** A.

【解析】由题意可知，所求面积为

$$A = \int_0^{2\pi a} y dx \qquad (\text{令 } x=a(t-\sin t))$$

$$= \int_0^{2\pi} a^2(1-\cos t)^2 dt$$

$$= a^2\int_0^{2\pi}(1-2\cos t+\cos^2 t)dt = 3\pi a^2,$$

故应选 A.

**强化 211** E.

【解析】$V_x=\int_1^2 \pi y^2\mathrm{d}x=\int_1^2\pi(x^2-1)\mathrm{d}x=\frac{4}{3}\pi$,应选 E.

**强化 212** B.

【解析】$V_x=\int_{\mathrm{e}}^{+\infty}\pi y^2\mathrm{d}x=\int_{\mathrm{e}}^{+\infty}\frac{\pi}{x(1+\ln^2 x)}\mathrm{d}x=\int_{\mathrm{e}}^{+\infty}\frac{\pi}{(1+\ln^2 x)}\mathrm{d}\ln x=\frac{\pi^2}{4}$,应选 B.

**强化 213** D.

【解析】
$$V=2\pi\int_0^{\pi}x\cdot\sin^4 x\mathrm{d}x=2\pi\cdot\frac{\pi}{2}\int_0^{\pi}\sin^4 x\mathrm{d}x$$
$$=2\pi\cdot\frac{\pi}{2}\cdot 2\int_0^{\frac{\pi}{2}}\sin^4 x\mathrm{d}x$$
$$=2\pi^2\cdot\frac{3}{4}\cdot\frac{1}{2}\cdot\frac{\pi}{2}=\frac{3}{8}\pi^3,$$
故应选 D.

**强化 214** C.

【解析】由$(x-2)^2+y^2=1$ 得 $x=2\pm\sqrt{1-y^2}$,且 $y\in[-1,1]$,故旋转体的体积为
$$V=\int_{-1}^{1}\pi\left(2+\sqrt{1-y^2}\right)^2\mathrm{d}y-\int_{-1}^{1}\pi\left(2-\sqrt{1-y^2}\right)^2\mathrm{d}y$$
$$=\pi\int_{-1}^{1}4\cdot 2\sqrt{1-y^2}\mathrm{d}y$$
$$=8\pi\int_{-1}^{1}\sqrt{1-y^2}\mathrm{d}y=4\pi^2,$$
应选 C.

**强化 215** D.

【解析】如图 22.4 所示,设切点 $A$ 的坐标为$(x_0,\ln x_0)$,则 $\frac{\ln x_0-1}{x_0}=\frac{1}{x_0}$,解得 $x_0=\mathrm{e}^2$,即 $A(\mathrm{e}^2,2)$,进而所求体积为
$$V=\pi\int_1^{\mathrm{e}^2}\ln^2 x\mathrm{d}x-\frac{\pi}{3}(\mathrm{e}^2-1)\times 4$$
$$=\pi(x\ln^2 x-2x\ln x+2x)\Big|_1^{\mathrm{e}^2}-\frac{4\pi}{3}(\mathrm{e}^2-1)$$

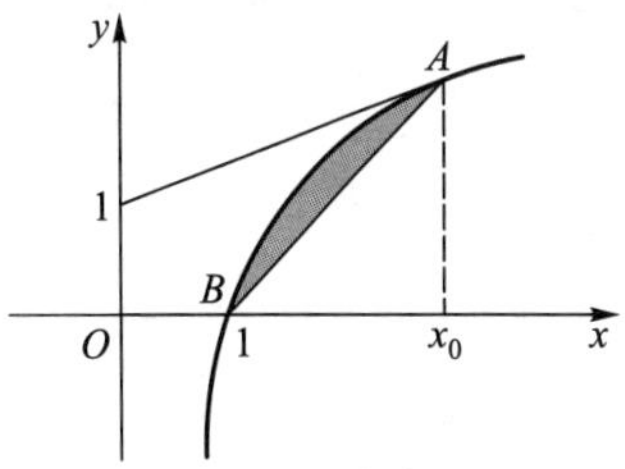

图 22.4

$$=\frac{2\pi}{3}(e^2-1),$$

应选 D.



**强化 216** E.

【解析】如图 22.5 所示选取 $x$ 为积分变量，在$[x,x+\mathrm{d}x]$取一竖条微元，则该微元绕 $x=2$ 旋转一周而成的旋转体体积为

$$\mathrm{d}V=2\pi(2-x)\cdot(y_1-y_2)\mathrm{d}x=2\pi(2-x)\cdot(\sqrt{2x-x^2}-x)\mathrm{d}x,$$

因此，所求旋转体体积为

$$V=2\pi\int_0^1(2-x)(\sqrt{2x-x^2}-x)\mathrm{d}x$$

$$=2\pi\int_0^1(2-x)\sqrt{2x-x^2}\mathrm{d}x-2\pi\int_0^1(2x-x^2)\mathrm{d}x$$

$$=-2\pi\int_0^1(x-2)\sqrt{1-(x-1)^2}\mathrm{d}x-\frac{4}{3}\pi$$

$$\xlongequal{令\ x-1=\sin t}-2\pi\int_{-\frac{\pi}{2}}^0(\sin t-1)\cos^2t\mathrm{d}t-\frac{4}{3}\pi$$

$$=-2\pi\int_{-\frac{\pi}{2}}^0\sin t\cos^2t\mathrm{d}t+2\pi\int_{-\frac{\pi}{2}}^0\cos^2t\mathrm{d}t-\frac{4}{3}\pi$$

$$=\frac{2}{3}\pi+\frac{1}{2}\pi^2-\frac{4}{3}\pi=\frac{1}{2}\pi^2-\frac{2}{3}\pi,$$

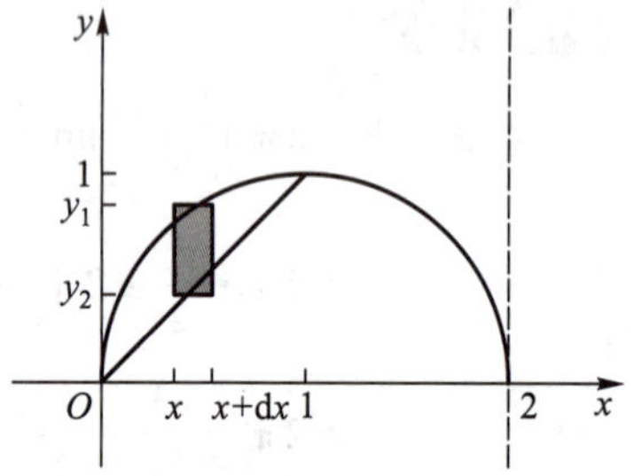

图 22.5

应选 E.

**强化 217** B.

【解析】如图 22.6 所示，利用微元法，在$[x,x+\mathrm{d}x]$上取一竖条微元，则该微元绕 $y=m$ 旋转一周而成的旋转体体积为

$$\mathrm{d}V=\pi[m-g(x)]^2\mathrm{d}x-\pi[m-f(x)]^2\mathrm{d}x$$

$$=\pi[2m-g(x)-f(x)]\cdot[f(x)-g(x)]\mathrm{d}x,$$

因此，所围平面图形绕 $y=m$ 旋转一周而成的旋转体体积为

$$V=\int_a^b\pi[2m-g(x)-f(x)]\cdot[f(x)-g(x)]\mathrm{d}x,$$

应选 B.

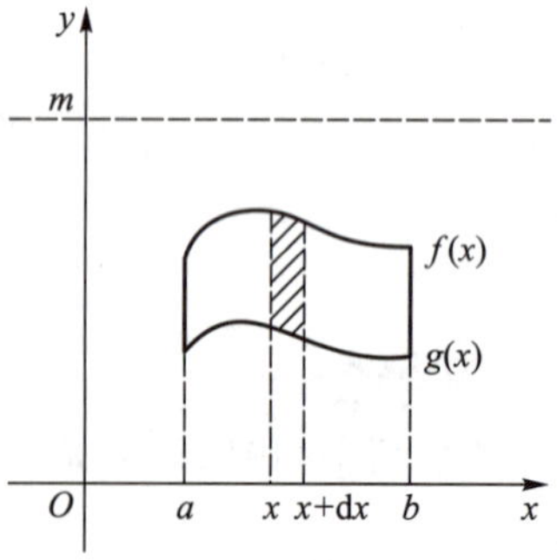

图 22.6

**强化 218** D.

【解析】由题意可知，所求曲线弧长为

$$s=\int_1^{e}\sqrt{1+(y')^2}\,dx=\int_1^{e}\sqrt{1+\left(\frac{1}{2}x-\frac{1}{2x}\right)^2}\,dx$$

$$=\int_1^{e}\sqrt{1+\frac{1}{4}\left(x^2+\frac{1}{x^2}-2\right)}\,dx$$

$$=\int_1^{e}\sqrt{\frac{1}{4}\left(x^2+\frac{1}{x^2}+2\right)}\,dx$$

$$=\int_1^{e}\sqrt{\frac{1}{4}\left(x+\frac{1}{x}\right)^2}\,dx=\int_1^{e}\frac{1}{2}\left(x+\frac{1}{x}\right)dx$$

$$=\left(\frac{1}{4}x^2+\frac{1}{2}\ln x\right)\Bigg|_1^{e}=\frac{1+e^2}{4},$$

应选 D.

**强化 219** A.

【解析】因为

$$\frac{dx}{dt}=-\sin t+\sin t+t\cos t=t\cos t,\quad \frac{dy}{dt}=\cos t-\cos t+t\sin t=t\sin t,$$

所以曲线上相应于 $t$ 从 0 到 $\pi$ 的弧长为

$$s=\int_0^{\pi}\sqrt{\left(\frac{dx}{dt}\right)^2+\left(\frac{dy}{dt}\right)^2}\,dt=\int_0^{\pi}\sqrt{(t\cos t)^2+(t\sin t)^2}\,dt=\frac{1}{2}\pi^2,$$

应选 A.

# 第四章　多元函数微分学

## 题型 23　二元函数的连续性、偏导数存在性及可微性

**强化 220**　D.

【解析】因为$\frac{\partial f(x,y)}{\partial x}>0$,所以$f(x,y)$关于$x$单调增加. 同理,由$\frac{\partial f(x,y)}{\partial y}<0$,知$f(x,y)$关于$y$单调减少.

对于选项 A、B,显然$f(0,0)>f(0,1)$,但$f(1,1)>f(0,1)$,故无法判断.

对于选项 C、D、E,显然$f(0,1)<f(1,1)$,且$f(1,1)<f(1,0)$,故$f(0,1)<f(1,0)$.

应选 D.

**强化 221**　C.

【解析】对于极限$\lim\limits_{\substack{x\to 0\\y\to 0}}\frac{x^3-y^2}{x^2+y^2}$,若点$(x,y)$沿直线$y=x$趋向于$(0,0)$时,有

$$\lim_{\substack{x\to 0\\y\to 0}}\frac{x^3-y^2}{x^2+y^2}=\lim_{x\to 0}\frac{x^3-x^2}{x^2+x^2}=\lim_{x\to 0}\frac{-x^2}{x^2+x^2}=-\frac{1}{2},$$

若点$(x,y)$沿曲线$y=x^2$趋向于$(0,0)$时,有

$$\lim_{\substack{x\to 0\\y\to 0}}\frac{x^3-y^2}{x^2+y^2}=\lim_{x\to 0}\frac{x^3-x^4}{x^2+x^4}=\lim_{x\to 0}\frac{x^3}{x^2}=0,$$

所以极限$\lim\limits_{\substack{x\to 0\\y\to 0}}\frac{x^3-y^2}{x^2+y^2}$不存在,进而$f(x,y)$在点$(0,0)$处不连续.

根据偏导数的定义,知

$$f'_x(0,0)=\lim_{x\to 0}\frac{f(x,0)-f(0,0)}{x}=\lim_{x\to 0}\frac{x-0}{x}=1,$$

$$f'_y(0,0)=\lim_{y\to 0}\frac{f(0,y)-f(0,0)}{y}=\lim_{y\to 0}\frac{-1}{y}=\infty,$$

应选 C.

**强化 222** D.

【**解析**】根据偏导数的定义，知

$$f'_x(0,0)=\lim_{x\to 0}\frac{f(x,0)-f(0,0)}{x}=\lim_{x\to 0}\frac{x^{2\alpha}\sin\frac{1}{x^2}-0}{x}=\lim_{x\to 0}x^{2\alpha-1}\sin\frac{1}{x^2},$$

若$f'_x(0,0)$存在，则 $2\alpha-1>0$，即 $\alpha>\frac{1}{2}$.

又由对称性，所以$f(x,y)$在点$(0,0)$处偏导数均存在时，$\alpha>\frac{1}{2}$，应选 D.

**强化 223** A.

【**解析**】因为$\lim\limits_{\substack{x\to 0\\ y\to 1}}\frac{f(x,y)-2x+y-2}{\sqrt{x^2+(y-1)^2}}=0$，且$f(x,y)$连续，所以

$$\lim_{\substack{x\to 0\\ y\to 1}}f(x,y)=f(0,1)=1.$$

由可微的定义$\lim\limits_{\substack{x\to 0\\ y\to 1}}\frac{f(x,y)-f(0,1)-[f'_x(0,1)x+f'_y(0,1)(y-1)]}{\sqrt{x^2+(y-1)^2}}=0$，且

$$\lim_{\substack{x\to 0\\ y\to 1}}\frac{f(x,y)-2x+y-2}{\sqrt{x^2+(y-1)^2}}=\lim_{\substack{x\to 0\\ y\to 1}}\frac{[f(x,y)-1]-[2x-(y-1)]}{\sqrt{x^2+(y-1)^2}}=0,$$

显然$f'_x(0,1)=2$，$f'_y(0,1)=-1$，因此$\mathrm{d}z\big|_{(0,1)}=2\mathrm{d}x-\mathrm{d}y$，应选 A.

**强化 224** C.

【**解析**】对于选项 C，由$\lim\limits_{\substack{x\to 0\\ y\to 0}}\frac{[f(x,y)-f(0,0)]}{\sqrt{x^2+y^2}}=0$，知点$(x,y)$沿直线 $y=0$ 趋向于点$(0,0)$时，有$\lim\limits_{x\to 0}\frac{f(x,0)-f(0,0)}{\sqrt{x^2}}=0$，进而

$$f'_x(0,0)=\lim_{x\to 0}\frac{f(x,0)-f(0,0)}{x}=\lim_{x\to 0}\frac{f(x,0)-f(0,0)}{\sqrt{x^2}}\cdot\frac{\sqrt{x^2}}{x}=0.$$

根据对称性，可知$f'_y(0,0)=0$，进而由可微的作差式定义知

$$\lim_{\substack{x\to 0\\y\to 0}}\frac{[f(x,y)-f(0,0)]-[f'_x(0,0)x-f'_y(0,0)y]}{\sqrt{x^2+y^2}}=\lim_{\substack{x\to 0\\y\to 0}}\frac{[f(x,y)-f(0,0)]}{\sqrt{x^2+y^2}}=0,$$

即 $f(x,y)$ 在点 $(0,0)$ 处可微，应选 C.

## 题型 24　求多元函数的偏导数或全微分

**强化 225**　D.

【解析】由 $f'_x=\dfrac{e^x(x-y)-e^x}{(x-y)^2}$，$f'_y=\dfrac{e^x}{(x-y)^2}$，知 $f'_x+f'_y=f$，应选 D.

**强化 226**　E.

【解析】**方法一：**由题意可知，$\dfrac{\partial F}{\partial x}=\dfrac{\sin xy}{1+x^2y^2}\cdot y$，进而

$$\frac{\partial^2 F}{\partial x^2}=y\cdot\frac{y\cos xy(1+x^2y^2)-2y^2x\sin xy}{(1+x^2y^2)^2},$$

故 $\left.\dfrac{\partial^2 F}{\partial x^2}\right|_{\substack{x=0\\y=2}}=4$，应选 E.

**方法二：**由题意可知，$\dfrac{\partial F}{\partial x}=\dfrac{\sin xy}{1+x^2y^2}\cdot y$，故 $\left.\dfrac{\partial F}{\partial x}\right|_{y=2}=2\dfrac{\sin 2x}{1+4x^2}$，进而

$$\frac{\mathrm{d}\left(\left.\dfrac{\partial F}{\partial x}\right|_{y=2}\right)}{\mathrm{d}x}=2\frac{2\cos 2x\cdot(1+4x^2)-8x\cdot\sin 2x}{(1+4x^2)^2},$$

因此 $\left.\dfrac{\partial^2 F}{\partial x^2}\right|_{\substack{x=0\\y=2}}=\left.\left[2\dfrac{2\cos 2x\cdot(1+4x^2)-8x\cdot\sin 2x}{(1+4x^2)^2}\right]\right|_{x=0}=4$，应选 E.

**强化 227**　A.

【解析】由题意可知，偏导数为

$$\frac{\partial z}{\partial x}=y\left[-\frac{1}{x^2}f(xy)+\frac{1}{x}f'(xy)y\right],\quad \frac{\partial z}{\partial y}=\frac{1}{x}[f(xy)+f'(xy)xy],$$

所以 $\dfrac{x}{y}\cdot\dfrac{\partial z}{\partial x}+\dfrac{\partial z}{\partial y}=2yf'(xy)$，故应选 A.

**强化 228**　B.

【解析】由题意可知，偏导数为

$$\frac{\partial u}{\partial x}=\varphi'(x+y)+\varphi'(x-y)+\psi(x+y)-\psi(x-y),$$

$$\frac{\partial u}{\partial y}=\varphi'(x+y)-\varphi'(x-y)+\psi(x+y)+\psi(x-y),$$

所以

$$\frac{\partial^2 u}{\partial x^2}=\varphi''(x+y)+\varphi''(x-y)+\psi'(x+y)-\psi'(x-y),$$

$$\frac{\partial^2 u}{\partial x\partial y}=\varphi''(x+y)-\varphi''(x-y)+\psi'(x+y)+\psi'(x-y),$$

$$\frac{\partial^2 u}{\partial y^2}=\varphi''(x+y)+\varphi''(x-y)+\psi'(x+y)-\psi'(x-y),$$

因此，$\frac{\partial^2 u}{\partial x^2}=\frac{\partial^2 u}{\partial y^2}$，故应选 B.

**强化 229** D.

【解析】因为 $g(x)$ 在 $x=1$ 处取得极值 $g(1)=1$，且 $g'(1)$ 存在，所以 $g(1)=1$，且 $g'(1)=0$. 又因为

$$\frac{\partial z}{\partial x}=yf_1'+f_2'\cdot y\cdot g'(x),$$

$$\frac{\partial^2 z}{\partial x\partial y}=f_1'+y[f_{11}''\cdot x+f_{12}''\cdot g(x)]+g'(x)[f_2'\cdot y]_y',$$

所以

$$\left.\frac{\partial^2 z}{\partial x\partial y}\right|_{\substack{x=1\\y=1}}=f_1'(1,1)+f_{11}''(1,1)+f_{12}''(1,1)=\left.\frac{\partial f}{\partial u}\right|_{(1,1)}+\left.\frac{\partial^2 f}{\partial u^2}\right|_{(1,1)}+\left.\frac{\partial^2 f}{\partial u\partial v}\right|_{(1,1)}=8,$$

应选 D.

**强化 230** E.

【解析】因为

$$\frac{\partial z}{\partial x}=f_1'(x+y,f(x,y))+f_2'(x+y,f(x,y))\cdot f_1'(x,y),$$

$$\begin{aligned}\frac{\partial^2 z}{\partial x\partial y}=&f_{11}''(x+y,f(x,y))+f_{12}''(x+y,f(x,y))\cdot f_2'(x,y)+\\&[f_{21}''(x+y,f(x,y))\cdot 1+f_{22}''(x+y,f(x,y))\cdot f_2'(x,y)]\cdot f_1'(x,y)+\\&f_2'(x+y,f(x,y))\cdot f_{12}''(x,y),\end{aligned}$$

所以

$$\left.\frac{\partial^2 z}{\partial x \partial y}\right|_{\substack{x=1\\y=1}}=f''_{11}(2,2)+f'_2(2,2)\cdot f''_{12}(1,1)=\left.\frac{\partial^2 f}{\partial u^2}\right|_{(2,2)}+\left.\frac{\partial f}{\partial v}\right|_{(2,2)}\cdot\left.\frac{\partial^2 f}{\partial u \partial v}\right|_{(1,1)}=6+1\cdot 4=10,$$

应选 E.



**强化 231** E.

**【解析】** 因为

$$\frac{\mathrm{d}\varphi^3(x)}{\mathrm{d}x}=3\varphi^2(x)[f'_1(x,f(x,x))+f'_2(x,f(x,x))\cdot(f'_1(x,x)+f'_2(x,x))],$$

所以

$$\left.\frac{\mathrm{d}}{\mathrm{d}x}\varphi^3(x)\right|_{x=1}=3[f(1,1)]^2\cdot[f'_1(1,1)+f'_2(1,1)(f'_1(1,1)+f'_2(1,1))]$$

$$=3[f(1,1)]^2\cdot\left[\left.\frac{\partial f}{\partial u}\right|_{(1,1)}+\left.\frac{\partial f}{\partial v}\right|_{(1,1)}\cdot\left(\left.\frac{\partial f}{\partial u}\right|_{(1,1)}+\left.\frac{\partial f}{\partial v}\right|_{(1,1)}\right)\right]$$

$$=3\cdot 1\cdot[2+3\cdot(2+3)]=51,$$

故应选 E.

**强化 232** D.

**【解析】** 令 $\begin{cases}x+y=u,\\ \dfrac{y}{x}=v,\end{cases}$ 则 $x=\dfrac{u}{v+1}, y=\dfrac{uv}{v+1}$，故

$$f(u,v)=\left(\frac{u}{v+1}\right)^2-\left(\frac{uv}{v+1}\right)^2=\frac{u^2(1-v)}{v+1},$$

所以 $\dfrac{\partial f}{\partial u}=\dfrac{1-v}{1+v}\cdot 2u, \dfrac{\partial f}{\partial v}=u^2\cdot\dfrac{-2}{(1+v)^2}$，故 $\left.\dfrac{\partial f}{\partial u}\right|_{\substack{u=1\\v=1}}=0, \left.\dfrac{\partial f}{\partial v}\right|_{\substack{u=1\\v=1}}=-\dfrac{1}{2}$，应选 D.

**强化 233** D.

**【解析】** 因为 $\dfrac{\partial g}{\partial x}=yf'_1+xf'_2, \dfrac{\partial g}{\partial y}=xf'_1-yf'_2$，所以

$$\frac{\partial^2 g}{\partial x^2}=y(yf''_{11}+xf''_{12})+f'_2+x(yf''_{21}+xf''_{22}),$$

$$\frac{\partial^2 g}{\partial y^2}=x(xf''_{11}-yf''_{12})-f'_2-y(xf''_{21}-yf''_{22}),$$

故 $\dfrac{\partial^2 g}{\partial x^2}+\dfrac{\partial^2 g}{\partial y^2}=(x^2+y^2)(f''_{11}+f''_{22})=(x^2+y^2)\left(\dfrac{\partial^2 f}{\partial u^2}+\dfrac{\partial^2 f}{\partial v^2}\right)=x^2+y^2$，应选 D.

**强化 234** E.

【解析】因为

$$\begin{aligned}df(x,y)&=(y+y\cos xy+x)dx+(x+x\cos xy)dy\\&=ydx+y\cos xydx+xdx+xdy+x\cos xydy\\&=(ydx+xdy)+(y\cos xydx+x\cos xydy)+xdx\\&=dxy+d\sin xy+d\left(\frac{1}{2}x^2\right)\\&=d\left(xy+\sin xy+\frac{1}{2}x^2\right),\end{aligned}$$

所以 $f(x,y)=xy+\sin xy+\frac{1}{2}x^2+C$.

又 $f(0,0)=C=0$,故 $f(x,y)=xy+\sin xy+\frac{1}{2}x^2$,所以 $f\left(1,\frac{\pi}{2}\right)=\frac{\pi}{2}+\frac{3}{2}$,应选 E.

## 题型 25 求二元隐函数的偏导数或全微分

**强化 235** A.

【解析】令 $F(x,y,z)=(z+y)^x-xy$,根据二元隐函数的偏导数计算公式,得

$$\frac{\partial z}{\partial x}=-\frac{F'_x}{F'_z}=-\frac{\ln(z+y)(z+y)^x-y}{x(z+y)^{x-1}},$$

当 $x=1,y=2$ 时,$z=0$,故 $\left.\frac{\partial z}{\partial x}\right|_{(1,2)}=2-2\ln 2$,应选 A.

**强化 236** C.

【解析】设 $F(x,y,z)=x^2f(x-z,y)-(x+1)z+y^2$,根据二元隐函数的偏导数计算公式,得

$$\frac{\partial z}{\partial x}=-\frac{F'_x}{F'_z}=-\frac{2xf(x-z,y)+x^2f'_1-z}{-x^2f'_1-(x+1)}=\frac{2xf(x-z,y)+x^2f'_1-z}{x^2f'_1+(x+1)},$$

$$\frac{\partial z}{\partial y}=-\frac{F'_y}{F'_z}=-\frac{x^2f'_2+2y}{-x^2f'_1-(x+1)}=\frac{x^2f'_2+2y}{x^2f'_1+(x+1)},$$

当 $x=0,y=1$ 时,$z=1$,故 $\left.\frac{\partial z}{\partial x}\right|_{(0,1)}=-1$,$\left.\frac{\partial z}{\partial y}\right|_{(0,1)}=2$,因此 $dz|_{(0,1)}=-dx+2dy$,应选 C.

**强化 237** B.

【解析】设 $F(x,y,z)=\mathrm{e}^z+xyz+x+\cos x-2$,根据二元隐函数的偏导数计算公式得

$$\frac{\partial z}{\partial x}=-\frac{F'_x}{F'_z}=-\frac{yz+1-\sin x}{\mathrm{e}^z+xy},\quad \frac{\partial z}{\partial y}=-\frac{F'_y}{F'_z}=-\frac{xz}{\mathrm{e}^z+xy},$$

当 $x=0,y=1$ 时,$z=0$,故$\left.\frac{\partial z}{\partial x}\right|_{(0,1)}=-1,\left.\frac{\partial z}{\partial y}\right|_{(0,1)}=0$,因此$\mathrm{d}z\big|_{(0,1)}=-\mathrm{d}x$,应选 B.

**强化 238** E.

【解析】方程 $z^5-x^4+yz=1$ 两端分别对 $x,y$ 求导,得

$$5z^4\cdot z'_x-4x^3+y\cdot z'_x=0,\quad 5z^4\cdot z'_y+z+y\cdot z'_y=0,$$

当 $x=0,y=0$ 时,$z=1$,此时 $z'_x=0,z'_y=-\frac{1}{5}$.

方程 $5z^4\cdot z'_x-4x^3+y\cdot z'_x=0$ 两端同时对 $y$ 求导,得

$$20z^3\cdot z'_y\cdot z'_x+5z^4z''_{xy}+z'_x+y\cdot z''_{xy}=0,$$

代入 $x=0,y=0,z=1,z'_x=0,z'_y=-\frac{1}{5}$得 $z''_{xy}=0$,故选 E.

**强化 239** A.

【解析】由题意可知,方程组确定了函数 $y=y(x),z=z(x)$.

方程组各个方程两边同时对 $x$ 求导,得

$$\begin{cases}1+\dfrac{\mathrm{d}y}{\mathrm{d}x}+\dfrac{\mathrm{d}z}{\mathrm{d}x}=0,\\ 2x+2y\cdot\dfrac{\mathrm{d}y}{\mathrm{d}x}+2z\cdot\dfrac{\mathrm{d}z}{\mathrm{d}x}=0,\end{cases}$$

当 $x=1,y=\frac{\sqrt{6}}{2},z=-\frac{\sqrt{6}}{2}$时,有

$$\begin{cases}\dfrac{\mathrm{d}y}{\mathrm{d}x}+\dfrac{\mathrm{d}z}{\mathrm{d}x}=-1,\\ \sqrt{6}\dfrac{\mathrm{d}y}{\mathrm{d}x}-\sqrt{6}\dfrac{\mathrm{d}z}{\mathrm{d}x}=-2,\end{cases}$$

所以,此时$\frac{\mathrm{d}z}{\mathrm{d}x}=\frac{\begin{vmatrix}1&-1\\ \sqrt{6}&-2\end{vmatrix}}{\begin{vmatrix}1&1\\ \sqrt{6}&-\sqrt{6}\end{vmatrix}}=\frac{-2+\sqrt{6}}{-2\sqrt{6}}=\frac{\sqrt{6}}{6}-\frac{1}{2}$,应选 A.

## 题型 26 求多元函数极值或最值

**强化 240** E.

【解析】求一阶偏导数,得

$$f'_x=4x(x^2+y^2)-4x,\quad f'_y=4y(x^2+y^2)+4y,$$

显然点(0,0),(1,0),(-1,0)为驻点,但(1,1)与(0,1)不是驻点.

又因为

$$f''_{xx}(x,y)=4(x^2+y^2)+8x^2-4,$$
$$f''_{xy}(x,y)=8xy,$$
$$f''_{yy}(x,y)=4(x^2+y^2)+8y^2+4,$$

所以在点(0,0)处,有 $B^2-AC=16>0$,故(0,0)点不是 $f(x,y)$ 的极值点;在点(1,0)处,$B^2-AC=-64<0$,且 $A=8>0$,故点(1,0)为 $f(x,y)$ 的极小值点;在点(-1,0)处,$B^2-AC=-64<0$,且 $A=8>0$,故点(-1,0)为 $f(x,y)$ 的极小值点,应选 E.

**强化 241** B.

【解析】求一阶偏导数,得

$$f'_x=\cos x-\sin(x-y),\quad f'_y=-\sin y+\sin(x-y),$$

显然 $\left(\frac{\pi}{3},\frac{\pi}{6}\right)$ 为驻点,但点(0,0)与点(1,1)不是驻点.

又因为

$$f''_{xx}=-\sin x-\cos(x-y),$$
$$f''_{xy}=\cos(x-y),$$
$$f''_{yy}=-\cos y-\cos(x-y),$$

所以在点 $\left(\frac{\pi}{3},\frac{\pi}{6}\right)$ 处,$A=-\sqrt{3}<0$,$B=\frac{\sqrt{3}}{2}$,$C=-\sqrt{3}$,$B^2-AC=-\frac{9}{4}<0$,所以点 $\left(\frac{\pi}{3},\frac{\pi}{6}\right)$ 为 $f(x,y)$ 的极大值点,应选 B.

**强化 242** D.

【解析】因为 $\lim\limits_{\substack{x\to 0\\ y\to 0}}(x^2+y^2)=0$,且 $f(x,y)$ 在点(0,0)处连续,所以

$$\lim_{\substack{x\to 0\\y\to 0}} f(x,y)=f(0,0)=0.$$

由$\lim\limits_{\substack{x\to 0\\y\to 0}}\dfrac{f(x,y)}{x^2+y^2}=1$，知$\lim\limits_{x\to 0}\dfrac{f(x,0)}{x^2}=1$，根据偏导数的定义，可知

$$f'_x(0,0)=\lim_{x\to 0}\frac{f(x,0)-f(0,0)}{x}=\lim_{x\to 0}\frac{f(x,0)}{x}=\lim_{x\to 0}\frac{f(x,0)}{x^2}\cdot x=0,$$

同理$f'_y(0,0)=0$.

又因为当$(x,y)\to(0,0)$时，$x^2+y^2>0$，且$\lim\limits_{\substack{x\to 0\\y\to 0}}\dfrac{f(x,y)}{x^2+y^2}=1>0$，所以当$(x,y)\to(0,0)$时，$f(x,y)>0$，故$f(x,y)$在点$(0,0)$处取极小值，应选 D.

**强化 243** B.

【解析】令$\dfrac{\partial f}{\partial x}=-6xy+8x^3=0$，$\dfrac{\partial f}{\partial y}=2y-3x^2=0$，显然$(0,0)$是驻点.

又因为

$$\frac{\partial^2 f}{\partial x^2}=-6y+24x^2,\quad \frac{\partial^2 f}{\partial x\partial y}=-6x,\quad \frac{\partial^2 f}{\partial y^2}=2$$

所以在点$(0,0)$处，有$B^2-AC=0$，故无法判断在点$(0,0)$处是否取极值. 如图 26.1 所示，又因为在区域$D_1=\{(x,y)\mid y>2x^2,y>x^2\}$内函数$f(x,y)>0$，在区域$D_2=\{(x,y)\mid x^2<y<2x^2\}$内函数$f(x,y)<0$，而$f(0,0)=0$，所以根据极值定义，知点$(0,0)$不是极值点，应选 B.

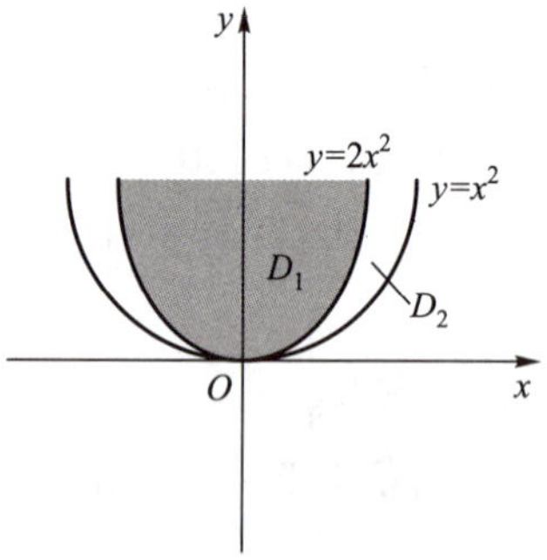


图 26.1

**强化 244** A.

【解析】令$F(x,y,\lambda)=(x+1)^2+(y+1)^2+\lambda(x^2+y^2+xy-3)$，则

$$\begin{cases}F'_x=2(1+x)+\lambda(2x+y)=0, & (1)\\ F'_y=2(1+y)+\lambda(2y+x)=0, & (2)\\ F'_\lambda=x^2+y^2+xy-3=0, & (3)\end{cases}$$

由(1)式减(2)式，得$(x-y)(\lambda+2)=0$，则$x=y$或$\lambda=-2$.

当$x=y$时，代入(3)式中，解得驻点$P_1(1,1)$，$P_2(-1,-1)$.

当$\lambda=-2$时，由(2)式与(3)式，解得驻点$P_3(2,-1)$，$P_4(-1,2)$.

又因为$f(P_1)=8$，$f(P_2)=0$，$f(P_3)=9$，$f(P_4)=9$，所以函数在$P_3(2,-1)$，$P_4(-1,2)$处取得最大值 9，在$P_2(-1,-1)$处取得最小值 0，应选 A.

**强化 245** E.

【**解析**】① 在区域 $D$ 内部,即当 $2x^2+y^2<1$ 时.

令 $\begin{cases} f'_x=4x-8=0, \\ f'_y=2y-2=0, \end{cases}$ 解得 $x=2,y=1$,但点 $(2,1)$ 不在区域 $D$ 内部,所以 $z(x,y)$ 在区域 $D$ 内部没有极值点.

② 在边界上,即当 $2x^2+y^2=1$ 时.

令 $L(x,y,\lambda)=2x^2+y^2-8x-2y+9+\lambda(2x^2+y^2-1)$,则

$$\begin{cases} L'_x=4x-8+4\lambda x=0, \\ L'_y=2y-2+2\lambda y=0, \\ L'_\lambda=2x^2+y^2-1=0, \end{cases} \text{解得} \begin{cases} x=\dfrac{2}{3}, \\ y=\dfrac{1}{3}, \\ \lambda=2, \end{cases} \text{或} \begin{cases} x=-\dfrac{2}{3}, \\ y=-\dfrac{1}{3}, \\ \lambda=-4. \end{cases}$$

③ 将点 $\left(\dfrac{2}{3},\dfrac{1}{3}\right)$,$\left(-\dfrac{2}{3},-\dfrac{1}{3}\right)$ 代入,可知最大值为 16,最小值为 4.

应选 E.

**强化 246** A.

【**解析**】函数 $u(x,y)$ 在有界闭区域 $D$ 上连续,所以 $u(x,y)$ 在 $D$ 内一定存在最大值和最小值.

假设 $u(x,y)$ 的最值在 $D$ 的内部取得,不妨设该点为 $(x_0,y_0)$,显然该点为 $u(x,y)$ 的极值点,且为驻点. 但根据题意,在 $(x_0,y_0)$ 处,$B\neq 0,A+C=0$,进而 $B^2-AC>0$,显然与函数在该点处取得极值矛盾,因此 $u(x,y)$ 的最值一定不在 $D$ 的内部取得,只能在边界取得,应选 A.

# 线性代数篇

第一章　行列式 // 90

第二章　矩阵 // 99

第三章　向量与方程组 // 109

# 第一章 行列式

## 题型 27 行列式的定义

**强化 247** A.

【解析】根据行列式的定义,行列式中含有 $x^4$ 的项为

$$(-1)^{\tau(1234)}a_{11}\cdot a_{22}\cdot a_{33}\cdot a_{44}=(-1)^0\cdot 2x\cdot x\cdot x\cdot x=2x^4,$$

行列式中含有 $x^3$ 的项为

$$(-1)^{\tau(2134)}a_{12}\cdot a_{21}\cdot a_{33}\cdot a_{44}=(-1)^1\cdot 1\cdot x\cdot x\cdot x=-x^3,$$

因此 $a_0=2,a_1=-1$,即 $a_0+a_1=1$,应选 A.

**强化 248** C.

【解析】确定 $f(x)$ 的多项式次数,即确定多项式中 $x$ 的最高次方数.

根据行列式的定义,由 $a_{12}a_{21}a_{33}a_{44}$ 与 $a_{12}a_{23}a_{31}a_{44}$ 组成的项可能使得 $x$ 的次方数最高,且这两项分别为

$$(-1)^{\tau(2134)}a_{12}a_{21}a_{33}a_{44}=(-1)^1x^2\cdot x^3\cdot x\cdot x=-x^7,$$

$$(-1)^{\tau(2314)}a_{12}a_{23}a_{31}a_{44}=(-1)^2x^2\cdot 3\cdot(-x^4)\cdot x=-3x^7,$$

显然 $(-1)^{\tau(2134)}a_{12}a_{21}a_{33}a_{44}+(-1)^{\tau(2314)}a_{12}a_{23}a_{31}a_{44}\neq 0$,所以多项式中 $x$ 的最高次方数为 7,即 $f(x)$ 为 7 次多项式,故应选 C.

# 题型 28　数值型行列式的计算

强化 249　A.

【解析】将行列式第 3 行的 8 倍加至第 1 行，第 3 行的(−4)倍加至第 2 行，再转置得

$$\begin{vmatrix} x-8 & y-8 & z-8 \\ 7 & 4 & 6 \\ 1 & 1 & 1 \end{vmatrix} = \begin{vmatrix} x & y & z \\ 3 & 0 & 2 \\ 1 & 1 & 1 \end{vmatrix} = \begin{vmatrix} x & 3 & 1 \\ y & 0 & 1 \\ z & 2 & 1 \end{vmatrix} = 1,$$

故应选 A.

强化 250　D.

【解析】因为

$$\begin{vmatrix} x & 2 & 2 \\ 2 & y & 2 \\ 2 & 2 & 1 \end{vmatrix} = \begin{vmatrix} x-4 & -2 & 2 \\ -2 & y-4 & 2 \\ 0 & 0 & 1 \end{vmatrix} = (x-4)(y-4)-4,$$

$$\begin{vmatrix} 2 & y & 2 \\ x & 2 & 2 \\ 2 & 2 & 1 \end{vmatrix} = \begin{vmatrix} -2 & y-4 & 2 \\ x-4 & -2 & 2 \\ 0 & 0 & 1 \end{vmatrix} = 4-(x-4)(y-4),$$

所以 $xy-4x-4y+16-4=4-xy+4x+4y-16$，即

$$xy-4x-4y+12=0. \qquad ①$$

当 $x-y=3$ 时，代入①，得 $x^2-11x+24=0$，解得 $x=3$ 或 $x=8$.

当 $x-y=-3$ 时，代入①，得 $x^2-5x=0$，解得 $x=0$ 或 $x=5$.

因此共有 4 种可能，故应选 D.

强化 251　A.

【解析】因为

$$\begin{vmatrix} 2 & -5 & 1 & 2 \\ -3 & 7 & -1 & 4 \\ 5 & -9 & 2 & 7 \\ 4 & -6 & 1 & 2 \end{vmatrix} \xlongequal[r_4-r_1]{r_2+r_1,\ r_3-2r_1} \begin{vmatrix} 2 & -5 & 1 & 2 \\ -1 & 2 & 0 & 6 \\ 1 & 1 & 0 & 3 \\ 2 & -1 & 0 & 0 \end{vmatrix} = \begin{vmatrix} -1 & 2 & 6 \\ 1 & 1 & 3 \\ 2 & -1 & 0 \end{vmatrix} \xlongequal{r_1-2r_2} \begin{vmatrix} -3 & 0 & 0 \\ 1 & 1 & 3 \\ 2 & -1 & 0 \end{vmatrix} = -9,$$

$$\begin{vmatrix} -3 & 1 & 1 \\ -9 & x & 2 \\ -27 & x^2 & 4 \end{vmatrix} = -3\begin{vmatrix} 1 & 1 & 1 \\ 3 & x & 2 \\ 3^2 & x^2 & 2^2 \end{vmatrix}$$

$$=-3(x-3)(2-3)(2-x) \quad （范德蒙德行列式）$$
$$=-3(x-3)(x-2),$$

所以$-9=-3(x-3)(x-2)$，整理得$x^2-5x+3=0$，设$x_1,x_2$分别为该方程的两个根，根据韦达定理可知

$$x_1+x_2=5, \quad x_1x_2=3,$$

故应选 A.

**强化 252** A.

【解析】分别将行列式的第 2 行的$(-x)$倍、第 3 行的$(-y)$倍、第 4 行的$(-z)$倍加至第 1 行，得

$$\begin{vmatrix} 1 & x & y & z \\ x & 1 & 0 & 0 \\ y & 0 & 1 & 0 \\ z & 0 & 0 & 1 \end{vmatrix}=\begin{vmatrix} 1-x^2-y^2-z^2 & 0 & 0 & 0 \\ x & 1 & 0 & 0 \\ y & 0 & 1 & 0 \\ z & 0 & 0 & 1 \end{vmatrix}=1-x^2-y^2-z^2=1,$$

即$x^2+y^2+z^2=0$，解得$x=y=z=0$，因此$x+y+z=0$，应选 A.

**强化 253** D.

【解析】注意到此行列式的各行元素之和相等，故将第 2 列、第 3 列、第 4 列分别加至第 1 列，得

$$\begin{vmatrix} 1 & -1 & 1 & x-1 \\ 1 & -1 & x+1 & -1 \\ 1 & x-1 & 1 & -1 \\ x+1 & -1 & 1 & -1 \end{vmatrix} \xlongequal{c_1+c_2+c_3+c_4} \begin{vmatrix} x & -1 & 1 & x-1 \\ x & -1 & x+1 & -1 \\ x & x-1 & 1 & -1 \\ x & -1 & 1 & -1 \end{vmatrix}$$

$$=x\begin{vmatrix} 1 & -1 & 1 & x-1 \\ 1 & -1 & x+1 & -1 \\ 1 & x-1 & 1 & -1 \\ 1 & -1 & 1 & -1 \end{vmatrix} \xlongequal[r_1+r_4]{-r_1+r_2,\ -r_1+r_3} x\begin{vmatrix} 1 & -1 & 1 & x-1 \\ 0 & 0 & x & -x \\ 0 & x & 0 & -x \\ 0 & 0 & 0 & -x \end{vmatrix}$$

$$=x\begin{vmatrix} 0 & x & -x \\ x & 0 & -x \\ 0 & 0 & -x \end{vmatrix} \quad （沿第 1 列展开）$$

$$=x\cdot x(-1)^{2+1}\begin{vmatrix} x & -x \\ 0 & -x \end{vmatrix}=x^4,$$

故$x^4=1$，解得$x=-1$或 1.

因为二阶矩阵有 4 个元素，所以由该方程的根（$-1$或 1）构成的矩阵有$2^4=16$（种），故应选 D.

**强化 254** E.

**【解析】方法一:**分别将行列式的第 1 行的 -1 倍、-3 倍、-3 倍加至第 2 行、第 3 行、第 4 行,得

$$\begin{vmatrix}1&2&3&4\\1&6-x^2&3&4\\3&4&1&2\\3&4&1&11-x^2\end{vmatrix}=\begin{vmatrix}1&2&3&4\\0&4-x^2&0&0\\0&-2&-8&-10\\0&-2&-8&-x^2-1\end{vmatrix}$$

$$=\begin{vmatrix}4-x^2&0&0\\-2&-8&-10\\-2&-8&-x^2-1\end{vmatrix}=\begin{vmatrix}4-x^2&0&0\\-2&-8&-10\\0&0&9-x^2\end{vmatrix}$$

$$=-8(4-x^2)(9-x^2)=0,$$

解得 $x=\pm2,\pm3$,所以该方程的所有根之积为 36,故应选 E.

**方法二:**该行列式为 4 次多项式,所以方程应有 4 个根.

若行列式第 1 行与第 2 行相同时,即 $6-x^2=2$,显然 $\begin{vmatrix}1&2&3&4\\1&6-x^2&3&4\\3&4&1&2\\3&4&1&11-x^2\end{vmatrix}=0$,解得 $x=\pm2$.

若行列式第 3 行与第 4 行相同时,即 $11-x^2=2$,显然 $\begin{vmatrix}1&2&3&4\\1&6-x^2&3&4\\3&4&1&2\\3&4&1&11-x^2\end{vmatrix}=0$,解得 $x=\pm3$.

因此,该方程应有 4 个根为 $x=\pm2,\pm3$,故所有根之积为 36,应选 E.

## 题型 29　代数余子式线性和问题

**强化 255** B.

**【解析】**由

$$A_{31}-A_{32}+2A_{33}-A_{34}=\begin{vmatrix}1&2&-1&1\\0&2&t&1\\1&-1&2&-1\\-1&3&2&1\end{vmatrix}=\begin{vmatrix}1&2&-1&1\\0&2&t&1\\0&-3&3&-2\\0&5&1&2\end{vmatrix}$$

线性代数篇

$$=\begin{vmatrix}2&t&1\\-3&3&-2\\5&1&2\end{vmatrix}=\begin{vmatrix}2&t&1\\1&3+2t&0\\1&1-2t&0\end{vmatrix}$$

$$=1-2t-(3+2t)=-4t-2=0,$$

解得 $t=-\dfrac{1}{2}$,故应选 B.

**强化 256** A.

【解析】因为 $f(x)=M_{31}+M_{32}+0\cdot M_{32}+M_{34}=\begin{vmatrix}x&0&0&-x\\1&x&2&-1\\1&1&0&1\\2&-x&0&x\end{vmatrix}$,所以

$$f(-1)=M_{31}+M_{32}+M_{34}=\begin{vmatrix}-1&0&0&1\\1&-1&2&-1\\1&1&0&1\\2&1&0&-1\end{vmatrix}\xlongequal[2r_1+r_4]{\substack{r_1+r_2\\r_1+r_3}}\begin{vmatrix}-1&0&0&1\\0&-1&2&0\\0&1&0&2\\0&1&0&1\end{vmatrix}$$

$$=-\begin{vmatrix}-1&2&0\\1&0&2\\1&0&1\end{vmatrix}=2\begin{vmatrix}1&2\\1&1\end{vmatrix}=-2,$$

故应选 A.

**强化 257** B.

【解析】因为 $A_{ij}=(-1)^{i+j}M_{ij}$,所以

$$M_{11}+M_{12}+2M_{13}+M_{14}+A_{23}+A_{33}+A_{43}=A_{11}-A_{12}+2A_{13}-A_{14}+A_{23}+A_{33}+A_{43}$$

$$=(A_{11}-A_{12}+A_{13}-A_{14})+(A_{13}+A_{23}+A_{33}+A_{43})$$

$$=\begin{vmatrix}1&-1&1&-1\\1&-1&1&-1\\2&0&-1&0\\5&2&0&3\end{vmatrix}+\begin{vmatrix}3&0&1&0\\1&-1&1&-1\\2&0&1&0\\5&2&1&3\end{vmatrix}$$

$$=0+\begin{vmatrix}3&0&1&0\\1&-1&1&-1\\2&0&1&0\\7&0&3&1\end{vmatrix}=(-1)\begin{vmatrix}3&1&0\\2&1&0\\7&3&1\end{vmatrix}=-1,$$

故应选 B.

强化 258 C.

【解析】因为

$$A_{11}+A_{12}+A_{13}+A_{14}=\begin{vmatrix}1&1&1&1\\0&2&2&2\\0&0&2&2\\0&0&0&2\end{vmatrix}=8,$$

$$A_{21}+A_{22}+A_{23}+A_{24}=0;$$

$$A_{31}+A_{32}+A_{33}+A_{34}=0;$$

$$A_{41}+A_{42}+A_{43}+A_{44}=0,$$

所以 $\sum_{i=1}^{4}\sum_{j=1}^{4}A_{ij}=8$,故应选 C.

强化 259 A.

【解析】因为

$$|\boldsymbol{A}|=\begin{vmatrix}0&1&0&0\\0&0&2&0\\0&0&0&3\\-1&0&0&0\end{vmatrix}=(-1)^{4+1}\times1\times2\times3\times(-1)=6,$$

$$\boldsymbol{A}^{-1}=\begin{pmatrix}0&0&0&-1\\1&0&0&0\\0&\frac{1}{2}&0&0\\0&0&\frac{1}{3}&0\end{pmatrix},\quad（对角分块矩阵的逆矩阵公式）$$

所以 $\boldsymbol{A}^*=|\boldsymbol{A}|\boldsymbol{A}^{-1}=6\begin{pmatrix}0&0&0&-1\\1&0&0&0\\0&\frac{1}{2}&0&0\\0&0&\frac{1}{3}&0\end{pmatrix}=\begin{pmatrix}0&0&0&-6\\6&0&0&0\\0&3&0&0\\0&0&2&0\end{pmatrix}$,进而 $\sum_{i=1}^{4}\sum_{j=1}^{4}\boldsymbol{A}_{ij}=5$,应选 A.

# 题型 30 抽象型行列式的计算

强化 260 A.

【解析】根据行列式的性质，知 $|A|=(2\times3)\begin{vmatrix}\alpha\\\alpha_2\\\alpha_3\end{vmatrix}=18$，所以 $\begin{vmatrix}\alpha\\\alpha_2\\\alpha_3\end{vmatrix}=3$.

又 $|B|=\begin{vmatrix}\beta\\\alpha_2\\\alpha_3\end{vmatrix}=2$，所以

$$|A-B|=\begin{vmatrix}\alpha-\beta\\\alpha_2\\2\alpha_3\end{vmatrix}=2\begin{vmatrix}\alpha-\beta\\\alpha_2\\\alpha_3\end{vmatrix}=2\left(\begin{vmatrix}\alpha\\\alpha_2\\\alpha_3\end{vmatrix}-\begin{vmatrix}\beta\\\alpha_2\\\alpha_3\end{vmatrix}\right)=2\times(3-2)=2,$$

应选 A.

强化 261 C.

【解析】根据行列式的性质，知

$$\begin{aligned}|\alpha_3,\alpha_2,\alpha_1,(\beta_1+\beta_2)|&=|\alpha_3,\alpha_2,\alpha_1,\beta_1|+|\alpha_3,\alpha_2,\alpha_1,\beta_2|\\&=-|\alpha_1,\alpha_2,\alpha_3,\beta_1|-|\alpha_1,\alpha_2,\alpha_3,\beta_2|\\&=-m+|\alpha_1,\alpha_2,\beta_2,\alpha_3|=n-m,\end{aligned}$$

故应选 C.

强化 262 C.

【解析】由题意可知，$|A|=\begin{vmatrix}2&1&0\\1&2&0\\0&0&1\end{vmatrix}=3$.

等式 $ABA^*=2BA^*+E$ 两边同时右乘矩阵 $A$，得

$$AB|A|=2B|A|+A,\quad 即\ 3AB=6B+A,$$

整理得 $3(A-2E)B=A$，进而两边同取行列式，得

$$3^3|A-2E||B|=|A|,$$

又 $|A-2E|=\begin{vmatrix}0&1&0\\1&0&0\\0&0&-1\end{vmatrix}=1$，$|A|=3$，所以 $|B|=\frac{1}{9}$，应选 C.

**强化 263** D.

【解析】因为 $|A|=\frac{1}{2}\neq 0$，所以 $A$ 可逆，故 $A^*=|A|A^{-1}$，进而

$$(3A)^{-1}-2A^*=\frac{1}{3}A^{-1}-2|A|A^{-1}=\left(\frac{1}{3}-2|A|\right)A^{-1}=-\frac{2}{3}A^{-1},$$

因此

$$|(3A)^{-1}-2A^*|=\left|-\frac{2}{3}A^{-1}\right|=\left(-\frac{2}{3}\right)^3\cdot\frac{1}{|A|}=-\frac{16}{27},$$

应选 D.

**强化 264** E.

【解析】因为

$$(\boldsymbol{\alpha}_1+\boldsymbol{\alpha}_2+\boldsymbol{\alpha}_3,\boldsymbol{\alpha}_1+2\boldsymbol{\alpha}_2+4\boldsymbol{\alpha}_3,\boldsymbol{\alpha}_1+3\boldsymbol{\alpha}_2+9\boldsymbol{\alpha}_3)=(\boldsymbol{\alpha}_1,\boldsymbol{\alpha}_2,\boldsymbol{\alpha}_3)\begin{pmatrix}1&1&1\\1&2&3\\1&4&9\end{pmatrix},$$

所以 $B=A\begin{pmatrix}1&1&1\\1&2&3\\1&4&9\end{pmatrix}$，进而

$$|B|=|A|\begin{vmatrix}1&1&1\\1&2&3\\1&4&9\end{vmatrix}=6\begin{vmatrix}1&1&1\\1&2&3\\1&2^2&3^2\end{vmatrix}=6(2-1)(3-1)(3-2)=12,$$

故应选 E.

**强化 265** B.

【解析】因为

$$\begin{aligned}A+B^{-1}&=AE+EB^{-1}=ABB^{-1}+AA^{-1}B^{-1}\\&=A(B+A^{-1})B^{-1}=A(A^{-1}+B)B^{-1},\end{aligned}$$

所以

$$|A+B^{-1}|=|A(A^{-1}+B)B^{-1}|=|A||A^{-1}+B||B^{-1}|=3\cdot 2\cdot\frac{1}{2}=3,$$

应选 B.

**强化 266** B.

【解析】由于 $AA^{\mathrm{T}}=E$，则

$$|A+E|=|A+AA^{\mathrm{T}}|=|A(E+A^{\mathrm{T}})|=|A(E+A)^{\mathrm{T}}|=|A||(E+A)^{\mathrm{T}}|$$
$$=|A||E+A|=|A||A+E|,$$

移项得 $(1-|A|)|A+E|=0$，又因为 $|A|<0$，所以 $|A+E|=0$，应选 B.

**强化 267** B.

【解析】由 $A^{*}=A^{\mathrm{T}}$，知 $a_{ij}=A_{ij}(i,j=1,2,3,4)$，根据行列式的展开定理，按照第 1 列进行展开，得

$$|A|=a_{11}A_{11}+a_{21}A_{21}+a_{31}A_{31}+a_{41}A_{41}=a_{11}^2+a_{21}^2+a_{31}^2+a_{41}^2=4a_{11}^2>0.$$

对 $A^{*}=A^{\mathrm{T}}$ 两边同取行列式，得 $|A^{*}|=|A^{\mathrm{T}}|$，进而 $|A|^3=|A|$，解得 $|A|=1,-1,0$.

因此，$|A|=1$，即 $4a_{11}^2=1$，解得 $a_{11}=\dfrac{1}{2}$，应选 B.

# 第二章　矩　　阵

## 题型 31　矩阵的运算

**强化 268**　C.

【解析】对于①，若取 $A=\begin{pmatrix}1 & 1\\ -1 & -1\end{pmatrix}$，$B=\begin{pmatrix}-1 & 1\\ 1 & -1\end{pmatrix}$，显然 $AB=O$，且 $A\neq O$，但 $B\neq O$，故结论错误；

对于②，若取 $A=\begin{pmatrix}0 & 1\\ 0 & 0\end{pmatrix}$，显然 $A^2=O$，但 $A\neq O$，故结论错误；

对于③，因为 $|AB|=|A||B|$，$|BA|=|B||A|$，所以 $|AB|=|BA|$，故结论正确；

对于④，因为 $A$ 与 $A^*$ 可交换，所以 $(A+A^*)^2=A^2+2AA^*+(A^*)^2$，故结论正确.

应选 C.

**强化 269**　D.

【解析】对于①，因为 $A,B$ 都是对称矩阵，所以 $A^{\mathrm{T}}=A,B^{\mathrm{T}}=B$，进而

$$(kA+lB)^{\mathrm{T}}=(kA)^{\mathrm{T}}+(lB)^{\mathrm{T}}=kA^{\mathrm{T}}+lB^{\mathrm{T}}=kA+lB,$$

即 $kA+lB$ 也是对称矩阵，结论正确.

对于②，因为 $A,B$ 都是对称矩阵，所以 $A^{\mathrm{T}}=A,B^{\mathrm{T}}=B$，进而

$$(AB)^{\mathrm{T}}=B^{\mathrm{T}}A^{\mathrm{T}}=BA,$$

但矩阵不满足交换律，所以 $AB$ 未必是对称矩阵，结论错误.

对于③，因为 $(A-A^{\mathrm{T}})^{\mathrm{T}}=A^{\mathrm{T}}-(A^{\mathrm{T}})^{\mathrm{T}}=A^{\mathrm{T}}-A=-(A-A^{\mathrm{T}})$，所以 $A-A^{\mathrm{T}}$ 为反对称矩阵，命题正确.

对于④，因为

$$A=\frac{1}{2}(A+A^{T})+\frac{1}{2}(A-A^{T}),$$

且$\frac{1}{2}(A+A^{T})$为对称矩阵，$\frac{1}{2}(A-A^{T})$为反对称矩阵，所以 $A$ 可表示为一个对称矩阵与反对称矩阵的和，结论正确.

应选 D.

**强化 270** A.

【解析】由 $\alpha\beta^{T}\neq O$，知 $\alpha,\beta$ 均为非零列向量，故 $\alpha\beta^{T}$ 是秩为 1 的矩阵，所以矩阵的两行之间成比例，即

$$\frac{-1}{1}=\frac{a}{-1}=\frac{b}{1},\quad \frac{1}{1}=\frac{-1}{-1}=\frac{c}{1},$$

解得 $a=1,b=-1,c=1$，故 $a+b+c=1$.

又根据秩为 1 的矩阵的性质，知 $\alpha^{T}\beta=\operatorname{tr}(\alpha\beta^{T})=1+a+c=3$.

应选 A.



**强化 271** A.

【解析】显然矩阵 $A$ 为秩为 1 的矩阵，所以

$$A^{n}=[\operatorname{tr}(A)]^{n-1}A=(-2)^{n-1}A=(-2)^{n-1}\begin{pmatrix}2&2&-2\\-1&-1&1\\3&3&-3\end{pmatrix},$$

应选 A.

**强化 272** A.

【解析】由题意可知 $A=\begin{pmatrix}\lambda&1&0\\0&\lambda&1\\0&0&\lambda\end{pmatrix}=\lambda E+\begin{pmatrix}0&1&0\\0&0&1\\0&0&0\end{pmatrix}$，记 $B=\begin{pmatrix}0&1&0\\0&0&1\\0&0&0\end{pmatrix}$，根据矩阵的运算，有

$$B^{2}=\begin{pmatrix}0&1&0\\0&0&1\\0&0&0\end{pmatrix}\begin{pmatrix}0&1&0\\0&0&1\\0&0&0\end{pmatrix}=\begin{pmatrix}0&0&1\\0&0&0\\0&0&0\end{pmatrix},\quad B^{3}=B^{4}=B^{5}=B^{6}=O,$$

所以

$$\begin{aligned}A^{6}&=(\lambda E+B)^{6}\\&=C_{6}^{0}(\lambda E)^{6}+C_{6}^{1}(\lambda E)^{5}B+C_{6}^{2}(\lambda E)^{4}B^{2}\\&=\lambda^{6}E+6\lambda^{5}B+15\lambda^{4}B^{2}\end{aligned}$$

$$=\begin{pmatrix}\lambda^6&0&0\\0&\lambda^6&0\\0&0&\lambda^6\end{pmatrix}+\begin{pmatrix}0&6\lambda^5&0\\0&0&6\lambda^5\\0&0&0\end{pmatrix}+\begin{pmatrix}0&0&15\lambda^4\\0&0&0\\0&0&0\end{pmatrix}$$

$$=\begin{pmatrix}\lambda^6&6\lambda^5&15\lambda^4\\0&\lambda^6&6\lambda^5\\0&0&\lambda^6\end{pmatrix},$$

故应选 A.

**强化 273** B.

【解析】因为

$$\boldsymbol{A}^2=\begin{pmatrix}3&1\\1&-3\end{pmatrix}\begin{pmatrix}3&1\\1&-3\end{pmatrix}=\begin{pmatrix}10&0\\0&10\end{pmatrix},$$

所以 $\boldsymbol{A}^{32}=(\boldsymbol{A}^2)^{16}=\begin{pmatrix}10&0\\0&10\end{pmatrix}^{16}=\begin{pmatrix}10^{16}&0\\0&10^{16}\end{pmatrix}$，故应选 B.

## 题型 32　方阵的伴随矩阵与逆矩阵

**强化 274** E.

【解析】由 $2\boldsymbol{A}^2-3\boldsymbol{A}+4\boldsymbol{E}=\boldsymbol{O}$，知 $\boldsymbol{A}(2\boldsymbol{A}-3\boldsymbol{E})=-4\boldsymbol{E}$，即$\left(-\dfrac{1}{4}\boldsymbol{A}\right)(2\boldsymbol{A}-3\boldsymbol{E})=\boldsymbol{E}$，故$(2\boldsymbol{A}-3\boldsymbol{E})^{-1}=-\dfrac{1}{4}\boldsymbol{A}$.

又因为 $2\boldsymbol{A}^2-3\boldsymbol{A}+\boldsymbol{E}=-3\boldsymbol{E}$，所以

$$(\boldsymbol{A}-\boldsymbol{E})(2\boldsymbol{A}-\boldsymbol{E})=2\boldsymbol{A}^2-3\boldsymbol{A}+\boldsymbol{E}=-3\boldsymbol{E},$$

即$(\boldsymbol{A}-\boldsymbol{E})\left[-\dfrac{1}{3}(2\boldsymbol{A}-\boldsymbol{E})\right]=\boldsymbol{E}$，故$(\boldsymbol{A}-\boldsymbol{E})^{-1}=-\dfrac{1}{3}(2\boldsymbol{A}-\boldsymbol{E})$.

故应选 E.

**强化 275** D.

【解析】显然 $\boldsymbol{A}$ 不一定是零矩阵，例如 $\boldsymbol{A}=\begin{pmatrix}0&1&1\\0&0&1\\0&0&0\end{pmatrix}$，满足 $\boldsymbol{A}^6=\boldsymbol{O}$，但 $\boldsymbol{A}\neq\boldsymbol{O}$.



线性代数篇

由 $A^6=O$ 知，$E-A^6=E$，进而

$$E^6-A^6=(E-A)(E+A+A^2+A^3+A^4+A^5)=E,$$

所以 $E-A$ 可逆，且逆矩阵为 $(E-A)^{-1}=E+A+A^2+A^3+A^4+A^5$，故应选 D.

**强化 276** A.

【解析】由 $B=E+AB$，知 $(E-A)B=E$，即 $(E-A)^{-1}=B$，进而

$$B(E-A)=E,$$

故 $B=E+BA$.

因为 $C=A+CA$，所以

$$B-C=(E+BA)-(A+CA),$$
$$B-C=(E-A)+(B-C)A,$$
$$(B-C)(E-A)=(E-A),$$

又 $E-A$ 可逆，故 $B-C=E$，应选 A.

**强化 277** C.

【解析】因为

$$A^{-1}+B^{-1}=EA^{-1}+B^{-1}E=(B^{-1}B)A^{-1}+B^{-1}(AA^{-1})=B^{-1}(B+A)A^{-1},$$

所以

$$(A^{-1}+B^{-1})^{-1}=[B^{-1}(B+A)A^{-1}]^{-1}=(A^{-1})^{-1}(A+B)^{-1}(B^{-1})^{-1}=A(A+B)^{-1}B,$$ 故应选 C.

**强化 278** A.

【解析】记 $A_1=\begin{pmatrix}1&0\\1&2\end{pmatrix}$，$A_2=(1)$，则 $A-2E=\left(\begin{array}{cc|c}1&0&0\\1&2&0\\\hline 0&0&1\end{array}\right)=\begin{pmatrix}A_1&O\\O&A_2\end{pmatrix}$，所以

$$(A-2E)^{-1}=\begin{pmatrix}A_1&O\\O&A_2\end{pmatrix}^{-1}=\begin{pmatrix}A_1^{-1}&O\\O&A_2^{-1}\end{pmatrix}=\begin{pmatrix}1&0&0\\-\frac{1}{2}&\frac{1}{2}&0\\0&0&1\end{pmatrix},$$

应选 A.

**强化 279** E.

【解析】因为

$$\begin{aligned}B+E&=(E+A)^{-1}(E-A)+(E+A)^{-1}(E+A)\\&=(E+A)^{-1}[(E-A)+(E+A)]\end{aligned}$$



线性代数篇

$$=2(E+A)^{-1},$$

所以$(E+B)^{-1}=\frac{1}{2}(E+A)=\begin{pmatrix}1&0&0&0\\-1&2&0&0\\0&-2&3&0\\0&0&-3&4\end{pmatrix}$,故应选 E.

**强化 280** B.

【解析】因为$|A|=\begin{vmatrix}1&2&-1\\3&4&-2\\5&-4&1\end{vmatrix}=2$,所以矩阵 $A$ 可逆,且$|A^*|=|A|^{n-1}=2^2=4$.

又 $A^*(A^*)^*=|A^*|E$ 两边同时左乘 $A$,得

$$AA^*(A^*)^*=|A^*|A,$$

即$|A|(A^*)^*=4A$,进而$(A^*)^*=2A=\begin{pmatrix}2&4&-2\\6&8&-4\\10&-8&2\end{pmatrix}$,故应选 B.

【注】本题也可以直接使用结论:若 $n(n\geqslant 2)$ 阶方阵 $A$ 可逆,则$(A^*)^*=|A|^{n-2}A$.

**强化 281** D.

【解析】因为$|A|=\begin{vmatrix}2&0&0\\2&1&0\\4&6&1\end{vmatrix}=2\neq 0$,所以矩阵 $A$ 可逆.

又 $AA^*=|A|E$,所以$A^*=|A|A^{-1}$,进而

$$(A^*)^{-1}=\frac{1}{|A|}A=\frac{1}{2}A,$$

故应选 D.

**强化 282** A.

【解析】根据逆矩阵的运算性质,知

$$(A^*B^{-1}A)^{-1}=A^{-1}(B^{-1})^{-1}(A^*)^{-1}=A^{-1}B(A^*)^{-1}=A^{-1}B(A^{-1})^*.$$

又因为 $A^{-1}(A^{-1})^*=|A^{-1}|E$,所以$(A^{-1})^*=\frac{1}{|A|}A=\frac{1}{2}A$,进而

$$(A^*B^{-1}A)^{-1}=A^{-1}B(A^{-1})^*=A^{-1}B\left(\frac{1}{2}A\right)=\frac{1}{2}A^{-1}BA,$$

故应选 A.

## 题型 33 初等矩阵与初等变换

**强化 283** C.

【解析】根据初等矩阵与初等变换之间的关系，可知 $\boldsymbol{B}=\boldsymbol{E}_{21}(2)\boldsymbol{A}$，进而

$$\boldsymbol{B}^{-1}=(\boldsymbol{E}_{21}(2)\boldsymbol{A})^{-1}=\boldsymbol{A}^{-1}(\boldsymbol{E}_{21}(2))^{-1}=\boldsymbol{A}^{-1}\boldsymbol{E}_{21}(-2)$$
$$=\begin{pmatrix}a_{11}&a_{12}\\a_{21}&a_{22}\end{pmatrix}\boldsymbol{E}_{21}(-2),$$

即将$\begin{pmatrix}a_{11}&a_{12}\\a_{21}&a_{22}\end{pmatrix}$的第 2 列的$(-2)$倍加到第 1 列，可得到 $\boldsymbol{B}^{-1}$，因此

$$\boldsymbol{B}^{-1}=\begin{pmatrix}a_{11}&a_{12}\\a_{21}&a_{22}\end{pmatrix}\boldsymbol{E}_{21}(-2)=\begin{pmatrix}a_{11}-2a_{12}&a_{12}\\a_{21}-2a_{22}&a_{22}\end{pmatrix},$$

应选 C.

**强化 284** D.

【解析】根据初等矩阵与初等变换之间的关系，可知 $\boldsymbol{B}=\boldsymbol{A}\boldsymbol{E}_{13}(2)$，故

$$\boldsymbol{A}+\boldsymbol{B}=\boldsymbol{A}+\boldsymbol{A}\boldsymbol{E}_{13}(2)=\boldsymbol{A}[\boldsymbol{E}+\boldsymbol{E}_{13}(2)],$$

又 $\boldsymbol{E}+\boldsymbol{E}_{13}(2)=\begin{pmatrix}1&0&0\\0&1&0\\0&0&1\end{pmatrix}+\begin{pmatrix}1&0&2\\0&1&0\\0&0&1\end{pmatrix}=\begin{pmatrix}2&0&2\\0&2&0\\0&0&2\end{pmatrix}$，所以

$$|\boldsymbol{A}+\boldsymbol{B}|=|\boldsymbol{A}[\boldsymbol{E}+\boldsymbol{E}_{13}(2)]|=|\boldsymbol{A}||\boldsymbol{E}+\boldsymbol{E}_{13}(2)|$$
$$=|\boldsymbol{A}|\begin{vmatrix}2&0&2\\0&2&0\\0&0&2\end{vmatrix}=-2\cdot 2^3=-16,$$

应选 D.

**强化 285** D.

【解析】根据初等矩阵与初等变换之间的关系，可知

$$\boldsymbol{A}\boldsymbol{E}_{21}(1)=\boldsymbol{B},\quad \boldsymbol{E}_{23}\boldsymbol{B}=\boldsymbol{E},$$

所以 $\boldsymbol{E}_{23}\boldsymbol{A}\boldsymbol{E}_{21}(1)=\boldsymbol{E}$，进而 $\boldsymbol{A}=\boldsymbol{E}_{23}^{-1}[\boldsymbol{E}_{21}(1)]^{-1}$.

又 $\boldsymbol{P}_1=\begin{pmatrix}1&0&0\\1&1&0\\0&0&1\end{pmatrix}=\boldsymbol{E}_{21}(1)$，$\boldsymbol{P}_2=\begin{pmatrix}1&0&0\\0&0&1\\0&1&0\end{pmatrix}=\boldsymbol{E}_{23}$，且 $\boldsymbol{P}_2^{-1}=\boldsymbol{E}_{23}^{-1}=\boldsymbol{E}_{23}=\boldsymbol{P}_2$，所以 $\boldsymbol{A}=\boldsymbol{P}_2\boldsymbol{P}_1^{-1}$，故应选 D.

**强化 286** B.

**【解析】方法一：**根据初等矩阵与初等变换之间的关系，可知 $\boldsymbol{PE}_{21}(1)=\boldsymbol{Q}$，所以

$$\begin{aligned}\boldsymbol{Q}^{-1}\boldsymbol{AQ}&=[\boldsymbol{PE}_{21}(1)]^{-1}\boldsymbol{A}[\boldsymbol{PE}_{21}(1)]\\&=[\boldsymbol{E}_{21}(1)]^{-1}(\boldsymbol{P}^{-1}\boldsymbol{AP})\boldsymbol{E}_{21}(1)\\&=\boldsymbol{E}_{21}(-1)\begin{pmatrix}1&0&0\\0&1&0\\0&0&2\end{pmatrix}\boldsymbol{E}_{21}(1)\\&=\begin{pmatrix}1&0&0\\-1&1&0\\0&0&2\end{pmatrix}\boldsymbol{E}_{21}(1)=\begin{pmatrix}1&0&0\\0&1&0\\0&0&2\end{pmatrix},\end{aligned}$$

故应选 B.

**方法二：**根据矩阵的运算可知，$(\boldsymbol{\alpha}_1+\boldsymbol{\alpha}_2,\boldsymbol{\alpha}_2,\boldsymbol{\alpha}_3)=(\boldsymbol{\alpha}_1,\boldsymbol{\alpha}_2,\boldsymbol{\alpha}_3)\begin{pmatrix}1&0&0\\1&1&0\\0&0&1\end{pmatrix}$，又 $\begin{pmatrix}1&0&0\\1&1&0\\0&0&1\end{pmatrix}=$ $\boldsymbol{E}_{21}(1)$，即 $\boldsymbol{PE}_{21}(1)=\boldsymbol{Q}$，所以

$$\begin{aligned}\boldsymbol{Q}^{-1}\boldsymbol{AQ}&=[\boldsymbol{PE}_{21}(1)]^{-1}\boldsymbol{A}[\boldsymbol{PE}_{21}(1)]\\&=[\boldsymbol{E}_{21}(1)]^{-1}(\boldsymbol{P}^{-1}\boldsymbol{AP})\boldsymbol{E}_{21}(1)\\&=\boldsymbol{E}_{21}(-1)\begin{pmatrix}1&0&0\\0&1&0\\0&0&2\end{pmatrix}\boldsymbol{E}_{21}(1)\\&=\begin{pmatrix}1&0&0\\-1&1&0\\0&0&2\end{pmatrix}\boldsymbol{E}_{21}(1)=\begin{pmatrix}1&0&0\\0&1&0\\0&0&2\end{pmatrix},\end{aligned}$$

故应选 B.

**刻意练习** A.

**【解析】方法一：**根据初等矩阵与初等变换之间的关系，可知 $\boldsymbol{PE}_{21}(1)=\boldsymbol{Q}$，所以

$$\begin{aligned}\boldsymbol{Q}^{\mathrm{T}}\boldsymbol{AQ}&=[\boldsymbol{PE}_{21}(1)]^{\mathrm{T}}\boldsymbol{APE}_{21}(1)\\&=[\boldsymbol{E}_{21}(1)]^{\mathrm{T}}(\boldsymbol{P}^{\mathrm{T}}\boldsymbol{AP})\boldsymbol{E}_{21}(1)\\&=\boldsymbol{E}_{12}(1)\begin{pmatrix}1&0&0\\0&1&0\\0&0&2\end{pmatrix}\boldsymbol{E}_{21}(1)\end{aligned}$$

$$=\begin{pmatrix}1&1&0\\0&1&0\\0&0&2\end{pmatrix}E_{21}(1)=\begin{pmatrix}2&1&0\\1&1&0\\0&0&2\end{pmatrix},$$

故应选 A.

**方法二**:根据矩阵的运算可知，$(\boldsymbol{\alpha}_1+\boldsymbol{\alpha}_2,\boldsymbol{\alpha}_2,\boldsymbol{\alpha}_3)=(\boldsymbol{\alpha}_1,\boldsymbol{\alpha}_2,\boldsymbol{\alpha}_3)\begin{pmatrix}1&0&0\\1&1&0\\0&0&1\end{pmatrix}$，即 $\boldsymbol{P}\boldsymbol{E}_{21}(1)=\boldsymbol{Q}$，

所以

$$\begin{aligned}\boldsymbol{Q}^{\mathrm{T}}\boldsymbol{A}\boldsymbol{Q}&=[\boldsymbol{P}\boldsymbol{E}_{21}(1)]^{\mathrm{T}}\boldsymbol{A}\boldsymbol{P}\boldsymbol{E}_{21}(1)\\&=[\boldsymbol{E}_{21}(1)]^{\mathrm{T}}(\boldsymbol{P}^{\mathrm{T}}\boldsymbol{A}\boldsymbol{P})\boldsymbol{E}_{21}(1)\\&=\boldsymbol{E}_{12}(1)\begin{pmatrix}1&0&0\\0&1&0\\0&0&2\end{pmatrix}\boldsymbol{E}_{21}(1)\\&=\begin{pmatrix}1&1&0\\0&1&0\\0&0&2\end{pmatrix}\boldsymbol{E}_{21}(1)=\begin{pmatrix}2&1&0\\1&1&0\\0&0&2\end{pmatrix},\end{aligned}$$

故应选 A.



## 题型 34 矩阵的秩

**强化 287** B.

**【解析】**若 $r(\boldsymbol{A})=r$，根据矩阵的秩的定义，$\boldsymbol{A}$ 中所有的 $r+1$ 阶子式为 0，存在 $r$ 阶子式不为 0，显然①正确，②错误.

但根据 $r(\boldsymbol{A})=r$，无法判定 $\boldsymbol{A}$ 中 $r-1$ 阶子式的情况，例如 $\boldsymbol{A}=\begin{pmatrix}1&1&0&1\\0&1&0&0\\0&0&0&0\end{pmatrix}$，显然此时 $r(\boldsymbol{A})=2$，但 $\boldsymbol{A}$ 中既含有等于 0 的 $r-1$ 阶子式，也含有不为 0 的 $r-1$ 阶子式，因此③④均错误.

应选 B.

**强化 288** B.

**【解析】**因为

$$A=\begin{pmatrix}0&1&0&0\\0&0&1&0\\0&0&0&1\\0&0&0&0\end{pmatrix},\quad A^2=\begin{pmatrix}0&0&1&0\\0&0&0&1\\0&0&0&0\\0&0&0&0\end{pmatrix},\quad A^3=\begin{pmatrix}0&0&0&1\\0&0&0&0\\0&0&0&0\\0&0&0&0\end{pmatrix},$$

所以 $A^3$ 的秩为 1,故应选 B.

**强化 289** C.

【解析】对矩阵 $A$ 进行初等行变换,得

$$A\to\begin{pmatrix}1&-2&3k\\0&2k-2&3k-3\\0&2k-2&3-3k^2\end{pmatrix}\to\begin{pmatrix}1&-2&3k\\0&2k-2&3k-3\\0&0&6-3k-3k^2\end{pmatrix}$$

$$\to\begin{pmatrix}1&-2&3k\\0&2(k-1)&3(k-1)\\0&0&-3(k-1)(k+2)\end{pmatrix},$$

故当 $k=1$ 时,$r(A)=1$;当 $k=-2$ 时,$r(A)=2$;当 $k\neq1$ 且 $k\neq-2$ 时,$r(A)=3$,故①②正确,③④错误,应选 C.

**强化 290** A.

【解析】因为 $|A|=1\neq0$,所以矩阵 $A$ 可逆,进而

$$r(A^2-A)=r[A(A-E)]=r(A-E)$$

$$=r\begin{pmatrix}0&2&3&\cdots&n\\0&0&0&\cdots&0\\0&0&0&\cdots&0\\\vdots&\vdots&\vdots&&\vdots\\0&0&0&\cdots&0\end{pmatrix}=1,$$

故应选 A.

**强化 291** C.

【解析】因为 $r(A^*)=1$,所以 $r(A)=2$,故

$$|A|=\begin{vmatrix}a&b&b\\b&a&b\\b&b&a\end{vmatrix}=(a+2b)\begin{vmatrix}1&b&b\\1&a&b\\1&b&a\end{vmatrix}$$

$$=(a+2b)\begin{vmatrix}1&b&b\\0&a-b&0\\0&0&a-b\end{vmatrix}=(a+2b)(a-b)^2=0,$$

解得 $a+2b=0$ 或 $a=b$.

但当 $a=b$ 时,$r(\boldsymbol{A})=r\begin{pmatrix} b & b & b \\ b & b & b \\ b & b & b \end{pmatrix}=1$,不满足,舍去.

综上所述,$a\neq b$ 且 $a+2b=0$,故应选 C.

**强化 292** E.

【解析】因为

$$4=r(\boldsymbol{AB})\leqslant r(\boldsymbol{A})\leqslant 4,$$

所以 $r(\boldsymbol{A})=4$,进而 $r(\boldsymbol{A}^*)=4$,故应选 E.

**强化 293** D.

【解析】由 $\boldsymbol{A}^2=\boldsymbol{A}$,知 $\boldsymbol{A}(\boldsymbol{A}-\boldsymbol{E})=\boldsymbol{O}$,根据矩阵的秩的性质,知

$$r(\boldsymbol{A})+r(\boldsymbol{A}-\boldsymbol{E})\leqslant n.$$

又

$$r(\boldsymbol{A})+r(\boldsymbol{A}-\boldsymbol{E})\geqslant r[\boldsymbol{A}-(\boldsymbol{A}-\boldsymbol{E})]=r(\boldsymbol{E})=n,$$

因此 $r(\boldsymbol{A})+r(\boldsymbol{A}-\boldsymbol{E})=n$,应选 D.

**强化 294** B.

【解析】记 $\boldsymbol{\alpha}=(a_1,a_2,\cdots,a_n)^{\mathrm{T}}$,$\boldsymbol{\beta}=(b_1,b_2,\cdots,b_n)^{\mathrm{T}}$,显然

$$\boldsymbol{A}=\boldsymbol{\alpha}\boldsymbol{\beta}^{\mathrm{T}}=\begin{pmatrix} a_1b_1 & a_1b_2 & \cdots & a_1b_n \\ a_2b_1 & a_2b_2 & \cdots & a_2b_n \\ \vdots & \vdots & & \vdots \\ a_nb_1 & a_nb_2 & \cdots & a_nb_n \end{pmatrix},$$

又 $\boldsymbol{\alpha}\neq\boldsymbol{0}$,$\boldsymbol{\beta}\neq\boldsymbol{0}$,所以 $\boldsymbol{A}$ 是秩为 1 的矩阵,即 $r(\boldsymbol{A})=1$,应选 B.

**强化 295** B.

【解析】因为 $\boldsymbol{\alpha},\boldsymbol{\beta}$ 均为 $n$ 维单位列向量,显然 $\boldsymbol{\alpha}\neq\boldsymbol{0}$,$\boldsymbol{\beta}\neq\boldsymbol{0}$,故 $\boldsymbol{\alpha}\boldsymbol{\alpha}^{\mathrm{T}}$,$\boldsymbol{\beta}\boldsymbol{\beta}^{\mathrm{T}}$ 均是秩为 1 的矩阵,即 $r(\boldsymbol{\alpha}\boldsymbol{\alpha}^{\mathrm{T}})=r(\boldsymbol{\beta}\boldsymbol{\beta}^{\mathrm{T}})=1$.

又因为 $\boldsymbol{\alpha}$ 与 $\boldsymbol{\beta}$ 线性相关,所以 $\boldsymbol{\beta}=k\boldsymbol{\alpha}$($k$ 为任意常数),故

$$r(\boldsymbol{A})=r(\boldsymbol{\alpha}\boldsymbol{\alpha}^{\mathrm{T}}+\boldsymbol{\beta}\boldsymbol{\beta}^{\mathrm{T}})=r[(1+k^2)\boldsymbol{\alpha}\boldsymbol{\alpha}^{\mathrm{T}}]=r(\boldsymbol{\alpha}\boldsymbol{\alpha}^{\mathrm{T}})=1,$$

应选 B.

# 第三章　向量与方程组

## 题型 35　向量组的秩

**强化 296**　A.

【解析】由题意可知，$r(\boldsymbol{\alpha}_1,\boldsymbol{\alpha}_2,\boldsymbol{\alpha}_3,\boldsymbol{\alpha}_4)=r(\boldsymbol{\alpha}_3,\boldsymbol{\alpha}_4,\boldsymbol{\alpha}_1,\boldsymbol{\alpha}_2)=2$，且

$$(\boldsymbol{\alpha}_3,\boldsymbol{\alpha}_4,\boldsymbol{\alpha}_1,\boldsymbol{\alpha}_2)=\begin{pmatrix}1&2&a&2\\2&3&3&b\\1&1&1&3\end{pmatrix}\to\begin{pmatrix}1&2&a&2\\0&-1&3-2a&b-4\\0&0&a-2&5-b\end{pmatrix},$$

所以 $a=2,b=5$，故应选 A.

**强化 297**　A.

【解析】令 $\boldsymbol{A}=(\boldsymbol{\alpha}_1^{\mathrm{T}},\boldsymbol{\alpha}_2^{\mathrm{T}},\boldsymbol{\alpha}_3^{\mathrm{T}},\boldsymbol{\alpha}_4^{\mathrm{T}})$，则

$$\boldsymbol{A}=\begin{pmatrix}1&k&-1&2\\2&-1&k&5\\1&10&-6&1\end{pmatrix}\to\begin{pmatrix}1&k&-1&2\\0&-1-2k&k+2&1\\0&10-k&-5&-1\end{pmatrix},$$

由 $r(\boldsymbol{A})=2$，知$\dfrac{-1-2k}{10-k}=\dfrac{k+2}{-5}=\dfrac{1}{-1}$，解得 $k=3$，即当 $k=3$ 时，$r(\boldsymbol{A})=2$，应选 A.

**强化 298**　C.

【解析】由 $\boldsymbol{\alpha}_1,\boldsymbol{\alpha}_2,\boldsymbol{\alpha}_3$ 线性无关，知 $r(\boldsymbol{\alpha}_1,\boldsymbol{\alpha}_2,\boldsymbol{\alpha}_3)=3$，即$(\boldsymbol{\alpha}_1,\boldsymbol{\alpha}_2,\boldsymbol{\alpha}_3)$为可逆矩阵，故

$$r(\boldsymbol{A}\boldsymbol{\alpha}_1,\boldsymbol{A}\boldsymbol{\alpha}_2,\boldsymbol{A}\boldsymbol{\alpha}_3)=r[\boldsymbol{A}(\boldsymbol{\alpha}_1,\boldsymbol{\alpha}_2,\boldsymbol{\alpha}_3)]=r(\boldsymbol{A}).$$

又对矩阵 $\boldsymbol{A}$ 施以初等行变换，知

$$A=\begin{pmatrix}1&0&1\\1&1&2\\0&1&1\end{pmatrix}\to\begin{pmatrix}1&0&1\\0&1&1\\0&0&0\end{pmatrix},$$

所以 $r(A\boldsymbol{\alpha}_1,A\boldsymbol{\alpha}_2,A\boldsymbol{\alpha}_3)=r(A)=2$，应选 C.

**强化 299** E.

【解析】对$(\boldsymbol{\alpha}_1,\boldsymbol{\alpha}_2,\boldsymbol{\alpha}_3,\boldsymbol{\alpha}_5-\boldsymbol{\alpha}_4)$施以初等列变换，得

$$(\boldsymbol{\alpha}_1,\boldsymbol{\alpha}_2,\boldsymbol{\alpha}_3,\boldsymbol{\alpha}_5-\boldsymbol{\alpha}_4)=(\boldsymbol{\alpha}_1,\boldsymbol{\alpha}_2,\boldsymbol{\alpha}_3,\boldsymbol{\alpha}_5-2\boldsymbol{\alpha}_1-\boldsymbol{\alpha}_3)\xrightarrow[c_3+c_4]{2c_1+c_4}(\boldsymbol{\alpha}_1,\boldsymbol{\alpha}_2,\boldsymbol{\alpha}_3,\boldsymbol{\alpha}_5),$$

所以 $r(\boldsymbol{\alpha}_1,\boldsymbol{\alpha}_2,\boldsymbol{\alpha}_3,\boldsymbol{\alpha}_5-\boldsymbol{\alpha}_4)=r(\boldsymbol{\alpha}_1,\boldsymbol{\alpha}_2,\boldsymbol{\alpha}_3,\boldsymbol{\alpha}_5)=4$，应选 E.

## 题型 36 向量组的线性相关性

**强化 300** C.

【解析】由题意可知，$r(\boldsymbol{\alpha}_1,\boldsymbol{\alpha}_2,\boldsymbol{\alpha}_3)<3$.

设矩阵 $A=(\boldsymbol{\alpha}_1,\boldsymbol{\alpha}_2,\boldsymbol{\alpha}_3)$，对矩阵 $A$ 施以初等行变换，知

$$A=(\boldsymbol{\alpha}_1,\boldsymbol{\alpha}_2,\boldsymbol{\alpha}_3)=\begin{pmatrix}1&1&1\\1&2&3\\1&3&t\end{pmatrix}\to\begin{pmatrix}1&1&1\\0&1&2\\0&2&t-1\end{pmatrix}\to\begin{pmatrix}1&1&1\\0&1&2\\0&0&t-5\end{pmatrix},$$

故当 $t=5$ 时，$r(A)=r(\boldsymbol{\alpha}_1,\boldsymbol{\alpha}_2,\boldsymbol{\alpha}_3)=2<3$，此时$\boldsymbol{\alpha}_1,\boldsymbol{\alpha}_2,\boldsymbol{\alpha}_3$ 线性相关，应选 C.

**强化 301** E.

【解析】由题意可知，$r(\boldsymbol{\alpha}_1,\boldsymbol{\alpha}_2,\boldsymbol{\alpha}_3)<3$.

设矩阵 $A=(\boldsymbol{\alpha}_1^{\mathrm{T}},\boldsymbol{\alpha}_2^{\mathrm{T}},\boldsymbol{\alpha}_3^{\mathrm{T}})$，对矩阵 $A$ 施以初等行变换，知

$$A=(\boldsymbol{\alpha}_1^{\mathrm{T}},\boldsymbol{\alpha}_2^{\mathrm{T}},\boldsymbol{\alpha}_3^{\mathrm{T}})=\begin{pmatrix}1&3&-1\\0&-2&1\\5&3&t\\2&-4&3\end{pmatrix}\to\begin{pmatrix}1&3&-1\\0&-2&1\\0&-12&t+5\\0&-10&5\end{pmatrix}\to\begin{pmatrix}1&3&-1\\0&-2&1\\0&0&t-1\\0&0&0\end{pmatrix},$$

当 $t=1$ 时，$r(\boldsymbol{\alpha}_1,\boldsymbol{\alpha}_2,\boldsymbol{\alpha}_3)<3$，此时 $\boldsymbol{\alpha}_1,\boldsymbol{\alpha}_2,\boldsymbol{\alpha}_3$ 线性相关，故应选 E.

**强化 302** E.

【解析】**方法一**：利用线性相关性的定义.

显然$(\boldsymbol{\alpha}_1-\boldsymbol{\alpha}_2)+(\boldsymbol{\alpha}_2-\boldsymbol{\alpha}_3)-(\boldsymbol{\alpha}_1-\boldsymbol{\alpha}_3)=\mathbf{0}$,所以$\boldsymbol{\alpha}_1-\boldsymbol{\alpha}_2,\boldsymbol{\alpha}_2-\boldsymbol{\alpha}_3,\boldsymbol{\alpha}_1-\boldsymbol{\alpha}_3$线性相关,故应选 E.

**方法二:**利用向量组的秩.

因为向量组$\boldsymbol{\alpha}_1,\boldsymbol{\alpha}_2,\boldsymbol{\alpha}_3$线性无关,所以$r(\boldsymbol{\alpha}_1,\boldsymbol{\alpha}_2,\boldsymbol{\alpha}_3)=3$.

对于选项 A,由

$$(\boldsymbol{\alpha}_1+\boldsymbol{\alpha}_2,\boldsymbol{\alpha}_2+\boldsymbol{\alpha}_3,\boldsymbol{\alpha}_3+\boldsymbol{\alpha}_1)=(\boldsymbol{\alpha}_1,\boldsymbol{\alpha}_2,\boldsymbol{\alpha}_3)\begin{pmatrix}1&0&1\\1&1&0\\0&1&1\end{pmatrix},$$

且$\begin{vmatrix}1&0&1\\1&1&0\\0&1&1\end{vmatrix}=\begin{vmatrix}1&0&1\\0&1&-1\\0&1&1\end{vmatrix}=2$,所以$r(\boldsymbol{\alpha}_1+\boldsymbol{\alpha}_2,\boldsymbol{\alpha}_2+\boldsymbol{\alpha}_3,\boldsymbol{\alpha}_3+\boldsymbol{\alpha}_1)=r(\boldsymbol{\alpha}_1,\boldsymbol{\alpha}_2,\boldsymbol{\alpha}_3)=3$,故$\boldsymbol{\alpha}_1+\boldsymbol{\alpha}_2$,$\boldsymbol{\alpha}_2+\boldsymbol{\alpha}_3,\boldsymbol{\alpha}_3+\boldsymbol{\alpha}_1$线性无关.

同理,选项 B、C、D 也线性无关.

对于 E,由

$$(\boldsymbol{\alpha}_1-\boldsymbol{\alpha}_2,\boldsymbol{\alpha}_2-\boldsymbol{\alpha}_3,\boldsymbol{\alpha}_1-\boldsymbol{\alpha}_3)=(\boldsymbol{\alpha}_1,\boldsymbol{\alpha}_2,\boldsymbol{\alpha}_3)\begin{pmatrix}1&0&1\\-1&1&0\\0&-1&-1\end{pmatrix},$$

且$\begin{vmatrix}1&0&1\\-1&1&0\\0&-1&-1\end{vmatrix}=\begin{vmatrix}1&0&1\\0&1&1\\0&-1&-1\end{vmatrix}=0$,所以$r(\boldsymbol{\alpha}_1+\boldsymbol{\alpha}_2,\boldsymbol{\alpha}_2+\boldsymbol{\alpha}_3,\boldsymbol{\alpha}_3+\boldsymbol{\alpha}_1)\leqslant r\begin{pmatrix}1&0&1\\-1&1&0\\0&-1&-1\end{pmatrix}<3$,故$\boldsymbol{\alpha}_1-\boldsymbol{\alpha}_2,\boldsymbol{\alpha}_2-\boldsymbol{\alpha}_3,\boldsymbol{\alpha}_1-\boldsymbol{\alpha}_3$线性相关.

应选 E.

**强化 303** B.

【解析】因为向量组$\boldsymbol{\alpha}_1,\boldsymbol{\alpha}_2,\boldsymbol{\alpha}_3$线性无关,所以$r(\boldsymbol{\alpha}_1,\boldsymbol{\alpha}_2,\boldsymbol{\alpha}_3)=3$.

又

$$(\boldsymbol{\beta}_1,\boldsymbol{\beta}_2,\boldsymbol{\beta}_3)=(\boldsymbol{\alpha}_1,\boldsymbol{\alpha}_2,\boldsymbol{\alpha}_3)\begin{pmatrix}-1&0&1\\3&-1&0\\0&a&-1\end{pmatrix},$$

且$\boldsymbol{\beta}_1,\boldsymbol{\beta}_2,\boldsymbol{\beta}_3$线性无关,所以$\begin{vmatrix}-1&0&1\\3&-1&0\\0&a&-1\end{vmatrix}=3a-1\neq0$,解得$a\neq\dfrac{1}{3}$,故应选 B.

**强化 304** A.

【解析】由于$(\boldsymbol{A}\boldsymbol{\alpha}_1,\boldsymbol{A}\boldsymbol{\alpha}_2,\cdots,\boldsymbol{A}\boldsymbol{\alpha}_s)=\boldsymbol{A}(\boldsymbol{\alpha}_1,\boldsymbol{\alpha}_2,\cdots,\boldsymbol{\alpha}_s)$,根据矩阵的秩的性质知

$$r(\boldsymbol{A\alpha}_1,\boldsymbol{A\alpha}_2,\cdots,\boldsymbol{A\alpha}_s)\leqslant r(\boldsymbol{\alpha}_1,\boldsymbol{\alpha}_2,\cdots,\boldsymbol{\alpha}_s).$$

对于选项 A、B、E，因为 $\boldsymbol{\alpha}_1,\boldsymbol{\alpha}_2,\cdots,\boldsymbol{\alpha}_s$ 线性相关，所以 $r(\boldsymbol{\alpha}_1,\boldsymbol{\alpha}_2,\cdots,\boldsymbol{\alpha}_s)<s$，进而

$$r(\boldsymbol{A\alpha}_1,\boldsymbol{A\alpha}_2,\cdots,\boldsymbol{A\alpha}_s)\leqslant r(\boldsymbol{\alpha}_1,\boldsymbol{\alpha}_2,\cdots,\boldsymbol{\alpha}_s)<s,$$

故向量组 $\boldsymbol{A\alpha}_1,\boldsymbol{A\alpha}_2,\cdots,\boldsymbol{A\alpha}_s$ 线性相关.

对于选项 C、D，因为 $\boldsymbol{\alpha}_1,\boldsymbol{\alpha}_2,\cdots,\boldsymbol{\alpha}_s$ 线性无关，所以 $r(\boldsymbol{\alpha}_1,\boldsymbol{\alpha}_2,\cdots,\boldsymbol{\alpha}_s)=s$，进而

$$r(\boldsymbol{A\alpha}_1,\boldsymbol{A\alpha}_2,\cdots,\boldsymbol{A\alpha}_s)\leqslant r(\boldsymbol{\alpha}_1,\boldsymbol{\alpha}_2,\cdots,\boldsymbol{\alpha}_s)=s,$$

即 $r(\boldsymbol{A\alpha}_1,\boldsymbol{A\alpha}_2,\cdots,\boldsymbol{A\alpha}_s)\leqslant s$，故向量组 $\boldsymbol{A\alpha}_1,\boldsymbol{A\alpha}_2,\cdots,\boldsymbol{A\alpha}_s$ 线性相关性无法判定.

应选 A.

**强化 305** B.

**【解析】**因为 $r(\boldsymbol{A})\leqslant 4<5$（列数），所以矩阵 $\boldsymbol{A}$ 的列向量组必线性相关.

又因为

$$\boldsymbol{A}=\begin{pmatrix}3&2&0&5&0\\3&-2&12&6&-4\\2&0&4&5&-12\\1&6&-16&-1&16\end{pmatrix}\to\begin{pmatrix}1&6&-16&-1&16\\0&-4&12&1&-4\\0&0&0&1&-8\\0&0&0&0&0\end{pmatrix}\to\begin{pmatrix}1&0&2&0&14\\0&1&-3&0&-1\\0&0&0&1&-8\\0&0&0&0&0\end{pmatrix},$$

所以 $r(\boldsymbol{A})=3<4$（行数），所以矩阵 $\boldsymbol{A}$ 的行向量组也线性相关.

应选 B.

**强化 306** C.

**【解析】**由题意可知，$\boldsymbol{AB}$ 为 $n$ 阶满秩矩阵，即 $r(\boldsymbol{AB})=n$.

又

$$n=r(\boldsymbol{AB})\leqslant r(\boldsymbol{A})\leqslant n,\quad n=r(\boldsymbol{AB})\leqslant r(\boldsymbol{B})\leqslant n,$$

所以 $r(\boldsymbol{A}_{n\times m})=n$，$r(\boldsymbol{B}_{m\times n})=n$，故矩阵 $\boldsymbol{A}$ 的行向量组线性无关，$\boldsymbol{B}$ 的列向量组线性无关，应选 C.

**强化 307** E.

**【解析】**对于选项 A，因为向量组中含有零向量，所以该向量组线性相关，故 A 错误.

对于选项 B，因为向量组中向量的个数（4 个）超过维数（3 维），所以该向量组线性相关，故选项 B 错误.

对于选项 C，因为 $(1,1,2,2)^{\mathrm{T}}$ 与 $(2,2,4,4)^{\mathrm{T}}$ 线性相关，所以该向量组线性相关，故选项 C 错误.

对于选项 D，因为

$$\begin{vmatrix} a & b & c & 1 \\ 1 & 1 & 3 & 0 \\ 2 & 2 & 4 & 0 \\ 3 & 3 & 5 & 0 \end{vmatrix} = (-1)^5 \begin{vmatrix} 1 & 1 & 3 \\ 2 & 2 & 4 \\ 3 & 3 & 5 \end{vmatrix} = 0,$$

所以$(a,1,2,3)^{\mathrm T},(b,1,2,3)^{\mathrm T},(c,3,4,5)^{\mathrm T},(1,0,0,0)^{\mathrm T}$线性相关,故选项 D 错误.

对于选项 E,因为$(1,0,0)^{\mathrm T},(0,6,0)^{\mathrm T},(0,5,6)^{\mathrm T}$线性无关,所以该向量组的伸长组$(a,1,b,0,0)^{\mathrm T},(c,0,d,6,0)^{\mathrm T},(a,0,c,5,6)^{\mathrm T}$也线性无关,应选 E.

**强化 308** C.

**【解析】方法一:**设$\boldsymbol A=(\boldsymbol\alpha_1,\boldsymbol\alpha_2,\boldsymbol\alpha_3,\boldsymbol\alpha_4,\boldsymbol\alpha_5,\boldsymbol\alpha_6)$,对矩阵$\boldsymbol A$施以初等行变换,知

$$\boldsymbol A=\begin{pmatrix} 1 & 1 & 1 & -1 & 1 & 1 \\ 1 & -1 & 1 & 1 & -1 & 1 \\ 1 & 1 & 1 & -1 & -1 & -1 \\ 1 & -1 & -1 & 1 & -1 & -1 \\ 1 & 1 & -1 & -1 & -1 & -1 \end{pmatrix} \to \begin{pmatrix} 1 & 1 & 1 & -1 & 1 & 1 \\ 0 & -2 & 0 & 2 & -2 & 0 \\ 0 & 0 & 0 & 0 & -2 & -2 \\ 0 & -2 & -2 & 2 & -2 & -2 \\ 0 & 0 & -2 & 0 & -2 & -2 \end{pmatrix}$$

$$\to \begin{pmatrix} 1 & 1 & 1 & -1 & 1 & 1 \\ 0 & 1 & 0 & -1 & 1 & 0 \\ 0 & 0 & 0 & 0 & 1 & 1 \\ 0 & 1 & 1 & -1 & 1 & 1 \\ 0 & 0 & 1 & 0 & 1 & 1 \end{pmatrix} \to \begin{pmatrix} 1 & 1 & 1 & -1 & 1 & 1 \\ 0 & 1 & 0 & -1 & 1 & 0 \\ 0 & 0 & 0 & 0 & 0 & 1 \\ 0 & 0 & 1 & 0 & 0 & 1 \\ 0 & 0 & 0 & 0 & 1 & 0 \end{pmatrix} \to \begin{pmatrix} 1 & 1 & 1 & -1 & 1 & 1 \\ 0 & 1 & 0 & -1 & 1 & 0 \\ 0 & 0 & 1 & 0 & 0 & 1 \\ 0 & 0 & 0 & 0 & 1 & 0 \\ 0 & 0 & 0 & 0 & 0 & 1 \end{pmatrix},$$

显然$r(\boldsymbol\alpha_1,\boldsymbol\alpha_2,\boldsymbol\alpha_3,\boldsymbol\alpha_4)=3<4$,所以$\boldsymbol\alpha_1,\boldsymbol\alpha_2,\boldsymbol\alpha_3,\boldsymbol\alpha_4$线性相关;$r(\boldsymbol\alpha_1,\boldsymbol\alpha_2,\boldsymbol\alpha_3)=3$,所以$\boldsymbol\alpha_1,\boldsymbol\alpha_2,\boldsymbol\alpha_3$线性无关,因此$k_{\min}=4$,故应选 C.

**方法二:**不难看出$\boldsymbol\alpha_2=-\boldsymbol\alpha_4$,即$\boldsymbol\alpha_2,\boldsymbol\alpha_4$线性相关,所以只要$k\geqslant 4$时$\boldsymbol\alpha_1,\boldsymbol\alpha_2,\cdots,\boldsymbol\alpha_{k-1},\boldsymbol\alpha_k$就一定线性相关.

又

$$(\boldsymbol\alpha_1,\boldsymbol\alpha_2,\boldsymbol\alpha_3)=\begin{pmatrix} 1 & 1 & 1 \\ 1 & -1 & 1 \\ 1 & 1 & 1 \\ 1 & -1 & -1 \\ 1 & 1 & -1 \end{pmatrix} \to \begin{pmatrix} 1 & 1 & 1 \\ 0 & -2 & 0 \\ 0 & 0 & 0 \\ 0 & -2 & -2 \\ 0 & 0 & -2 \end{pmatrix} \to \begin{pmatrix} 1 & 1 & 1 \\ 0 & -2 & 0 \\ 0 & 0 & -2 \\ 0 & 0 & 0 \\ 0 & 0 & 0 \end{pmatrix},$$

即$r(\boldsymbol\alpha_1,\boldsymbol\alpha_2,\boldsymbol\alpha_3)=3$,所以$\boldsymbol\alpha_1,\boldsymbol\alpha_2,\boldsymbol\alpha_3$线性无关,因此$k_{\min}=4$,故应选 C.

**强化 309** A.

**【解析】**因为$\boldsymbol\alpha_1,\boldsymbol A\boldsymbol\alpha_1,\boldsymbol A^2\boldsymbol\alpha_1$线性无关,所以$r(\boldsymbol\alpha_1,\boldsymbol A\boldsymbol\alpha_1,\boldsymbol A^2\boldsymbol\alpha_1)=3$,记$\boldsymbol P=(\boldsymbol\alpha_1,\boldsymbol A\boldsymbol\alpha_1,\boldsymbol A^2\boldsymbol\alpha_1)$,则

矩阵 $\boldsymbol{P}$ 可逆.

又因为

$$\boldsymbol{A}(\boldsymbol{\alpha}_1,\boldsymbol{A}\boldsymbol{\alpha}_1,\boldsymbol{A}^2\boldsymbol{\alpha}_1)=(\boldsymbol{A}\boldsymbol{\alpha}_1,\boldsymbol{A}^2\boldsymbol{\alpha}_1,\boldsymbol{A}^3\boldsymbol{\alpha}_1)$$
$$=(\boldsymbol{A}\boldsymbol{\alpha}_1,\boldsymbol{A}^2\boldsymbol{\alpha}_1,3\boldsymbol{A}\boldsymbol{\alpha}_1-\boldsymbol{A}^2\boldsymbol{\alpha}_1),$$
$$=(\boldsymbol{\alpha}_1,\boldsymbol{A}\boldsymbol{\alpha}_1,\boldsymbol{A}^2\boldsymbol{\alpha}_1)\begin{pmatrix}0&0&0\\1&0&3\\0&1&-1\end{pmatrix},$$

即 $\boldsymbol{AP}=\boldsymbol{P}\begin{pmatrix}0&0&0\\1&0&3\\0&1&-1\end{pmatrix}$，所以 $|\boldsymbol{A}|=\begin{vmatrix}0&0&0\\1&0&3\\0&1&-1\end{vmatrix}=0$，应选 A.

## 题型 37 求向量组的极大线性无关组

**强化 310** B.

【解析】记 $\boldsymbol{A}=(\boldsymbol{\alpha}_1,\boldsymbol{\alpha}_2,\boldsymbol{\alpha}_3,\boldsymbol{\alpha}_4,\boldsymbol{\alpha}_5)$，对矩阵 $\boldsymbol{A}$ 施以初等行变换，知

$$\boldsymbol{A}=\begin{pmatrix}1&1&0&0&2\\0&-2&2&2&-6\\1&1&0&1&0\\-1&1&-2&3&-6\end{pmatrix}\to\begin{pmatrix}1&1&0&0&2\\0&-2&2&2&-6\\0&0&0&1&-2\\0&2&-2&3&-4\end{pmatrix}\to\begin{pmatrix}1&1&0&0&2\\0&-2&2&2&-6\\0&0&0&1&-2\\0&0&0&0&0\end{pmatrix},$$

显然 $r(\boldsymbol{\alpha}_1,\boldsymbol{\alpha}_2,\boldsymbol{\alpha}_3,\boldsymbol{\alpha}_4,\boldsymbol{\alpha}_5)=3$，所以 $\boldsymbol{\alpha}_1,\boldsymbol{\alpha}_2,\boldsymbol{\alpha}_3,\boldsymbol{\alpha}_4,\boldsymbol{\alpha}_5$ 中任意 3 个线性无关的部分组均可作为该向量组的极大线性无关组.

又因为

$$\begin{vmatrix}1&1&0\\0&-2&2\\0&0&1\end{vmatrix}\neq0,\quad\begin{vmatrix}1&0&0\\0&2&2\\0&0&1\end{vmatrix}\neq0,\quad\begin{vmatrix}1&1&2\\0&-2&-6\\0&0&-2\end{vmatrix}\neq0,$$
$$\begin{vmatrix}1&0&2\\0&2&-6\\0&0&-2\end{vmatrix}\neq0,\quad\begin{vmatrix}1&0&0\\-2&2&2\\0&0&1\end{vmatrix}\neq0,$$

所以 $\boldsymbol{\alpha}_1,\boldsymbol{\alpha}_2,\boldsymbol{\alpha}_4;\boldsymbol{\alpha}_1,\boldsymbol{\alpha}_3,\boldsymbol{\alpha}_4;\boldsymbol{\alpha}_1,\boldsymbol{\alpha}_2,\boldsymbol{\alpha}_5;\boldsymbol{\alpha}_1,\boldsymbol{\alpha}_3,\boldsymbol{\alpha}_5;\boldsymbol{\alpha}_2,\boldsymbol{\alpha}_3,\boldsymbol{\alpha}_4$ 均为其极大无关组，但 $r(\boldsymbol{\alpha}_1,\boldsymbol{\alpha}_2,\boldsymbol{\alpha}_3)=2<3$，所以 $\boldsymbol{\alpha}_1,\boldsymbol{\alpha}_2,\boldsymbol{\alpha}_3$ 不是该向量组的极大线性无关组，应选 B.

## 题型38 齐次线性方程组的求解与判定

**强化311** B.

【解析】将方程组的系数矩阵 $\boldsymbol{A}$ 施以初等行变换,得

$$\boldsymbol{A}=\begin{pmatrix}1&3&2&1\\0&1&a&-a\\1&2&0&3\end{pmatrix}\xrightarrow{r}\begin{pmatrix}1&3&2&1\\0&1&a&-a\\0&0&a-2&2-a\end{pmatrix},$$

则当 $a=2$ 时,$r(\boldsymbol{A})=2$,此时 $\boldsymbol{Ax}=\boldsymbol{0}$ 的基础解系中含有 $n-r(\boldsymbol{A})=4-2=2$ 个向量;当 $a\neq2$ 时,$r(\boldsymbol{A})=3$,此时 $\boldsymbol{Ax}=\boldsymbol{0}$ 的基础解系中含有 $n-r(\boldsymbol{A})=4-3=1$ 个向量,应选 B.

**强化312** E.

【解析】当 $a=1$ 时,因为

$$\boldsymbol{A}=\begin{pmatrix}1&1&1\\1&1&1\\1&1&1\end{pmatrix}\to\begin{pmatrix}1&1&1\\0&0&0\\0&0&0\end{pmatrix},$$

即 $r(\boldsymbol{A})=1$,进而 $r(\boldsymbol{A}^*)=0$,所以 $\boldsymbol{A}^*\boldsymbol{x}=\boldsymbol{0}$ 的基础解系中含有 $n-r(\boldsymbol{A}^*)=3-0=3$ 个向量.

当 $a=-2$ 时,因为

$$\boldsymbol{A}=\begin{pmatrix}-2&1&1\\1&-2&1\\1&1&-2\end{pmatrix}\to\begin{pmatrix}1&1&-2\\1&-2&1\\-2&1&1\end{pmatrix}\to\begin{pmatrix}1&1&-2\\0&-3&3\\0&0&0\end{pmatrix},$$

即 $r(\boldsymbol{A})=2$,进而 $r(\boldsymbol{A}^*)=1$,所以 $\boldsymbol{A}^*\boldsymbol{x}=\boldsymbol{0}$ 的基础解系中含有 $n-r(\boldsymbol{A}^*)=3-1=2$ 个向量.

应选 E.

**强化313** B.

【解析】由题意可知,$r(\boldsymbol{AB})=r\begin{pmatrix}1&0\\2&1\end{pmatrix}=2.$

因为 $r(\boldsymbol{AB})\leqslant r(\boldsymbol{A})\leqslant2$,$r(\boldsymbol{AB})\leqslant r(\boldsymbol{B})\leqslant2$,所以 $r(\boldsymbol{A})=r(\boldsymbol{B})=2$,进而知齐次线性方程组 $\boldsymbol{Ax}=\boldsymbol{0}$ 和 $\boldsymbol{By}=\boldsymbol{0}$ 的基础解系中分别含有 $3-r(\boldsymbol{A})=1$,$2-r(\boldsymbol{B})=0$ 个向量,故齐次线性方程组 $\boldsymbol{Ax}=\boldsymbol{0}$ 和 $\boldsymbol{By}=\boldsymbol{0}$ 的线性无关解向量的个数分别为 1 和 0,应选 B.

**强化314** E.

【解析】由 $r(\boldsymbol{A})=n-1$,知齐次线性方程组 $\boldsymbol{Ax}=\boldsymbol{0}$ 的基础解系内含有 $n-r(\boldsymbol{A})=1$ 个向量.

因为 $A\boldsymbol{\alpha}_1=\mathbf{0}$,$A\boldsymbol{\alpha}_2=\mathbf{0}$,所以 $A(\boldsymbol{\alpha}_1-\boldsymbol{\alpha}_2)=\mathbf{0}$,即 $\boldsymbol{\alpha}_1-\boldsymbol{\alpha}_2$ 为 $Ax=\mathbf{0}$ 的解. 又 $\boldsymbol{\alpha}_1-\boldsymbol{\alpha}_2\neq\mathbf{0}$,所以 $\boldsymbol{\alpha}_1-\boldsymbol{\alpha}_2$ 可作为 $Ax=\mathbf{0}$ 的基础解系,进而 $Ax=\mathbf{0}$ 的通解为 $k(\boldsymbol{\alpha}_1-\boldsymbol{\alpha}_2)$,$k\in\mathbf{R}$.

应选 E.

**强化 315** C.

【解析】由 $r(A)=2$,知齐次线性方程组 $Ax=\mathbf{0}$ 的基础解系内含有 $n-r(A)=3-2=1$ 个向量.

又因为 $A$ 的各行元素之和均为 0,所以 $A\begin{pmatrix}1\\1\\1\end{pmatrix}=0$,即 $\begin{pmatrix}1\\1\\1\end{pmatrix}$ 为 $Ax=\mathbf{0}$ 的一个非零解,故 $\begin{pmatrix}1\\1\\1\end{pmatrix}$ 可作为 $Ax=\mathbf{0}$ 的一个基础解系,即方程组的通解为 $k\begin{pmatrix}1\\1\\1\end{pmatrix}$,$k\in\mathbf{R}$,应选 C.

## 题型 39 非齐次线性方程组的求解与判定

**强化 316** B.

【解析】对非齐次线性方程组的增广矩阵施以初等行变换,得

$$(A,b)=\begin{pmatrix}1&1&0&0&-a_1\\0&1&1&0&a_2\\0&0&1&1&-a_3\\1&0&0&1&a_4\end{pmatrix}\to\begin{pmatrix}1&1&0&0&-a_1\\0&1&1&0&a_2\\0&0&1&1&-a_3\\0&-1&0&1&a_1+a_4\end{pmatrix}$$

$$\to\begin{pmatrix}1&1&0&0&-a_1\\0&1&1&0&a_2\\0&0&1&1&-a_3\\0&0&1&1&a_1+a_2+a_4\end{pmatrix}\to\begin{pmatrix}1&1&0&0&-a_1\\0&1&1&0&a_2\\0&0&1&1&-a_3\\0&0&0&0&a_1+a_2+a_3+a_4\end{pmatrix},$$

因为 $Ax=b$ 有解,所以 $r(A)=r(A,b)=3$,故 $\sum\limits_{i=1}^{4}a_i=a_1+a_2+a_3+a_4=0$,应选 B.

**强化 317** B.

【解析】对非齐次线性方程组的增广矩阵施以初等行变换,得

$$(\boldsymbol{A},\boldsymbol{b})=\begin{pmatrix}1&0&-1&0\\1&1&-1&1\\0&1&a^2-1&a\end{pmatrix}\to\begin{pmatrix}1&0&-1&0\\0&1&0&1\\0&0&a^2-1&a-1\end{pmatrix},$$

所以当 $a=1$ 时，$r(\boldsymbol{A})=r(\overline{\boldsymbol{A}})<3$，此时 $\boldsymbol{Ax}=\boldsymbol{b}$ 有无穷多解；当 $a=-1$ 时，$r(\boldsymbol{A})\neq r(\overline{\boldsymbol{A}})$，此时 $\boldsymbol{Ax}=\boldsymbol{b}$ 无解，应选 B.

**强化 318** D.

**【解析】** 将非齐次线性方程组的增广矩阵施以初等行变换，得

$$(\boldsymbol{A},\boldsymbol{b})=\left(\begin{array}{ccc:c}1&1&1&1\\1&2&a&d\\1&4&a^2&d^2\end{array}\right)\to\left(\begin{array}{ccc:c}1&1&1&1\\0&1&a-1&d-1\\0&0&(a-1)(a-2)&(d-1)(d-2)\end{array}\right).$$

因为 $\boldsymbol{Ax}=\boldsymbol{b}$ 有无穷多解，所以 $r(\boldsymbol{A})=r(\boldsymbol{A},\boldsymbol{b})<3$，故 $a=1,2$，且 $d=1,2$，显然 $a\in\Omega,d\in\Omega$，应选 D.

**强化 319** A.

**【解析】** 由方程组 $\boldsymbol{Ax}=\boldsymbol{b}$ 有无穷多解，知

$$|\boldsymbol{A}|=\begin{vmatrix}\lambda&1&1\\0&\lambda-1&0\\1&1&\lambda\end{vmatrix}=(\lambda-1)(\lambda^2-1)=0,$$

解得 $\lambda=1,-1$.

当 $\lambda=1$ 时，$\overline{\boldsymbol{A}}=\left(\begin{array}{ccc:c}1&1&1&a\\0&0&0&1\\1&1&1&1\end{array}\right)\to\left(\begin{array}{ccc:c}1&1&1&a\\0&0&0&1\\0&0&0&0\end{array}\right)$，$r(\boldsymbol{A})\neq r(\overline{\boldsymbol{A}})$，此时 $\boldsymbol{Ax}=\boldsymbol{b}$ 无解，舍去.

因此，当 $\lambda=-1$ 时方程组 $\boldsymbol{Ax}=\boldsymbol{b}$ 有无穷多解，此时 $r(\boldsymbol{A})=r(\overline{\boldsymbol{A}})<3$，又

$$\overline{\boldsymbol{A}}=\left(\begin{array}{ccc:c}-1&1&1&a\\0&-2&0&1\\1&1&-1&1\end{array}\right)\to\left(\begin{array}{ccc:c}-1&1&1&a\\0&-2&0&1\\0&0&0&a+2\end{array}\right),$$

故 $a+2=0$，解得 $a=-2$，应选 A.

**强化 320** C.

**【解析】** 因为 $\boldsymbol{Ax}=\boldsymbol{\beta}$ 有 3 个线性无关的解，所以

$$n-r(\boldsymbol{A})+1=3-r(\boldsymbol{A})+1\geqslant 3,$$

解得 $r(\boldsymbol{A})\leqslant 1$，又因为 $\boldsymbol{A}$ 为非零矩阵，所以 $r(\boldsymbol{A})\geqslant 1$，故 $r(\boldsymbol{A})=1$，进而齐次线性方程组 $\boldsymbol{Ax}=\boldsymbol{0}$ 中含有 $n-r(\boldsymbol{A})=3-1=2$ 个向量，显然选项 A、B 错误.

又因为

$$A\left(\frac{\boldsymbol{\eta}_2+\boldsymbol{\eta}_3}{2}\right)=\boldsymbol{\beta},\quad A(\boldsymbol{\eta}_2-\boldsymbol{\eta}_1)=\mathbf{0},\quad A(\boldsymbol{\eta}_3-\boldsymbol{\eta}_1)=\mathbf{0},$$

所以$\frac{\boldsymbol{\eta}_2+\boldsymbol{\eta}_3}{2}$是 $\boldsymbol{A}\boldsymbol{x}=\boldsymbol{\beta}$ 的一个特解，且 $\boldsymbol{\eta}_2-\boldsymbol{\eta}_1$ 与 $\boldsymbol{\eta}_3-\boldsymbol{\eta}_1$ 是 $\boldsymbol{A}\boldsymbol{x}=\mathbf{0}$ 的两个线性无关的解，因此 $\boldsymbol{A}\boldsymbol{x}=\boldsymbol{\beta}$ 的通解为$\frac{\boldsymbol{\eta}_2+\boldsymbol{\eta}_3}{2}+k_1(\boldsymbol{\eta}_2-\boldsymbol{\eta}_1)+k_2(\boldsymbol{\eta}_3-\boldsymbol{\eta}_1)$，应选 C.

强化 321　A.

【解析】由 $\boldsymbol{\alpha}_1=2\boldsymbol{\alpha}_2-\boldsymbol{\alpha}_3$，知 $\boldsymbol{\alpha}_1-2\boldsymbol{\alpha}_2+\boldsymbol{\alpha}_3+0\boldsymbol{\alpha}_4=\mathbf{0}$，所以 $\boldsymbol{\alpha}_1,\boldsymbol{\alpha}_2,\boldsymbol{\alpha}_3,\boldsymbol{\alpha}_4$ 线性相关，故 $r(\boldsymbol{\alpha}_1,\boldsymbol{\alpha}_2,\boldsymbol{\alpha}_3,\boldsymbol{\alpha}_4)<4$.

因为 $\boldsymbol{\alpha}_2,\boldsymbol{\alpha}_3,\boldsymbol{\alpha}_4$ 线性无关，所以 $r(\boldsymbol{\alpha}_2,\boldsymbol{\alpha}_3,\boldsymbol{\alpha}_4)=3$，进而

$$3=r(\boldsymbol{\alpha}_2,\boldsymbol{\alpha}_3,\boldsymbol{\alpha}_4)\leqslant r(\boldsymbol{\alpha}_1,\boldsymbol{\alpha}_2,\boldsymbol{\alpha}_3,\boldsymbol{\alpha}_4)<4,$$

故 $r(\boldsymbol{A})=r(\boldsymbol{\alpha}_1,\boldsymbol{\alpha}_2,\boldsymbol{\alpha}_3,\boldsymbol{\alpha}_4)=3$，$\boldsymbol{A}\boldsymbol{x}=\mathbf{0}$ 的基础解系只有一个向量.

又

$$\boldsymbol{\alpha}_1-2\boldsymbol{\alpha}_2+\boldsymbol{\alpha}_3+0\boldsymbol{\alpha}_4=(\boldsymbol{\alpha}_1,\boldsymbol{\alpha}_2,\boldsymbol{\alpha}_3,\boldsymbol{\alpha}_4)\begin{pmatrix}1\\-2\\1\\0\end{pmatrix}=\mathbf{0},$$

$$\boldsymbol{\alpha}_1+\boldsymbol{\alpha}_2+\boldsymbol{\alpha}_3+\boldsymbol{\alpha}_4=(\boldsymbol{\alpha}_1,\boldsymbol{\alpha}_2,\boldsymbol{\alpha}_3,\boldsymbol{\alpha}_4)\begin{pmatrix}1\\1\\1\\1\end{pmatrix}=\boldsymbol{\beta},$$

所以 $(1,-2,1,0)^{\mathrm{T}}$ 是 $\boldsymbol{A}\boldsymbol{x}=\mathbf{0}$ 的一个非零解，$(1,1,1,1)^{\mathrm{T}}$ 是 $\boldsymbol{A}\boldsymbol{x}=\boldsymbol{\beta}$ 的一个特解，因此 $\boldsymbol{A}\boldsymbol{x}=\boldsymbol{\beta}$ 的通解为 $\boldsymbol{x}=k(1,-2,1,0)^{\mathrm{T}}+(1,1,1,1)^{\mathrm{T}}$，$k\in\mathbf{R}$，应选 A.

## 题型 40　向量的线性表出

强化 322　B.

【解析】由题意可知，$r(\boldsymbol{\alpha}_1,\boldsymbol{\alpha}_2)=r(\boldsymbol{\alpha}_1,\boldsymbol{\alpha}_2,\boldsymbol{\beta})$.

对矩阵$(\boldsymbol{\alpha}_1,\boldsymbol{\alpha}_2,\boldsymbol{\beta})$施以初等行变换，得

$$(\boldsymbol{\alpha}_1,\boldsymbol{\alpha}_2,\boldsymbol{\beta})=\begin{pmatrix}1&2&1\\-3&-1&k\\2&1&5\end{pmatrix}\to\begin{pmatrix}1&2&1\\0&5&k+3\\0&-3&3\end{pmatrix}\to\begin{pmatrix}1&2&1\\0&1&-1\\0&5&k+3\end{pmatrix}\to\begin{pmatrix}1&2&1\\0&1&-1\\0&0&k+8\end{pmatrix},$$

故 $k=-8$,应选 B.

**强化 323** A.

【解析】由题意可知,$r(\boldsymbol{\alpha}_1,\boldsymbol{\alpha}_2,\boldsymbol{\alpha}_3)=r(\boldsymbol{\alpha}_1,\boldsymbol{\alpha}_2,\boldsymbol{\alpha}_3,\boldsymbol{\beta})=3$,进而

$$|\boldsymbol{\alpha}_1,\boldsymbol{\alpha}_2,\boldsymbol{\alpha}_3|=\begin{vmatrix}a&-2&-1\\2&1&1\\10&5&4\end{vmatrix}=\begin{vmatrix}a&-2&-1\\2&1&1\\0&0&-1\end{vmatrix}=-(a+4)\neq0,$$

解得 $a\neq-4$,此时 $\boldsymbol{\beta}$ 可由 $\boldsymbol{\alpha}_1,\boldsymbol{\alpha}_2,\boldsymbol{\alpha}_3$ 线性表出,且表示唯一,应选 A.

**强化 324** D.

【解析】对于向量组(Ⅰ),记 $\boldsymbol{A}=(\boldsymbol{\alpha}_1,\boldsymbol{\alpha}_2,\boldsymbol{\alpha}_3)$,对 $(\boldsymbol{\alpha}_1,\boldsymbol{\alpha}_2,\boldsymbol{\alpha}_3,\boldsymbol{\beta})$ 施以初等行变换,得

$$(\boldsymbol{\alpha}_1,\boldsymbol{\alpha}_2,\boldsymbol{\alpha}_3,\boldsymbol{\beta})=\begin{pmatrix}1&0&-2&0\\3&-1&1&8\\-1&2&3&-1\\2&1&2&5\end{pmatrix}\to\begin{pmatrix}1&0&0&2\\0&1&0&-1\\0&0&1&1\\0&0&0&0\end{pmatrix},$$

显然 $r(\boldsymbol{\alpha}_1,\boldsymbol{\alpha}_2,\boldsymbol{\alpha}_3)=r(\boldsymbol{\alpha}_1,\boldsymbol{\alpha}_2,\boldsymbol{\alpha}_3,\boldsymbol{\beta})=3$,且 $\boldsymbol{Ax}=\boldsymbol{\beta}$ 有唯一解 $(2,-1,1)^{\mathrm{T}}$,所以 $\boldsymbol{\beta}$ 可由 $\boldsymbol{\alpha}_1,\boldsymbol{\alpha}_2,\boldsymbol{\alpha}_3$ 线性表示,且 $\boldsymbol{\beta}=2\boldsymbol{\alpha}_1-\boldsymbol{\alpha}_2+\boldsymbol{\alpha}_3$,③正确.

对于向量组(Ⅱ),对 $(\boldsymbol{\alpha}_1,\boldsymbol{\alpha}_2,\boldsymbol{\alpha}_3,\boldsymbol{\beta})$ 施以初等行变换,得

$$(\boldsymbol{\alpha}_1,\boldsymbol{\alpha}_2,\boldsymbol{\alpha}_3,\boldsymbol{\beta})=\begin{pmatrix}5&4&1&-1\\0&1&1&1\\1&0&1&0\\2&1&0&1\end{pmatrix}\to\begin{pmatrix}1&0&0&0\\0&1&0&1\\0&0&1&0\\0&0&0&-5\end{pmatrix},$$

显然 $r(\boldsymbol{\alpha}_1,\boldsymbol{\alpha}_2,\boldsymbol{\alpha}_3)\neq r(\boldsymbol{\alpha}_1,\boldsymbol{\alpha}_2,\boldsymbol{\alpha}_3,\boldsymbol{\beta})$,故 $\boldsymbol{\beta}$ 不能由 $\boldsymbol{\alpha}_1,\boldsymbol{\alpha}_2,\boldsymbol{\alpha}_3$ 线性表示,②正确.

应选 D.

## 题型 41 矩阵方程与向量组的表出

**强化 325** C.

【解析】当 $|\boldsymbol{A}|=0$ 时,$r(\boldsymbol{A})<2$,若 $|\boldsymbol{B}|\neq0$,则

$$r(\boldsymbol{A},\boldsymbol{B})\geqslant r(\boldsymbol{B})=2,$$

所以 $r(\boldsymbol{A})\neq r(\boldsymbol{A},\boldsymbol{B})$，故 $\boldsymbol{AX}=\boldsymbol{B}$ 无解，应选 C.

**强化 326** C.

【解析】由题意可知，$r(\boldsymbol{\beta}_1,\boldsymbol{\beta}_2,\boldsymbol{\beta}_3)\neq r(\boldsymbol{\beta}_1,\boldsymbol{\beta}_2,\boldsymbol{\beta}_3,\boldsymbol{\alpha}_1,\boldsymbol{\alpha}_2,\boldsymbol{\alpha}_3)$，又

$$(\boldsymbol{\beta}_1,\boldsymbol{\beta}_2,\boldsymbol{\beta}_3,\boldsymbol{\alpha}_1,\boldsymbol{\alpha}_2,\boldsymbol{\alpha}_3)=\left(\begin{array}{ccc:ccc}1&1&3&1&0&1\\1&2&4&0&1&3\\1&3&a&1&1&5\end{array}\right)\rightarrow\left(\begin{array}{ccc:ccc}1&1&3&1&0&1\\0&1&1&-1&1&2\\0&2&a-3&0&1&4\end{array}\right)$$

$$\rightarrow\left(\begin{array}{ccc:ccc}1&1&3&1&0&1\\0&1&1&-1&1&2\\0&0&a-5&2&-1&0\end{array}\right),$$

所以当 $a=5$ 时，$r(\boldsymbol{\beta}_1,\boldsymbol{\beta}_2,\boldsymbol{\beta}_3)\neq r(\boldsymbol{\beta}_1,\boldsymbol{\beta}_2,\boldsymbol{\beta}_3,\boldsymbol{\alpha}_1,\boldsymbol{\alpha}_2,\boldsymbol{\alpha}_3)$，此时 $\boldsymbol{\alpha}_1,\boldsymbol{\alpha}_2,\boldsymbol{\alpha}_3$ 不能由 $\boldsymbol{\beta}_1,\boldsymbol{\beta}_2,\boldsymbol{\beta}_3$ 线性表示，应选 C.



## 题型 42 矩阵等价与向量组等价

**强化 327** A.

【解析】根据矩阵等价的定义，显然选项 E 正确.

因为 $\boldsymbol{A}$ 与 $\boldsymbol{B}$ 等价，所以 $r(\boldsymbol{A})=r(\boldsymbol{B})$.

对于选项 A，取 $\boldsymbol{A}=\begin{pmatrix}1&0\\0&1\end{pmatrix}$，$\boldsymbol{B}=\begin{pmatrix}1&0\\0&-1\end{pmatrix}$，显然 $\boldsymbol{A}$ 与 $\boldsymbol{B}$ 等价，但 $|\boldsymbol{A}|>0$，$|\boldsymbol{B}|<0$，故选项 A 错误.

对于选项 B，若 $|\boldsymbol{A}|\neq 0$，则 $r(\boldsymbol{A})=n$，进而 $r(\boldsymbol{B})=n$，所以 $|\boldsymbol{B}|\neq 0$，选项 B 正确.

对于选项 C，若 $|\boldsymbol{A}|\neq 0$，则 $|\boldsymbol{B}|\neq 0$，故 $\boldsymbol{A}$ 与 $\boldsymbol{B}$ 均可逆，根据可逆矩阵的性质，$\boldsymbol{B}$ 一定可以经过若干次初等行变换化为单位矩阵 $\boldsymbol{E}$，即必存在可逆矩阵 $\boldsymbol{P}$ 使 $\boldsymbol{PB}=\boldsymbol{E}$，选项 C 正确.

对于选项 D，若 $\boldsymbol{A}$ 与 $\boldsymbol{E}$ 等价，则 $r(\boldsymbol{A})=r(\boldsymbol{E})=n$，进而 $r(\boldsymbol{B})=n$，即 $|\boldsymbol{B}|\neq 0$，$\boldsymbol{B}$ 可逆，选项 D 正确.

**强化 328** E.

【解析】记 $\boldsymbol{C}=(\boldsymbol{a}_1,\boldsymbol{a}_2,\boldsymbol{b}_1,\boldsymbol{b}_2,\boldsymbol{b}_3)$，对 $\boldsymbol{C}$ 施以初等行变换，得

$$\begin{pmatrix}1&3&2&3&3\\-1&1&0&-1&-1\\1&1&1&2&2\\-1&3&1&0&0\end{pmatrix}\to\begin{pmatrix}1&3&2&3&3\\0&2&1&1&1\\0&0&0&0&0\\0&0&0&0&0\end{pmatrix},$$

故 $r(\boldsymbol{A})=r(\boldsymbol{B})=r(\boldsymbol{C})=2$,所以向量组 $\boldsymbol{a}_1,\boldsymbol{a}_2$ 与向量组 $\boldsymbol{b}_1,\boldsymbol{b}_2,\boldsymbol{b}_3$ 等价.

但由于矩阵 $\boldsymbol{A}=(\boldsymbol{a}_1,\boldsymbol{a}_2)$,$\boldsymbol{B}=(\boldsymbol{b}_1,\boldsymbol{b}_2,\boldsymbol{b}_3)$ 不同型,即便 $r(\boldsymbol{A})=r(\boldsymbol{B})$,矩阵 $\boldsymbol{A}$ 与 $\boldsymbol{B}$ 也不等价,应选 E.

**强化 329** E.

【解析】对于选项 A,若 $\boldsymbol{B}=(\boldsymbol{\beta}_1,\cdots,\boldsymbol{\beta}_m)$ 为可逆矩阵,则 $\boldsymbol{\beta}_1,\cdots,\boldsymbol{\beta}_m$ 一定线性无关;但当向量组 $\boldsymbol{\beta}_1,\cdots,\boldsymbol{\beta}_m$ 线性无关时,无法保证 $\boldsymbol{B}=(\boldsymbol{\beta}_1,\cdots,\boldsymbol{\beta}_m)$ 一定为方阵,进而无法保证矩阵 $\boldsymbol{B}$ 为可逆矩阵,选项 A 错误.

对于选项 B、C、D,若取向量组(Ⅰ):$\begin{pmatrix}1\\0\end{pmatrix}$,向量组(Ⅱ):$\begin{pmatrix}0\\1\end{pmatrix}$,显然向量组(Ⅰ)与向量组(Ⅱ)均线性无关,但是向量组(Ⅰ)既不可由向量组(Ⅱ)线性表出,向量组(Ⅱ)也不可由向量组(Ⅰ)线性表出,故选项 B、C、D 均错误.

对于选项 E,首先谈论充分性:

若矩阵 $\boldsymbol{A}=(\boldsymbol{\alpha}_1,\cdots,\boldsymbol{\alpha}_m)$ 与矩阵 $\boldsymbol{B}=(\boldsymbol{\beta}_1,\cdots,\boldsymbol{\beta}_m)$ 等价,则 $r(\boldsymbol{A})=r(\boldsymbol{B})$. 因为 $\boldsymbol{\alpha}_1,\cdots,\boldsymbol{\alpha}_m$ 线性无关,所以 $r(\boldsymbol{\alpha}_1,\cdots,\boldsymbol{\alpha}_m)=r(\boldsymbol{\beta}_1,\cdots,\boldsymbol{\beta}_m)=m$,故 $\boldsymbol{\beta}_1,\cdots,\boldsymbol{\beta}_m$ 线性无关.

再讨论必要性:

显然矩阵 $\boldsymbol{A}$ 与 $\boldsymbol{B}$ 同型.因为 $\boldsymbol{\alpha}_1,\cdots,\boldsymbol{\alpha}_m$ 与 $\boldsymbol{\beta}_1,\cdots,\boldsymbol{\beta}_m$ 均线性无关,所以 $r(\boldsymbol{\alpha}_1,\cdots,\boldsymbol{\alpha}_m)=r(\boldsymbol{\beta}_1,\cdots,\boldsymbol{\beta}_m)=m$,即 $r(\boldsymbol{A})=r(\boldsymbol{B})$,因此矩阵 $\boldsymbol{A}$ 与 $\boldsymbol{B}$ 等价.

应选 E.

## 题型 43 方程组的同解与公共解

**强化 330** A.

【解析】设 $\boldsymbol{A}$ 为方程组(Ⅰ)的系数矩阵,$\boldsymbol{B}$ 为方程组(Ⅱ)的系数矩阵.

因为方程组(Ⅰ)和(Ⅱ)同解,所以 $r(\boldsymbol{A})=r(\boldsymbol{B})\leqslant 2$,故

$$|\boldsymbol{A}|=\begin{vmatrix}1&2&3\\2&3&5\\1&1&a\end{vmatrix}=-(a-2)=0,$$

解得 $a=2$.

对方程组的系数矩阵 $\boldsymbol{A}$ 施以初等行变换，得

$$\boldsymbol{A}=\begin{pmatrix}1&2&3\\2&3&5\\1&1&2\end{pmatrix}\to\begin{pmatrix}1&0&1\\0&1&1\\0&0&0\end{pmatrix},$$

解得方程组（Ⅰ）的基础解系为$(-1,-1,1)^{\mathrm{T}}$.

因为方程组（Ⅰ）与（Ⅱ）同解，所以将$(-1,-1,1)^{\mathrm{T}}$代入方程组（Ⅱ）中，得

$$\begin{cases}-1-b+c=0,\\-2-b^2+(c+1)=0,\end{cases}$$

解得$\begin{cases}b=0,\\c=1\end{cases}$或$\begin{cases}b=1,\\c=2.\end{cases}$

当 $b=0,c=1$ 时，对方程组的系数矩阵 $\boldsymbol{B}$ 施以初等行变换，得

$$\boldsymbol{B}=\begin{pmatrix}1&0&1\\2&0&2\end{pmatrix}\to\begin{pmatrix}1&0&1\\0&0&0\end{pmatrix},$$

此时方程组（Ⅱ）的基础解系不为$(-1,-1,1)^{\mathrm{T}}$，故排除.

因此 $a=2,b=1,c=2$，应选 A.



**强化 331** A.

【解析】若 $\boldsymbol{Ax}=\boldsymbol{0}$，则 $\boldsymbol{A}^{\mathrm{T}}\boldsymbol{Ax}=\boldsymbol{0}$，所以 $\boldsymbol{Ax}=\boldsymbol{0}$ 的解都是 $\boldsymbol{A}^{\mathrm{T}}\boldsymbol{Ax}=\boldsymbol{0}$ 的解.

若 $\boldsymbol{A}^{\mathrm{T}}\boldsymbol{Ax}=\boldsymbol{0}$，所以 $\boldsymbol{x}^{\mathrm{T}}\boldsymbol{A}^{\mathrm{T}}\boldsymbol{Ax}=0$，即 $(\boldsymbol{Ax})^{\mathrm{T}}\boldsymbol{Ax}=0$，解得 $\boldsymbol{Ax}=\boldsymbol{0}$，所以方程组$\boldsymbol{A}^{\mathrm{T}}\boldsymbol{Ax}=\boldsymbol{0}$ 的解也都是 $\boldsymbol{Ax}=\boldsymbol{0}$ 的解，应选 A.

**强化 332** A.

【解析】根据公共解的定义可知，$\begin{cases}x_1+x_2=0,\\x_2-x_4=0,\\x_1-x_2+x_3=0,\\x_2-x_3+x_4=0\end{cases}$的解即为方程组（Ⅰ）与（Ⅱ）的公共解，对方程组的系数矩阵施以初等行变换，得

$$\begin{pmatrix}1&1&0&0\\0&1&0&-1\\1&-1&1&0\\0&1&-1&1\end{pmatrix}\to\begin{pmatrix}1&0&0&1\\0&1&0&-1\\0&0&1&-2\\0&0&0&0\end{pmatrix},$$

可求得基础解系为$(-1,1,2,1)^{\mathrm{T}}$，因此公共解为 $k(-1,1,2,1)^{\mathrm{T}},k\in\mathbf{R}$，应选 A.

**强化 333** C.

【解析】将(Ⅱ)的通解$(-k_2,k_1+2k_2,k_1+2k_2,k_2)^T$代入方程组(Ⅰ),得

$$\begin{cases}-k_2+(k_1+2k_2)=0,\\(k_1+2k_2)-k_2=0,\end{cases}$$

解得$k_1=-k_2$.

当$k_1=-k_2\neq0$时,将$k_1=-k_2$回代入(Ⅱ)的通解中可得公共解为$k_2(-1,1,1,1)^T$,记$k_2=k$,因此(Ⅰ)与(Ⅱ)有非零公共解为$k(-1,1,1,1)^T$,$k\neq0$,应选 C.

# 概率论篇

第一章　随机事件及其概率 // 126
第二章　随机变量及其分布 // 134
第三章　随机变量的期望与方差 // 144

# 第一章　随机事件及其概率

## 题型 44　随机事件及概率公式

**强化 334**　C.

【解析】对于选项 A,E,因为 $AB\subset A\subset (A\cup B)$,所以

$$P(AB)\leqslant P(A)\leqslant P(A\cup B),$$

故选项 A、E 错误.

对于选项 B,因为 $P(AB)\geqslant 0$,所以

$$P(A\cup B)=P(A)+P(B)-P(AB)\leqslant P(A)+P(B),$$

故选项 B 错误.

因为 $AB\subset A,AB\subset B$,所以

$$P(AB)\leqslant P(A),\quad P(AB)\leqslant P(B),$$

进而 $P(AB)\leqslant\dfrac{P(A)+P(B)}{2}$,应选 C.

**强化 335**　C.

【解析】由 $P(B|A)=\dfrac{P(AB)}{P(A)}=\dfrac{1}{6}$,知 $P(AB)=\dfrac{1}{12}$,进而 $P(B)=\dfrac{P(AB)}{P(A|B)}=\dfrac{1}{4}$,故

$$P(\overline{A}\,\overline{B})=1-P(A\cup B)=1-P(A)-P(B)+P(AB)=\frac{1}{3},$$

应选 C.

**强化 336**　D.

【解析】因为 $A$ 与 $C$ 互不相容,所以 $AC=\varnothing$,进而 $ABC=\varnothing$,故

$$P(AB \mid \bar{C})=\frac{P(AB\bar{C})}{P(\bar{C})}=\frac{P(AB)-P(ABC)}{1-P(C)}=\frac{\frac{1}{2}-0}{1-\frac{1}{3}}=\frac{3}{4},$$

应选 D.

**强化 337** C.

**【解析】** 由题意得，$P(A)=0.8, P(AB)=P(A)-P(A\bar{B})=0.8-0.4=0.4$.

$$P(B|(A\cup\bar{B}))=\frac{P((A\cup\bar{B})B)}{P(A\cup\bar{B})}=\frac{P(AB)}{P(A)+P(\bar{B})-(A\bar{B})}=\frac{0.4}{0.8+0.4-0.4}=\frac{1}{2},$$

故应选 C.

**强化 338** A.

**【解析】** 由 $P(A \mid B)>P(A \mid \bar{B})$，知

$$\frac{P(AB)}{P(B)}>\frac{P(A\bar{B})}{P(\bar{B})}\Leftrightarrow\frac{P(AB)}{P(B)}>\frac{P(A)-P(AB)}{1-P(B)}$$

$$\Leftrightarrow P(AB)>P(A)P(B).$$

对于选项 A，由 $P(B \mid A)>P(B \mid \bar{A})$，知

$$P(B \mid A)>P(B \mid \bar{A})\Leftrightarrow\frac{P(AB)}{P(A)}>\frac{P(B)-P(AB)}{1-P(A)}\Leftrightarrow P(AB)>P(A)P(B),$$

应选 A.

**强化 339** B.

**【解析】方法一：直接法.** 记事件 $A$ 表示“取出一件，结果是三等品”，$B$ 表示“取出一件，结果是一等品”，故所求概率为

$$P(B|\bar{A})=\frac{P(B\bar{A})}{P(\bar{A})}=\frac{P(B)-P(BA)}{1-P(A)}=\frac{60\%-0}{1-10\%}=\frac{2}{3},$$

应选 B.

**方法二：缩小样本空间法.** 由题意可知，所求概率为在仅有一、二等品的产品中，随意取出一件，取到的是一等品的概率，即为 $p=\frac{60\%}{90\%}=\frac{2}{3}$，应选 B.

## 题型45 随机事件的独立性

**强化340** D.

【解析】当 $P(A)>0,P(B)>0$ 时，随机事件 $A,B$ 相互独立与事件 $A,B$ 互斥（互不相容）不能同时成立，故选项B错误.

因为事件 $A$ 与 $B$ 互不相容，所以 $AB=\varnothing$，进而

$$P(\bar{A}\cup\bar{B})=P(\overline{AB})=P(\bar{\varnothing})=1,$$

应选D.

**强化341** B.

【解析】因为事件 $A,B$ 相互独立，所以 $\bar{A}$ 与 $B$ 也独立，即 $P(\bar{A}B)=P(\bar{A})P(B)$，进而

$$P(A\cup B\mid\bar{A})=\frac{P((A\cup B)\bar{A})}{P(\bar{A})}=\frac{P(\bar{A}B)}{P(\bar{A})}=\frac{P(\bar{A})P(B)}{P(\bar{A})}=P(B)=\frac{2}{3},$$

故应选B.

**强化342** A.

【解析】因为 $BC=\varnothing$，所以 $ABC=\varnothing$，故

$$P(AC\mid AB\cup C)=\frac{P(AC\cap(AB\cup C))}{P(AB\cup C)}=\frac{P(ABC\cup AC)}{P(AB)+P(C)-P(ABC)}$$

$$=\frac{P(AC)}{P(AB)+P(C)}=\frac{P(A)P(C)}{P(A)P(B)+P(C)}=\frac{1}{4},$$

代入 $P(A)=P(B)=\frac{1}{2}$，解得 $P(C)=\frac{1}{4}$，应选A.

**强化343** B.

【解析】由题意可知，$P(\bar{A}\bar{B})=\frac{1}{9}$，$P(A\bar{B})=P(\bar{A}B)$.

因为 $A$ 和 $B$ 相互独立，所以 $A$ 与 $\bar{B}$，$\bar{A}$ 与 $B$ 也相互独立，故

$$P(A\bar{B})=P(\bar{A}B)\Rightarrow P(A)P(\bar{B})=P(\bar{A})P(B),$$

即

$$P(A)[1-P(B)]=[1-P(A)]P(B),$$

解得 $P(A)=P(B)$. 又因为 $P(\bar{A}\bar{B})=P(\bar{A})P(\bar{B})=[1-P(A)]^2=\frac{1}{9}$,所以 $P(A)=\frac{2}{3}$,应选 B.

**强化 344** C.

【解析】由题意可得

$$P(A_1)=\frac{1}{2},\quad P(A_2)=\frac{1}{2},\quad P(A_3)=\frac{1}{2}\times\frac{1}{2}+\frac{1}{2}\times\frac{1}{2}=\frac{1}{2},$$

且

$$P(A_1A_2)=\frac{1}{2}\times\frac{1}{2}=\frac{1}{4},\quad P(A_1A_3)=\frac{1}{2}\times\frac{1}{2}=\frac{1}{4},$$

$$P(A_2A_3)=\frac{1}{2}\times\frac{1}{2}=\frac{1}{4},\quad P(A_1A_2A_3)=0,$$

所以 $A_1,A_2,A_3$ 两两独立,但 $A_1,A_2,A_3$ 不相互独立,故应选 C.

**强化 345** B.

【解析】设事件 $A_i$ 表示甲在第 $i$ 局赢得胜利,则甲获胜的概率

$$\begin{aligned}p&=1-P(A_1\overline{A_2}\,\overline{A_3})-P(\overline{A_1}A_2\overline{A_3})-P(\overline{A_1}\,\overline{A_2}A_3)-P(\overline{A_1}\,\overline{A_2}\,\overline{A_3})\\&=1-\frac{1}{2}\times\frac{2}{3}\times\frac{3}{4}-\frac{1}{2}\times\frac{1}{3}\times\frac{3}{4}-\frac{1}{2}\times\frac{2}{3}\times\frac{1}{4}-\frac{1}{2}\times\frac{2}{3}\times\frac{3}{4}\\&=\frac{7}{24}.\end{aligned}$$

故应选 B.

**强化 346** D.

【解析】记事件 $A$ 表示"对目标射击一次,甲射中",事件 $B$ 表示"对目标射击一次,乙射中",且 $A$ 与 $B$ 相互独立.因为 $P(A)=0.6,P(B)=0.5$,所以 $P(AB)=P(A)\cdot P(B)=0.3$.

又因为"事件 $A\cup B$"表示"目标被命中",且

$$P(A\cup B)=P(A)+P(B)-P(AB)=0.8,$$

所以

$$P(A\mid A\cup B)=\frac{P(A(A\cup B))}{P(A\cup B)}=\frac{P(A)}{P(A\cup B)}=0.75,$$

应选 D.

概率论篇

# 题型 46　三大概型、全概率公式与贝叶斯公式

**强化 347** B.

【解析】记随机事件 $A$ 表示“方程 $x^2+Bx+C=0$ 有实根”，则

$$A=\{\Delta=B^2-4C\geqslant 0\}=\{B^2\geqslant 4C\},$$

利用枚举法，即

| $B$ | $C$ | | | | | |
|---|---|---|---|---|---|---|
| | 1 | 2 | 3 | 4 | 5 | 6 |
| 1 | × | × | × | × | × | × |
| 2 | √ | × | × | × | × | × |
| 3 | √ | √ | × | × | × | × |
| 4 | √ | √ | √ | √ | × | × |
| 5 | √ | √ | √ | √ | √ | √ |
| 6 | √ | √ | √ | √ | √ | √ |

因此 $P(A)=\dfrac{19}{36}$，应选 B.

**强化 348** E.

【解析】设事件 $A$ 表示“至少有 1 个白球”，则对立事件 $\overline{A}$ 表示“一个白球也没有”.

因为基本事件总数 $N_\Omega=C_{10}^3=120$，且 $\overline{A}$ 包含的基本事件数为 $C_7^3=35$，所以随机事件概率为 $P(A)=1-P(\overline{A})=1-\dfrac{35}{120}=\dfrac{17}{24}$，应选 E.

**强化 349** E.

【解析】记事件 $A$ 为“取 5 次球既摸到红球也摸到白球”，则 $A$ 的对立事件 $\overline{A}$ 为“5 次全为白球（记为事件 $B$），或 5 次全为红球（记为事件 $C$）”，故

$$P(A)=1-P(\overline{A})=1-P(B)-P(C)=1-\left(\frac{1}{2}\right)^5-\left(\frac{1}{2}\right)^5=\frac{15}{16},$$

应选 E.

**强化 350** E.

【解析】因为

$$P\{X=1,Z=0\}=\frac{1}{6}\times\frac{1}{3}\times2=\frac{1}{9},\quad P\{Z=0\}=\frac{1}{2}\times\frac{1}{2}=\frac{1}{4},$$

所以 $P\{X=1\mid Z=0\}=\dfrac{P\{X=1,Z=0\}}{P\{Z=0\}}=\dfrac{4}{9}$,应选 E.

**强化 351** C.

【解析】设随机事件 $A$ 表示"恰有 3 个盒子内各有 1 个球",则基本事件的总数为

$$N_{\Omega}=4\times4\times4=4^3,$$

且事件 $A$ 包含基本事件总数为 $N_A=C_4^3\cdot3!$,故随机事件 $A$ 的概率为

$$P(A)=\frac{N_A}{N_{\Omega}}=\frac{4\times3\times2}{4\times4\times4}=\frac{3}{8},$$

应选 C.

**强化 352** D.

【解析】设随机事件 $A$ 表示"4 只鞋中至少配成 1 双",则对立事件 $\bar{A}$ 表示"4 只鞋各不相同",所以随机事件 $A$ 的概率为 $P(A)=1-P(\bar{A})=1-\dfrac{C_5^1C_2^1C_2^1C_2^1C_2^1}{C_{10}^4}=\dfrac{13}{21}$,应选 D.

**强化 353** B.

【解析】由题意可知,$\Omega=\{(x,y)\mid0\leqslant x\leqslant\pi,0\leqslant y\leqslant\pi\}$,且事件"$\cos(x+y)<0$"的充分必要条件为$\dfrac{\pi}{2}<x+y<\dfrac{3}{2}\pi$,因此所求概率为

$$P=\frac{\pi^2-2\times\frac{1}{2}\times\frac{\pi}{2}\times\frac{\pi}{2}}{\pi^2}=\frac{3}{4},$$

应选 B.

**强化 354** A.

【解析】如图 46.1 所示,以 $A$ 为原点建立坐标系且设点 $C,D$ 所处位置坐标分别为 $x,y$,故

$$\Omega=\{(x,y)\mid0\leqslant x\leqslant2,0\leqslant y\leqslant2\}.$$

事件"$C$ 点到 $D$ 点的距离比到 $A$ 点的距离近",则

$$|x-y|<x,$$

即当 $y \geqslant x$ 时，$y<2x$；当 $x>y$ 时，恒成立，如图 46.2 所示，所求概率为 $P=\dfrac{S_{阴影}}{S_{\Omega}}=\dfrac{4-\dfrac{1}{2}\times 2\times 1}{4}=\dfrac{3}{4}$，应选 A.

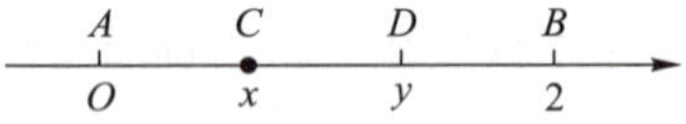


图 46.1

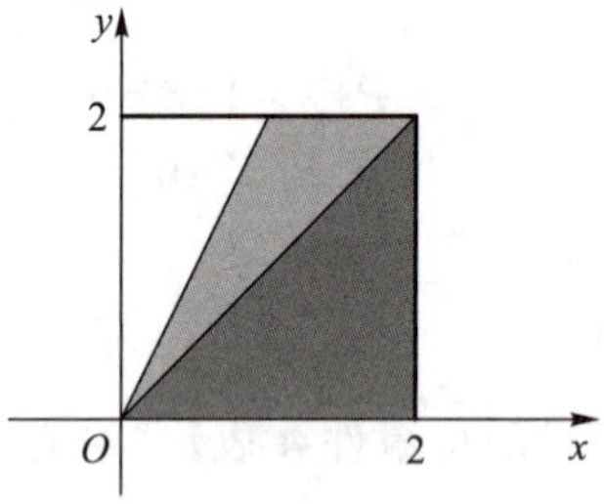


图 46.2

**强化 355** E.

**【解析】** 设事件 $A$ 表示“在箱子中取到的是白球”，$B$ 表示“在袋子中取到的是白球”，则根据全概率公式，得

$$P(B)=P(A)P(B\mid A)+P(\bar{A})P(B\mid \bar{A})=\frac{2}{3}\times\frac{2}{4}+\frac{1}{3}\times\frac{1}{4}=\frac{5}{12},$$

应选 E.

**强化 356** B.

**【解析】** 令 $X$ 为从甲箱中任取 3 件产品的次品数，由题意可知，$X$ 的所有可能取值为 0，1，2，3，且

$$P\{X=0\}=\frac{1}{C_6^3}=\frac{1}{20},\quad P\{X=1\}=\frac{C_3^2C_3^1}{C_6^3}=\frac{9}{20},$$

$$P\{X=2\}=\frac{C_3^1C_3^2}{C_6^3}=\frac{9}{20},\quad P\{X=3\}=\frac{1}{20},$$

因此 $X$ 的分布律为

| $X$ | 0 | 1 | 2 | 3 |
|---|---|---|---|---|
| $p_k$ | $\frac{1}{20}$ | $\frac{9}{20}$ | $\frac{9}{20}$ | $\frac{1}{20}$ |



故从乙箱中任取一件产品是次品数的概率为

$$p=\frac{1}{20}\times 0+\frac{9}{20}\times\frac{1}{6}+\frac{9}{20}\times\frac{2}{6}+\frac{1}{20}\times\frac{3}{6}=\frac{1}{4},$$

应选 B.

**强化 357** C.

【**解析**】令 $A$ 表示"最先取出的 1 个球为白球"，$B$ 表示"在余下的球中任取 2 个球均为红球"，则由全概率公式得

$$P(B)=P(A)\cdot P(B|A)+P(\overline{A})\cdot P(B|\overline{A})$$
$$=\frac{3}{10}\cdot\frac{C_7^2}{C_9^2}+\frac{7}{10}\cdot\frac{C_6^2}{C_9^2}=\frac{7}{15},$$

因此，根据条件概率公式，所求概率为

$$P(A|B)=\frac{P(AB)}{P(B)}=\frac{P(A)P(B|A)}{P(B)}=\frac{\frac{3}{10}\cdot\frac{C_7^2}{C_9^2}}{\frac{7}{15}}=\frac{3}{8},$$

应选 C.

# 第二章　随机变量及其分布

## 题型 47　分布函数

**强化 358**　A.

【解析】由分布函数的性质,得

$$\lim_{x\to+\infty}F(x)=a+b=1,\quad P\{X=2\}=F(2)-F(2-0)=(a+b)-\left(\frac{2}{3}-a\right)=\frac{1}{2},$$

解得 $a=\frac{1}{6},b=\frac{5}{6}$,应选 A.

**强化 359**　B.

【解析】由分布函数的性质,得

$$\lim_{x\to+\infty}F(x)=b=1,\quad \lim_{x\to-1^+}F(x)=F(-1)\Rightarrow\frac{1}{\pi}\cdot\left(-\frac{\pi}{2}\right)+a=0,$$

解得 $a=\frac{1}{2},b=1$.

进而所求概率为

$$P\left\{X^2-\frac{\sqrt{3}}{2}X>0\right\}=P\{X<0\}+P\left\{X>\frac{\sqrt{3}}{2}\right\}=F(0)+1-F\left(\frac{\sqrt{3}}{2}\right)=\frac{2}{3},$$

应选 B.

**强化 360**　C.

【解析】画出 $F(x)$ 的图像,如图 47.1 所示,显然 $F(x)$ 满足分布函数的四个性质,即 $F(x)$

是某随机变量的分布函数. 但又因为它既不是阶梯函数,也不是连续函数,因此该函数虽然是分布函数,但却既不是离散型随机变量分布函数,也不是连续型随机变量分布函数,应选 C.

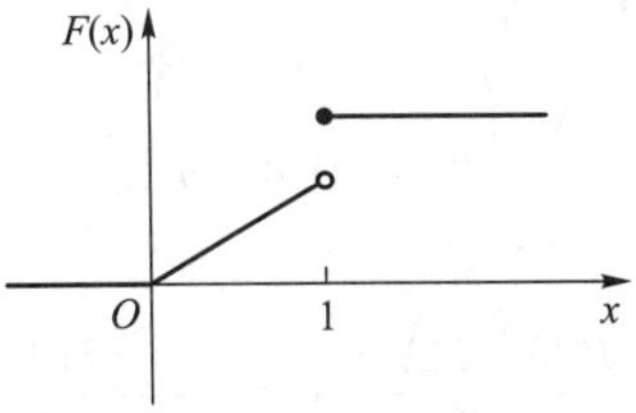


图 47.1

## 题型 48　一维离散型随机变量

**强化 361**　A.

【解析】由题意可知,随机变量 $X$ 的可能取值为 3,4,5,且

$$P\{X=3\}=\frac{C_2^2C_1^1}{C_5^3}=\frac{1}{10},\quad P\{X=4\}=\frac{C_3^2C_1^1}{C_5^3}=\frac{3}{10},\quad P\{X=5\}=\frac{C_4^2C_1^1}{C_5^3}=\frac{6}{10}=\frac{3}{5}.$$

所以 $X$ 的概率分布为 $X\sim\begin{pmatrix}3&4&5\\\frac{1}{10}&\frac{3}{10}&\frac{3}{5}\end{pmatrix}$,应选 A.

**强化 362**　C.

【解析】由题意可知,$X$ 的所有可能取值为 0,1,2,3,记 $A_i$ 为"经过第 $i$ 个路口时,信号灯为红灯",故

$$P\{X=0\}=P(A_1)=\frac{1}{2},$$

$$P\{X=1\}=P(\overline{A}_1A_2)=P(\overline{A}_1)P(A_2)=\frac{1}{2}\times\frac{1}{2}=\frac{1}{4},$$

$$P\{X=2\}=P(\overline{A}_1\overline{A}_2A_3)=\frac{1}{2}\times\frac{1}{2}\times\frac{1}{2}=\frac{1}{8},$$

$$P\{X=3\}=P(\overline{A}_1\overline{A}_2\overline{A}_3)=\frac{1}{2}\times\frac{1}{2}\times\frac{1}{2}=\frac{1}{8}.$$

所以 $X$ 的概率分布分 $X\sim\begin{pmatrix}0&1&2&3\\\frac{1}{2}&\frac{1}{4}&\frac{1}{8}&\frac{1}{8}\end{pmatrix}$,应选 C.

概率论篇

**强化 363** B.

【解析】由题意可知，$X$ 的概率分布为

$$X\sim\begin{pmatrix}-1 & 1 & 3\\ 0.4 & 0.4 & 0.2\end{pmatrix},$$

所以

$$P\{X<2\mid X\neq 1\}=\frac{P\{X<2,X\neq 1\}}{P\{X\neq 1\}}=\frac{P\{X=-1\}}{P\{X=-1\}+P\{X=3\}}=\frac{2}{3},$$

应选 B.

## 题型 49 一维连续型随机变量

**强化 364** E.

【解析】由概率密度函数的正则性，知

$$\int_{-\infty}^{+\infty}Ae^{-|x|}dx=2A\int_{0}^{+\infty}e^{-x}dx=2A=1,$$

解得 $A=\frac{1}{2}$.

根据分布函数的定义，知 $F(x)=\int_{-\infty}^{x}f(t)dt$，且

当 $x<0$ 时，$F(x)=\frac{1}{2}\int_{-\infty}^{x}e^{t}dt=\frac{1}{2}e^{x}$；

当 $x\geqslant 0$ 时，$F(x)=\frac{1}{2}\int_{-\infty}^{0}e^{t}dt+\frac{1}{2}\int_{0}^{x}e^{-t}dt=1-\frac{1}{2}e^{-x}$，

故分布函数 $F(x)=\begin{cases}\frac{1}{2}e^{x}, & x<0,\\ 1-\frac{1}{2}e^{-x}, & x\geqslant 0,\end{cases}$ 应选 E.

**强化 365** C.

【解析】由概率密度函数的正则性，知

$$\int_{-\infty}^{+\infty}f(x)dx=\int_{-\infty}^{+\infty}Ce^{-\frac{|x|}{a}}dx=2C\int_{0}^{+\infty}e^{-\frac{x}{a}}dx=2C\int_{0}^{+\infty}e^{-t}a\,dt=2aC=1,$$

解得 $C=\frac{1}{2a}$，故 $X$ 的概率密度函数为 $f(x)=\frac{1}{2a}e^{-\frac{|x|}{a}}$，进而所求概率为

概率论篇

$$P\{|X|<2\}=P\{-2<X<2\}=\int_{-2}^{2}\frac{1}{2a}e^{-\frac{|x|}{a}}dx==1-e^{-\frac{2}{a}},$$

应选 C.

## 题型 50　一维常见分布

**强化 366** C.

**【解析】** 因为 $X\sim P(\lambda)(\lambda>0)$,且 $P\{X=1\}=P\{X=2\}$,所以$\frac{\lambda}{1!}e^{-\lambda}=\frac{\lambda^2}{2!}e^{-\lambda}$,解得 $\lambda=2$,所以 $X$ 的概率函数为

$$P\{X=k\}=\frac{2^k}{k!}e^{-2},\quad k=0,1,2,\cdots,$$

故所求概率为

$$P\{X\geqslant 2\}=1-P\{X<2\}=1-P\{X=0\}-P\{X=1\}=1-3e^{-2},$$

应选 C.

**强化 367** B.

**【解析】** 根据泊松分布可加性,知 $X+Y\sim P(3\lambda)$,则随机变量的分布律为

$$P\{X+Y=k\}=\frac{(3\lambda)^k}{k!}e^{-3\lambda},\quad k=0,1,2,\cdots,$$

所以

$$P\{X+Y\geqslant 1\}=1-P\{X+Y=0\}=1-e^{-3\lambda}=1-e^{-1},$$

故 $3\lambda=1$,解得 $\lambda=\frac{1}{3}$,故应选 B.

**敲重点**

泊松分布具有可加性,即

若 $X\sim P(\lambda_1)$,$Y\sim P(\lambda_2)$,且相互独立,则 $X+Y\sim P(\lambda_1+\lambda_2)$.

**强化 368** C.

**【解析】** 因为 $X$ 服从$[0,5]$上的均匀分布,所以 $X$ 的概率密度函数为$f(x)=\begin{cases}\frac{1}{5}, & 0\leqslant x\leqslant 5,\\ 0, & \text{其他}.\end{cases}$

又因为方程 $4x^2+4Xx+X+2=0$ 有实根时,

$$\Delta=(4X)^2-16(X+2)\geqslant 0,$$

解得 $X\geqslant 2$ 或 $X\leqslant -1$,所以方程有实根的概率为

$$P\{X\geqslant 2\}+P\{X\leqslant -1\}=\int_2^5 \frac{1}{5}\mathrm{d}x+0=\frac{3}{5},$$

应选 C.

**强化 369** A.

【解析】因为 $X\sim E\left(\frac{1}{1\ 000}\right)$,所以其密度函数为 $f(x)=\begin{cases}\frac{1}{1\ 000}\mathrm{e}^{-\frac{1}{1\ 000}x}, & x>0,\\ 0, & 其他,\end{cases}$ 根据指数分布的无记忆性可知

$$P\{X>600\mid X>500\}=P\{X>100\}=\int_{100}^{+\infty}\frac{1}{1\ 000}\mathrm{e}^{-\frac{1}{1\ 000}x}\mathrm{d}x=\mathrm{e}^{-0.1},$$

应选 A.

**强化 370** E.

【解析】$P\{\max(X,Y)\leqslant 1\}=P\{X\leqslant 1,Y\leqslant 1\}=P\{X\leqslant 1\}P\{Y\leqslant 1\}=\frac{1-0}{3-0}\times\frac{1}{2}=\frac{1}{6}$,应选 E.

**强化 371** B.

【解析】$P\{\min(X,Y)\leqslant 1\}=1-P\{\min(X,Y)>1\}=1-P\{X>1,Y>1\}$

$$=1-P\{X>1\}P\{Y>1\}=1-\frac{3-1}{3-0}\times\frac{1}{2}=\frac{2}{3},$$

故应选 B.

**强化 372** C.

【解析】因为 $X$ 和 $Y$ 同分布,所以 $P\{Y>a\}=P\{X>a\}$,进而 $P(A)+P(B)=1$.

又因为 $X$ 和 $Y$ 独立,所以

$$P(AB)=P(A)P(B)=P(A)(1-P(A)),$$

故

$$P(A\cup B)=P(A)+P(B)-P(AB)=1-P(A)(1-P(A))=\frac{7}{9},$$

解得 $P(A)=\frac{2}{3}$ 或 $P(A)=\frac{1}{3}$.

当 $P(A)=\frac{2}{3}$时，即 $P\{X\leqslant a\}=\frac{a-1}{2}=\frac{2}{3}$，解得 $a=\frac{7}{3}$.

当 $P(A)=\frac{1}{3}$时，即 $P\{X\leqslant a\}=\frac{a-1}{2}=\frac{1}{3}$，解得 $a=\frac{5}{3}$.

应选 C.

**强化 373** A.

**【解析】**由题意可知，$\frac{X-\mu}{5}\sim N(0,1)$，$\frac{Y-\mu}{10}\sim N(0,1)$，故

$$p_1=P\{X\leqslant\mu-5\}=P\left\{\frac{X-\mu}{5}\leqslant-1\right\},\quad p_2=P\{Y\geqslant\mu+10\}=P\left\{\frac{Y-\mu}{10}\geqslant1\right\},$$

由标准正态分布的对称性可知，$p_1=p_2$，应选 A.

**强化 374** A.

**【解析】**由题意可知，将随机变量 $X,Y$ 与 $Z$ 标准正态化，得

$$\frac{X-1}{\sigma}\sim N(0,1),\quad \frac{Y+1}{\sigma}\sim N(0,1),\quad \frac{Z-2}{\sigma}\sim N(0,1),$$

且记标准正态分布的分布函数为 $\Phi(x)$，故

$$p_1=P\{X\leqslant-1\}=P\left\{\frac{X-1}{\sigma}\leqslant-\frac{2}{\sigma}\right\}=\Phi\left(-\frac{2}{\sigma}\right);$$

$$p_2=P\{Y\geqslant1\}=1-P\{Y<1\}=1-P\left\{\frac{Y+1}{\sigma}<\frac{2}{\sigma}\right\}=1-\Phi\left(\frac{2}{\sigma}\right)=\Phi\left(-\frac{2}{\sigma}\right);$$

$$p_3=p\{Z\leqslant0\}=p\left\{\frac{Z-2}{\sigma}\leqslant-\frac{2}{\sigma}\right\}=\Phi\left(-\frac{2}{\sigma}\right),$$

即 $p_1=p_2=p_3$，应选 A.

**强化 375** C.

**【解析】**由题意可知，$\frac{X-\mu}{\sigma}\sim N(0,1)$，故

$$P\{|X-\mu|<\sigma\}=P\left\{\frac{|X-\mu|}{\sigma}<1\right\}=P\left\{-1<\frac{X-\mu}{\sigma}<1\right\}=\Phi(1)-\Phi(-1),$$

所以当 $\sigma$ 增大时，概率 $P\{|X-\mu|<\sigma\}$ 是保持不变的，应选 C.

## 题型 51 一维随机变量函数的分布

**强化 376** D.

【解析】由分布律的正则性，可知

$$\sum_{k=1}^{\infty} P\{X=x_k\}=\sum_{k=1}^{\infty}\frac{a}{2^k}=1,\quad 即\ a\cdot\frac{\frac{1}{2}}{1-\frac{1}{2}}=1,$$

解得 $a=1$，进而

$$P\{Y=0\}=P\{X=2k\}=\sum_{k=1}^{\infty}\frac{1}{2^{2k}}=\sum_{k=1}^{\infty}\frac{1}{4^k}=\frac{1}{3},$$

应选 D.

**强化 377** A.

【解析】由概率密度函数的正则性，知

$$\int_{-\infty}^{+\infty} f(x)\,\mathrm{d}x=\int_0^{+\infty}\frac{2}{\lambda(1+x^2)}\mathrm{d}x=\frac{\pi}{\lambda}=1,$$

解得 $\lambda=\pi$.

进而，随机变量 $Y$ 的分布函数为

$$F_Y(y)=P\{Y\leqslant y\}=P\{\ln X\leqslant y\}=P\{X\leqslant \mathrm{e}^y\}=\int_0^{\mathrm{e}^y}\frac{2}{\pi(1+x^2)}\mathrm{d}x=\frac{2}{\pi}\arctan \mathrm{e}^y,$$

故 $Y$ 的概率密度函数为 $f_Y(y)=F_Y'(y)=\dfrac{2\mathrm{e}^y}{\pi(1+\mathrm{e}^{2y})}$，应选 A.

**强化 378** D.

【解析】由分布函数定义，可知 $F_Y(y)=P\{Y\leqslant y\}=P\{X^2+1\leqslant y\}$，故

(1) 当 $y\geqslant 2$ 时，$F_Y(y)=1$；

(2) 当 $y<1$ 时，$F_Y(y)=0$；

(3) 当 $1\leqslant y<2$ 时，$F_Y(y)=\int_{-\sqrt{y-1}}^{0}(1+x)\,\mathrm{d}x+\int_0^{\sqrt{y-1}}(1-x)\,\mathrm{d}x=2\sqrt{y-1}-y+1$，

故随机变量 $Y$ 的概率密度函数 $f_Y(y)=\begin{cases}\dfrac{1}{\sqrt{y-1}}-1, & 1<y<2,\\ 0, & 其他,\end{cases}$ 应选 D.

## 题型 52　二维离散型随机变量及其分布

强化 379　B.

【解析】因为 $P\{X^2=Y^2\}=1$，所以 $P\{X^2\neq Y^2\}=1-P\{X^2=Y^2\}=0$，故

$$P\{X=0,Y=-1\}=P\{X=0,Y=1\}=P\{X=1,Y=0\}=0.$$

利用边缘概率和联合概率的关系得到

$$P\{X=0,Y=0\}=P\{X=0\}-P\{X=0,Y=-1\}-P\{X=0,Y=1\}=\frac{1}{3};$$

$$P\{X=1,Y=-1\}=P\{Y=-1\}-P\{X=0,Y=-1\}=\frac{1}{3};$$

$$P\{X=1,Y=1\}=P\{Y=1\}-P\{X=0,Y=1\}=\frac{1}{3}.$$

因此 $(X,Y)$ 的概率分布为

| $X$ | $Y$ | | |
|---|---|---|---|
| | $-1$ | $0$ | $1$ |
| $0$ | $0$ | $\frac{1}{3}$ | $0$ |
| $1$ | $\frac{1}{3}$ | $0$ | $\frac{1}{3}$ |

则 $P\{X=0,Y=0\}+P\{X=1,Y=-1\}=\frac{2}{3}$，应选 B.

强化 380　E.

【解析】由于 $X$ 与 $Y$ 相互独立，则 $p_{ij}=p_{i\cdot}p_{\cdot j}$，故 $p_{21}=\frac{1}{8}=\frac{1}{6}\cdot p_8$，解得 $p_8=\frac{3}{4}$，进而依次求得以下概率

$$p_1=\frac{1}{6}-\frac{1}{8}=\frac{1}{24},\quad p_7=1-\frac{3}{4}=\frac{1}{4},$$

$$p_2=\frac{1}{4}-\frac{1}{24}-\frac{1}{8}=\frac{1}{12},\quad p_5=\frac{1}{2},$$

$$p_3=\frac{1}{2}-\frac{1}{8}=\frac{3}{8},\quad p_6=\frac{1}{3},\quad p_4=\frac{1}{4},$$

所以 $p_3p_4=\frac{3}{8}\times\frac{1}{4}=\frac{3}{32}$,应选 E.

**强化 381** B.

【解析】显然 $0.4+a+b+0.1=1$,即 $a+b=0.5$.

因为事件 $\{X=0\}$ 与 $\{X+Y=1\}$ 相互独立,所以

$$P\{X=0,X+Y=1\}=P\{X=0\}P\{X+Y=1\},$$

又因为

$$P\{X=0,X+Y=1\}=P\{X=0,Y=1\}=a,$$

$$P\{X=0\}=P\{X=0,Y=0\}+P\{X=0,Y=1\}=0.4+a,$$

$$P\{X+Y=1\}=P\{X=0,Y=1\}+P\{X=1,Y=0\}=a+b=0.5,$$

所以 $a=(0.4+a)\cdot 0.5$,解得 $a=0.4,b=0.1$,应选 B.

**强化 382** D.

【解析】因为 $P\{X\leqslant 2\}=1-P\{X=3\}=1-\frac{1}{8}=\frac{7}{8}$,$P\{Y\leqslant 2\}=\frac{1}{2}$,所以

$$P(A\cup B)=P\{X\leqslant 2\}+P\{Y\leqslant 2\}-P\{X\leqslant 2\}P\{Y\leqslant 2\}=\frac{15}{16}.$$

应选 D.

**强化 383** A.

【解析】随机变量 $X$ 与 $Y$ 相互独立,则联合分布律为

| $X$ | $Y$ | | $p_{i\cdot}$ |
|---|---|---|---|
| | $-1$ | $1$ | |
| $-1$ | $\frac{1}{4}$ | $\frac{1}{4}$ | $\frac{1}{2}$ |
| $1$ | $\frac{1}{4}$ | $\frac{1}{4}$ | $\frac{1}{2}$ |
| $p_{\cdot j}$ | $\frac{1}{2}$ | $\frac{1}{2}$ | |

所以
$$P\{X=Y\}=P\{X=-1,Y=-1\}+P\{X=1,Y=1\}=\frac{1}{4}+\frac{1}{4}=\frac{1}{2},$$

$$P\{X+Y=0\}=P\{X=-1,Y=1\}+P\{X=1,Y=-1\}=\frac{1}{4}+\frac{1}{4}=\frac{1}{2},$$

$$P\{XY=1\}=P\{X=-1,Y=-1\}+P\{X=1,Y=1\}=\frac{1}{2},$$

应选 A.

# 第三章　随机变量的期望与方差

## 题型 53　随机变量的数学期望

**强化 384** D.

【解析】由分布律的正则性,可知 $a+0.3+b=1$,即 $a+b=0.7$.

又 $EX=-2a+2b=-0.2$,解得 $a=0.4,b=0.3$,故

$$E(3X^2+5)=3E(X^2)+5=3\times(4\times0.4+4\times0.3)+5=13.4,$$

应选 D.

**强化 385** E.

【解析】因为

$$E(X)=\int_{-\infty}^{+\infty}xf_X(x)\,\mathrm{d}x=\int_0^1 x\cdot 2x\,\mathrm{d}x=\frac{2}{3},$$

$$E(Y)=\int_{-\infty}^{+\infty}yf_Y(y)\,\mathrm{d}y=\int_5^{+\infty}y\cdot \mathrm{e}^{-y+5}\,\mathrm{d}y=\mathrm{e}^5\int_5^{+\infty}y\cdot \mathrm{e}^{-y}\,\mathrm{d}y=6,$$

所以 $E(X+Y)=E(X)+E(Y)=\frac{2}{3}+6=\frac{20}{3}$,应选 E.

**强化 386** B.

【解析】由概率密度函数的正则性,知

$$\int_{-\infty}^{+\infty}f(x)\,\mathrm{d}x=\int_0^2 ax\,\mathrm{d}x+\int_2^4(cx+b)\,\mathrm{d}x=2a+6c+2b=1, \quad ①$$

由 $E(X)=2$,得

$$\int_0^2 ax^2\mathrm{d}x+\int_2^4(cx^2+bx)\mathrm{d}x=\frac{8}{3}a+\frac{56}{3}c+6b=2, \quad ②$$

由 $P\{1<X<3\}=\frac{3}{4}$,得

$$\int_1^2 ax\mathrm{d}x+\int_2^3(cx+b)\mathrm{d}x=\frac{3}{2}a+\frac{5}{2}c+b=\frac{3}{4}, \quad ③$$

联立①②③式,解得 $a=\frac{1}{4},b=1,c=-\frac{1}{4}$,应选 B.

**强化 387** E.

【解析】由概率密度函数的正则性,知

$$\int_{-\infty}^{+\infty} f(x)\mathrm{d}x=\int_0^1 kx^{\alpha}\mathrm{d}x=k\cdot\left.\frac{x^{\alpha+1}}{\alpha+1}\right|_0^1=k\frac{1}{\alpha+1}=1,$$

又因为

$$E(X)=\int_{-\infty}^{+\infty} xf(x)\mathrm{d}x=\int_0^1 x\cdot kx^{\alpha}\mathrm{d}x=k\cdot\left.\frac{x^{\alpha+2}}{\alpha+2}\right|_0^1=k\frac{1}{\alpha+2}=0.75,$$

所以 $\begin{cases} k\dfrac{1}{\alpha+1}=1, \\ k\dfrac{1}{\alpha+2}=0.75, \end{cases}$ 解得 $\alpha=2,k=3$,应选 E.

**强化 388** A.

【解析】由题意可知,$f_1(x)=\frac{1}{\sqrt{2\pi}}\mathrm{e}^{-\frac{x^2}{2}}$,$f_2(x)=\begin{cases}\frac{1}{4}, & -1\leqslant x\leqslant 3, \\ 0, & 其他,\end{cases}$ 所以

$$\begin{aligned} E(X)&=\int_{-\infty}^{+\infty} xf(x)\mathrm{d}x=\int_{-\infty}^{0} xf(x)\mathrm{d}x+\int_0^{+\infty} xf(x)\mathrm{d}x \\ &=\int_{-\infty}^{0} x\cdot\frac{1}{2}f_1(x)\mathrm{d}x+\int_0^{+\infty} xf_2(x)\mathrm{d}x \\ &=\int_{-\infty}^{0} x\cdot\frac{1}{2}\cdot\frac{1}{\sqrt{2\pi}}\mathrm{e}^{-\frac{x^2}{2}}\mathrm{d}x+\int_0^3 x\cdot\frac{1}{4}\mathrm{d}x \\ &=-\frac{1}{2\sqrt{2\pi}}+\frac{9}{8}, \end{aligned}$$

应选 A.

**强化 389** D.

【解析】$E(X)=\int_{-\infty}^{+\infty} x\cdot\frac{1}{2\lambda}\mathrm{e}^{-\frac{|x-\mu|}{\lambda}}\mathrm{d}x\left(令\frac{x-\mu}{\lambda}=t\right)$

$$=\int_{-\infty}^{+\infty}\frac{1}{2}(\lambda t+\mu)\mathrm{e}^{-|t|}\mathrm{d}t$$

$$=\frac{\lambda}{2}\int_{-\infty}^{+\infty}t\mathrm{e}^{-|t|}\mathrm{d}t+\frac{\mu}{2}\int_{-\infty}^{+\infty}\mathrm{e}^{-|t|}\mathrm{d}t$$

$$=0+\mu=\mu,$$

应选 D.

**强化 390** A.

【解析】$E(Y)=E[\min(|X|,1)]=\int_{-\infty}^{+\infty}\min(|x|,1)\cdot\frac{1}{\pi(1+x^2)}\mathrm{d}x$

$$=\frac{2}{\pi}\int_0^{+\infty}\min(x,1)\cdot\frac{1}{1+x^2}\mathrm{d}x$$

$$=\frac{2}{\pi}\int_0^1 x\cdot\frac{1}{1+x^2}\mathrm{d}x+\frac{2}{\pi}\int_1^{+\infty}\frac{1}{1+x^2}\mathrm{d}x$$

$$=\frac{1}{\pi}\ln(1+x^2)\Big|_0^1+\frac{2}{\pi}\arctan x\Big|_1^{+\infty}=\frac{1}{\pi}\ln 2+\frac{1}{2},$$

应选 A.

**强化 391** C.

【解析】因为 $f(x)=\frac{1}{\sqrt{2\pi}\cdot\sqrt{2}}\mathrm{e}^{-\frac{(x-2)^2}{2(\sqrt{2})^2}}$，所以 $X\sim N(2,2)$，即 $E(X)=2,D(X)=2$，故 $E(X^2)=D(X)+[E(X)]^2=6$，应选 C.

**强化 392** E.

【解析】随机变量 $X$ 的所有可能取值为 0,1,2,3，且

$$P\{X=0\}=\frac{\mathrm{A}_4^4}{4^4}=\frac{6}{64},\quad P\{X=1\}=\frac{\mathrm{C}_4^1\mathrm{C}_4^2\mathrm{A}_3^3}{4^4}=\frac{36}{64},$$

$$P\{X=2\}=\frac{\mathrm{C}_4^2(2^4-2)}{4^4}=\frac{21}{64},\quad P\{X=3\}=\frac{\mathrm{C}_4^3}{4^4}=\frac{1}{64},$$

所以数学期望为

$$E(X)=0\times\frac{6}{64}+1\times\frac{36}{64}+2\times\frac{21}{64}+3\times\frac{1}{64}=\frac{81}{64},$$

应选 E.

概率论篇

**强化 393** D.

**【解析】**由题意可知,根据期望公式可知

$$E(Z)=E[(X-Y)^2]=\sum_{j=1}^{3}\sum_{i=1}^{3}(x_i-y_j)^2p_{ij}$$
$$=2^2\times0.2+3^2\times0.1+4^2\times0+1^2\times0.1+2^2\times0+3^2\times0.3+0^2\times0.1+1^2\times0.1+2^2\times0.1$$
$$=5,$$

应选 D.

## 题型 54　随机变量的方差

**强化 394** B.

**【解析】**因为

$$P\{Y=1\}=P\{X>0\}=\frac{2}{3},\quad P\{Y=0\}=P\{X=0\}=0,\quad P\{Y=-1\}=P\{X<0\}=\frac{1}{3},$$

所以

$$E(Y)=1\times\frac{2}{3}+(-1)\times\frac{1}{3}=\frac{1}{3},\quad E(Y^2)=1\times\frac{2}{3}+(-1)^2\times\frac{1}{3}=1,$$

因此 $D(Y)=E(Y^2)-[E(Y)]^2=1-\frac{1}{9}=\frac{8}{9}$,应选 B.

**强化 395** E.

**【解析】**$E(Y)=E\left(2X_1-X_2+3X_3-\frac{1}{2}X_4\right)$

$$=2E(X_1)-E(X_2)+3E(X_3)-\frac{1}{2}E(X_4)$$
$$=2-2+3\times3-\frac{1}{2}\times4=7,$$

$$D(Y)=D\left(2X_1-X_2+3X_3-\frac{1}{2}X_4\right)$$
$$=4D(X_1)+D(X_2)+9D(X_3)+\frac{1}{4}D(X_4)$$
$$=4\times4+3+9\times2+\frac{1}{4}\times1=37.25,$$

应选 E.

**强化 396** B.

【解析】因为

$$P\{X\leqslant 1\}=\int_{-\infty}^{1} f(x)\,\mathrm{d}x=\int_{0}^{1}\frac{2}{9}x\,\mathrm{d}x=\frac{1}{9},$$

所以随机变量 $Y\sim B\left(3,\frac{1}{9}\right)$，进而 $D(Y)=3\times\frac{1}{9}\times\left(1-\frac{1}{9}\right)=\frac{8}{27}$，应选 B.

**强化 397** D.

【解析】根据随机变量方差的性质，知

$$D(Y)=D(X_1)+\frac{1}{4}D(X_2)+\frac{1}{9}D(X_3)=\frac{(2-0)^2}{12}+\frac{1}{4}\times 2+\frac{1}{9}\times 2=\frac{19}{18},$$

应选 D.

**强化 398** C.

【解析】记 $X$ 表示"进行 100 次独立重复试验的成功次数"，则 $X\sim B(100,p)$，故

$$\sqrt{DX}=\sqrt{100p(1-p)}=\sqrt{100\left[\frac{1}{4}-\left(\frac{1}{2}-p\right)^2\right]},$$

所以 $p=\frac{1}{2}$ 时，$\sqrt{DX}$ 取最大，应选 C.

**强化 399** A.

【解析】令 $Z=X-Y$，因为 $X\sim N\left(0,\frac{1}{2}\right)$，$Y\sim N\left(0,\frac{1}{2}\right)$，且 $X,Y$ 相互独立，所以 $Z\sim N(0,1)$，

进而

$$D(|X-Y|)=D(|Z|)=E(|Z|^2)-[E(|Z|)]^2=E(Z^2)-[E(|Z|)]^2,$$

其中

$$E(Z^2)=D(Z)+[E(Z)]^2=1,$$

$$E(|Z|)=\int_{-\infty}^{+\infty}|z|\frac{1}{\sqrt{2\pi}}\mathrm{e}^{-\frac{z^2}{2}}\mathrm{d}z=\frac{2}{\sqrt{2\pi}}\int_{0}^{+\infty}z\mathrm{e}^{-\frac{z^2}{2}}\mathrm{d}z=\sqrt{\frac{2}{\pi}},$$

所以 $D(|X-Y|)=1-\frac{2}{\pi}$，应选 A.

**强化 400** C.

【解析】因为 $X\sim N(1,2)$, $Y\sim N(1,4)$, 所以

$$EX=1,\quad DX=2,\quad EY=1,\quad DY=4,$$

进而 $EX^2=3$, $EY^2=5$, 故

$$D(XY)=E(XY)^2-(EXY)^2=EX^2\cdot EY^2-(EX\cdot EY)^2=14,$$

应选 C.